浅海增养殖大数据技术及应用

袁秀堂　宗虎民　熊保平　韩彦岭　黄　山　等/著

中国环境出版集团・北京

图书在版编目（CIP）数据

浅海增养殖大数据技术及应用/袁秀堂等著. —北京：中国环境出版集团，2023.2

ISBN 978-7-5111-5440-8

Ⅰ. ①浅…　Ⅱ. ①袁…　Ⅲ. ①浅海养殖—数据管理系统　Ⅳ. ①S967.2

中国国家版本馆 CIP 数据核字（2023）第 032620 号

出 版 人　武德凯
责任编辑　韩　睿
封面设计　彭　杉

出版发行　中国环境出版集团
（100062　北京市东城区广渠门内大街 16 号）
网　　址：http://www.cesp.com.cn
电子邮箱：bjgl@cesp.com.cn
联系电话：010-67112765（编辑管理部）
发行热线：010-67125803，010-67113405（传真）

印　　刷　北京中献拓方科技发展有限公司
经　　销　各地新华书店
版　　次　2023 年 2 月第 1 版
印　　次　2023 年 2 月第 1 次印刷
开　　本　787×1092　1/16
印　　张　25.5
字　　数　440 千字
定　　价　129.00 元

著 者 名 单

（排名不分先后）

于正林　刘　辉　袁秀堂

（中国科学院烟台海岸带研究所）

王丽丽　关春江　陈　元　宗虎民　赵冬梅　胡莹莹　崔立新

（国家海洋环境监测中心）

毛国君　朱晋德　黄　山　熊保平

（福建理工大学）

卢龙飞　常丽荣

（寻山集团有限公司）

刘　杨　高梦菲

（大连交通大学）

孙东洋

（烟台大学）

邱天龙

（中国科学院海洋研究所）

张　铮　韩彦岭

（上海海洋大学）

张　媛　杨　鑫

（獐子岛集团股份有限公司）

陈福迪

（辽宁省海洋水产科学研究院）

前　言

大数据（Big Data）是一种规模大到在获取、存储、管理、分析方面大大超出了传统数据库软件工具能力范围的数据集合，具有海量的数据规模、快速的数据流转、多样的数据类型和价值密度低四大特征。大数据的概念是在强大的应用需求下被提出的，其意义不在于掌握庞大的数据信息，而在于对这些有意义的数据进行专业化处理。目前，大数据技术已经应用于公共安全、卫生健康、教育、金融、交通、通信和传媒等各个领域；近年来也逐步应用于海洋领域，但是在海水增养殖领域却鲜有应用，亟待探索和突破。

我国是世界上海水增养殖规模和产量最大的国家，而浅海是海水增养殖最适宜的区域之一。截至 2020 年，我国浅海增养殖面积达 $1\ 123\times10^3$ hm^2，产量达 1 262 万 t，在我国海水增养殖中的占比均接近 60%。但是，浅海也是海水增养殖开发强度最大的区域之一，由于其环境的多变和易受影响的特点，加上气候变化的诱发和人类活动强度的增大等，浅海增养殖面临着极端性高温、低氧等环境风险以及富营养化、赤潮和绿潮等生态灾害日趋增多的问题，这成为制约浅海增养殖业高质量发展的重要因素。

将大数据技术与浅海增养殖有机结合，把围绕浅海增养殖全过程的数据进行处理和深度挖掘，并反过来指导浅海增养殖业的高质量发展，是摆脱目前浅海增养殖业所面临困境的有效途径之一。但浅海增养殖大数据技术及应用存在一些问题，如增养殖全过程监测能力不足、数据碎片化和多源数据库缺乏、数据挖掘和分析技术薄弱、缺乏有效的智能化信息平台等。

为解决上述问题，在国家重点研发计划课题“浅海智能生态增养殖全过程信息化平台构建”（2019YFD0900805）的资助下，通过建立浅海生态增养殖区多源实时监测系统及传输网络获取大数据，整合获取浅海增养殖业、生产过程全产业链数据来构建浅海增养殖大数据库，研发浅海增养殖大数据挖掘与分析技术，构建涵盖增养殖全过程的“可视、可测、可警、可报”的浅海增养殖大数据智能化平台，并进行示范应用。借此实现增养殖过程全面感知、全产业链数据智能分析与自动决策，为我国浅海增养殖业高质量发展提供技术支撑。

在系统研究和应用实践的基础上，我们组织撰写了《浅海增养殖大数据技术及应用》一书。本书共分 9 章，各章具体分工如下：第 1 章浅海增养殖及大数据需求，由于正林、袁秀堂、熊保平、张媛、常丽荣、卢龙飞撰写；第 2 章浅海增养殖大数据获取，由宗虎民、崔立新、邱天龙、张铮、陈元、赵冬梅、陈福迪、杨鑫撰写；第 3 章浅海增养殖大数据库构建，由熊保平、王丽丽撰写；第 4 章浅海增养殖大数据挖掘与分析，由黄山、熊保平撰写；第 5 章浅海增养殖区生物目标检测及跟踪，由刘辉、朱晋德、刘杨、孙东洋、高梦菲撰写；第 6 章浅海增养殖智能化大数据平台构建，由韩彦岭、熊保平、黄山撰写；第 7 章浅海增养殖区环境综合评价方法研究，由宗虎民、崔立新、胡莹莹、关春江撰写；第 8 章基于大数据的浅海增养殖全过程示范应用，由韩彦岭、毛国君、黄山、宗虎民、常丽荣、张媛撰写；第 9 章浅海增养殖大数据技术与应用展望，由袁秀堂、毛国君、韩彦岭、熊保平、黄山、宗虎民、于正林撰写。袁秀堂负责全书统稿。

付梓之际，感谢中国科学院海洋研究所/中国科学院烟台海岸带研究所杨红生常务副所长和中国科学院海洋研究所张涛研究员对本课题研究的指导；感谢国家海洋环境监测中心王菊英研究员和张志锋研究员对浅海增养殖区环境质量综合评价方法构建方面的贡献；感谢中国水产科学研究院渔业机械与仪器研究所江涛研究员为本书提供的照片。

特别感谢中国环境出版集团责任编辑韩睿的尽心尽责，使本书得以顺利面世。

由于作者能力有限，本书中粗浅和不足之处在所难免，敬请读者批评指正！

袁秀堂

2022 年初秋于烟台凤凰山下

目 录

第 1 章　浅海增养殖及大数据需求

1.1　我国浅海增养殖及智能化管理

1.1.1　我国海水增养殖现状

1. 我国是世界海水增养殖第一大国

我国一直是世界上的水产养殖大国。1950—2020 年，我国水产养殖产量逐年增长，在世界水产养殖产量的占比逐年增加，由 1950 年的 16.1%上升到 2000 年的 69.8%；截至 2020 年，中国水产养殖产量高达 7 076.59 万 t，占全世界水产养殖总产量的 57.7%，位居第一（图 1-1）。1950 年开始，我国水产养殖产量开始实现快速增长，在 20 世纪 80—90 年代实现了两位数的增长率（1992 年最高增长率为 24.6%），但 2001—2020 年，由于水产养殖区增长缓慢、水产养殖良种覆盖率低、劳动力不足、水产疫苗和药物研发滞后等原因，我国水产养殖产量年均增长率放缓至 4.5%（图 1-1）。

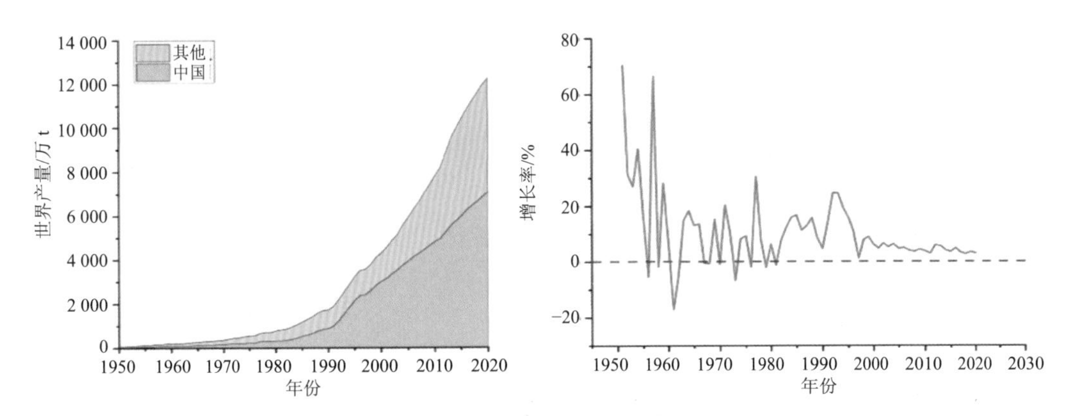

图 1-1　1950—2020 年世界和中国水产养殖产量（左）以及中国水产养殖产量增长率（右）

资料来源：FAO. FAO Global Fishery and Aquaculture Production Statistics v2022.1.0. Rome：FishStatJ，FAO Fisheries and Aquaculture Department. 2022.

海水增养殖是我国水产养殖业的重要组成部分。自 20 世纪 90 年代初，我国海水增养殖产量在全世界占比均在 50%以上，产值在全世界占比均在 30%以上（图 1-2）。截至 2020 年，我国海水增养殖产量居全世界第一名，高达 3 758 万 t，占全世界海水增养殖总产量的 65.48%；同时，我国海水增养殖产值高达 4 049×10^7 美元（USD），占全世界海水增养殖总产值的 51.92%，稳居世界首位（图 1-3）。

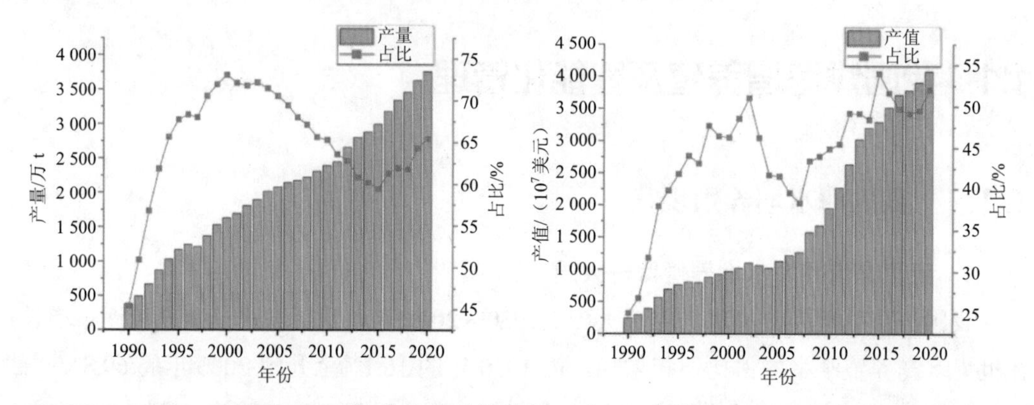

图 1-2 1990—2020 年中国海水增养殖的产量（左）、产值（右）及其在全世界的占比

资料来源：FAO. FAO Global Fishery and Aquaculture Production Statistics v2022.1.0. Rome：FishStatJ，FAO Fisheries and Aquaculture Department. 2022.

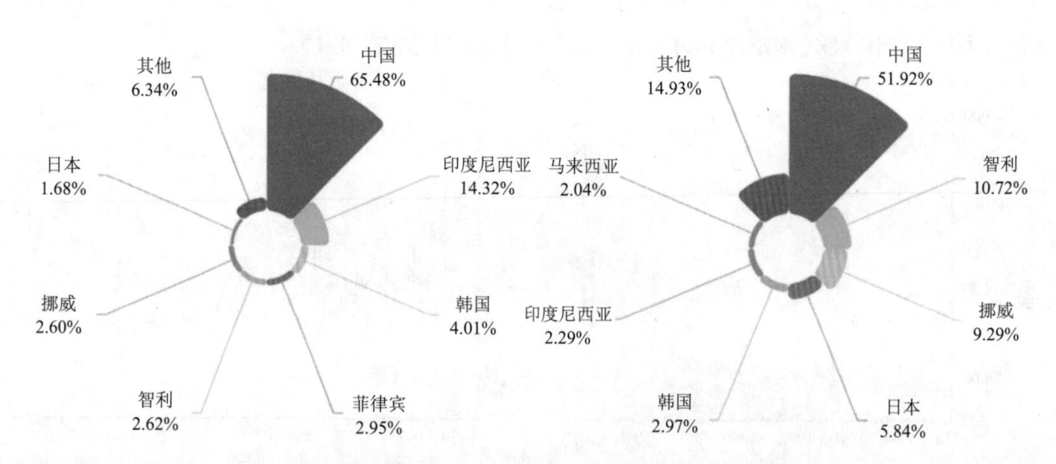

图 1-3 2020 年世界主要国家海水增养殖产量（t/活重，左）和产值（USD，右）占比

资料来源：FAO. FAO Global Fishery and Aquaculture Production Statistics v2022.1.0. Rome：FishStatJ，FAO Fisheries and Aquaculture Department. 2022.

2．我国海水增养殖产量和产值保持稳定增长

20 世纪 90 年代以来，我国海水增养殖产量和产值均呈逐年增长趋势。增养殖产量由 1990 年的 380 万 t 增长到 2020 年的 3 758 万 t（图 1-2），增幅达 889%；产值由 1990 年的 244×10^7 USD 增长到 2020 年的 4 049×10^7 USD（图 1-2），增幅达 1 559%。近 30 年来，我国海水增养殖产量和产值在全世界占比呈现波动增长趋势，其中，1990—2020 年海水增养殖产量占比由 45%增长至 65%，2000 年最大占比高达 73%（图 1-2）；海水增养殖产值占比由 25%增长至 52%，2015 年最大占比高达 54%（图 1-2）[1]。

3．我国海水增养殖地位显著提高

我国海水增养殖收获的海水产品占水产品总产量的比例逐步提升。1990 年，我国水产品总产量为 1237 万 t，其中海水产品产量 162 万 t，仅占 13.1%；而到 2020 年，我国水产品总产量高达 6 549.02 万 t，比 1990 年增长 429.4%，其中，海水产品产量高达 3 314.38 万 t，比 1990 年增长 1 945.9%，占全国水产品总产量的 50.6%。

我国海水增养殖面积占全国水产养殖面积的比例逐步提升，由 1990 年的 10.1%增长到 2020 年的 28.4%。但是，我国海水增养殖面积却呈现先增加后减少的趋势，2010 年海水增养殖面积为 2 080.88×10^3 hm^2，比 1990 年增加了 210.2%；2020 年海水增养殖面积减少到 1 995.55×10^3 hm^2，比 2010 年降低了 4.1%。

4．我国海水增养殖种类多样化发展

1980 年以前，我国海水增养殖的种类主要是海带、紫菜和贻贝，占总产量的 98%。随着我国支持多物种海水增养殖，其产量也在不断攀升。2020 年海水增养殖种类及产量如图 1-4 所示，主要包括鱼类、贝类、甲壳类、藻类和其他类。其中，鱼类以大黄鱼、鲈鱼和石斑鱼等为主，贝类以牡蛎、蛤和扇贝等为主，甲壳类以南美白对虾、青蟹和梭子蟹等为主，藻类以海带、江蓠和裙带菜等为主，其他类以海参、海蜇和海胆等为主。贝类和藻类是主要的海水增养殖品种（图 1-4），分别占全国海水增养殖总产量的 76.1%和 13.6%[2]。

5．我国海水增养殖方式趋于多元化

我国的海水增养殖方式越来越多元化，主要包括池塘养殖、普通网箱养殖、深水网箱养殖、筏式养殖、吊笼养殖、底播增殖和工厂化养殖等方式。2020 年，我国筏式养殖（629.50 万 t）、底播增殖（538.63 万 t）和池塘养殖（257.38 万 t）的产量排在前三名。深水网箱是我国深远海养殖的主要装备。由于我国深远海养殖尚处于开发阶段，虽然从

2013 年开始，深水网箱养殖产量直线上升，但相比于其他养殖方式，2020 年深水网箱养殖产量仍然处于最低水平。

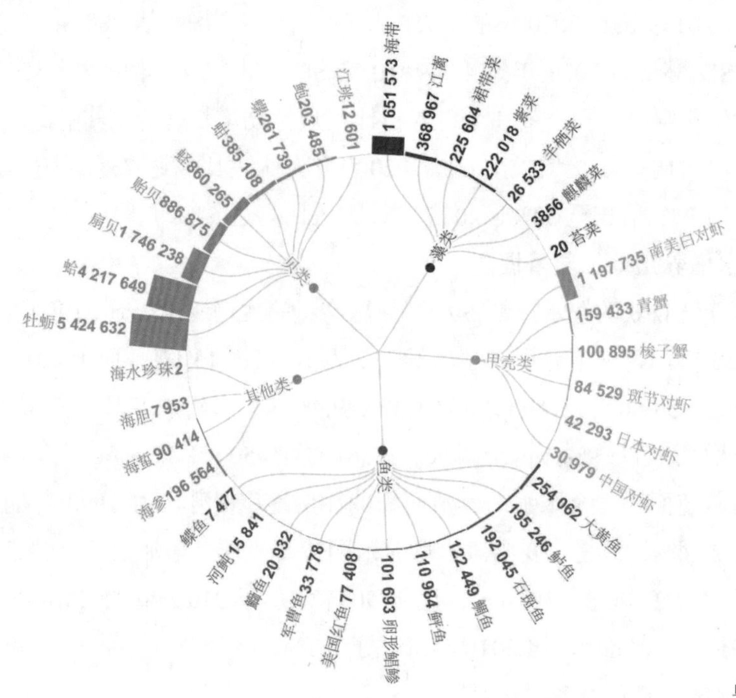

图 1-4 2020 年我国主要海水增养殖种类及产量

资料来源：中国渔业统计年鉴。

6. 福建、山东、广东和辽宁是我国海水增养殖的主要省份

2020 年福建和山东是我国海水增养殖的主要省份，其中，福建是我国 2020 年海水增养殖产量最多的省份，达 526.80 万 t，占全国海水增养殖产量的 24.7%；山东排名第二，产量达 514.14 万 t，占全国海水增养殖产量的 24.1%。山东是我国 2020 年海水增养殖产值最多的省份，达 931.76 万亿元，占全国海水增养殖产值的 24.3%；福建排名第二，产值达 841.05 万亿元，占全国海水增养殖产值的 21.9%。广东和辽宁同样是我国海水增养殖大省，广东 2020 年海水增养殖产量（331.24 万 t）和产值（648.00 万亿元）均居全国第三；辽宁 2020 年海水增养殖产量（306.48 万 t）和产值（373.85 万亿元）均居全国第四。

1.1.2 浅海是我国海水增养殖的主要区域

1. 浅海增养殖面积和产量在我国海水增养殖业中居首位

目前，我国海水增养殖主要利用浅海、滩涂、海湾等区域从事鱼、虾、贝类、藻类以及海珍品等经济动植物的繁殖和养成。图 1-5 是我国 2010 年、2015 年和 2020 年不同类型海水增养殖区域的面积和产量情况，可以看出，浅海在增养殖面积和产量上均高于滩涂和其他区域。截至 2020 年，我国浅海增养殖面积高达 1 123.32×10^3 hm^2，占全国海水增养殖总面积的 56.3%，浅海增养殖产量高达 1 261.76 万 t，占全国海水增养殖总产量的 59.1%，浅海成为我国海水增养殖的主要区域。

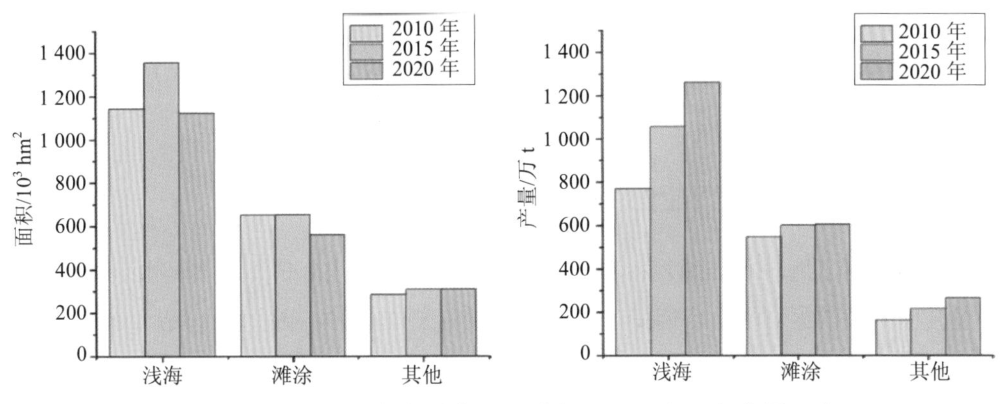

图 1-5　我国不同海水增养殖区域的面积（左）和产量（右）

资料来源：中国渔业统计年鉴。

2. 筏式养殖和底播增殖是我国浅海增养殖的主要方式

筏式养殖是指在浅海水面利用浮漂和绳索组成浮筏，并用缆绳将其固定于海底，使大型海藻和贝类幼苗固着在吊绳上，悬挂于浮筏的养殖方式，已广泛应用于贝类（如牡蛎、扇贝、贻贝和鲍鱼等）和藻类（如海带、裙带菜、羊栖菜和龙须菜等）的养殖中，主要分布于山东、福建、辽宁和广东等省份。筏式养殖是我国海水增养殖产量最高的养殖方式，2020 年筏式养殖产量高达 629.50 万 t，占全国海水增养殖总产量的 37.4%，排名第一。2010—2020 年，筏式养殖面积波动较大，其中 2013 年、2015 年、2018 年和 2019 年出现负增长，截至 2020 年，我国筏式养殖面积达 332.95×10^3 hm^2，比 2019 年增长 2.4%；筏式养殖总产量持续增长，但 2016—2019 年，我国筏式养殖产量的增长率放缓，从 10.6%降至 0.8%，截至 2020 年，我国筏式养殖产量比 2019 年增长 2.0%，养殖产量达 629.50 万 t[2]。

浅海底播增殖是指将人工种苗或经中间培育的半人工苗，投放到环境条件适宜的海域，使其自然生长，达到商品规格后再进行回捕的资源增殖方式。底播增殖主要包括皱纹盘鲍、虾夷扇贝、魁蚶、文蛤等贝类以及海参、海胆等，主要分布于山东、辽宁、广东等省份。底播增殖是我国海水增养殖产量较高的养殖方式，2020 年年底播增殖产量达 538.63 万 t，占全国海水增养殖总产量的 32.0%，排名第二。2010—2020 年，我国浅海底播增殖面积呈现先增加后减少的趋势，2015—2020 年（2018 年除外）均出现负增长，截至 2020 年，我国浅海底播增殖面积达 872.52×10^3 hm^2，比 2019 年降低 2.7%；2013—2019 年，我国浅海底播增殖产量的增长率逐渐降低，增长率由 12.27%降至−3.45%，甚至在 2017—2019 年出现负增长，截至 2020 年，我国浅海底播增殖产量达 538.63 万 t，比 2019 年增长 5.0%[2]。

1.1.3 浅海增养殖的智能化管理需求

我国是世界上海水增养殖规模和产量最大的国家，而浅海是海水增养殖最适宜，也是开发强度最大的区域之一。但是，由于浅海增养殖规模化、高密度和高产量以及浅海环境的多变和易受影响的特点，加上气候变化的诱发以及人类在浅海活动的强度增加，浅海增养殖无疑面临着水体富营养化、赤潮、绿潮等生态灾害频发，以及极端性高温和近岸海域低氧等环境风险日趋增多的问题[3]。这些问题日益成为威胁和制约海水增养殖产业健康发展的重要因素，对海水增养殖效益、产量和品质均造成重大影响。

大数据指的是一种规模大到在获取、存储、管理、分析方面大大超出了传统数据库软件工具能力范围的数据集合，具有海量的数据规模（Volume）、快速的数据流转（Velocity）、多样的数据类型（Variety）和价值密度低（Value）四大特征[4,5]。大数据概念是在强大的应用需求下被提出的[6]。

将大数据技术与浅海增养殖有机结合，把围绕浅海增养殖全过程的数据进行处理和深度挖掘，结果以直观的形式呈现给生产者与决策者，并反过来指导浅海增养殖健康和绿色发展，是解决上述难题的根本途径之一[7,8]。因此，分析浅海增养殖大数据的来源和获取手段，整合获取浅海增养殖业、生产过程全产业链数据，构建大数据技术总体架构，实现增养殖过程全面感知、全产业链数据智能分析与自动决策，推进大数据技术与水产增养殖产业的深度融合，建立实用性好、前瞻性强的，涵盖增养殖全过程的“可视、可测、可警、可报”的浅海增养殖大数据智能化示范性平台，为我国海水增养殖高质量发展提供技术支撑。

浅海增养殖大数据智能化分析平台包含在线监测、大数据分析和智能化平台三个关键技术环节[9]。从国际发展趋势来看，实时在线监测技术已在全球范围得到广泛应用[10]，但我国在海水增养殖领域尚未建成有效的在线监测系统[11,12]。大数据技术在我国水产养殖业领域已有初步应用，但主要存在水产养殖过程信息化不完备、异源异构数据融合不足等问题[8]，整体上处于探索性局部应用阶段。目前水产养殖智能化平台主要包括生产管理平台、电子商务平台、智能决策平台和品质追溯平台[13]。这些平台的主要问题是职能单一、信息封闭、缺乏行业整体解决方案，总体上还处于探索阶段[14,15]。

1.2 浅海增养殖大数据现状

1.2.1 浅海增养殖传统数据的现状及不足

1.2.1.1 浅海增养殖区监测现状

鉴于我国海水增养殖在海洋经济中的重要性，自 2000 年以来，我国农业农村部及国家海洋局投入大量的人力、物力，对我国海水增养殖区（主要是浅海增养殖区）进行了环境要素和增养殖生物概况监测，积累了大量的监测数据，并建立了专门的数据库。

农业农村部为客观评价海水重点养殖区水环境质量状况，对我国重要海水鱼、虾、贝、藻养殖区进行了监测，主要参数包括海水中无机氮、活性磷酸盐、石油类、化学需氧量以及铜、锌、铅、镉、砷、汞、铬等重金属。监测由全国渔业生态环境监测网所属各监测中心（站）完成，数据经专业人员审核并返回监测单位修正后入库（渔业专业知识服务系统中的“渔业环境数据库”）。

作为全国海洋环境监控的一部分，海水增养殖区监测一直是海洋功能区监测的重要组成。国家海洋局对我国海水增养殖区实施大规模监测（主要是环境要素监测）始于 2003 年，每年在我国沿海省市甄选 50～60 个海水增养殖区进行增养殖概况、水质、沉积物质量以及双壳贝类生物质量的季度性监测，为全面分析我国海水增养殖区环境质量现状和发展趋势，保障我国海水增养殖区的可持续利用以及为各级海洋管理部门对相关问题政策的制定提供科学依据和技术支撑。

我国还建有区域性的专门数据监测平台，其数据也可服务于我国浅海增养殖业。如隶属中国科学院近海海洋观测研究网络的黄海海洋观测研究站和东海海洋观测研究站，是具有全面调查功能与专项研究功能的开放性海洋科学观测研究网络。其主要观测区域包括以大连獐子岛为核心的北黄海海域，以荣成楮岛为核心的荣成外海海域，以青岛灵山岛为核心的青岛外海海域、日照外海和三山岛外海，以花鸟岛为核心的长江口至舟山群岛外海海域共四个核心观测海域。

另外，许多头部企业（如獐子岛集团和威海长青集团）建有海水增养殖监测系统，用于海水增养殖区环境监测，能够为公司海水增养殖提供可靠的数据支撑。

1.2.1.2 海水增养殖传统数据的不足

1. 全过程监测能力不足

前已述及，农业农村部和国家海洋局均对我国海水增养殖区布局并实施了长期的增养殖生物和环境监测计划，且每年均有相关公报发布；各区域性监测平台和头部企业也针对各自利益相关的区域开展了浅海增养殖区的监测。尽管如此，我国并未针对浅海增养殖建立从环境、苗种、养殖、加工等全过程的监测能力，相关的关键技术环节和组织方式均比较匮乏[9,16]。从全球发展趋势上看，实时在线监控技术已在全球范围得到广泛应用[17-19]，海洋监测与管控模式正逐步由“瞬时、静态监管和事后应急”向“实时、动态监管和事前预警”转变。我国海水增养殖区数据结构还是以季度性走航监测为主，缺乏连续监测数据[20]。海水增养殖领域的信息化建设仍在探索阶段，尚未建成有效的在线监测系统。

2. 数据碎片化，多源数据库缺乏

海洋生态系统具有复杂性，相关模型的建立与验证依赖于数据资料，所有的生态模型都需要一个强大的数据库。当前，海洋生态系统动力学发展迅速，系统观测资料加工和数据管理的重要地位凸显[21]。因此，建立特定海域生态系统数据库是对海洋生态系统进行数值研究的基础；此外，数据库已成为许多计算机应用系统的核心部分，其技术发展迅速，特别是世界范围信息高速公路的兴建推动了数据库的发展[22]。

大数据时代导致信息爆炸式增长，数据的来源也越来越广泛，但来自不同设备的数据在一般结构或者形态上是异构的，而目前国内外对多源异构的海洋大数据的多模态融合应用的探讨都不够深入，缺乏足够的异构数据融合手段来支撑海洋大数据的智能分析。这些将成为制约浅海增养殖业的信息化与智能化发展的关键因素。

随着信息化建设的推进，浅海增养殖大数据挖掘与分析系统中各环节深度交互，其分析必须由传统的孤立分析方式向各环节的协同分析转变。在此背景下，以数字化为抓手，以数据为核心生产要素，通过多模态数据融合技术实现多源异构数据[23]的融合、提高系统中各环节的可观可控性，是提升浅海增养殖大数据挖掘与分析系统运行安全性及可靠性的有效途径。从数据利用和融合的角度来看，对多模态数据进行关联和综合分析，实现各个环节各类场景的准确、统一和全面感知（数据融合），是实现该系统可观性和可控性的重要基础支撑。

3. 数据挖掘与分析技术薄弱

基于机器视觉研究领域的发展以及鱼类图片和视频的获取，近年来有很多文章报道了将深度学习的一些高阶模型应用于鱼类养殖和检测的研究工作，如鱼类的投食、形态分析等。这些研究成果或基于公开的鱼类识别数据集，或基于实验室模拟条件下的录制，或基于养殖水箱中的摄像开展，却很少能找到在复杂的自然水体环境当中的实验成果。真实的浅海增养殖活动的海洋环境复杂、开放、透明度低，是难以在实验室中进行模拟的。针对浅海增养殖活动中的机器视觉研究几乎没有报道，在现在已公开的水产养殖智能系统中也鲜有观察到机器视觉或数据挖掘算法的呈现。

虽然图片和视频数据容易获得且数据体量大，占据了数据量中的较大百分比，但是图像观察的是生物的数据。浅海增养殖活动涉及的关键信息中不仅包含生物的视频，还包含其他来源的数据，这些数据可能更加重要。例如，水质信息中的水温、pH、盐度、溶解氧、透明度、化学需氧量、氮、磷、叶绿素 a 等，气象信息中的日照、云量、降雨、风、台风灾害等，海洋信息中的洋流、潮汐等。生物的图像信息侧重描绘生物对环境响应的结果，例如养殖鱼类是否感到不适或生长不良，而非图像信息侧重描述浅海增养殖生物所感受到的环境，包含更加丰富的环境因变量变化规律。因此，图像反映的信息相对滞后，难以对海水环境进行直接的预测，而且在浅海增养殖环境中应用非图像信息的系统研究也非常少见。

此外，浅海增养殖活动更多地包括藻类（如海带）、贝类（如牡蛎、扇贝）、甲壳动物（如虾、蟹）、棘皮动物（如海参）等类群。然而，除了对鱼类的研究，对其他经济种类的生长和环境进行数据挖掘的研究很少被报道。因此在浅海增养殖活动范畴内，大数据挖掘与分析技术的应用尚处于起步阶段。

4. 缺乏有效的智能化信息平台

虽然大数据技术在我国水产养殖领域已有初步应用，但是整体上仍然处于探索性局部应用阶段；其中，在海水增养殖方面更是落后。主要存在养殖过程信息化程度不充分、数据共享不够、多模态智能分析不足等关键问题。突出表现为信息化程度参差不齐，可推广的标志性信息化成果缺乏，虽然有少数水产养殖企业也研发了一些信息化系统或者平台，如生产管理、电子商务、辅助决策和品质追溯等应用系统，然而这些系统或平台基本上是“孤岛式”开发的，不仅功能单一而且信息封闭，甚至连自己企业内部不同系统之间的数据都很难相互利用。

1.2.2 从增养殖传统数据到大数据

随着信息产业和材料工艺的发展，5G 技术、物联网、大数据、云计算、智能装备等逐渐进入现代渔业领域。以增养殖业积累的传统数据和经验为基础，以 5G 技术、物联网系统为支撑，智能化增养殖正成为未来的重要发展方向之一。

基于大数据智能化分析的智能渔业主要包括在线监测、大数据分析和智能化平台三个关键技术环节。然而，我国海水增养殖领域的信息化建设仍在探索阶段，尚未建成有效的在线监测系统；大数据技术已在我国水产养殖方面得到初步应用，但是整体上仍然处于探索性局部应用阶段[24]；基于物联网、互联网等技术的智能化养殖平台已开始应用于水产养殖水域的生产和管理环节，养殖户可以通过手机、计算机实时掌握养殖信息，自动获取预报预警信息，远程控制智能化设备，实现智能化养殖，但是这些系统或者平台基本上是“孤岛式”开发的，存在信息封闭、难以相互利用等问题。另外，来自不同设备的数据在一般结构或者形态上是异构的，而目前国内外对多源异构的海洋大数据的多模态融合应用探讨都是不够深入的，缺乏足够的异构数据融合手段来支撑海洋大数据的智能分析。这些将成为制约生态增养殖业信息化与智能化发展的关键因素。

1.2.3 大数据可促进海水增养殖的智能化管理

当前，我国正在进入“智慧渔业”时代，信息化、智能化是浅海生态增养殖发展的必经之路，大数据已经开始在浅海增养殖管理中发挥重要的作用[25]。利用物联网、人工智能等先进技术实施大数据技术与海水增养殖业的深度融合和应用[14]，构建全产业链智能化分析平台，将有效推动海水增养殖业转型升级和智能化管理[26,27]。

围绕浅海增养殖全过程的数据进行处理和深度挖掘，借助海底在线观测系统、水下LED灯以及水下高清摄像机、物联网多用途测控仪等仪器与设备，通过与物联网技术相结合，采集增养殖影像、环境和生物等相关参数以获取大量数据，可实现海水增养殖环境的“可视、可测”；通过气象、水质风险和设备运行监测、增养殖物种疾病及行为智能检测与分析等与大数据相结合，可实现海水增养殖天气、水质、设备和养殖物种疾病的“可警、可报”。通过集成海水增养殖实时视频、水质实时和检测数据、天气预报及预警、养殖异常报警、增养殖物种状态和设备运行状况等相关数据，构建浅海增养殖的“可视、可测、可警、可报”的大数据智能服务平台，通过云计算和大数据分析为不同层级管理决策的智能化管理提供支撑，实现海水增养殖业的智能化管理、数据智能分析、基于数据的辅助决策等核心目标，服务于增养殖模式创新、过程优化和风险管控。

1.3　问题的提出及聚焦内容

我国浅海增养殖虽然经过了 40 余年的快速发展，但仍然存在信息化和智能化程度低、多源数据库缺乏、大数据挖掘与分析技术薄弱等问题，难以满足产业高质量发展的需求[8,28]。因此，亟须通过建立浅海增养殖区多源实时监测系统及传输网络获取海量数据，建设浅海增养殖大数据库，研发浅海增养殖大数据挖掘与分析技术，构建浅海增养殖全过程的智能信息化平台，并进行示范应用，满足我国浅海增养殖模式创新、产业转型升级和科学管理的数据和技术需求，促进我国浅海增养殖产业的高质量发展。

1.3.1　浅海增养殖大数据关键技术问题

1. 多源异构数据库构建技术

鉴于我国目前浅海增养殖监测数据存在数据碎片化、积累少、量化度低、多源数据融合不充分等问题，针对实时监测、人工集成以及互联网爬取等多源采集的数据，综合利用数据清洗、统计去噪和异构融合等多种技术手段，形成格式化、易于分析的统一规范化数据形态；以 SQL 数据库和 NoSQL 数据库为骨干技术，构建兼容关系型数据和视频图像等非关系型数据的异构数据库；采用 MapReduce 编程模型与 Hadoop 大数据批处理架构，支持数据的高效存储和挖掘。

2. 多源多模态全过程的数据挖掘与分析技术

多源多介质形成的异构数据库对数据挖掘提出了挑战，其中基于关系型、视频图像、网页文本等的多模态数据挖掘是深层次数据分析的技术难点。应用统计学、人工智能、数据挖掘等手段，集成研发多元统计分析、时间序列分析、关联分析、聚类分析、强化深度学习等算法，研发增养殖全过程情景下的多源多模态数据挖掘与分析技术，从而建立浅海增养殖生态环境动态大数据模型和养殖生物生长模型，识别影响增养殖全过程的关键环境因子，查明环境变化与增养殖生物生长的关联规律，挖掘浅海增养殖知识模式，并通过视频和监测数据等互动，实现浅海增养殖的全过程预警、预测与反馈。

3. 自动化反馈智能信息化平台构建及示范

开发远程视频监控、环境实时监测、数据分析和可视化、决策与管理等子系统，构建集感知层、传输层、数据层、分析决策层和应用层于一体的浅海增养殖自动化反馈和全过程智能信息化平台，提供增养殖实时监测、生产管理、信息发布、智能决策等服务；研发平台信息安全技术、第三方系统接口技术，保障平台的安全性和可扩展性。以我国典型增养殖区为示范，进行业务化应用推广。

1.3.2 浅海增养殖大数据技术及应用聚焦内容

1. 浅海增养殖大数据获取及大数据库构建

通过卫星遥感、在线监测、网络获取和历史数据收集等方法，获取水文气象、环境质量、生物生态、增养殖概况以及企业生产等实时、连续、长期的相关数据。利用海量数据滤波、视频压缩等技术，制定统一的数据传输格式，建立融合 4G/5G 无线、VPN/VPDN 专线和卫星多种通信技术的数据传输网络平台。通过数据格式整合、内容整合，研发多源数据格式化转化技术，建立结构化和非结构化统一数据模型，构建环境、生物和养殖过程“三位一体”的浅海增养殖大数据库。

2. 浅海增养殖大数据挖掘与分析

分析大数据挖掘方法在浅海增养殖方面应用的现状，了解大数据技术与海洋的结合趋势，明确浅海增养殖数据分析的主要目标。应用主成分分析和时间序列挖掘等方法，建立浅海增养殖生态环境动态大数据模型和养殖生物生长模型，识别影响增养殖全过程的关键环境因子；研发聚类分析和关联分析算法，利用深度学习和强化学习技术，查明环境变化与增养殖生物生长的关联规律，挖掘浅海增养殖知识模式；研究多模态大数据挖掘技术，通过视频和监测数据等互动，实现浅海增养殖的全过程预警、预测与反馈。

3．浅海增养殖生物图像识别与目标检测

分析机器视觉和人工智能、图像识别及检测技术、目标跟踪技术等相关研究，明确浅海增养殖生物图像识别与目标检测技术进展。基于深度学习进行增养殖生物目标检测，基于机器视觉进行增养殖生物目标跟踪，结合 AlexNet、ResNet、MobileNet 等模型，研发浅海生物图像识别深度学习技术。建立水下生物分类图像数据集，进行 AlexNet 等模型训练、验证和测试，实现浅海增养殖区的生物类群图像识别及跟踪。

4．浅海增养殖区综合评价

通过环境质量和生态环境风险评价指标、标准以及等级划分等，构建浅海增养殖区环境质量综合评价方法和生态环境风险指数评价方法。通过环境质量综合评价方法，明确我国海水增养殖区环境质量现状；利用生态环境风险指数评价方法，综合评价我国浅海增养殖区环境质量和生态环境风险。

5．浅海增养殖智能化大数据平台构建及示范应用

开发远程视频监控、环境实时监测、数据分析和可视化、决策与管理等子系统，构建集感知层、传输层、数据层、分析决策层和应用层于一体的浅海养殖智能化综合服务平台，提供增养殖实时监测、生产管理、信息发布、智能决策等服务。研究平台物联网网关接入技术、实时监测技术、智能流媒体服务技术等关键技术，进行增养殖全产业链的各环节数据和信息的全过程监管；通过大数据相关技术、数据挖掘算法等对生物生长过程进行分析和预测，对大数据智能平台进行业务化应用。

6．我国浅海增养殖大数据技术及应用展望

构建全国浅海增养殖实时在线监测网，利用“文化组学”和“电子生态学”促进浅海增养殖大数据获取，实现多渠道和新方法促进大数据库建设。通过多源异构数据特征的融合、自主学习、时空融合深度挖掘等，实现应用于浅海增养殖的大数据深度挖掘。扩展浅海增养殖大数据在生物多样化识别、环境灾害预警中的应用，促进浅海增养殖大数据对海洋经济发展的影响，实现浅海增养殖大数据应用场景多元化。

参考文献

[1] FAO. Fishery and aquaculture statistics：Global aquaculture production 1950-2020[M]. Rome：FAO，2022.

[2] 农业农村部渔业渔政管理局. 中国渔业统计年鉴 2021[M]. 北京：中国农业出版社，2021.

[3] 张守都，李友训，姜勇，等. 海洋强国背景下我国发展现代海水养殖业路径分析[J]. 海洋开发与管理，2021（11）：18-26.

[4] Manyika J，Chui M，Brown B，et al. Big data：the next frontier for innovation，competition，and productivity[R]. New York：McKinsey Global Institute，2011.

[5] 王元卓，靳小龙，程学旗. 网络大数据：现状与展望[J]. 计算机学报，2013，36（6）：1125-1138.

[6] 毛国君，胡殿军，谢松燕. 基于分布式数据流的大数据分类模型和算法[J]. 计算机学报，2017，40（1）：161-175.

[7] 刘建强，叶小敏，兰友国. 我国海洋卫星遥感大数据及其应用服务[J]. 大数据，2022，8（2）：75-88.

[8] 段青玲，刘怡然，张璐，等. 水产养殖大数据技术研究进展与发展趋势分析[J]. 农业机械学报，2018，49（6）：1-16.

[9] 贾文娟，张孝薇，闫晨阳，等. 海洋牧场生态环境在线监测物联网技术研究[J]. 海洋科学，2022，46（1）：83-89.

[10] Bushnell M，Kinkade C，Worthington H. Manual for real-time quality control of ocean optics data：a guide to quality control and quality assurance of coastal and oceanic optics observations[M]. Integrated Ocean Observing System（U.S.），2017.

[11] Tai H，Liu S，Li D，et al. A multi-environmental factor monitoring system for aquiculture based on wireless sensor networks[J]. Sensor Letters，2012，10（1）：265-270.

[12] Huang J，Meng X，Xie Q，et al. Complete sets of aquaculture automation equipment and their monitoring cloud platform[C]. Recent Developments in Mechatronics and Intelligent Robotics，2018：429-435.

[13] 王新安. 基于云服务的智慧水产养殖平台的研究与实现[D]. 青岛：青岛科技大学，2017.

[14] 周一敏. 大数据时代我国农产品电子商务平台模式研究[J]. 科技资讯，2016（25）：15，17.

[15] 王超. 基于 Weka 辅助的中华绒螯蟹设施养殖物联网决策支持系统设计[D]. 南京：东南大学，

2015.

[16] 熊小飞，上官茂森，陈洁，等. 我国海洋环境监测工作的发展对策[J]. 海洋开发与管理，2014，31（8）：76-79.

[17] Zhu X，Li D，He D，et al. A remote wireless system for water quality online monitoring in intensive fish culture[J]. Computers and Electronics in Agriculture，2010，71（S1）：S3-S9.

[18] Geetha S，Gouthami S. Internet of things enabled real time water quality monitoring system[J]. Smart Water，2016，2（1）：1-19.

[19] Tanaka K，Zhu M，Miyaji K，et al. Spatial distribution maps of real-time ocean observation platforms and sensors in Japanese waters[J]. Marine Policy，2022，141：105102.

[20] 阚文静，谭晓璇，石海明. 基于海洋环境在线监测技术的研究探讨[J]. 海洋科学前沿，2020，7（4）：73-76.

[21] 唐启升，苏纪兰，孙松，等. 中国近海生态系统动力学研究进展[J]. 地球科学进展，2005（12）：1288-1299.

[22] 管玉平，许吟隆，高会旺，等. 海洋生态数据库系统[J]. 海洋科学，1998（3）：18-20.

[23] 陈氢，张治. 融合多源异构数据治理的数据湖架构研究[J]. 情报杂志，2022，41（5）：139-145.

[24] 肖乐，李明爽，李振龙. 我国“互联网+水产养殖”发展现状与路径研究[J]. 渔业现代化，2016，43（3）：7-11，28.

[25] 茆毓琦. 基于大数据技术的智慧水产养殖系统研究[D]. 青岛：青岛科技大学，2018.

[26] 吴卫祖，刘利群，徐兵，等. 基于物联网的水产养殖气象灾害监测与预警模型研究[J]. 电子技术与软件工程，2017（5）：210-211.

[27] 姜涛. 基于物联网的海洋生态环境动态监测系统研究与应用[J]. 信息通信，2020（7）：128-129.

[28] 代成，袁跃峰，沈健，等. 大数据水产养殖监测系统研究[J]. 农村经济与科技，2021，32（1）：44-47.

第 2 章　浅海增养殖大数据获取

增养殖大数据的获取是指利用大数据的理念和相关技术，对增养殖全产业链产生的海量数据进行收集、处理和分析，从而发现新知识、创造新价值、提升新能力的新一代信息技术和服务业态[1,2]。

2.1　浅海增养殖数据来源

浅海增养殖数据来源主要包括互联网数据、物联网系统、数据库平台、产业管理系统和历史数据源等。

2.1.1　互联网数据

浅海增养殖互联网数据数量庞大且为最全面客观的参考数据源，可通过网络爬虫和网络服务接口获取[3]。随着我国水产养殖业信息化程度的逐渐提升，目前已有众多共享服务平台和水产养殖行业主要网站（表 2-1），主要内容有养殖资讯、养殖产量、养殖渔情动态监测相关信息等数据。另外，政府、企业与共享服务平台等相关信息公开网站向社会提供的数据资源服务，能够促进数据资源的深度挖掘与分析利用，如艾媒数据中心，其网站设计包含的内容及数据量尤为丰富，网站中涉及浅海增养殖的数据多为半结构化或非结构化数据，如图片、音频、视频与文本等。

表 2-1　水产养殖行业主要网站及其内容

网站名称	网址	信息内容
国家海洋科学数据中心	http://mds.nmdis.org.cn/	海洋生物、数值产品、水文气象、基础地理等
国家渔业大数据共享平台	http://www.cnfm.gov.cn/	养殖渔情动态监测、养示范区、渔业统计、水产品价格等

网站名称	网址	信息内容
国家农业科学数据分中心	http://fishery.agridata.cn	渔业科学数据库、苗种数量、分布等
全国水产技术推广总站	http://www.nftec.agri.cn	水产养殖病害预测预报、渔业统计信息公告等
中国水产科学研究院	http://www.cafs.ac.cn/	科学研究、新闻信息、人才信息等
水产门户网	http://www.bbwfish.com/	新闻资讯、市场行情、水产技术、论坛等
水产养殖网	http://www.shuichan.cc/	资讯、资料、水产供求、价格等
海水养殖_水产养殖网	http://www.shuichan.cc/article_list-165.html	水产资讯、水产资料、交易平台等
水产前沿_水产频道	http://www.fishfirst.cn/portal.php	水产前沿、论坛、专题、文献等
艾媒数据中心	https://data.iimedia.cn/	国内外养殖产量、捕捞量、市场价值及预测等

2.1.2　物联网系统

浅海增养殖物联网系统可以实时采集增养殖环境在线监测数据，适用于各类岸基、海基增养殖环境监测。浅海增养殖物联网系统由数据采集模块、网络传输模块、远程访问模块 3 个部分组成，物联网系统搭建如图 2-1 所示。数据采集模块：是整个系统的基础，负责搜集前端的增养殖环境参数等信息。数据采集采用的传感器主要有水下（水上）监控相机、溶解氧、多参数水质仪与原位营养盐分析仪等。网络传输模块：主要负责将前端采集的数据传送给服务器，并提供远程终端访问主服务器，是整个系统数据的传输通道。远程访问模块：将采集到的数据通过终端设备展示给用户，使用户能够了解增养殖海域周围的实时信息。用户可以通过各种终端（如个人电脑、手机等）实时了解增养殖环境信息，并把采集到的实时数据与历史数据进行对比，实现对增养殖的科学管理，避免造成损失。

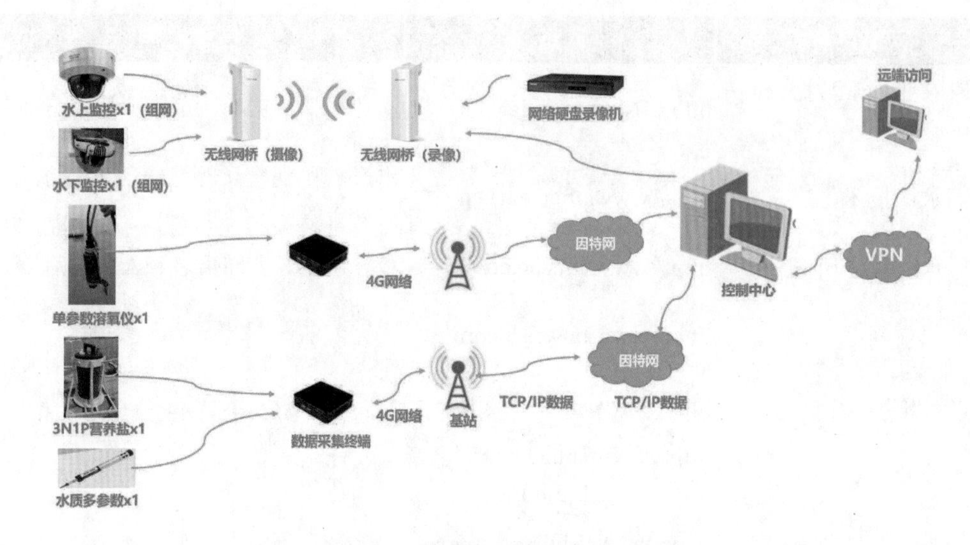

图 2-1　物联网系统搭建示意图

2.1.3　数据库平台

与浅海增养殖相关的数据库资源主要包含卫星遥感数据平台和文献数据库等。卫星遥感数据原始数据和产品可以从 SatCO2 平台（http://www.SatCO2.com/）以及地理空间数据云（http://www.gscloud.cn）、美国国家航空航天局戈达德航天中心数据网站接口 LAADS（Level-1 and Atmosphere Archive & Distribution System）DAAC（Distributed Active Archive Center）（https://lasdweb.modaps.eosdis.nasa.gov）、欧空局 Copernicus Open Access Hub（https://scihub.copernicus.eu/）、美国国家环境信息中心 National Centers for Environmental Infomation（http://www.ncei.noaa.gov）等获取。除了纯粹的遥感数据，很多数据是再分析数据。所谓再分析数据，即结合了卫星遥感、地面观测、预报模型等多个数据来源而形成的数据。再分析数据种类比遥感数据更加丰富，在时间、空间分辨率上也有更多的选择[4,5]。文献数据库是指数字出版平台提供的学科专业数字图书馆和行业图书馆中与增养殖有关的文献资料，主要包含图书、期刊、报纸、专利文献、技术标准、报告、政府出版物、会议文献、学位论文等。

2.1.4 产业管理系统

产业管理系统是指统计年鉴、政府产业管理系统与企业的生产管理数据。产业管理系统获取方式主要包括查阅、网络爬虫与网络服务接口[3]。产业管理系统供政府工作人员办公使用，如各地渔业部门通过中国渔业政务网向渔业局报送养殖统计数据。统计年鉴是指与养殖生产、市场销售等相关的专业统计数据。企业的生产管理系统中一般包含物联网采集的环境参数、增养殖个体/群体以及个体/群体等的行为参数数据，以及关于投喂、病害、预警等日常管理操作的记录数据。

2.1.5 历史数据源

增养殖历史数据源是增养殖产业信息化程度较为落后时期所收集的原始数据凭证，获取方式主要为问卷调查，纸质期刊文献查阅，养殖专家、企业和养殖户的咨询记录整理等。可将得到的纸质信息数据整合后再录入计算机中保存，这样数据不易丢失，方便查找与翻阅。但其中一部分信息具有主观性或者存在录入错误的情况发生，因此数据源较为传统。现今，收集历史数据源的方式多样，可通过各类行业信息网站中心、共享服务平台、科研数据中心等获取国内外以往发布的历史数据。

2.2 浅海增养殖数据获取方式

浅海增养殖数据获取的方式主要包含上网、在线监测、下载卫星遥感数据平台等，其中网络数据主要来源于互联网数据，在线监测数据主要通过利用物联网系统搭建各种岸基、海基的监测站台与监测平台等方式获取。卫星遥感数据的获取方式主要是下载各类卫星遥感数据库平台、科研数据中心、行业信息网站数据中心等。历史监测数据主要来源于各类历史数据源。

2.2.1 网络

浅海增养殖数据获取中，网络数据的获取方式包括物联网方式和网络爬虫方式。

2.2.1.1 物联网方式

针对增养殖环境监测数据，感知层是实现物联网全面感知的核心部分。感知层采用温湿度传感器、溶解氧传感器、营养盐传感器、气象传感器、摄像头等感知设备对环境参数、影像数据进行采集。物联网模块主要由感知模块、控制模块、服务器、DTU（Data Transfer Unit）及云平台组成。其中，感知层中的传感器将监测的串口数据发送给 DTU，DTU 打包之后通过 GPRS 基站发送到通信服务器云平台进行存储，DTU 负责传感器、继电器与平台的连接，它实现了串口数据与 IP 数据之间的相互转换，通过建立 TCP 长连接进行通信。传感器模块主要包括传感器、继电器和 DTU[6]。

涉及的传感器均采用探头传感器。传感器的数据帧分为两种类型，分别是问询帧和应答帧，传感器只有在收到问询帧后才会向外发出采集的数据。传感器的地址码需要通过上位机设定[7]。以温湿度传感器为例，地址码是通过传感器上位机软件设置的传感器地址位来标识不同的传感器。通过将测得的十六进制数数值转换成十进制数进行解析，再将结果缩小到原来的 1/10，最终得到当前真实环境中的温湿度值。若当前温度低于 0℃，采用补码形式上传[8]。为了保证通信数据的完整性，本书采用 CRC（Cyclic Redundancy Check）校验。待汇总多个传感器后拼接成数据串再使用 DTU 通过 TCP 长连接将串口数据和 IP 数据的相互转换发送至云平台服务器，通过简单的 AT（Attention）指令进行设置，DTU 支持移动、联通、电信 4G 高速接入，同时还支持联通 3G 和 2G 接入，使用时，通过相关上位机软件对其进行心跳包、注册包、地址位的设置。

系统采用的报文格式包括：

登录报文：当服务器与 DTU 连接时，服务器会收到登录报文，其中登录报文类型值为 0x03；移动内网 IP 是 4 bytes，端口地址 2 bytes，整个数据头长度为 22 bytes，采用网络字节序，数据体为空。

心跳、下线响应报文：DTU 定时向服务器发送心跳响应报文，心跳包支持永久在线，具体间隔时间可以通过上位机软件进行设计，其中心跳包的数据类型取值为 0x81，下线包的数据包类型为 0x81，数据体为空。

TCP 上传、下发数据报文：该报文负责在 DTU 与服务器之间进行数据通信，其中数据包类型为 0x09（终端上报数据包）、0x89（中心下发数据包），真实数据体为服务器向传感器、继电器下发的指令以及两者向服务器发送的数据信息。

物联网是指两个或多个设备之间在近距离内的数据传输，解决物物相连问题。早期多采用有线方式，如 RS323、RS485，考虑设备的位置可随意移动的方便性，后期更多地使用无线方式。随着时代的进步和发展，社会逐步进入“互联网+”时代，各类传感器采集的数据越来越丰富，大数据应用随之而来，各类设备直接被纳入互联网以方便数据采集、管理以及分析计算。物联网智能化已经不再局限于小型设备、小网络阶段，而是进入完整的智能工业化领域，智能物联网在大数据、云计算、虚拟现实应用方面逐步成熟，并纳入“互联网+”整个大生态环境[9]，物联网数据获取方式如图 2-2 所示，前端 GPRS 无线数据终端采用 GPRS DTU，安装在企业监控点设备上，也可接入其他用途的二次仪表，可直接连接水质、环境监测传感器，可监控设施运行状态。能够实时向中心服务器回传数据，同时指挥中心也能够通过网络实现远程监控，进行图像抓拍。监控系统可完整记录辖区内传感器数量、归属地、维护人、运行时间等基本情况，并逐一建立档案，实现安全动态监管，同时通过双数据中心以及多数据中心同步接收数据加以备份[10,11]。

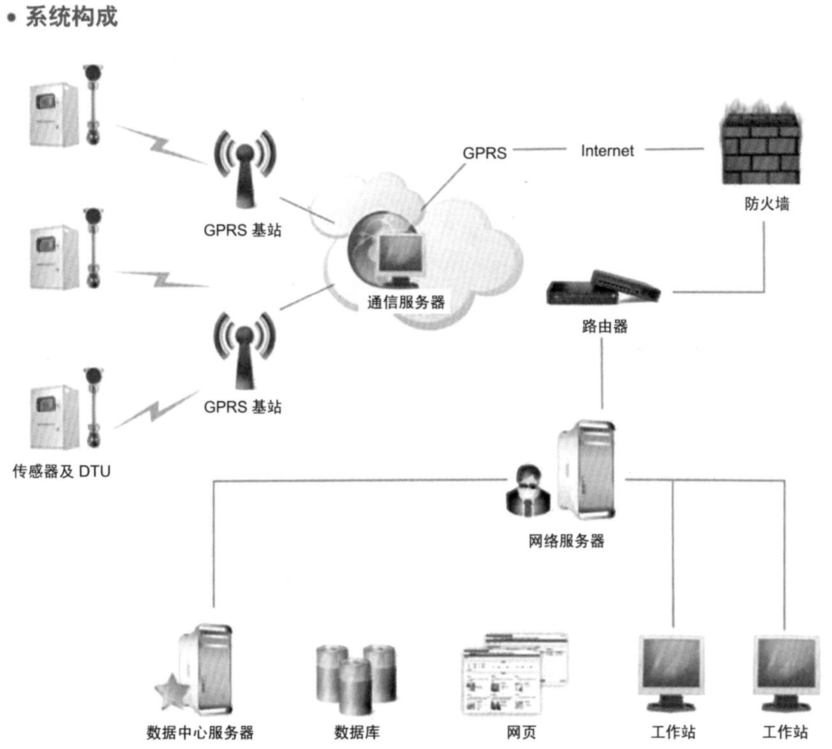

图 2-2 物联网数据获取方式示意图

2.2.1.2 网络爬虫方式

针对浅海增养殖行业信息数据，通过使用网络爬虫抓取不同网站信息并进行整合。爬虫是获取网页并提取和保存信息的自动化程序。爬虫首先要做的工作就是获取网页，获取的方式包括直接处理、Json 解析、正则表达式等，如图 2-3 所示。

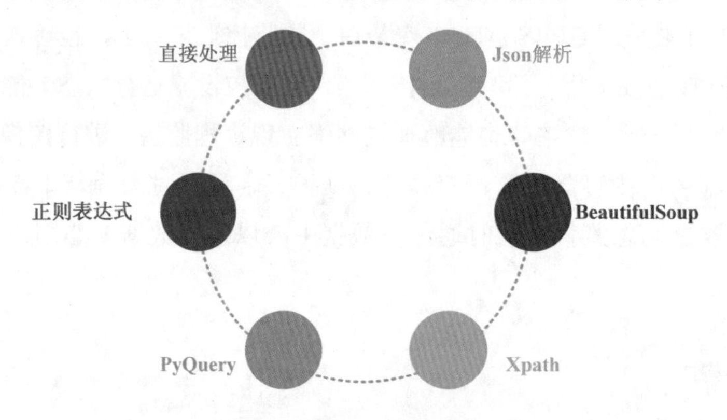

图 2-3 爬虫获取数据方式

通过爬虫获取的数据类型多种多样，包括网页文本、图片、视频及其他，如图 2-4 所示。

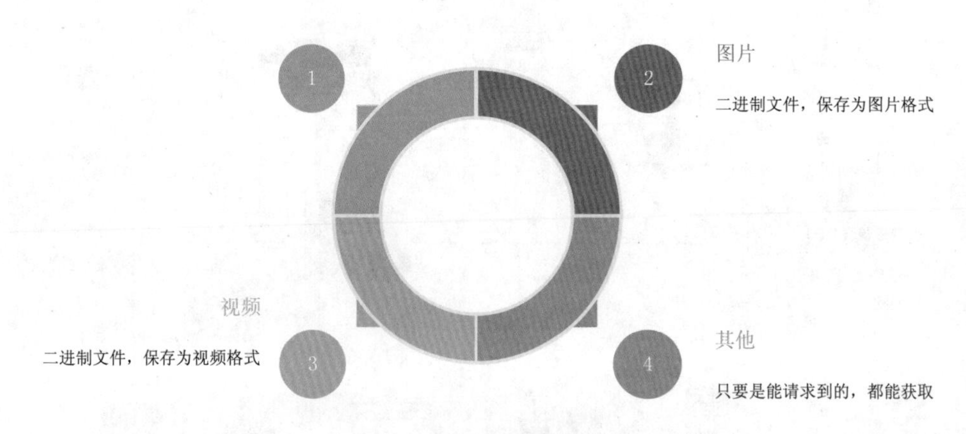

图 2-4 爬虫获取数据类型

以爬虫获取网页源代码为例，网页源代码包含了网页的部分有用信息，所以只要获取源代码，就可从中提取想要的信息。一般利用浏览器浏览网页时，浏览器模拟了这个过程，浏览器向服务器发送了一个请求，返回的响应体便是网页源代码，然后浏览器对其解析并呈现出来。网络爬虫做的工作和浏览器类似，将网页源代码获取下来之后对内容进行解析，只不过使用的不是浏览器而是 Python。如上所述，最关键的部分就是构造一个请求并发送给服务器，然后接收到响应并将其解析。Python 提供了许多类库用来实现这个操作，如 urllib、requests 等。使用这些库来实现 HTTP 请求操作，请求和响应都可以用类库提供的数据结构表示，得到响应之后只需要解析数据结构中的主体部分即可。获取网页的源代码后，接下来就是分析网页源代码，从中提取我们想要的数据，具体步骤如下：

首先，采用最通用的正则表达式提取，但是该方式在构造正则表达式时比较复杂且容易出错。另外，由于网页的结构有一定的规则，还可以利用某些根据网页节点属性、CSS 选择器或 XPath 来提取网页信息的库，如 Beautiful Soup、PyQuery、Lxml 等。使用这些库，我们可以高效、快速地从中提取网页信息，如节点的属性、文本值等。

其次，提取信息是爬虫非常重要的部分，它可以使杂乱的数据变得清晰，以便我们后续处理和分析数据。通常，爬虫从一个或若干个初始网页的 URL 开始，获得初始网页上的 URL，在抓取网页的过程中，不断从当前页面上抽取新的 URL 放入队列，直到满足系统的一定停止条件。聚焦爬虫的工作流程较为复杂，需要根据一定的网页分析算法过滤与主题无关的链接，保留有用的链接并将其放入等待抓取的 URL 队列。然后，它将根据一定的搜索策略从队列中选择下一步要抓取的网页 URL，并重复上述过程，直到达到系统的某一条件时停止。另外，所有被爬虫抓取的网页将会被系统存贮，进行一定的分析、过滤，并建立索引，以便之后的查询和检索；对于聚焦爬虫来说，这一过程所得到的分析结果还可能对以后的抓取过程给出反馈和指导。

最后，提取信息后，将提取到的数据按照一定的数据格式保存以便后续使用。保存形式多种多样，如可以简单保存为 TXT 文本或 JSON 文本，也可以保存到数据库，如 MySQL 和 MongoDB 等，还可保存至远程服务器，如借助 SFTP 进行操作等。

2.2.2 在线监测

在线监测是监测数据获取的一个重要途径。通过各类感知设备对监测对象进行连续监测，获取监测数据并通过某种网络方式将连续监测到的数据实时传输至服务端，根据业务需求通过各类终端以数值或图表的方式呈现出来，称为在线监测。

近年来，海洋环境监测呈现“多元化、实时化、长时序、立体化”的发展趋势。岸基（海洋监测站、雷达）、海基（浮标、潜标、海床基、潜水器）等多位一体的构建，大力发展和提升近岸、浅海、深海的海洋环境监测系统，实现海洋生态全时、全域在线监测和数据分析，为海洋环境实时评价、预警报警提供数据支撑。但是，在浅海增养殖方面，我国尚未建成成熟、稳定和可靠的在线监测系统。

2.2.2.1 岸基增养殖环境监测方式

岸基增养殖环境监测方式主要为建立岸基高频地波雷达站和岸基增养殖环境监测平台。地波雷达站发射的电波会沿着海面“爬行”，可以对海区进行有效的管理和控制，覆盖面积广、具有远程探测手段。岸基增养殖环境监测平台主要是对近岸污染和海域内增养殖环境的监测，多采用自动监测，以便获得连续、稳定、长期的监测数据。岸基增养殖环境监测平台较为灵活，可以根据不同的需求在不同的平台组合成不同的监测系统。

1. 岸基高频地波雷达站

高频地波雷达（HF Surface Wave Radar，HFSWR）作为一种海洋监测技术，具有超视距、大范围、全天候以及低成本等优点[12]，主要任务是建立海洋高频雷达环境网络，对海流场、海浪场、海面风场进行高效精确的监测，一般安装在近岸接近海面的位置，作用距离可达 300 km 以上，是唯一能和卫星媲美的技术。

高频地波雷达利用短波（3～30 MHz）在导电海洋表面绕射传播衰减小的特点，采用垂直极化天线辐射电波，能超视距探测海平面视线以下出现的舰船、飞机、冰山和导弹等运动目标，同时，高频地波雷达利用海洋表面对高频电磁波的一阶散射和二阶散射机制，可以从雷达回波中提取风场、浪场、流场等海况信息，实现对海洋环境大范围、高精度和全天候的实时监测[13]。

高频地波雷达系统主要有发射天线和接收天线、发射机、信号分机和终端分机 4 个基本组成部分。高频地波雷达系统成对使用是一种普遍的应用方式，其目的是获得关于增养殖环境目标运动特性的即时矢量探测结果。成对使用时需要中心站，它承担两个雷达站探测数据的汇集和合成处理工作，也能够对雷达站进行远程监测和控制。中心站与雷达站之间采用专网或宽带互联网进行数据通信[14]。

在增养殖区环境监测领域，高频地波雷达具有覆盖范围大、全天候、实时性好、功能多、性价比高等特点。由于其独特的性能优势及应用前景，国外很多国家都研制过或正在发展高频地波雷达，其中典型代表有加拿大的 SWR-503 系统、美国的 Seasonde 系统和德国的 WERA 系统等海洋动力学参数的探测[15]。我国自主研制的高频地波雷达有 200 km 中程高频地波雷达 OSMAR2000，实际海态探测距离可达近 400 km、探测覆盖面达 120 000 km^2 的数字化高频地波雷达 OS081H 等[14]。现今，高频地波雷达可以以 10 min 的时间分辨率连续获取数万平方千米海面的海洋状态参数分布，这是其他任何探测手段都无法做到的。

2．岸基增养殖环境监测平台

岸基增养殖环境监测平台一般是指在沿海岸、岛屿、海上平台或其他海上建筑物等处设立的固定式海洋观测平台。岸基海洋监测台站是岸基对海观测技术基础之一，是增养殖环境近海观测网的主要组成部分。由于岸基海洋监测台站为近岸固定平台，因此相对于浮标等近岸观测平台，岸基平台在使用环境、安装布放、系统供电、数据传输、维护管理等方面更具优势，具有良好的可扩充性和可维护性，可以长期、稳定地提供监测数据。

岸基海洋监测台站系统可以适应各种类型海洋监测站对水文气象监测的不同要求，可对沿岸海域的水文气象环境进行观测或对环境质量进行监测。其监测指标的类型包括温度、pH、盐度、电导率、气压、风速、风向、溶解氧、浊度、悬浮物、叶绿素 a 等参数。

一般岸基海洋监测台站系统包含：①采集单元。管路、流通池及过滤系统。②传感器监测设备。监测增养殖环境内的各类指标，可根据开展的自动监测项目，配置相应的传感器设备。③基站。构建在线监测台站，建设无线基站及光缆链路等岸基设施。④供电设施。台站所处位置一般较偏，供电往往不稳定。为保证系统不间断运行，台站应采用太阳能、风能、蓄电池或交流电供电设施，满足台站仪器设备的供应。⑤数据采集处理器。它是台站自动监测系统的核心，主要功能是完成整个系统的硬件组合和对工作过程的管理控制，一般会适当留有备用通道，以便增加新的监测项目，实现海域内环境监测系统的实时数据采集。⑥数据传输设备。根据监测项目需要选择无线电通信、电话通信或卫星通信方式来完成数据传输，实现监测数据自动储存和上传等功能。

一般台站系统应按《海滨观测规范》（GB/T 14914—2006）的要求对气象要素进行自动采集和处理，观测参数的测量时次、持续时间、数据采集频率等按照实际需求进行设定。

2.2.2.2 海基增养殖环境监测方式

随着传感技术和通信技术的发展，海洋自动监测技术迅速崛起，其中包括自动监测浮标、监测潜标和自动监测海床基等。这些技术手段也为浅海增养殖大数据库提供了丰富的数据来源。

1. 自动监测浮标

浮标是长期观察海洋监测环境等要素的主要平台技术，主要特点为能够连续采集数据，并能够长时间对数据进行稳定监测。浮标主要在海洋内随着海水运动进行漂流，能够对气候、海洋水文气象等进行连续性的自动化采集，其主要对海洋可观测的参数（包括风速、风向、气温、气压、相对湿度、表层水温、表层盐度、温度剖面、盐度剖面、深度、波高、波周期、波向、流速剖面、流向剖面、溶解氧、pH、氧化还原电位、浊度、叶绿素 a、雨量、辐射等）进行数据采集，设备具有重量轻、体积小、不受限等优势。

海洋环境监测浮标系统是一个复杂的系统，涉及结构设计、数据通信、传感器技术、能源电力技术、自动控制等多个领域，是多学科的综合与交叉。系统分为浮标体、系留系统、搭载监测仪器或传感器、数据采集及传输系统、供电系统、安全报警系统、通信系统、接收系统（岸站）等，是获取长期、连续、实时观测数据的技术手段，可锚碇于离岸海域，进行全天候、自动化的定点海洋气象、水文观测，是海洋环境监测中必不可少的支柱平台。通过搭载不同类型的传感器，可以完成对气象、海洋动力环境、水文和水质参数的长期、连续、自动监测，通过通信系统将不同的测量要素实时地传输到岸站数据接收系统中[16]。

数据采集控制器是浮标系统组成的核心部分，主要完成数据采集、处理、存储、传输和过程控制，其稳定可靠性直接关系到整个系统的可靠运行[17]。数据采集控制系统主要采用模块化、高可靠性、低功耗微处理机作为数据采集控制的核心，各传感器在控制指令下开展自动、长期、连续监测数据的采集，如美国 Campbell Scientific Instrument 公司的 CR10X 型测试与控制系统。浮标上装有大容量存储卡或存储硬盘，可将各测量项目采集的数据进行快速存储。浮标的数据传输系统主要采用无线通信方式，目前应用较多的有 GMS、CDMA 和 GPRS 通信方式以及 Inmarsat-C 海事卫星、铱星卫星、北斗卫星、短波、超短波等，可以采用单一或组合通信方式将浮标观测的数据传输到岸站接收系统中。

海洋监测浮标按照应用形式可以分为通用型和专用型浮标。通用型浮标是指传感器种类多、测量参数多、功能齐全，能够对海洋水文、气象、生态等参数进行监测的综合性浮标。专用型浮标是指针对某一种或某几种海洋环境参数进行观测的浮标。此外，海洋监测浮标按照锚定方式可以分为锚泊浮标和漂流浮标，按照结构形式可分为圆盘形浮标、圆柱形浮标、船形浮标、球形浮标、环形浮标等[18]。

2．监测潜标

潜标又称水下浮标，是海洋环境观测不可或缺的手段，也是开展物理海洋研究的基础观测方式，具有长期、连续、定点、多参数剖面同步观测的特点。常规潜标观测数据一般采取自容方式存储，随潜标回收后下载使用，并可根据监测任务的不同，在系统上连接不同类型和数量的自容式仪器，以便获取不同的参数资料。

相较于浮标，潜标可以免受外界环境的打扰与破坏，具有较高的安全性和隐蔽性等优点。现今，随着海洋科学研究、海洋综合利用和国防事业发展的需要，我国对海洋环境监测的力度不断加强，对海洋水下环境监测仪器备的需求日益增加，海洋潜标系统也逐渐得到了较广泛的应用。潜标系统的设计必须考虑布放环境条件、所选仪器性能、连接结构和布放回收等要素[19]。

潜标系统包括水上和水下两个部分：水上部分由声学应答释放器、观测仪、信标机和系留装置构成；水下部分由标体、无线电信标接收机、锚系系统、声指令发射接收机和布放回收装置组成[20]。按布放深度，潜标可分为深海潜标和浅海潜标；按是否固定可分为固定潜标和非固定潜标[21]。

近年来，随着高新技术的发展和海洋环境监测的需要，潜标技术朝着综合化、智能化方向发展。数据传输更由单一的存储读取方式向卫星传输、无线电通信和存储读取等多种方式发展，增加了数据的可靠性和实时性。如 2021 年布放于海南岛东部海域的准实时潜标系统，该潜标系统可准实时回传台风影响下的海流数据，实现了准实时潜标观测，对提升海洋环境预报预警具有重要意义。

3．自动监测海床基

海床基海洋环境自动监测系统（以下简称海床基监测系统）是布放在海底，对海洋环境进行定点、长期、连续测量的综合自动监测装置，具有长时间自动监测、隐蔽性好等特点，是获取水下长期综合观测资料的重要技术手段。

海床基监测系统是一种适用于在浅海（水深 100 m 以内）工作的坐底式离岸监测装

置。主要监测对象包括海流剖面、水位、盐度、温度等海洋环境要素。监测数据在中央控制机内进行集中存储，并可通过水声通信的方式将最新数据实时传输至水面浮标系统，再由浮标通过卫星通信或无线通信转发至地面站。系统回收时，可在水面船只上发射声学指令遥控水下系统上浮至水面[22]。

海床基监测系统数据实时传输链路由测量仪器、中央控制机、声通信机、浮标数据接收模块、卫星通信模块、地面接收站构成。由于在海洋环境中，水声通信是最适宜于远距离无缆数据传输的方式，因此，在整个传输链路中，水声通信是沟通水下和水面系统的关键技术。

2.2.3 卫星遥感

目前，全球共有海洋卫星或具备海洋探测功能的对地观测卫星近 100 颗。美国、欧洲、日本和俄罗斯等国家和地区均已建立了比较成熟和完善的海洋卫星系统。我国也已初步建立起海洋卫星监测体系，这为我国建立完善的海洋环境立体监测体系奠定了坚实基础[23-25]。

国外很多数据均可通过 ESA 的官方网站（https://scihub.copernicus.eu）下载，可注册账号并登录，根据传感器类型、云量及数据获取时间进一步精确检索。表 2-2 提供了目前国外相对较全的海洋遥感信息及渔业应用网站供读者参考。

表 2-2 国外数据库主要网站

数据库名称	网站
美国国家航空航天局（NASA）	http://reverb.echo.nasa.gov/reverb/
巴西国家空间研究院	http://www.dgi.inpe.br/CDSR/
DigitalGlobe 公司	http://www.digitalglobe.com/product-samples
HICO	http://hico.coas.oregonstate.edu/
美国海湾影像公司	http://www.oceani.com
美国轨道影像公司	http://orbimage.com
美国 NOAA 国家环境卫星数据信息服务署	http://www.nesdis.noaa.gov/
美国 NOAA 国家海洋资料中心	http://www.nodc.noaa.gov/oa/ncdc.html

数据库名称	网站
美国 NOAA 国家浮标资料中心	http://www.ndbc.noaa.gov/
美国国家海洋大气局卫星信息系统	http://noaasis.noaa.gov/NOAASIS/
美国环境预报中心	http://polar.wwb.noaa.gov.sst/
美国科学渔业系统公司	http://www.scifish.com
东京都水产试验场	http://www.fish.metro.tokyo.jp
鹿儿岛县水产试验场	http://chukakunet.pref.kagoshima.jp/
宫崎县水产试验场	http://www.suisi.miyazaki.miyazaki.jp/
爱媛县水产试验场	http://www2.ocn.ne.jp/
福冈县水产海洋技术部	http://www.sea-net.pref.fukuoka.jp
静岗县渔业局	http://www.biz.biglobe.ne.jp/
茨城县水产试验场	http://host.agri.pref.ibaraki.jp/i/
北海道东南海域	http://www.sui.pref.iwate.jp/i/
法国 CATSAT 公司	http://www.catsat.com
Jennifer Clarks GulfStream Analysis Charts	http://www.erols.com/gulfstrm/

以我国海洋卫星观测体系为基础，我国海洋卫星应用将以天地协调、布局合理、功能完善、产品丰富、信息共享、服务高效为目标，监测范围覆盖全球海洋，满足我国在海洋资源调查与开发、海洋环境保护、海洋防灾减灾、海洋权益维护、海域使用管理、海岛海岸带调查和极地大洋考察等方面的重大需求，同时兼顾气象、农业（含水产养殖业）、环保、减灾、测绘、交通、水利、统计等行业应用需求。但是，目前我国的海洋卫星监测体系尚不完善，观测要素相对较少；定标和真实性检验与国外相比存在明显差距；海洋遥感数据产品制作与服务等方面尚处于起步阶段。随着我国后续海洋卫星的发展，完整的海洋遥感立体观测体系将逐步形成，健全的卫星应用体系将逐步建立，将显著提高面向海洋综合管理、公共服务、安全保障等领域的能力。海洋遥感卫星必将在浅海增养殖大数据库建设进程中发挥重要作用。国产遥感卫星数据产品的标准化不够，可供用户使用的免费数据不够丰富。表 2-3 列出了可使用的数据库供读者参考。

表 2-3 国内数据库主要网站

数据库名称	网站
中国遥感数据网	http://rs.ceode.ac.cn/
地理空间数据云	http://www.gscloud.cn/
遥感集市数据中心	http://www.rscloudmart.com/dataProduct/datacenter StandardData
国家综合地球观测数据共享平台	http://chinageoss.org/dsp/home/index.jsp
舟山海洋数字图书馆	http://www.zsodl.cn/
国家海洋科学数据中心	http://mds.nmdis.org.cn/

2.2.4 历史监测

2.2.4.1 国内历史监测数据获取途径

国内历史监测数据来源主要为自然资源部、中国科学院和科学技术部支持建设的数据平台的开放共享数据。

1. 国家海洋环境监测中心

国家海洋环境监测中心是生态环境部直属事业单位，从事全国海洋生态环境监测、预报与保护工作的国家级业务中心。国家海洋环境监测中心积累了包含我国浅海增养殖区在内的大量海洋监测数据，但大部分数据属于保密数据，用户可根据需要依法依规申请使用。该中心同时也对外公布一些历史水质监测数据，如 pH、溶解氧、化学需氧量、无机氮、活性磷酸盐、石油类等 6 项指标，可通过海水水质监测信息公开系统获取（http://ep.nmemc.org.cn：8888/Water/）。

2. 国家海洋环境预报中心

国家海洋环境预报中心是自然资源部直属事业单位，主要职能是负责我国海洋环境预报、海洋灾害预报和警报的发布及业务管理，为海洋经济发展、海洋管理、国防建设、海洋防灾减灾等提供服务和技术支撑。该中心可提供我国海域大尺度的海浪、海冰、海表温度、海流、盐度、风场等十几项海洋环境信息（http://www.nmefc.cn）。

3. 国家海洋信息中心

国家海洋信息中心是自然资源部直属事业单位，牵头组建的国家海洋科学数据中心，采用“主中心+分中心+数据节点”模式，联合相关涉海单位、科研院所和高校等十余家单位共同建设。截至2019年10月，国家海洋科学数据中心可公开共享数据总量约8 TB、有条件共享和离线共享数据量约110 TB，时间范围为1662年10月至今，空间范围覆盖全球海域，数据类型包括海洋环境数据、海洋地理信息产品和海洋专题信息成果3类。海洋科学数据中心不断汇集整合卫星遥感、海洋渔业、深海大洋、河口海岸等领域的特色数据资源，研制发布海洋实测数据、分析预报数据及专题管理信息产品，建立分类分级的海洋科学数据管理体系。该中心在我国沿海北起小长山岛，南至遮浪半岛设有14个观测台站，可提供实时的海洋水文、海洋气象、监测数据（http://mds.nmdis.org.cn）。

4．中国科学院海洋研究所海洋大数据中心

中国科学院海洋研究所海洋大数据中心依托中国科学院海洋研究所建所70多年来的海洋调查数据和监测数据，并整合相关领域国内外监测数据，构建了全球范围的海洋观测数据平台。海洋大数据中心的宗旨是面向海洋权益维护、经济发展和科学研究重大需求，建立长效的数据资源获取和处理体系；发展多源观测数据融合、数据质量控制、数据分析挖掘、数据产品研发、海洋人工智能等关键技术，建立完善的海洋大数据资源和应用技术体系；构建海洋特色专题数据产品，发展服务海洋经济、健康海洋和近海海洋活动等的决策支持系统，形成集产、学、研、用于一体的海洋人工智能与大数据中心。

海洋大数据中心构建的全球海洋现场观测数据库（Global Ocean Science Data，GOSD）（图2-5）整合了自1900年以来的大量全球海洋观测数据（http://www.casodc.com/search-field），既包括海水温度、盐度、pH、溶解氧、CO_2分压等13个物理或生物地球化学要素，也包括XBT、CTD、Argo、Glider、浮标等11种仪器观测到的数据。GOSD中，仅温度和盐度数据就各有上千万条廓线。GOSD数据来源包括NOAA-WOD、我国自主观测数据等。

5．国家卫星海洋应用中心

国家卫星海洋应用中心是自然资源部直属事业单位，负责建设和管理海洋卫星数据库和信息系统，制作和发布海洋卫星数据与信息产品，承担各省级应用中心卫星海洋遥感应用业务指导工作等。该中心依托卫星遥感数据资源优势，可向用户提供的遥感数据包括：①海水光学特性、叶绿素浓度、悬浮泥沙含量、可溶有机物、海表温度等海洋水色卫星数据；②海面风场、海面高度、有效波高、重力场、大洋环流和海面温度等海洋动力卫星数据；③传统的条带成像模式和扫描成像模式数据以及波成像模式和全球观测成像模式数据。

图 2-5　海洋大数据中心数据获取方式

6．南海海洋科学数据库

“南海海洋重点数据库建设与应用服务”在“十五”至“十二五”“南海海洋数据库”工作的基础上，按照海洋专业背景和知识结构建立多元、异构数据的知识关联网络，实施南海海洋数据资源的统一汇聚管理和信息知识融合，系统整编整合 1985 年以来南海海洋科学数据资源，融入中国科学院数据云服务环境，向全社会提供一站式南海海洋数据共享服务（http://www.scsio.csdb.cn/）。南海海洋科学数据库可提供覆盖南海和印度洋的涉及物理海洋、海洋地质、海洋生物、海洋生态、海洋化学、海洋遥感等学科领域的海洋数据产品。

2.2.4.2　国外历史监测数据获取途径

国外历史监测数据来源主要有美国国家海洋和大气管理局（National Oceanic and Atmospheric Administration，NOAA）和美国国家航空航天局（National Aeronautics and Space Administration，NASA）等。NOAA 拥有美国国家环境信息中心（National Center for Environmental Information，NCEI）、美国国家航标数据中心（National Data Buoy Center，NDBC）等分支机构，这些机构均向全世界提供共享数据服务。

1．美国国家环境信息中心（NCEI）

美国国家环境信息中心（https://www.ncei.noaa.gov/），是美国国家海洋和大气管理局（NOAA）的分支机构，是美国环境数据的主要权威机构，管理着世界上最大的大气、海岸、地球物理和海洋研究档案。NCEI 通过开发跨学科的新产品和服务，为美国国家海洋和大气管理局的卫星和信息服务做出了重要贡献。

数据由世界气象组织（WMO）按照每 10 经纬度平方整理而成，覆盖全球陆地和海洋的气候信息。在每个 WMO 方框内，数据包含数据集和深度两个维度的信息。

美国国家环境信息中心拥有多个海洋监测数据库，包括世界海洋数据库（world-ocean-database，WOD）（图 2-6），访问网址：https://www.ncei.noaa.gov/products/world-ocean-database；全球温盐观测数据库（global-temperature-and-salinity-profile-programme），访问网址：https://www.ncei.noaa.gov/products/global-temperature-and-salinity-profile- programme。

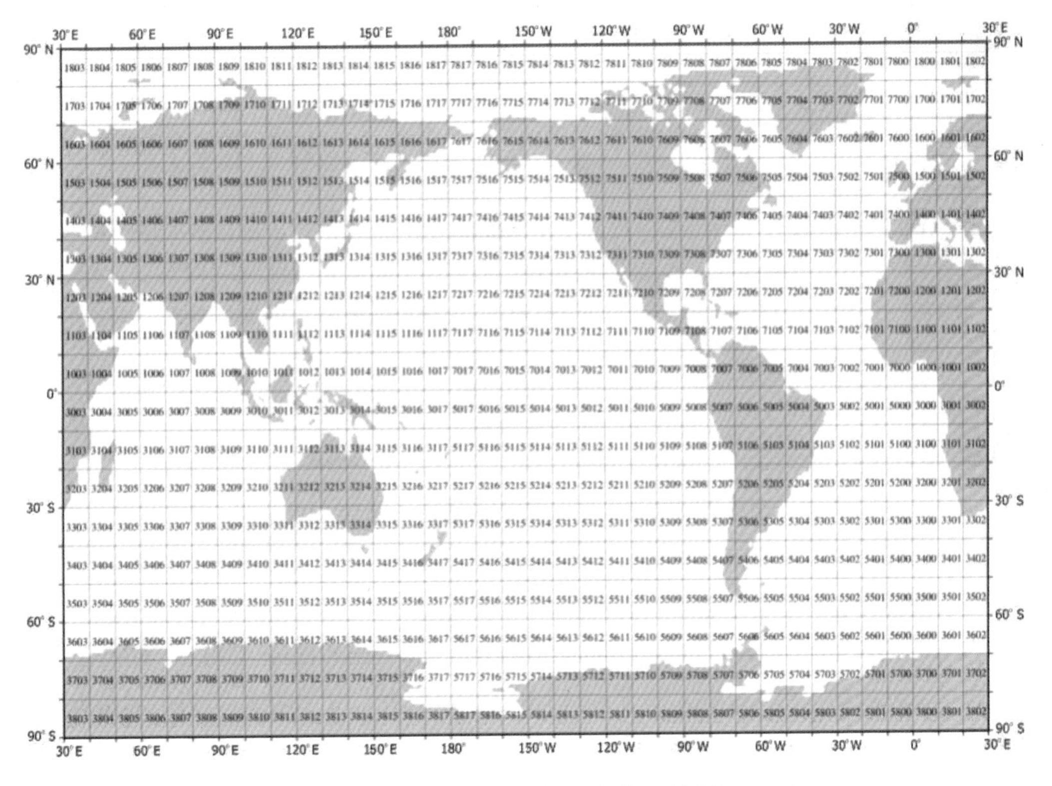

图 2-6　世界海洋数据库数据样例

2．美国国家航标数据中心（NDBC）

美国国家航标数据中心建设了能够长期稳定地进行海洋观测和监测的基础设施，这些设施在面对全球变化时能够以安全及可持续的方式提供高质量的海洋环境观测资料，协助了解和预测天气、气候、海洋及海岸的变化。美国国家航标数据中心向全球共享航标数据（图 2-7）（https://www.ndbc.noaa.gov/）。

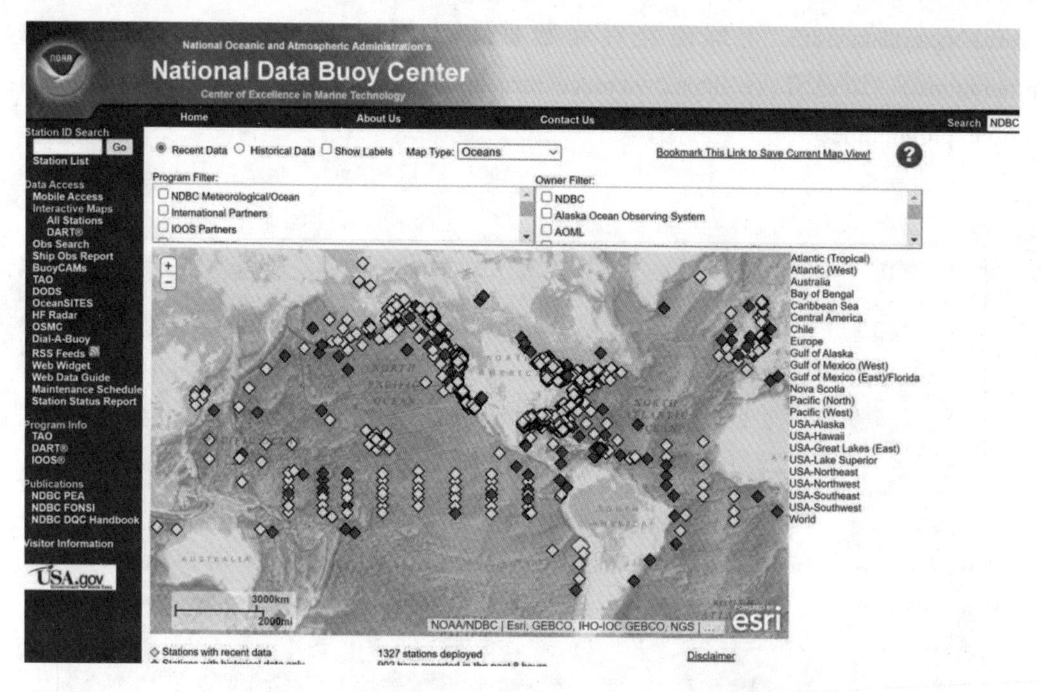

图 2-7 美国国家航标数据中心遍布全球的观测站位

3．全球建模和应用办公室（GMAO）

全球建模和应用办公室（The Global Modeling and Assimilation Office，GMAO）隶属美国国家航空航天局（NASA），是一个职能独特的部门，它使用运算模型和数据同化技术来加强 NASA 的地球观测计划。GMAO 最初是为了支持美国宇航局的“地球观测系统”（EOS）任务而成立的，其数据获取能力已经发展到最新一代的基于航天器和飞机的空天一体化观测。GMAO 的数据产品主要提供给三个 EOS 平台（Terra，Aqua 和 Aura）的团队成员，以及执行 NASA 最新太空任务的科学团队等（数据访问网址：https://gmao.

gsfc.nasa.gov/)。

4．南森环境与遥感中心（NERSC）

南森环境与遥感中心（Nansen Environmental and Remote Sensing Center，NERSC）成立于 1986 年，是一个非营利性的研究基金会。南森环境与遥感中心在地球系统环境和气候研究、卫星遥感、建模和数据同化等领域提供跨学科的科学专业知识。它的研究重点是地球科学，包括物理和生物海洋学、气象学、海冰/冰冻圈研究、水文和气候研究等主题，包括所有这些主题的遥感（https://www.nersc.no/project/oc-cci）。

5．混合坐标大洋环流模式（HYCOM）

混合坐标大洋环流模式（Hybrid Coordinate Oceanic Circulation Model，HYCOM）是美国迈阿密大学在原有等密度面海洋模式的基础上发展改进的新一代原始方程的全球海洋环流模式。HYCOM 再分析数据是由美国国家海洋伙伴计划（NOPP）赞助的多机构合作项目，其作为美国全球海洋数据同化实验（GODAE）的一部分，旨在开发和评估等密度—Sigma—压力（广义）混合坐标的海洋模式（HYCOM）的数据同化功能。GODAE 的目标是以精细分辨率实时对海洋状态进行三维再现，为沿岸和区域海洋模型提供边界条件，并为全球海洋—大气耦合预测模型提供海洋边界条件，目前 GODA 正在与全球海洋学研究的机构建立合作伙伴关系。HYCOM 网站（https:// www.hycom.org/）提供基于海洋预测系统的实时全球 HYCOM + NCODA 预测系统输出数据的访问。

6．国际 Argo 观测数据库

Argo 计划是由美国等国家大气、海洋科学家于 1998 年推出的一个全球海洋观测试验项目，旨在快速、准确、大范围地收集全球海洋上层的海水温、盐度剖面资料，以提高气候预报的精度，有效防御全球日益严重的气候灾害（如飓风、龙卷风、台风、冰暴、洪水和干旱等）对人类构成的威胁。Argo 项目执行以来形成的观测数据由该平台汇集并向全球开放共享（https://fleetmonitoring.euro-argo.eu/）（图 2-8）。

7．海洋酸化观测数据库（GOA-ON）

通过海洋酸化观测数据库（Global Ocean Acidification - Observing Network，GOA-ON），可获取全球海洋酸化变化的观测数据（图 2-9，http://portal.goa-on.org/Explorer）。GOA-ON 是一个国际协作网络，旨在共同探索和研究河口—海岸—开放海域环境中海洋酸化的驱动因素，以及由此产生的对海洋生态系统的影响，并提供共享信息以优化建模研究。该网络对于提供海洋酸化对人类影响的早期预警至关重要。海洋酸化的影响涉及自然生态系统、野生和养殖渔业活动、海岸保护、旅游业以及地方经济等。该网络平台为人类寻求制订统一行动计划、最佳行动方案，缓解或适应海洋酸化的影响，制定全球化战略提供基础参考数据。

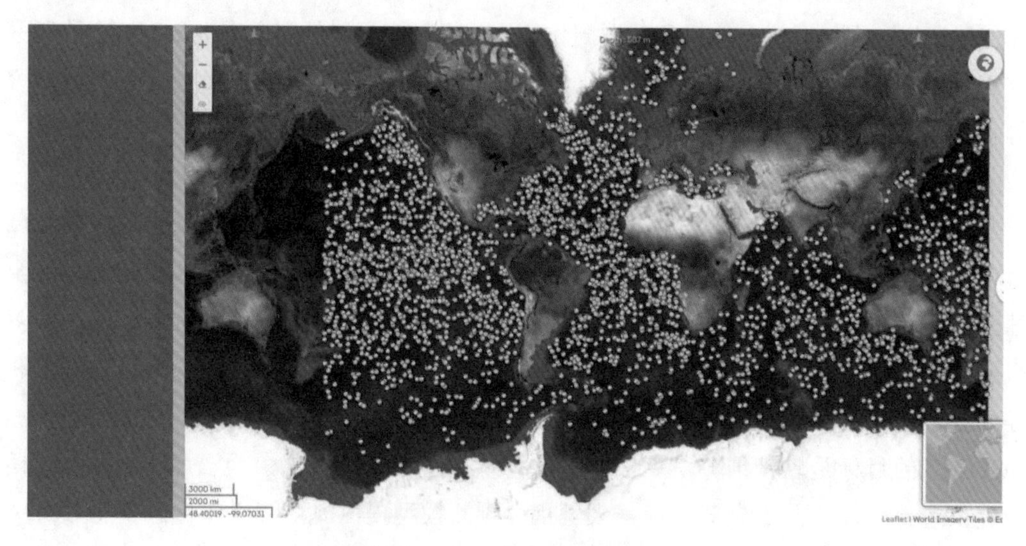

图 2-8　Argo 观测数据库网站

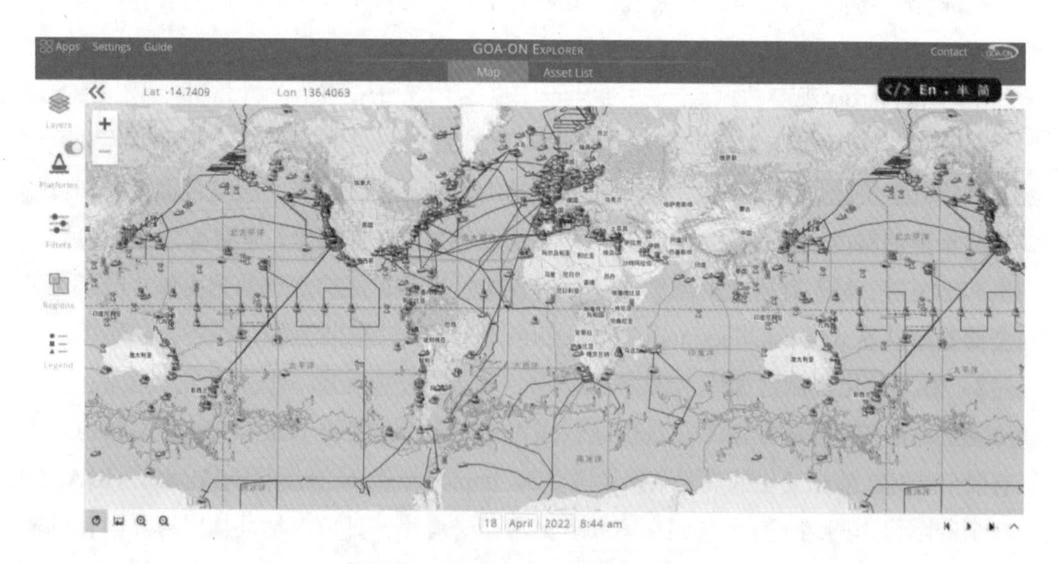

图 2-9　海洋酸化观测数据库网站

2.3　浅海增养殖数据特征

大数据技术和浅海增养殖信息化的发展造就了浅海增养殖大数据的有效收集和知识挖掘[26]。浅海增养殖大数据是基于大数据技术及其相关理念，结合数学模型等相关技术对浅海增养殖所产生的大量数据进行获取、分类、加工、管理、挖掘、分析，构建大数据平台，推广大数据应用，实现大数据共享，提供大数据服务。

作为一个快速发展的新技术领域，浅海增养殖大数据的定义和内涵尚不明确，当前基本是以人数据的特征为出发点，通过这些特征的阐述和归纳给出定义。维克托迈尔-舍恩伯格及肯尼斯库克耶编写的《大数据时代》提到了大数据的 4 个特征：海量性（Volume）、多样性（Variety）、高速性（Velocity）、价值性（Value）。

2.3.1　海量性

大数据的特征首先体现为“大”。“大”既指数据量大，也指存储器的容量“大”，还指数据“全”。这里的“大”取的也是相对意义而不是绝对意义，也就是说这是相对所有数据来说的。大数据是建立在掌握所有数据，至少是尽可能多的数据的基础上的，拥有更多更全面的数据，使我们可以从不同的角度更细致地观察数据，更准确地考察数据并进行新的分析。

随着信息技术的不断发展，存储设备的不断更新换代与普及，从一个 MB 级别的存储就可以满足大部分人或者行业的需求，到存储级别从后来的 GB 到 TB 级别，乃至现在的 PB、EB 级别。当数据的体量达到 PB 级别以上，才真正开启了大数据时代。由于数据量的不断增长，需要更适合的智能算法、更强大的数据处理平台及更新的数据处理技术来进行相应的统计、分析、预测及实时处理相应的“海量”规模数据。

随着移动物联网、人工智能、云计算及传感器等信息技术的高速发展及应用，浅海增养殖行业中涉及的各个环节及影响这些环节的相关因素所产生的数据量呈现出爆发性增长，积累出大规模的多种多样的数据（文字、数字、视频、音频等）。

2.3.2　多样性

多样性即数据类型的多样性。广泛的数据来源，决定了大数据形式的多样性。即数据类型繁多，不仅包括传统的格式化数据，也包括所有格式的办公文档、XML、HTML、各类报表、图片、音频、视频及地理位置等各种结构化、半结构化和非结构化的数据。

浅海增养殖大数据通过对生产、加工、供销、科研及管理等多种多样的相关数据进行采集，可产生多种类型的数据[27]。涉及的不同环节（养殖、加工、运输、销售等）、不同用户可提取相应的数据进行分析处理，从而得到精准化、智能化和最优化的方式与方法来解决相应的问题。浅海增养殖数据的多样性体现在多个环节、多个领域及多个行业，如增养殖海域及大环境下的气象状况、增养殖海域环境状况（水质状况、生态结构状况及水动力状况）、市场供销状况及国内国际的相应政策等。

2.3.3 高速性

高速性即数据存储、处理和挖掘速度快[28]。在数据处理速度方面，有一个著名的“1 秒定律”，即要在秒级时间范围内给出分析结果，超出这个时间，数据就会失去价值。可以从各种类型的数据中快速获得高价值的信息，这一点与传统的数据挖掘技术有着本质的不同。

浅海增养殖利用物联网和大数据技术可快速获取增养殖场的相关信息，并将相关信息及时传输至大数据平台进行处理（模式识别、数据挖掘、智能分析、机器视觉），结合人工智能、分析方法和智能决策系统（专家库、知识库、决策库等），可以实现增养殖过程自动化、喂养管理精细化、决策控制智能化[27]。

通过对浅海增养殖大数据的快速分析，可使浅海增养殖行业信息高速共享与互通，优化养殖资源配置，从而提高浅海增养殖业的收益率和生产经营效率，降低养殖风险。

2.3.4 价值性

价值性也是大数据的核心特征，即数据价值大。相较于传统的“小数据”，大数据的核心价值体现在可以从大量看似不相关的多种类型的数据中，挖掘出对未来趋势与模式预测分析有价值的数据，并通过机器学习方法、人工智能方法或数据挖掘方法深度分析，以便发现新规律和新知识。

浅海增养殖大数据技术是通过对增养殖数据进行获取、分类、加工、管理、挖掘、分析，最终把有价值的信息提取出来，提供给生产者和决策者，进而实现海产品的精准化、智能化和最优化生产[3]。

2.4　浅海增养殖数据分类

浅海增养殖监测数据按照数据所属的领域可分为水文气象数据、环境质量数据、生物生态数据、增养殖概况数据以及企业生产数据等，其中企业生产数据是指为了解养殖生物生长状况等需要，企业在生产过程中自行采集的各种数据及影像资料；其他类型数据是指为满足开展浅海增养殖区监测与评价等需要，其他相关部门所采集的各种数据及影像资料。

2.4.1　水文气象数据

海水增养殖区水文气象数据主要包括：

（1）水文：水深、潮汐、海流、水温、盐度、水色、透明度、采样层次、采样深度等。

（2）气象：风向、风速、海况、天气现象、气温、气压、光照、能见度等。

2.4.2　环境质量数据

海水增养殖区环境质量状况数据主要包括海水、沉积物和生物体三大介质的监测数据：

（1）水质：化学需氧量、pH、溶解氧、营养盐（无机氮、活性磷酸盐等）、叶绿素 a、重金属（铜、铬、汞、镉、铅、砷等）、石油类、DDT、六六六、多氯联苯、粪大肠菌群、弧菌总数、多环芳烃、磺胺类等。

（2）沉积物质量：氧化还原电位、硫化物、有机碳、重金属（铜、铬、汞、镉、铅、砷等）、粪大肠菌群、DDT、六六六、多氯联苯、多环芳烃、磺胺类等。

（3）生物质量状况：细菌总数、大肠菌群、石油烃、重金属（铜、铬、总汞、镉、铅、砷）、DDT、六六六、多氯联苯、多环芳烃、磺胺类、麻痹性贝毒、腹泻性贝毒等。

2.4.3 生物生态数据

海水增养殖区生物生态数据主要包括大型底栖生物和浮游生物监测数据：

（1）大型底栖生物：底质类型、采样器类型、采样次数、样方面积、样品厚度、底栖生物种类、中文学名、拉丁名、生物量及密度等。

（2）浮游生物：水样/网样、绳长、滤水量、生物类群、中文学名、拉丁名、生物量及密度等。

2.4.4 增养殖概况数据

海水增养殖概况数据主要包括增养殖方式（分种类统计）、增养殖面积、增养殖密度、投苗月份及苗种规格、月投饵量（不投饵不进行调查）、消毒药品使用量、病害发生情况（次数及面积）、赤潮灾害发生情况（次数及面积）、经济损失评估等。

2.4.5 企业生产数据

我国浅海增养殖生物种类众多，下面以贝类和藻类（海带）为例介绍浅海增养殖过程中的企业生产数据。

贝类增养殖过程中企业收集的数据主要包括：①育苗阶段。投喂饵料种类、培育密度、水温、充气情况、幼体摄食状态等。②苗种投放阶段。苗种规格、测量数量、苗种存量、苗种吊数等。③增养殖阶段。筏式养殖生物每月的壳高、壳宽、湿重等；底播增殖生物每月的壳高、壳宽、湿重、贝柱重量、性腺重量、肥满度等；养殖台筏数、单台产品产量、养殖总产量等。

藻类（海带）养殖过程中企业收集的数据主要包括：①育苗阶段。在育苗前期，主要进行显微观察，观察海带苗是否畸形及其附着密度等；在中后期，测量海带苗的长度。②苗种投放阶段。主要观察海带苗的长度，当长度达到 20 cm 左右，即可开始夹苗；同时也会观察海带的掉苗情况、病害情况等。③养殖阶段：1—5 月：主要测定藻体长度、藻体宽度、单绳（2.3 m）棵数、单绳（2.3 m）重量、藻体厚度；6 月：主要测定藻体长度、藻体宽度、单绳（2.3 m）棵数、单绳（2.3 m）重量、藻体厚度、海带色泽、有无肥边、假根发育情况、有无褐斑、孢子囊有无及形态、基部形态、有无纵沟、是否畸形、有无黄斑病害等。

参考文献

[1] 中华人民共和国国务院.促进大数据发展行动纲要[EB/OL]. http: // www.gov.cn/zhengce/ content/ 2015-09/05 /content_10137.htm，2015-08-31.

[2] 孟小峰，慈祥. 大数据管理：概念、技术与挑战[J].计算机研究与发展，2013，50（1）：146-169.

[3] 段青玲，刘怡然，张璐，等. 水产养殖大数据技术研究进展与发展趋势分析[J]. 农业机械学报，2018，49（6）：1-16.

[4] Kang G，Gao J Z，Xic G. Data-driven water quality analysis and prediction：a survey[C] // IEEE Third International Conference on Big Data Computing Service and Applications. IEEE，2017：224-232.

[5] Kim H G，Park Y H，Yang H C，et al. Time-slide window join over data streams [J]. Journal of Intelligent Information Systems，2014，43（2）：323-347.

[6] 杨一博，张峻箐，张志俭. 基于 LoRa 的河流水质监测系统设计[J]. 物联网技术，2020，10（3）：15-18.

[7] 王皖东. 一种应用于近海海洋监测的浮标系统研究[D]. 南京：南京信息工程大学，2018.

[8] 宋兴瑞. 基于无线传感器网络的水环境监测系统的设计[D]. 长沙：国防科学技术大学，2017.

[9] 张琴，杨胜龙，伍玉梅，等. 几种常见的物联网通信方式及其技术特点[J] .计算机科学与应用，2017，7（10）：984-993.

[10] 郭健. 基于 NB-IoT 的现代农业物联网监测节点的研究与应用[D]. 扬州：扬州大学，2019.

[11] 宫鹏. 环境监测中无线传感器网络地面遥感新技术[J]. 遥感学报，2007，11（4）：545-551.

[12] 吴雄斌，李伦，李炎，等. 高频地波雷达海面有效波高探测实验研究[J]. 海洋与湖沼，2012，43（2）：210-216.

[13] 张玲，刘旭，姜義，等. 基于弧段检测的高频地波雷达特定目标航迹跟踪方法研究[J]. 海洋科学，2016，40（6）：133-138.

[14] 周涛，孔庆国，钱一婧，等. 高频地波雷达技术及其发展趋势[J]. 雷达与对抗，2008（4）：5.

[15] Liu Y，Weisberg R H，Merz C R，et al. HF radar performance in a low-energy environment：CODAR SeaSonde experience on the West Florida Shelf[J]. Journal of Atmospheric and Oceanic Technology，2010，27（10）：1689-1710.

[16] 祝翔宇，冯辉强. 海洋环境立体监测技术[J]. 中国环境管理，2012（3）：43-45.

[17] 陈令新，王巧宁，孙西艳，等. 海洋环境分析监测技术[M]. 北京：科学出版社，2018.
[18] 王军成. 海洋资料浮标原理与工程[M]. 北京：海洋出版社，2013.
[19] 李飞权，张选明，张鹏，等. 海洋潜标系统的设计和应用[J]. 海洋技术，2004（1）：17-21.
[20] 张亚斌. 基于潜标平台的舰船目标探测技术研究[D]. 哈尔滨：哈尔滨工程大学，2020.
[21] 赵国辰. 多元声学矢量潜标阵采集存储平台设计与实现[D]. 哈尔滨：哈尔滨工程大学，2018.
[22] 齐尔麦，张毅，常延年. 海床基海洋环境自动监测系统的研究[J]. 海洋技术，2011，30（2）：84-87.
[23] 肖政浩，汪大明，温静，等. 国内外星-空-地遥感数据地面应用系统综述[J]. 地质力学学报，2015（2）：117-128.
[24] Liu S Y，Tai H J，Ding Q，et al. A hybrid approach of support vector regression with genetic algorithm optimization foraquaculture water quality prediction[J]. Mathematical＆Computer Modelling，2013，58（3-4）：458-465.
[25] Xue Z，Shen G，Xu Q，et al. Compression-aware I/O performance analysis for big data clustering[C]//International Workshop on Big Data，Streams and Heterogeneous Source Mining：Algorithms，Systems， Programming MODELS and Applications. ACM，2012：45- 52.
[26] 代成，袁跃峰，沈健，等. 大数据水产养殖监测系统研究[J]. 农村经济与科技，2021，32（1）：44-47.
[27] 茆毓琦. 基于大数据技术的智慧水产养殖系统研究[D]. 青岛：青岛科技大学，2018.
[28] 程锦祥，孙英泽，胡婧，等. 我国渔业大数据应用进展综述[J]. 农业大数据学报，2020，2（1）：11-20

第3章　浅海增养殖大数据库构建

随着海洋生态系统动力学的兴起，系统观测数据的处理和管理变得至关重要。像海洋生态系统这类庞大而复杂的系统，其模型的建立和验证很大程度上依赖于收集数据的能力，但这往往会成为建立模型的限制；浅海增养殖生态系统是海洋生态系统的一种，也不能例外。为研究复杂海洋生态系统而构建生态模型需要一个强大的数据库。另外，数据库系统作为各种计算机应用系统的基本组成，在技术上取得了很大进步；特别是随着全球范围内信息高速公路的建设，数据库系统的建设工作再次得到重视和推动。业内人士将信息和数据库之间的关系比作“修路和汽车制造的关系”，进一步证明了数据库的重要性。

3.1　多模态数据融合问题

3.1.1　海洋环境数据的管理

以海量海洋数据为基础，构建数字海洋框架和实体信息系统[1]，搭建一体化分布式海洋数据中心和共享平台，实现海洋信息资源共享，从而解决数据应用存在的各种问题。因此，大量多源、多格式海洋数据的综合管理是海洋环境资源应用和服务的重要组成部分[2]。近年来，随着海洋数据管理技术的不断探索和实践，在海洋应用系统的数据管理主要有以下几种模式：

3.1.1.1　文件系统管理

早在数据库管理技术还未出现时，如何选择管理数据的工具是一个简单的问题，大多数人会把操作系统提供的文件系统作为第一选择。通过文件系统，文件由数据按照一定的规则组成。通过文件系统，应用程序可以实现对文件中数据的访问和处理[3]。在地理信息领域，广泛采用基于文件的空间数据管理方式，如 ESRI 的 shapefile、coverage 和 Grids，以及超图的 SDB 等。在 MaXplorer 系统中，根据海洋空间数据的类别、内容等特点，在不同目录中存储一定级别，实现不同数据的统一管理。同时提供相应的文件操作接口，为上层应用提供统一规范的数据读写和转换标准，实现了基于分级目录文件的空间数据存储管理[4]。

并行文件系统可实现数据的分布式存储、访问和管理方式，提高了数据的存取效率[5]。对于来源和结构相对单一的数据处理类型和特殊应用程序的系统，文件系统是能发挥作用的。但是，如果对那些多来源且格式复杂的数据进行统一的处理和应用，文件系统的局限性（即文件系统实现了记录中的结构，但存在整体没有结构、数据共享差，冗余大、数据独立性差的问题）就会显露出来。

3.1.1.2 文件和数据库混合管理

自 20 世纪 60 年代后期发展以来，数据库技术在短时间内建立了牢固的理论基石、完善的商业产品以及广阔的应用，数据库系统的有关研究领域备受重视。数据库作为专门管理数据的系统，克服了文件系统管理数据的种种局限性，具有如下特点：

1．数据结构化管理

数据不针对某个应用，而是针对整个组织，有整体结构。数据访问灵活，存取粒度达到某个数据项。

2．数据的共享性高、易扩充和冗余度低

数据可以被多个用户和应用程序共享，减少了数据冗余并节省存储空间。当应用需求发生变化或增加时，可以依靠数据集的添加和扩展。

3．数据独立性高

数据库管理系统（DataBase Management System，DBMS）被用来专门管理数据库。当数据的物理存储和逻辑结构发生变化时，应用程序不需要改变，这使得数据具有高度的物理和逻辑独立性。

4．数据有 DBMS 统一管理和控制

DBMS 承担了管理数据库的责任，数据库中数据的安全保护、完整性检查、并发控制和恢复都由 DBMS 管理和控制。

作为中国海洋信息系统的核心技术，海洋数据库技术应用范围非常广泛，并已初步实现了海洋数据资源的现代管理系统。目前我国仍在持续进行着对国内海洋环境数据库及其关键技术的研发与建设工作，并在海洋数据库的基础上建立了海洋地理信息系统，应用于其他相关数字海洋领域[6]。

3.1.2　多源异构数据的融合

在大数据时代，信息爆炸式增长导致数据来源越来越广泛。跨媒体数据中，文本、图片和视频等是较为常见的形式。现代数据分析技术主要针对单模态数据是主要的分析方式[7]，但随着多源多模态数据的增长，对这类数据分析可能成为今后的主流和热点。

3.1.2.1　多来源

宇宙分为物理社会、人工社会和信息空间，其逻辑基础为从前面两个世界中得到信息后再传递给信息空间（即信息的融合、整合和分析），从而指导前两个世界的决策行为[8]。在大多数情形下，数据的来源并非单一，而是多个，且收集在同一个数据集中，这种类型的数据称为多来源数据[9]。一般认为，多来源数据是从多个端口获取的数据的集合。

3.1.2.2　多模态

同一个对象得到数据的每一个视角的表示叫作模态（Modality）[10]。在数据领域中，形式各异的数据可以用多模态表示，典型的形式为文本、图片、音频、视频和混合数据[11]。Lahat 等认为，多模态相较于单模态有更强的表征能力[12]。

3.1.2.3　数据融合

数据融合（Data Fusion）也称为信息融合（Information Fusion）。JDL（Joint Directors of Laboratories）认为数据融合的定义是：对单一和多个来源的数据和信息进行处理或关联的过程，以达到准确定位的目的，进而及时地针对各种因素进行评估。而 Hall 等[13]提出：涉及多个传感器和数据相融合的信息，比单一传感器或数据库更精准。祁友杰等[14]凝练出，数据融合是为考虑一定外部环境特征的不完整数据，而提供的几个传感器和数据源，概括成较为完备一致的表达，从而提高辨别和判断能力。Zhou 等[15]认为，感知、综合和判断不同来源的数据的过程称为数据融合；相关的数据属性具有差异、缺失性和多源之类的特性。不难发现，数据融合是一个对多来源数据进行分析和处理的过程，是以获得更加准确无误、一致的信息为目的，一般用来增强决策过程[16]。

对于浅海增养殖系统，采集海洋、天气等相关环境的数据是必不可少的，但是来自不同设备的数据一般结构或者形态上是异构的，而目前国内外在多源异构的海洋大数据的多模态融合应用上都探讨不够，缺乏足够的异构数据融合手段来支撑海洋大数据的智能分析，成为制约海水增养殖行业的信息化与智能化发展的关键。

随着信息化建设的推进，浅海增养殖大数据挖掘与分析系统中各个环节深度交互，其分析模式必须由传统的单一分析模式向各环节协同分析模式转变。在此背景下，以数字化为抓手，掌握和利用数据，通过多模态数据融合技术实现多源异构数据[17]的融合、提高系统中各环节可观可控性，是提升浅海增养殖大数据挖掘与分析系统运行安全性及可靠性的有效途径[18]。从数据利用和融合的角度来看，对多模态数据进行相关综合性分析，可以做到各个环节和各类场景的精确、一致和全面（数据融合），也是实现该系统全可观和全可控的重要部分。

借助计算机对多模态数据进行整体分析，称为多模态数据融合。目标预测由多个模态的信息进行结合得到。数据融合富有技术含量和挑战性：①由庞杂的系统产生数据；②数据的逐渐多元化，导致研究的类型、数量和规模也日渐庞大；③为尽可能发挥不同数据集的优势，利用异构数据集并不是一件简单的事[19]。

根据浅海生态环境数据的特点，需要将关系型数据库和非关系型数据库结合起来才能把浅海增养殖大数据系统的价值发挥到最大[20]。关系型数据库用来管理各种类型的属性数据。按照功能一体化、信息多元化、技术标准化原则将海洋地貌数据、图形、文字、图像及统计表格等多媒体数据进行存储和管理，实现其所需的功能。非关系型数据库管理空间信息和属性信息，结合数据库接口技术和可视化模型建立技术构建数据库。根据浅海增养殖一体化数字化产品的生产模式和技术理念，最终可开发出一套高效、实用、稳定、可靠的数据库应用系统。

3.1.3 浅海增养殖大数据库数据分析

3.1.3.1 传统数字海洋平台的数据存储方式

总体来讲，结构化数据常常被关系数据库存储，逻辑表征借助二维表结构。非结构化数据的存储方式有两种：

（1）将数据以文件的方式保存在文件系统中；

（2）将数据存储在传统的数据库表的大对象字段中。

考虑上述两种存储方式，一般来说，传统数字海洋平台在文件服务器中存储视频、图片等，在关系数据库中存储文件地址和更新的数据。

3.1.3.2　现有数据存储方式的不足

浅海增养殖大数据挖掘与分析系统平台需要对海量数据提供存储服务。一般来说，在 MySQL 数据库和文件服务器结合方式的传统数字海洋平台中，存在以下不足。

1．文件服务器存储海量非结构化数据的不足

（1）文件服务器的可扩展性差

由于非结构化数据的数量增长速度迅猛，文件服务器需要提供更大存储容量，造成了 MySQL 的写入路径也需要进行更改。

（2）文件服务器难以管理非结构化数据

如果需要对文件服务器中的文件进行一些操作，就必须修改元数据的内容和数据库中文件的路径，这无形中增加了很多工作量。

（3）数据安全性差

如果命名不准确，很容易造成文件丢失。

（4）需要考虑事务的一致性

2．使用 MySQL 存储非结构化数据的不足

（1）读/写性能低；

（2）扩展性差，容量有限。

3.1.3.3　MySQL 与 MongoDB 混合存储策略

由于传统非结构化数据的存储方式有很多不足，本书选择将 MySQL 与 MongoDB 混合存储的策略。在浅海增养殖大数据库的构建中，既包含文本数据，也包含图片、视频等数据。对于结构化数据，我们采用关系型数据库 MySQL 来存储，而对于非结构化数据，则采用非关系型数据库 MongoDB 来存储。

3.1.3.4　混合存储策略的优势

运用混合存储的策略，具有以下优势：

（1）节省 MySQL IO 开销；

（2）提高 MySQL Query Cache 的命中率；

（3）提高 MySQL 主备同步的效率；

（4）提高 MySQL 数据备份和恢复速度；

（5）增强扩展性。

3.2 基本的数据库技术

3.2.1 关系数据库的基础知识

关系型数据库可以简单地理解为二维数据库，由一些有行有列的表组成。常用的关系数据库有 Oracle、SqlServer、Informix、MySQL、SyBase 等[21]。

所谓关系型数据库，一般来说，是指利用了关系模型来组织数据的数据库。这种关系模型经过不断推进和发展，逐渐成为数据库架构的主流方向，是现今应用最广泛、最容易操作和应用的数据库系统模式。我们可以理解为，关系模型就是一个二维表格模型，一个关系型数据库就是由二维表及其之间的联系组成的一个数据组织。

3.2.1.1 基本概念

1．二维表（Table）

也称为关系，它是一系列二维数组的集合，用来代表与存储数据对象之间的关系。它由纵向的列和横向的行组成。

2．元组（Row）

可以理解为二维表中的一行，代表一个实体，在数据库中经常被称为记录。

3．属性（Column）

可以理解为二维表中的一列，也定义了表中的数据结构，在数据库中经常被称为字段。

4．域（Field）

属性的取值范围，也就是数据库中某一列的取值限制。

5．关键字（Key）

一组可以唯一标识元组的属性。数据库中常称为主键，由一个或多个列组成。

6．关系模式（Relation Schema）

指对关系的描述，其格式为关系名（属性 1，属性 2，…，属性 N）。在数据库中通常称为表结构。

7．主键、外键（Primary Key，Forien Key）

关系型数据库中的一条记录中有若干个属性，若其中某一个属性组（注意是组）能唯一标识一条记录，该属性组就可以成为一个主键。

例如，在增养殖区（增养殖区编号、海域编号、工人编号、区域），其中每个增养殖区编号是唯一的，增养殖区编号就是一个主键。产品信息（产品编号、产品名称、产品变化、产品描述），其中每个产品编号是唯一的，产品编号就是一个主键。捕捞记录（时间、增养殖区编号、产品编号、工人编号、数量、产品编号、追溯码），而在捕捞记录表中，单一一个属性无法唯一标识一条记录，时间、增养殖区编号和产品编号的组合才可以唯一标识一条记录，所以时间、增养殖区编号和产品编号的属性组是一个主键，捕捞记录表中的增养殖区编号不是捕捞记录表的主键，但它和增养殖区表中的养殖区编号相对应，并且增养殖区表中的增养殖区编号是增养殖区表的主键，则称捕捞记录表中的增养殖区编号是增养殖区表的外键；同理，捕捞记录表中的工人编号是职工表的外键定义。

3.2.1.2 数据库的三级模式

数据库有一个严谨的体系结构，数据库领域公认的标准结构是三级模式结构[22]，由外模式（External Schema）、概念模式（Schema）和内模式（Internal Schema）组成，这种结构能够有效地组织、管理数据，有效提高数据库的逻辑独立性和物理独立性。

1. 用户级→外模式（反映了数据库系统的用户观）

外部模式也称为子模式或用户模式，对应于用户级别。它是一个或多个用户看到的数据库的数据视图，它是与应用程序相关的数据的逻辑表示。外部架构是从架构导出的子集，其中包含允许特定用户使用的架构部分。用户可以使用外模式描述语言来描述和定义用户对应的数据记录，也可以使用数据操作语言（Data Manipulation Language，DML）对这些数据记录进行操作。

2. 概念级→概念模式（反映了数据库系统的整体观）

概念模式也称为模式或逻辑模式，对应于概念级别。它是数据库设计者通过整合所有用户的数据，按照统一的观点构建的全局逻辑结构。它是对数据库中所有数据的逻辑结构和特征的整体描述，是所有用户的通用数据视图（全局视图）。它是由数据库管理系统管理提供的数据模式描述语言（Data Description Language，DDL）来描述、定义的。

3. 物理级→内模式（反映了数据库系统的存储观）

内模式又称存储模式，对应于物理级。它是数据库中所有数据的内部表示或低级描述。它是数据库的最低级别的逻辑描述。它描述了数据在存储介质上的存储方式和物理结构，对应于存储在外部存储介质上的实际数据库。内部模式由内部模式描述语言描述和定义。

3.2.1.3 数据库的两级映射

数据库系统在三级模式之间提供了两级映像[22]：模式/内模式的映像、外模式/模式的映像。

（1）模式/内模式的映像：实现概念模式到内模式之间的相互转换；

（2）外模式/模式的映像：实现外模式到概念模式之间的相互转换。

数据的独立性是指数据与程序独立，将数据从程序中分离出来，由 DBMS 负责管理数据，达到简化应用程序的目的，对应用程序编制的工作量也有所帮助。

数据的独立性是由 DBMS 的二级映像功能来保证的。数据的独立性包括数据的物理独立性和数据的逻辑独立性。

3.2.1.4 结构化查询语言

结构化查询语言（Structured Query Language，SQL）是关系型数据库的核心。SQL 涵盖数据的查询、操作、定义和控制，是一种全面、通用且易于理解的数据库管理语言；同时，SQL 是一种高度非程序化的语言，数据库管理人员只需要指出要做什么，而不需要指出如何做就可以完成数据库的管理。

SQL 可以实现数据库全生命周期的所有操作，所以 SQL 从出现起就成了对关系数据库管理能力的考验。每一次变化和完善 SQL 的标准，都在引导关系数据库产品的发展方向。

SQL 包含以下 4 个部分：

1．数据定义语言（Data Description Language，DDL）

DDL 包括 CREATE、DROP、ALTER 等操作。在数据库中用 CREATE 来创建新表，用 DROP 来删除表，ALTER 负责数据库对象的修改。

例如，创建学生信息表使用以下命令：

CREATE table StuInfo（

id int（10） NOT NULL，PRIMARY KEY（id）;

name varchar（20）;

female bool;

class varchar（20）

）。

2．数据查询语言（Data Query Language，DQL）

DQL 负责进行数据查询，但是不会对数据本身进行修改。

DQL 的语法结构如下：

SELECT FROM 表名 1，表名 2

where 查询条件

group by 分组字段

having（分组后的过滤条件）

order by 排序字段和规则。

3．数据操纵语言（Data Manipulation Language，DML）

DML 负责对数据库对象运行数据访问工作的指令集，以 INSERT、UPDATE、DELETE 三种指令为核心，分别代表插入、更新与删除。

向表中插入数据命令如下：

INSERT 表名（字段 1，字段 2，…，字段 *n*）VALUES（字段 1 值，字段 2 值，…，字段 *n* 值）
where 查询条件。

4．数据控制语言（Data Control Language，DCL）

DCL 是一种可对数据访问权进行控制的指令。它可以控制特定用户账户对查看表、预存程序、用户自定义函数等数据库操作的权限，由 GRANT 和 REVOKE 两个指令组成。

DCL 以控制用户的访问权限为主，GRANT 为授权语句，对应的 REVOKE 是撤销授权语句。

3.2.1.5　关系型数据库的优缺点

关系型数据库已经发展了数十年，其理论知识、相关技术和产品都趋于完善，是目前世界上应用最广泛的数据库系统。

1．关系型数据库的优点

（1）容易理解

二维表结构非常接近逻辑世界的概念，所以关系数据模型相比其他模型更容易被用户理解。

（2）使用方便

通用的 SQL 语句便于用户操作关系型数据库。

（3）易于维护

丰富的完整性大大减少了数据冗余和数据不一致的问题。关系数据库提供的事务支持，可以保证系统中事务的正确执行，并提供事务恢复、回滚、并发控制和死锁解决方案。

2. 关系型数据库的缺点

由于互联网的发展迅速，数据量的庞大和类型的复杂，使关系型数据库变得难以满足一些业务的处理需求，存在以下不足：

（1）高并发读写能力差

当一些网站的并发性访问很高时，对于数据库有限的最大连接数和硬盘 I/O，往往导致不能同时连接很多人。

（2）海量数据读写效率低

若表中数据量太大，会造成读写速率缓慢。

（3）扩展性差

一般来说，关系型数据库系统可以利用更新数据库服务器硬件配置的方式来提高数据处理的能力，即纵向扩展。但纵向扩展终会造成硬件的性能遇到难题，最终无法应对互联网数据爆炸式增长的需求。还有一种扩展方式是横向扩展，即采用多台计算机组成集群，共同完成对数据的存储、管理和处理。这种横向扩展的集群对数据进行分散存储和统一管理，可以满足对海量数据的存储和处理的需求。但是由于关系型数据库具有数据模型、完整性约束和事务的强一致性等特点，导致其难以实现高效率的、易横向扩展的分布式架构[23]。

3.2.2 非结构化数据存储技术

作为 NoSQL 数据库（“多于 SQL”，非关系型数据库）的先驱，Google 早在多年前就开发了一套完整的海量数据处理，包括 NoSQL 数据库 BigTable 等。NoSQL 数据库具有高扩展性、海量数据高并发读写、无模式等特点，主要有以下 4 类数据库：

（1）键值对数据库，代表有 redis。这类数据库具有查找速率快的特点；

（2）列式储数据库，代表有 BigTable。这类数据库查询速度快、扩展性强；

（3）文档数据库，代表有 MongoDB。这类数据库具有无模式的特点，不需要像关系型数据库一样预先定义表结构；

（4）图形数据库，代表有 Graph。这类数据库能够很好地运行图结构相关的算法，如最短路径寻址等[24]。

3.2.2.1　列族数据库

列数据存储区也称为面向列的 DBMS 或列式 DBMS。列存储 DBMS 将数据存储在列而不是行中。关系数据库管理系统（RDBMS）将行中的数据和数据属性存储为列标题。基于行的 DBMS 和基于列的 DBMS 都使用 SQL 作为查询语言，但是面向列的 DBMS 可能会提供更好的查询性能。

1．列族数据库特性

（1）列存储 DBMS 使用的键空间类似于 RDBMS 中的数据库架构。

（2）列存储 DBMS 具有称为列族的概念。列族就像 RDBMS 上的表，键空间包含数据库中的所有列族。

（3）列族包含多个行，每行都有一个唯一的键，称为行键，是该行的唯一标识符。

（4）列存储数据库中的每一列都有一个“名称”“值”和“时间戳记”字段。

（5）每行可以包含不同数量的列，每行都不必具有相同的列。

（6）每列可以包含多行，所有行都可以有不同的数据类型或大小。

2．相关定义

键空间（Keyspace）：列存储 DBMS 使用的键空间类似于 RDBMS 中的数据库架构。键空间包含所有列族，键空间名称可以是 CMS 数据库，用于存储用户配置文件、文档和文档元数据。

列族（Column Family）：列族就像 RDBMS 中的表，一个键空间可以有多个列族。

行键（Row key）：列族包含多个行。

列（Column）：每行可以有多列。列数据存储中的一列包含实际值。列存储数据库中的数据存储在带有时间戳的键/值对中，每行可以具有不同数量的列。

3．列式存储的主要优点

高效的压缩效率，节省磁盘空间和计算 CPU 和内存；基于 CPU L2 缓存高效的数据迭代。

压缩算法：因为列数据库的每一列都是分开存储的，所以，很容易为每列的特征应用不同的压缩算法。

延迟物化：由于列数据库特殊的执行引擎，通常来说，在流程操作中间不需要解压数据，而是用指针代替操作，直到最终需要输出完整的数据。

聚合查询：根据结构的特性，柱状数据库在聚合查询（如 SUM、COUNT、AVG 等）方面表现突出。

可扩展性：列式存储数据库是可伸缩的。

快速查询和写入：能够做到迅速加载。通常可以在几秒钟内加载十亿行表，立即开始查询和分析。

4．适用案例

事件记录：保存应用程序状态，或者运行中遇到的错误等相关事件信息。

内容管理系统与博客平台：可以使用列族存储博文的“标签”（Tag）、“类别”（Category）、“链接”（Link）和“引用”（Trackback）等属性。注释信息可以和上面一样放在同一行，也可以移到另一个键位。

计数器：可用于网络应用程序，通常用于统计页面的访问者数量及其分类，以计算分析数据。

限期使用。

3.2.2.2 键值数据库

键值数据库是一种非关系型数据库，它使用简单的键值方法来存储数据。

1．键值数据库存储的基本要素

（1）键（Key）

键是唯一索引值，确保键值结构里数据记录的唯一性，同时也起到记录信息的作用，可以采用复杂的自定义结构，只要保持唯一即可。

注意：键不是越长越好（不要超过 1 024 字节），键的内容越多，内存开销越大，从而降低查询效率，而且在大数据环境下，会给数据查找这类计算带来更大的运行负担；键的内容也不宜太短，否则可读性不高；在同一类数据集合中，键的命名规范最好统一。

（2）值（Value）

值是对应键相关的数据，值要通过键来获取；键值数据库的值由二进制大对象（BLOB）进行存储，所以可以保存各种数据类型。预先定义数据类型不是必要的，这与其他关系型数据库不同，在关系型数据库中是强制要求预先定义存储数据类型的。

注意：不同的键值数据库对值会有不同的约束，特别是在值存储的大小上，不同的数据库，甚至不同数据库里的不同数据集合对象的约束是不一样的。例如 redis 中一个 string 的值，最大可以存储字节数为 512 M。

（3）键值对（Key-value Pair）

键和值的组合构成了键值对，它们是一一对应的关系。

（4）命名空间（Namespace）

命名空间是由键值所构成的集合，一般来说，一类键值对数据构成一个集合。在键值对的基础上增加命名空间，是为了在内存中访问该数据集时，该数据集合具有唯一的名称，类似传统关系型数据库对应的表。

2．键值数据库实现的基本原理

键值数据库数据结构借鉴了一维数组的设计方式。设计键值数据库时，放宽了对下标和值的限制，所以 Key 具有唯一地址的作用，也用来存储唯一内容，对 Value 值存储内容不限制，可以存储字符串、数字、视频、图片、音频等，但是 Key-value 必须成对出现。键值的内容必须具有唯一性，目的在于为建立索引及数据查找提供方便，但仍然起着唯一地址的作用。

数据存储结构和数据得不到永久保存，则不能称为真正的数据库，于是通过各种键值数据库系统的各种存储策略，以一定时间周期把数据复制到本地硬盘、闪存盘，键值数据库就初步成形了。但是在大数据环境下单机的内存受到容量限制，那么引入分布式处理方式便成为键值数据库的必然选择也是其基本特征之一。

3．基本数据操作方式

NoSQL 的键值数据库有了存储结构和数据，就需要考虑对数据的读写删除的操作要求，由于 NoSQL 数据库没有 SQL 概念，其对数据操作的实现是通过 put、get、delete 实现的。

（1）put 命令

用于写或者更新键值存储里指定地址的值。当指定地址有值时，更新值；没有值时，新增一个值。

（2）get 命令

用于读取键值存储里指定地址的值。如果没有值，返回一条错误提示信息。

（3）delete 命令

用于删除键值存储指定地址的键和值。如果键值存储里没有该键，就返回一条错误提示信息。

4．键值数据库的特点

（1）简洁

用到的只是增加和删除，不需要设计复杂的数据模型和纲要，也不需要为每个属性指定数据类型。动态添加时不需要修改原有数据库的定义。

（2）高速

不把数据保存在内存中，在 RAM 中读取和写入速度要快很多，当然也可以选择持久化。

（3）易于缩放

具有可缩放性，根据系统负载量，随时添加或删除服务器。

5．键值存储的优缺点

（1）优点

简单：数据存储结构只有键和值，并成对出现，值理论上可以存储任意数据，并支持大数据存储。凡是具有类似关系的数据应用，都可以考虑键值数据库，如热门网页排行。

快速：以内存为主的设计思路使键值数据库具有快速处理数据的优势。

高效计算：数据结构简单化，而且数据集之间关系的简单化（没有传统数据库中多表关联关系），基于内存的数据集计算，为大量用户访问情况下，提供高速计算并响应的应用提供了技术支持。

分布式处理：分布式处理能力使键值数据库具备了处理大数据的能力。

（2）缺点

对值进行多值查找功能很弱：键值数据库在设计之初就以键为主要对象进行各种数据操作，包括查找功能，对值直接进行操作的功能很弱。

缺少约束，容易出错：键值数据库不用强制命令预先定义键和值所存储的数据类型，那么在具体业务使用过程中，原则上值里什么数据都可以存放，甚至放错了都不会报错。这在某些应用场景上很致命。

不容易建立复杂关系：键值数据库的数据集，不能像传统关系型数据库那样建立复杂的横向关系，键值数据库局限于两个数据集之间的有限计算，例如在 redis 数据库里做交、并、补集运算。

6．适用案例

（1）存放会话数据。

（2）用户配置信息。

（3）购物车数据。

3.2.2.3　文档数据库

作为市面上流行的数据库模型之一，文档存储的工作方式与键值（Key-value）非常相似，因为文档是以信息的特定键来存储的。

1．文档数据库的工作原理

表面来看，文档数据库背后的想法是，可以在文档中存储任何类型的信息。这意味着可以混合搭配所需的任何类型的数据，不必担心数据库无法解析它。实际上，大多数文档数据库往往使用某种形式的模式、文件格式和某种预定义结构。

2．文档数据库的特性

（1）一致性：根据应用程序和业务的需求，开发者可以为每次操作指定数据库的"一致性"强度，来决定读取操作应该使用的 slaveOk 设置，然后通过 WriteConcern 设置写入操作的安全级别。

（2）事务：支持单文档级别的事务，也可以使用"仲裁"这一概念来实现事务功能。

（3）可用性：文档数据库视图用主从数据复制技术来增强可用性。

（4）查询：可以使用视图查询，可用"物化视图"。文档数据库可以查询文档中的数据，而不用必须根据关键字获取整个文档。

（5）可扩展性：可用"分片"技术。

3．文档数据库的优缺点

（1）优点

①无模式。数据存储的格式和结构没有限制。这有利于保留大量和不同结构状态的现有数据，尤其是在不断变化的系统中。

②没有外键。由于没有这种动态关系，文档可以相互独立。

③打开格式。一个干净的构建过程，使用 XML、JSON 和其他派生词来描述文档。

④内置版本控制。随着文档大小的增加，它们的复杂性也会增加。版本控制减少了冲突。

（2）缺点

①一致性检查限制。例如在图书数据库中，可以从不存在的作者那里搜索图书。你可以搜索图书收藏并查找与作者收藏无关的文档。

②每个列表可能复制每本书的作者信息。这些不一致在某些情况下并不重要，但在RDB一致性审计的上层标准中，它们严重阻碍了数据库性能。

③原子性弱点。关系系统还允许你从一处修改数据，而无须JOIN。所有新的读取查询都将继承通过单个命令（如更新或删除行）对数据所做的更改。对于文档数据库，涉及两个集合的更改必须运行两个单独的查询（每个集合）。这打破了原子性要求。

④安全。NoSQL数据库的所有者需要特别注意Web应用程序漏洞。

3.2.2.4 图数据库

图数据库是以点、边为基础存储单元，以高效存储、查询图数据为设计原理的数据管理系统[25]。

图数据库属于非关系型数据库（NoSQL）。图数据库对数据的存储、查询以及数据结构都有别于其他关系型数据库。图数据结构直接存储了节点之间的依赖关系，而关系型数据库和其他类型的非关系型数据库则以非直接的方式来表示数据之间的关系。图数据库把数据间的联系作为数据的一部分进行存储，关联上可添加标签、方向及属性，而其他数据库针对关系的查询必须在运行时进行具体化操作，这也是图数据库在关系查询上相比其他类型数据库有巨大性能优势的原因。

图数据库（Graph Database）不同于图引擎（Graph Engine）。图数据库主要应用为联机事务处理（On-Line Transaction Processing，OLTP），针对数据进行事务处理。图引擎用于联机分析处理（On-Line Analytical Processing，OLAP），进行数据的批量分析。

1. 图数据库的组成

图数据库是基于图论为数据基础的数据管理系统，其组成包含点和边。数据通过点和边的形式进行表示，把数据转化成点，数据间的关系转化成边。图的存储方式可以整合多源异构数据。

点（Vertex）：代表实体或实例，相当于关系数据库中的记录、关系或行，或者文档数据库中存储的文档。

边（Edge）：也称作关系，将节点连接到其他节点的线，代表节点之间的关系。在探索节点、属性和边的连接和互连时，往往会得到意想不到的价值。边可以是有向的，也可以是无向的。在无向图中，连接两个节点的边具有单一含义。在有向图中，连接两个不同节点的边，根据它们的方向具有不同的含义。边是图数据库中的关键概念，也是图数据库独有的数据抽象概念。这一概念不存在于关系型数据库和文件型数据库，它们的关系查询必须在运行时进行具体化。

2. 图模型

图模型主要包含属性图、RDF 图两种。

（1）属性图

属性图模型由顶点、边及其属性构成。顶点和边都可以带有属性，节点可以通过“标签”（Label）进行分组。表示关系的边总是从一个开始点指向一个结束点，而且边一定是有方向的，这使得图成了有向图。关系上的属性可以为节点的关系提供额外的元数据和语义。

（2）RDF 图

RDF（Resource Description Framework）模型在顶点和边上没有属性，只有一个资源描述符，这是 RDF 与属性图模型之间最根本的区别。在 RDF 中每增加一条信息都要用一个单独的节点表示。例如，在图中给表示人的节点添加姓名。在属性图中只需要在节点添加属性即可，而在 RDF 中必须添加一个名字的单独加节点，并用 hasName 与原始节点相连。

3. 图数据库特点

（1）更直观的模型

图数据模型直接还原业务场景，相比传统数据模型更直观，能够提升产品与工程师的沟通效率。

（2）更简洁的查询语言

图数据库使查询语言在关联查询中更简洁，以最通用的 Cypher 图查询语言为例，复杂关联查询时代码量比 SQL 大幅降低，能够帮助程序员提高开发效率。

（3）更高效的关联查询性能

图数据库在处理关联性强的数据以及天然的图问题场景时具有强大的关联查询性能优势。因为传统关系型数据库在进行关联查询时需要做表连接（JOIN），这会消耗大量的 I/O 操作和内存空间。而图数据库有针对性地对关联查询进行优化，能防止局部数据的查询引发全部数据的读取，可以提高查询关联数据效率。

4．存储

不同图数据库的底层存储机制可能存在很大不同。根据存储和处理模型的不同，可以对图数据库进行区分。例如，对使用原生图存储的图数据库，这种存储是经过优化的，专门为了存储和管理图数据而设计的，这类数据库通常称为原生图数据库，如Galaxybase、Neo4j、tigergraph 等。有些图数据库依赖关系引擎将图数据存储在关系型数据库的表中，通过在数据实际所在的底层存储系统之上增加一个具备图语义的抽象层来进行数据交互。也有使用键值型存储方式或文档型存储方式作为底层存储的图数据库。这类数据库统称为非原生图数据库，如 ArrangoDB、OrientDB、JanusGraph 等。原生图存储相较于非原生图存储更具有性能优势。原生图数据库底层存储不依赖第三方存储系统，计算和存储一体化，极大地简化了系统架构。开发人员和运维人员可以更关注业务水平的提升，避免在底层存储的管理和运维上花费大量时间。同时，原生图数据库不需要和第三方技术黑盒进行沟通，少了这部分的通信开销，系统的性能也更高。

免索引邻接是一种原生图数据库的存储方式。数据查找性能取决于从一个特定节点到另一个节点的访问速度。由于免邻索引的存储方式，节点具有直接的物理 RAM 地址并在物理上指向其他相邻节点，因此可以实现快速检索。具有免索引邻接的原生图存储系统不必通过任何其他类型的数据结构来查找节点之间的链接。一旦检索到其中一个节点，图中与其直接相关的节点就会存储在缓存中，这使得数据查找甚至比用户第一次获取节点时更快。然而，这种优势是有代价的。免邻索引牺牲了不使用图遍历的查询的效率。原生图数据库使用免邻索引来处理对存储数据的 CRUD 操作。

5．NoSQL 数据库的优点

（1）数据存储结构灵活：传统关系型数据库由于表结构相对固定，只能通过数据定义语言（DDL 语句）进行表结构的修改，且可扩展性较低。而 NoSQL 数据库有多样的存储机制，一方面数据格式灵活度高且无固定表结构；另一方面可扩展性高。例如，文档存储模式、Key-value 键值对存储模式、图存储模式[26]。

（2）可扩展性高：由于传统关系型数据库其自身表结构固定的特点，不易于对数据进行分片，很难支持对数据的横向扩展，相反，NoSQL 数据库支持数据横向扩展，同时也支持对大数据量以及多类型数据的存储管理[27]。

（3）支持数据的最终一致性：NoSQL 数据库既是基于 CAP 模型的，也支持 BASE 分布式理论，目的在于达到数据的最终一致性。

6．NoSQL 数据库的缺点

尽管 NoSQL 数据库在更为广泛复杂的数据应用场景中表现更优，但仍然存在很多不足，主要有以下几个方面：

（1）不支持 SQL 结构化查询语言：如果无法支持 SQL 这样的工业标准，将会导致用户学习与场景应用的成本增加。

（2）提供特性支持的丰富度不足：当前的主流 NoSQL 数据库无法支持事务处理，且能提供的功能服务有限。

（3）大部分 NoSQL 数据库发展不成熟：相应的技术发展、维护文档等技术还有很大的提高空间，暂时无法与发展时间久且技术成熟的关系型数据库做比较。

7．与关系型数据库的对比

在设计关系型数据库时需要进行严格的数据规范化，将数据分成不同的表并删除其中的重复数据，这种规范化保证了数据的强一致性并支持 ACID 事务。然而，这也给关系查询带来限制。

能够实现快速的逐行访问是关系型数据库的设计原理之一，当数据之间形成复杂的关联时，跨表的关联查询增加，这往往会出现问题。虽然可以通过将存在不同表中的不同属性进行关联从而实行复杂查询，但是费用较高。

与关系型数据库相比，图数据库把关系也映射到数据结构中，对于关联度高的数据集查询更快，更适合那些面向对象的应用程序。同时，由于图数据库 Schema 灵活性更高，可以扩展到大数据应用场景，所以更适合管理临时或不断变化的数据。

关系型数据库对大量的数据元素进行相同的操作时通常速度更快，因为这是在其自然的数据结构中操作数据。图数据库在很多方面比关系型数据库更具有优势，而且变得越来越流行，但是图数据库和关系型数据库并非是简单的替代关系，在具体应用场景中图数据库可以带来性能的提升和降低延迟才是适合的应用场景[28]。

3.2.2.5　内存数据库

内存数据库，简称 MMDB（Main Memory DataBase），是将数据放在内存中直接操作的数据库。相对于磁盘，内存的数据读写速度要高出几个数量级，将数据保存在内存中相比从磁盘上访问能够极大地提高应用的性能。

1．关键技术

MMDB 除具有一般数据库的特征外，还有自己的特殊性质，其关键技术的实现具有特殊性。MMDB 关键技术有数据结构、MMDB 索引技术、查询处理与优化、事务管理、并发控制、数据恢复。

2．技术特点

（1）采用复杂数据模型表示数据结构，数据冗余小，实现数据共享。

（2）具有高度的数据和程序独立性，数据库独立性具有物理独立性和逻辑独立性。

（3）内存数据库为用户提供了方便的用户界面。

（4）内存数据库提供了 4 个方面的数据控制功能（并发控制、恢复、完整性和安全性）。数据库中各个应用程序使用的数据由数据库统一定义，按照一定的数据模型组织建立，由系统集中管理和控制。

（5）增加系统的灵活性。

3．存储性能要求

在诸多数据库应用系统中，特别是在电话程控交换领域，对数据访问有很高的性能要求。这类应用通常事务量大，对事务响应延迟要求很低，对数据库的可靠性有很高的要求，例如一个电话交换应用，每秒都会有数千次对数据库的查询或更新，每个请求需要小于 50 ms 的响应延迟，并且数据库一年只有几分钟的停机时间。MMDB 系统可以满足这些数据库应用的需求，但是需要针对应用优化 MMDB 系统各个组件的实现方式和策略。

4．存储方案

MMDB 中的存储模型比 DRDB 更灵活。在传统的 MMDB 中，为了考虑内存空间的利用率，在系统中设置了一个专门的空间来存储记录中各个属性的值。同时，将记录中的属性值替换为一个指针，该指针实际上指向了堆中存储的属性值。这种存储方案在初次使用时确实节省了大量的内存空间，特别是如果记录中有大量重复值。另外，由于记录中的每个字段只存储 4 字节长的指针（32 位环境），记录可以很好地支持变长记录的存储。不需要像在 DRDB 系统中那样在记录头中存储偏移量来支持可变长度字段的存储。但是，这种存储方案并没有很好地利用处理器缓存。通过 Pointers 间接访问数据就像在内存空间中的随机访问一样，会严重影响缓存的利用率。尤其是在 64 位计算环境不断普及的情况下，内存的容量理论上可以达到无限，内存的价格也在不断地下降，但是内存的访问速度还是达不到处理器的速度。所以，在传统的 MMDB 系统中，这种使用指针来节省内存空间而忽略缓存功能的存储方式，在当前的应用环境中是得不偿失的。

可以认为，高级数据库的应用更加注重内存访问的效率，因此，高性能的数据库系统必须尽可能地利用处理器缓存，甚至可能会用到多级缓存中的缓存。数据的位置对于优化缓存利用率尤为重要。选择好的数据存储方案，能够提高数据分布的空间局部性，提高缓存利用率，从而提高性能。目前，新的数据存储方案的设计思路主要是调整记录中每个属性值的存储布局，可以根据需求访问记录中的部分属性，从而达到消除不必要的内存造成的内存延迟使用权的目的[29]。

3.2.2.6　内存数据网格

对内存数据网格的定义，是有别于内存关系型数据库、NoSQL 数据库或关系型数据库的新型数据库软件。

内存数据网格将数据存储到内存，然后分布到多个服务器上，这种做法是为了获取数据更便利，也易于改进其可扩展性和更好地进行数据分析。

内存数据网格的特性：

（1）数据是分布式存储在多台服务器上的。数据被集群里所有的服务器共享，外界不需要知道数据存放在哪个节点。

（2）所有数据存储于服务器的内存（RAM）中。数据存储和读取，响应时间更快。

（3）每个节点的数据服务都是活跃的。

（4）用于存储数据的内存容量可以随着服务器的动态添加删除而不断改变，随着集群服务器数量的增加，自动负载均衡，分担读写压力。

（5）数据模型是基于对象模型而并非关系模型。

（6）数据结构具有伸缩性，可以自动检测服务器节点的加入和移除。

（7）遇到网络或者硬件问题，不需要人工干预，即可自动切换到备份机器上，同时保证数据的完整性。

3.2.3　结构化与非结构化存储与检索

当今社会中，信息可以划分为两大类。一类信息能够用数据或统一的结构加以表示，称为结构化数据。结构化数据是指数据的结构已经定义好，在使用时严格按照定义好的结构进行存储、计算和管理。最常见的结构化数据就是关系型数据库中的二维表，表中的每一行称为一条数据记录，它包含多个字段，即表中的每一个列数据。而另一类信息无法用数字或统一的结构表示，是指数据结构不规则或不完整，甚至没有预定义的数据模型。在生活和工作中，往往存在大量的非结构化数据，如文本、图像、视频和语音等，这些非结构化数据是必不可少的。结构化数据属于非结构化数据，是非结构化数据的特例。

在构建浅海增养殖数据库系统时，对于结构化数据，我们采用 MySQL 数据库来进行处理，对于非结构化数据，我们使用了 MongoDB 数据库来进行处理。

3.2.3.1 结构化数据

1. MySQL 简介

MySQL 数据库是一款主流的开源领域的重要的关系型数据库产品[30]，由瑞典 MySQL AB 公司开发与维护。2006 年，MySQL AB 公司被 SUN 公司收购，并做了很多改进。2008 年，SUN 公司又被数据库龙头公司甲骨文（Oracle）公司收购，因此，MySQL 数据库目前属于 Oracle 公司，成为传统数据库领域老大的又一个数据库产品，Oracle 公司收购 MySQL 后，使得自身在商业数据库与开源数据库领域市场所占份额都跃居第一，这样的格局引起了业内人士的担忧，这种担忧直接导致诞生和发展出后来的 MySQL 分支数据库 Mariadb。

MySQL 属于传统关系型数据库产品，它的开放式的架构使得用户选择性很强，同时社区开发与维护人数众多，其功能比较稳定，性能卓越，且在遵守 GPL 协议的前提下，可以免费使用与修改，也为 MySQL 的推广与使用带来了更多利好。在 MySQL 成长与发展过程中，支持的功能逐渐增多，性能也不断提高，对平台支持也越来越多。

MySQL 是一种关系型数据库管理系统，关系型数据库的特点是将数据保存在不同的表中，然后把这些表放入不同的数据库中，而不是将所有数据统一放在一个大仓库里，这样的设计提高了 MySQL 的读取速度，其灵活性和管理性也得到了很大提高。访问以及管理 MySQL 数据库的最常用标准化语言为 SQL 结构化查询语言。

2. 为什么选择 MySQL 数据库

（1）MySQL 性能卓越，服务稳定，很少出现异常宕机。

（2）MySQL 开放源代码且无版权制约，自主性及使用成本较低。

（3）MySQL 历史悠久，社区及用户比较活跃，如果遇到问题，可以寻求帮助。

（4）MySQL 软件体积小，安装使用简单，并且易于维护，安装及维护成本低。

（5）MySQL 品牌口碑好，使得企业选择不做过多调查就直接采用。

（6）MySQL 支持多种操作语言，提供多种 API 接口，支持多种开发语言，特别对流行的 PHP 语言有很好的支持。

3．MySQL 存储数据的方法

（1）insert into：插入数据，插入数据时会检查主键或者唯一索引，如果出现重复就会报错。例如，insert into 表名（字段名 1，字段名 2，……）、values（值 1，值 2，……）。

（2）replace into：替换数据。插入时，如果表中已经存在相同的 primary key 或者 unique 索引，则用新数据替换；如果没有相同的 primary key 或者 unique 索引，则直接插入。例如，replace into 表名（字段名 1，字段名 2，……）、values（值 1，值 2，……）。

（3）insert ignore into：插入时，如果表中已经存在相同的 primary key 或 unique 索引，则不插入；如果没有相同的 primary key 或者 unique 索引，则直接插入。这样就不用校验是否存在重复 primary key 和 unique 索引了，有则忽略，无则添加。例如，insert ignore into 表名（字段名 1，字段名 2，……）、values（值 1，值 2，……）。

4．MySQL 检索数据的方法

在 MySQL 中从数据表中查询数据的基本语句是 select 语句。

select 语句基本语法格式：

```
select 查询内容
    from 表名
    where 表达式
    group by 字段名
    having 表达式
    order by 字段名
    limit 记录数
```

每一个 select 语句由多个子句组成。

（1）from 表名

指定是从哪张表中查询。

（2）select 查询内容

查询所有字段 select * from 表名；*通配符：表示所有字段。

（3）where 表达式（按条件查询）

在 MySQL 的表查询时，并不需要将所有内容全部查出，而是根据实际需求查询所需数据。

select 查询内容 from 表名 where 表达式;

在 MySQL 语句中，条件表达式是指 select 语句的查询条件，在 where 子句中可以使用关系运算符连接操作数作为查询条件对数据进行选择。

3.2.3.2 非结构化数据的特点

从存储的角度出发进行相关的研究，主要具有以下几个特点：

（1）具有较大的存储容量。在浅海增养殖大数据挖掘与分析系统中，绝大多数的数字化媒体将会随着存储的不断增多而成长，在度量单位方面，存储的信息也从以往的 KB、MB、GB 朝着 TB、PB 发展，从数量的角度来说，存储的规模正在空前发展，这虽然标志着数据存储领域发展的进一步加深，但也导致了诸多问题的出现。

（2）媒体具有较多的形式。在浅海增养殖大数据挖掘与分析系统中，主要包含数字化的数据、视频、照片等内容、地图以及科学与人文的相关资源数据，在存储的媒介方面，其包含诸多种类并不相同的媒体形式，如声音、影视等，具有十分明显的复杂性。

（3）增长速度较快。近年来，关于海洋系统的数字资源增长十分迅速。

3.2.3.3 非结构化数据存储的现状

在当前实际应用中对非结构化数据的存储方式主要有以下几种：

第一种：在结构化数据库的 BLOB 字段之中对数据进行直接存储。

目前，绝大多数用户在对非结构化数据进行保存时都是通过结构化数据库中的 BLOB 字段来进行的，如报表与图片等。在该字段中进行保存具有较为理想的应用效果，管理与维护较为简单，且对文件进行调用时能够保证足够的速度，同其他应用系统不存在关联性。但是，在应用中也发现，这种方法存在一定的弊端。其一，对于非结构化数据来说，文件数据相对较大，并且随着运行时间的增加，数据量必然也会呈现出增加的趋势，这必然会导致结构化数据库迅速膨胀；长时间运行后，数据库的性能下降是必然的，甚至会对整个应用系统的性能造成不良影响。其二，在数据库中，系统与系统之间是相对独立与封闭的，相关的文档资料无法同其他的应用共享。

第二种：通过 FTP 的方式在文件的服务器中进行保存。

在实际中，很少有用户以这种方式对非结构化数据应用进行保存，典型的案例是网站以及数字档案馆。这种方式通过将文件上传到远程计算机上，然后其他用户可以在其他主机上下载和查阅文件，从而实现文件或数据的共享。

第三种：在文件服务器中以文件系统的方式直接进行存储。

对于非结构化数据中没有应用系统的，如开发的应用系统软件以及在信息管理部门中经常应用的软件与工具以及技术研究的资料等。一般来说，这些都会在文件服务器中直接存储文件。

3.2.3.4　MongoDB 数据库

本节所探讨的数据库为应用最广的NoSQL数据库MongoDB。MongoDB数据库[31]服务器的功能强大，同一服务器可同时承载多个数据库的存在，互不干扰。NoSQL数据库自身的特点决定了非结构化数据的查询方式，MongoDB提供了丰富的查询命令检索数据，能够满足管理人员多种不同的查询。find（）命令是MongoDB中最基本的查询命令，利用find（）命令、正则查询、$where操作器等多种指令，管理人员可实现对数据库内文档、数组、索引等内容的查询，模糊、精确等不同类型的查询。

1．MongoDB 介绍

MongoDB 是一个基于分布式文件存储的数据库，由 C++语言编写。它旨在为 Web 应用程序提供可扩展的高性能数据存储解决方案。MongoDB 可以运行在 Windows 平台或 UNIX 平台上。用户可根据应用需求选择 32 位或 64 位版本。32 位版本最大支持 2 GB 文件，而 64 位版本则无限制。

MongoDB 是介于关系型数据库和非关系型数据库之间的产物，是非关系型数据库中功能最丰富且最像关系型的数据库。它支持非常松散的类 JSON 的 BSON 格式的数据结构，因此可以存储更复杂的数据类型。MongoDB 最大的特点是它支持的查询语言非常强大。它的语法类似于面向对象的查询语言，几乎可以实现类似于关系型数据库的单表查询的大部分功能，并且还支持对数据建立索引[32]。

2．MongoDB 体系结构

MongoDB 的逻辑结构是有层次的。它主要由文档、集合和数据库三部分组成。逻辑结构是面向用户的，这是用户使用 MongoDB 开发应用程序的方式。

（1）MongoDB 文档：相当于关系数据库中的一行记录。

（2）多个文档组成一个集合：一个表相当于一个关系数据库。

（3）多个集合：逻辑上组织在一起，是一个数据库。

（4）一个 MongoDB 实例支持多个数据库。

3．MongoDB 的主要特点

（1）MongoDB 是一个面向文档存储的数据库，简单易操作。

（2）可以在 MongoDB 记录中设置任何属性的索引以加快排序。

（3）可以在本地或通过网络创建数据镜像，这使 MongoDB 更具可扩展性。

（4）如果负载增加（需要更多的存储空间和更多的处理能力），它可以分配到计算机网络中的其他节点，称为分片。

（5）Mongo 支持丰富的查询表达式。查询指令使用 JSON 标签轻松查询文档中嵌入的对象和数组。

（6）MongoDB 可以使用 update（）命令来替换已完成的文档（数据）或一些指定的数据字段。

（7）MongoDB 的 Map/Reduce 主要用于数据的批处理和聚合。

（8）映射的减少，Map 函数调用 emit（key，value）遍历集合中的所有记录，并将 key 和 value 传递给 Reduce 函数进行处理。

（9）Map 和 Reduce 函数是用 Javascript 编写的，可以通过 db.runCommand 或 MapReduce 命令执行 MapReduce 操作。

（10）GridFS 是 MongoDB 中的内置功能，可用于存储大量小文件。

（11）MongoDB 允许在服务器端执行脚本。可以用 Javascript 写一个函数，直接在服务端执行，也可以把函数的定义存储在服务端，方便下次直接调用。

（12）支持多种编程语言，如 RUBY、PYTHON、JAVA、C++、PHP、C#等。

（13）MongoDB 易于安装。

4．检索

MongoDB 中查询文档使用 find（）方法。

find（）方法以非结构化的方式来显示所要查询的文档，查询数据的语法格式如下：

db.collection.find（query，projection）

其中，query 为可选项，设置查询操作符指定查询条件。projection 也为可选项，表示使用投影操作符指定返回的字段，如果忽略此选项则返回所有字段。

查询 test 集合中的所有文档时，为了使显示的结果更为直观，可使用 pretty（）方法以格式化的方式来显示所有文档，方法如下：

db.test.find（）.pretty（）

除了 find（）方法，还可使用 findOne（）方法，它只返回一个文档。

5. 存储

要将数据插入 MongoDB 集合中，可以使用 MongoDB 的 insert（）方法，同时 MongoDB 针对插入一条还是多条数据，提供了更可靠的 insertOne（）和 insertMany（）方法。

MongoDB 向集合里插入记录时，无须事先对数据存储结构进行定义。如果待插入的集合不存在，则插入操作会默认创建集合。

在 MongoDB 中，插入操作以单个集合为目标，MongoDB 中的所有写入操作都是单个文档级别的原子操作。

向集合中插入数据的语法如下：

```
db.collection.insert（
<document or array of documents>,
{
    writeConcern：<document>,      //可选字段
    ordered：<boolean>      //可选字段
    }
）
```

其中，db 为数据库名，如当前数据库名为“test”，则用 test 代替 db，collection 为集合名，insert（）为插入文档命令，三者之间通过嵌入或引用来建立连接。

参数说明：

<document or array of documents> 参数表示可设置插入一条或多条文档。

writeConcern：<document> 参数表示自定义写出错的级别，是一种出错捕捉机制。

ordered：<boolean> 是可选的，默认为 true。

如果为 true，在数组中执行文档的有序插入，并且如果其中一个文档发生错误，MongoDB 将返回而不处理数组中的其余文档。

如果为 false，则执行无序插入，若其中一个文档发生错误，则忽略错误，继续处理数组中的其余文档。

6. MongoDB 的应用场景

MongoDB 的主要目标是高性能和高度伸缩性以及丰富的功能。

（1）网站中存储的数据：MongoDB 非常适合实时的插入、更新与查询，高伸缩性

地表现。

（2）用户缓存的数据：持久化缓存层可以避免下层的数据源过载。

（3）数据量大、价值低的数据。

（4）伸缩性大的场景。

3.3 浅海增养殖大数据库构建案例

数据库设计是指对于一个给定的应用环境，构造（设计）优化的数据库逻辑模式和物理结构，并据此建立数据库及其应用系统，使之能够有效地存储和管理数据，满足各种用户的应用需求，包括信息管理要求和数据操作要求。数据库设计可分为需求分析、概念结构设计、逻辑结构设计、物理结构设计、数据库实施、数据库运行与维护共6个阶段[33]。

本节针对浅海增养殖大数据库，阐述其具体的、合理的数据库设计。

3.3.1 需求分析

海洋数字化和信息化向人们展示海洋区域的特征、结构特征、具体形式、资源分布、气候、文化、产品、经济方向和区域经济发展等，实现海洋数字化和信息化的共享，服务经济建设需要[34]。

我国海水增养殖业十分发达，在增养殖面积方面和总产量方面都位于世界前列，但信息化程度依然较低，具体表现为全过程监测能力不足、数据碎片化严重、积累少、量化度低，难以满足产业发展的需求。

生产信息化涉及水产养殖生产的各个环节。近年来，国内外学者从数据的采集、传输、存储和控制等方面投入了大量的精力，拥有了丰富的经验，为水产养殖生产信息化深入应用奠定了坚实的基础。生产信息化必须综合考虑技术自身特点、场景适应性和组合应用模式，形成标准化的建设模式，引导养殖管理者和生产者科学地搭建生产信息化平台，真正将信息技术嵌入增养殖生产过程中。

当前，我国的各类信息数据库的建设推动了科技发展和不断进步。随着海洋资源的开发利用，科学处理、及时更新和有效管理产业信息变得十分重要。因此，建立海水增养殖数据库已成为推动数字海洋发展的重要环节，能够为产业信息共享和服务提供便利。目前，南海、北海、东海地区和天津、浙江、青岛等省市纷纷建立或正在建立相关数据库[35]。

虽然我国的海洋信息数据库种类繁多，如海洋水产数据库、海洋运输数据库、海洋油气行业数据库、国内海洋综合经济数据库等，但由于缺乏一个结合海洋信息的数据库，随着生产和增养殖的规模逐渐庞大而复杂，生产和增养殖信息的综合查询或统计会出现各种问题。因此，迫切需要建立一个标准化的浅海增养殖信息系统平台，通过实现海洋信息化管理，为海洋生产单位开发生产活动提供准确、权威的数据。

本书通过建立底播增养殖和筏式养殖多源实时监测系统和数据传输网络平台，综合利用数据清洗、统计去噪和异构融合等多种技术手段，统一规范项目监测数据、历史监测数据、产业管理数据、专业数据等的数据形态，以 SQL 数据库和 NoSQL 数据库为骨干技术，构建兼容关系型数据和视频图像等非关系型数据的浅海增养殖大数据库，集成大数据智能学习与数据挖掘技术，创新性构建浅海增养殖自动化反馈和增养殖全过程信息化平台，提高我国浅海增养殖产业的信息化和智能化水平。

该数据库系统需要满足以下应用功能：

（1）典型生长模式查询功能：典型生长模式是浅海增养殖构建的一套浅海生物的标准模式，对应不同区域的不同生物有着不同的标准模式，这套标准模式记录着浅海生物生长过程中最适宜的生长环境数据，如温度、湿度、pH、溶解氧等，具体精确到以天为粒度（日粒度）。

（2）历史数据查询功能：对不同区域、不同年份进行筛选，能够查询到浅海生物的历史全过程数据，其中包括全过程生长数据和全过程环境数据，同时也精确到日粒度。参考典型生长模式，该系统还能对历史数据做出分析，判断数据是正常、偏离还是严重偏离，并给出相对应的标识。此外，该系统还能查看当天的浅海生物具体情况，通过点击当天的日粒度，能够展示出浅海生物当天在增养殖区的具体生长视频，以供实时查看分析。

（3）数据预测功能：根据对典型生长模式以及历史数据的分析，该系统能够利用人工智能算法对未来的生长环境数据进行预测，并给出相应的采收、投放等建议。

3.3.2 概念结构设计

浅海增养殖大数据库系统的概念结构设计如图 3-1 所示。

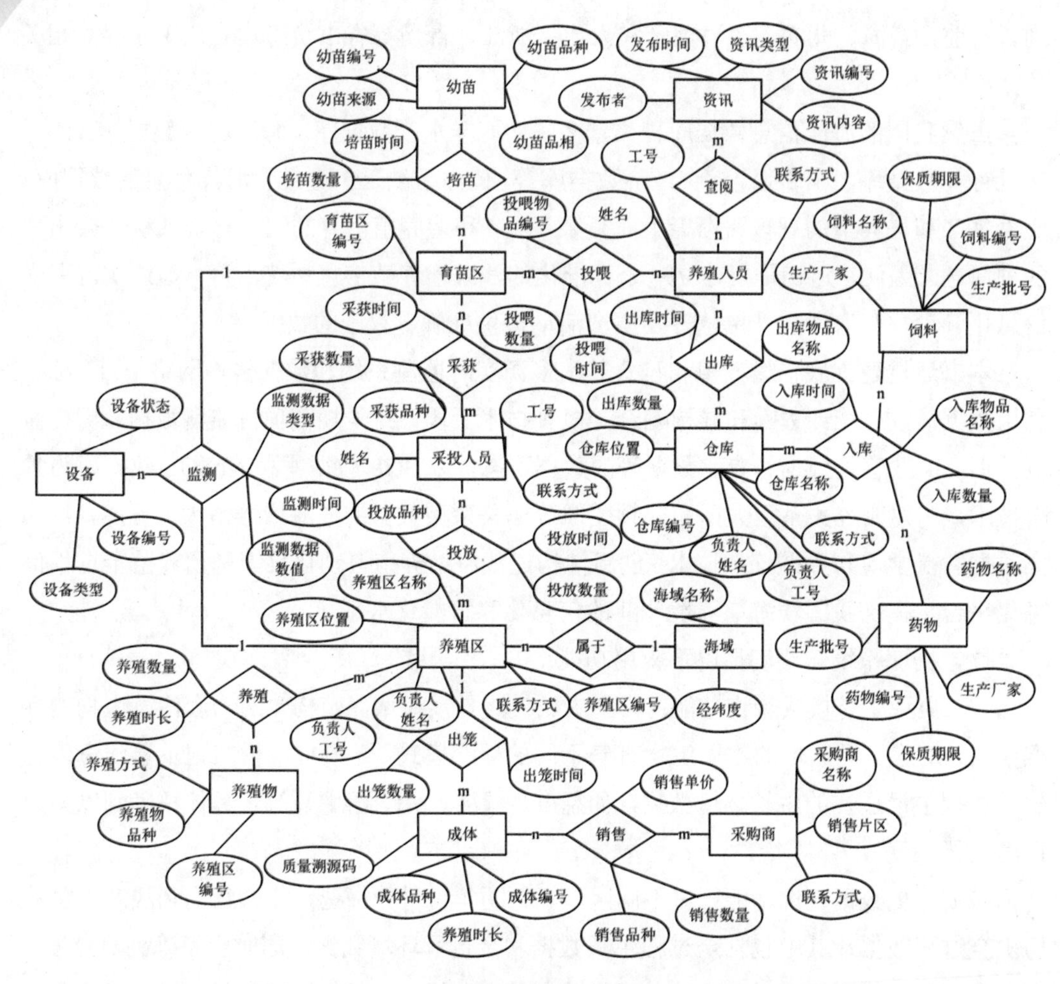

图 3-1 Entity Relationship(E-R)图

3.3.3 逻辑结构设计

浅海增养殖大数据系统包含 22 张表，其逻辑结构如下：

（1）饲料（饲料编号、饲料名称、生产厂家、保质期限、生产批号）。

（2）药物（药物编号、饲料名称、生产厂家、保质期限、生产批号）。

（3）入库（饲料编号、药物编号、仓库编号、入库数量、入库时间、入库物品名称）。

（4）仓库（仓库编号、仓库名称、仓库位置、负责人工号、负责人姓名、联系方式）。

（5）出库（仓库编号、出库数量、工号、出库物品名称、出库时间）。

（6）养殖人员（工号、姓名、联系方式）。

（7）查阅（资讯编号、工号）。

（8）投喂（工号、育苗区编号、投喂物品编号、投喂时间、投喂数量）。

（9）育苗区（育苗区编号、培苗时间、培苗数量）。

（10）幼苗（幼苗编号、幼苗来源、幼苗品相、幼苗品种）。

（11）采获（育苗区编号、工号、采获时间、采获数量、采获品种）。

（12）采投人员（工号、姓名、联系方式）。

（13）投放（养殖区编号、工号、投放时间、投放数量、投放品种）。

（14）养殖区（养殖区编号、养殖区名称、养殖区位置、负责人工号、负责人姓名、联系方式）。

（15）海域（经纬度、海域名称）。

（16）成体（成体编号、成体品种、养殖时长、出笼时间、出笼数量、质量溯源码）。

（17）销售（成体编号、采购商名称、销售时间、销售数量）。

（18）采购商（采购商名称、销售片区、联系方式）。

（19）养殖（养殖区编号、养殖物编号、养殖时长）。

（20）养殖物（养殖物编号、养殖方式、养殖物品种）。

（21）设备（设备编号、设备状态、设备类型、监测数据类型、监测数据数值、监测时间）。

（22）资讯（资讯编号、发布者、资讯内容、资讯类型、发布时间）。

3.3.4　数据库实施

数据库实现阶段主要是数据加载和代码调试。

数据库系统中的数据往往是海量的，而这些数据是从各个部门的不同单位中分离出来的，它们的组织模式、结构和格式都与设计的数据库有很大的差别。组织数据加载要求从不同的本地应用中抽取不同的源数据，将其输入计算机，再经过分类和转化，最终合成符合新设计要求的数据库，并将其录入数据库。所以，这些数据的转化和存储非常耗时。

为了提高数据的输入效率和质量，必须针对特定的实际应用场景，设计并实现数据录入的功能。为了避免数据在存储过程中出现差错，需要采取各种不同的检测手段，从而避免数据的存储问题。

目前的关系型数据库管理系统一般都是为不同的数据库系统提供数据转换的工具。

数据库应用程序的设计和数据库的设计是同步的，所以在组织数据存档时，也要对应用程序进行调试。

3.3.5 数据库的运行与维护

在浅海增养殖大数据库中，对于数据库的维护以及优化问题也同样是一项不可忽视的重要环节。尽管我们知道，数据库给我们的应用带来很多便利，但是如果长时间不进行维护，同样会存在很多问题，这会对整个系统的运行造成不良影响。

数据库维护主要包括以下几个方面：

（1）数据库的转储和恢复。

（2）数据库的安全性、完整性控制。在数据库运行的过程中，对安全性的要求会随着应用环境的变化而改变，所以需要数据库管理员对安全控制和完整性约束进行相应修改，来满足当前的实际情况[36]。

（3）数据库性能的监督、分析和改造。在数据库运行过程中，数据库管理员的另一项重要任务是监督系统正常运行，通过分析监控数据，找出提高系统性能的有效方法。目前，一些关系型数据库管理系统提供了监控系统性能参数的工具。数据库管理员可以通过这些工具获取性能参数，认真分析数据从而对数据库进行优化[37]。

（4）数据库的重组织与重构造。长时间运行和修改数据库，可能导致存储性能下降，在这种情况下，数据库管理员只能通过重组或部分重组数据库的方式来修复。

参考文献

[1] 王燕，王虹，刘邦凡. 基于国外经验看我国数字海洋建设[J]. 经济研究导刊，2018（33）：29-30.

[2] 刘艳艳. 基于数据库集群的海洋环境数据优化存储与分布式管理[D]. 青岛：中国海洋大学，2008.

[3] 薛志强，刘鹏，文艾，等. 分布式文件系统管理策略研究[J]. 电脑知识与技术，2011，7（1）：11-12，15.

[4] 石京燕，陈德清. 基于数据库的文件系统管理工具设计与实现[J]. 计算机工程，2015，41（5）：

1-5.

[5] 全茜，郑雪峰，黄克颖，等. 并行文件系统中高效遥感数据分布技术之研究[J]. 微计算机信息，2005（17）：126-128.

[6] 薛惠芬，张义钧. 海洋资料基础数据库模式设计技术[J]. 海洋信息，2003（2）：1-4.

[7] 聂为之. 多模态媒体数据分析关键技术研究[D]. 天津：天津大学，2014.

[8] 巴志超，李纲，安璐，等. 国家安全大数据综合信息集成：应用架构与实现路径[J]. 中国软科学，2018（7）：9-20.

[9] Bu Daher J，Brun A，Boyer A. A review on heterogeneous，multi-source and multi-dimensional data mining[R]. LORIA - Université de Lorraine，2018.

[10] 赵亮. 多模态数据融合算法研究[D]. 大连：大连理工大学，2018.

[11] Liu J，Li T，Xie P，et al. Urban big data fusion based on deep learning：an overview[J]. Information Fusion，2020，53：123-133.

[12] Lahat D，Adali T，Jutten C. Multimodal data fusion：an overview of methods，challenges，and prospects[J]. Proceedings of the IEEE，2015，103（9）：1449-1477.

[13] Hall D L，Llinas J. An introduction to multisensor data fusion[J]. Proceedings of the IEEE，1997，85（1）：6-23.

[14] 祁友杰，王琦. 多源数据融合算法综述[J]. 航天电子对抗，2017，33（6）：37-41.

[15] Zhou J，Hong X，Jin P. Information fusion for multi-source material data：progress and challenges[J]. Applied Sciences，2019，9（17）：3473.

[16] De S，Gupta K，Stanley R J，et al. A comprehensive multi-modal nde data fusion approach for failure assessment in aircraft lap-joint mimics[J]. IEEE Transactions on Instrumentation and Measurement，2013，62（4）：814-827.

[17] 陈氢，张治. 融合多源异构数据治理的数据湖架构研究[J]. 情报杂志，2022，41（5）：139-145.

[18] 武变霞，张战杰. 海洋实时监测系统数据库管理方法研究[J]. 舰船科学技术，2016，38（14）：112-114.

[19] 印鉴. 多模态数据融合与分析处理技术及应用[D]. 广州：中山大学，2020.

[20] 闵昭浩，杨卓凡. NoSQL 数据库与关系型数据库对比[J]. 电子技术与软件工程，2021（14）：199-201.

[21] 董礼. 基于 ORACLE 数据库的优化设计研究[J]. 黑龙江科学，2021，12（10）：94-95.

[22] 崔珊珊，李春明. 基于数据库三级模式的数据库性能优化方法分析[J]. 中国新通信，2017，19（22）：43-45.

[23] 刘玉程，李港. NoSQL 数据库与关系型数据库对比[J]. 中国新通信，2018，20（7）：81.

[24] Khan S，Mane V. SQL Support over mongodb using metadata[J]. International Journal of Scientific and Research Publications，2013，3（10）：1-5.

[25] 陈肖勇，蔡永健，顾丹鹏，等. 图数据库在工程数据中心的应用[J]. 计算机时代，2021（9）：42-45.

[26] 吾木提·那合曼. NoSQL 数据库综述[J]. 电子世界，2015（17）：146-147.

[27] 唐婷. 大数据环境下 NoSQL 数据库技术[J]. 信息与电脑（理论版），2019（15）：142-144.

[28] 陈娟，李炜. 非关系型数据库与关系型数据库技术综述[J]. 电子技术与软件工程，2020（18）：147-148.

[29] 王杰. 内存数据库在学校信息系统中的应用研究[J]. 信息与电脑（理论版），2021，33（6）：183-185.

[30] 李彩霞. MySQL 数据库技术应用教程[M]. 北京：清华大学出版社，2014.

[31] Chodorow K，Dirolf M. MongoDB-The Definitive Guide：Powerful and Scalable Data Storage[M]. DBLP，2010.

[32] 马亮亮，钟闰禄. 一种基于 MongoDB 的企业内容管理系统实现[J]. 电脑编程技巧与维护，2021（12）：110-112.

[33] 侯晓凌，冯丽露，曲霄红. 计算机软件数据库设计的重要作用及原则[J]. 电子技术与软件工程，2020（2）：186-187.

[34] 吕建华，张霜. 互联网背景下我国海洋环境管理信息共享机制构建[J]. 中国海洋大学学报（社会科学版），2018（1）：34-42.

[35] 杨蓓蓓. 水产养殖信息化关键技术研究现状与趋势[J]. 农业工程技术，2021，41（36）：84-85.

[36] 黄益华. 计算机数据库的安全防范技术分析[J]. 科技创新与应用，2017（36）：33，35.

[37] 姚一红. 浅谈计算机数据库应用技术及维护[J]. 信息记录材料，2019，20（4）：169-170.

第 4 章　浅海增养殖大数据挖掘与分析

4.1　浅海增养殖大数据分析技术发展趋势

4.1.1　大数据分析方法在浅海增养殖中的应用现状

数据和算法是智能化的两个重要的组成部分。过去，传统海洋数据收集方法完全依赖人工的采样和检测，抽检频率低、精确度不稳定、数据积累和数据质量难以满足智能化算法的需求。如今，随着海洋智能化的全球发展，大量新型、高精度、高稳定性的水下传感器正在不断被开发和应用到海洋领域，实现了对数据的自动测量监控。例如，为了掌握养殖鱼类的健康状况，实时监控水产养殖水体中温度、pH、氨氮、亚硝酸盐氮、硝酸盐氮、磷酸盐、盐度、浊度、溶解氧水平等环境因子。通过安装传感器的水面、水下和空间探测平台，收集海洋数据正变得越发容易和精细。监测手段和数据的极大丰富使海洋水产的智能化拥有了快速发展的土壤[1,2]。

人工智能是研究、开发用于模拟、延伸和扩展人的智能的理论、方法、技术及应用系统的一门新的计算机技术科学。算法是智能化的核心武器，借助算法的迭代演进，人工智能形成一个又一个具体的应用方向。目前人工智能最为火热的应用包括大数据挖掘、机器学习以及深度学习。大数据挖掘面向大规模数据，旨在挖掘隐藏在数据中的规律；机器学习着重研究人工智能实现的关键技术，而深度学习以神经网络为基础在机器视觉、语言翻译等领域取得了显著的成功。人工智能的目标是模仿人类从案例中学习经验、识别对象、回应和理解语言、做出决策，并结合人的操作执行各种功能[3,4]。在大数据和人工智能领域，机器学习的关键在于通过训练机器构建数学模型解决问题，通过从数据中学习特征来推理未知的模型参数或隐藏模式，从而提高模型的性能。通常算法的有效性和效率受到数据特征的影响以及算法的设计性能限制[3]。

在大数据挖掘和机器学习领域，分类、回归、聚类、降维是 4 种主要的任务类型。

它们是基于数据的，在其中输入大规模数据训练便可以捕获数据中包含的潜在规律，训练完成后可以实现精准分类或预测的目的。根据学习时的类型，又可以分为监督、非监督、半监督和加强学习。

深度学习是机器学习研究中的一个分支，基于深层的神经网络建立和训练模型。在深度学习领域，图像处理和自然语言是近年来炙手可热的方向。随着卷积神经网络的巨大成功，近 10 年来深度学习被广泛应用到各个领域的图像任务中。其优点在于准确度高，可以用于解决极其复杂的任务；而缺点则是训练模型的开销大，容易过拟合，解释性很低[3]。

结合高性能计算机的蓬勃发展，令数据挖掘技术和深度学习技术在高维特征空间中挖掘深度信息的能力获得解放。大数据挖掘技术是实现智能决策系统的关键技术，它无须通过严谨死板的程序即可对知识进行学习。大数据挖掘已经在医学、自然语言处理、信息安全、机器人技术、专家系统、图像视频处理等领域蓬勃发展[5-9]。现代大数据挖掘的硬件配套和软硬件算法技术足以为智能浅海增养殖提供解决方案，为企业将数据价值转换为知识价值，并正在将增养殖业引入新的时代[2]。

水产养殖业是基于对养殖生物在不同生长时期的环境参数（如水质、容量、食物的丰富程度）进行的人工干预和控制[10,11]。通过深入整合现代信息技术，水产养殖产业正在不断向“智能渔业”生产模式优化。近年来，世界各地的研究者们针对工厂化等养殖环境中鱼类养殖进行了大量试验和研究。本节简单叙述大数据挖掘和机器学习算法在水产养殖行业的研究现状，这些研究试图帮助养殖企业优化变量的相互作用和影响。

4.1.1.1 水产养殖应用中的数据挖掘研究方向

近年来，人们选择了具有更大能力且更加简单的工具来处理越来越多的数据和变量，以优化和解决水产养殖活动中面临的问题。数据挖掘、机器学习和深度学习是人工智能框架实际应用落地的重要方法。在水产养殖行业中，人工智能中数据挖掘、机器学习和深度学习已在研究中用于智能系统、预测、图像和数字化工程。

最近的研究重点集中在鱼类生物量检测、鉴定和分类、行为分类以及水质的预测等领域。研究人员利用物联网汇聚传感器、卫星图像、摄像头采集数据，应用神经网络、贝叶斯网络、随机森林、支持向量机（SVM）等算法，借助高性能计算机实现了许多重要突破。此外，由于深度学习模型在图像识别领域的巨大成功，大量研究以图像的深度学习作为解决难题的工具。目前人工智能技术在鱼类养殖领域已经出现[12]，然而，在浅海增养殖领域中，针对最重要的贝类和藻类养殖的研究则甚少可查。

1．鱼类的疾病诊断

在鱼类养殖中，疾病的发现和及时诊断、采取治疗行动是防止产生损失的重要行为。鱼类发生疾病通常可以通过一些外部迹象发现。Ahmed 等[13]以鱼类的行为迹象为训练数据，以人工智能方法诊断疾病，从而实现及早发现和避免传播。

2．鱼类行为检测与分析

鱼类行为检测是鱼类身体功能分析的重要手段，鱼类的行为分析是水产养殖技术的重要组成部分。鱼类的行为与环境刺激及自身状况密切相关，因此利用鱼类行为分析可以有效评估鱼类及其所在环境的状态。

（1）鱼类个体异常行为分析

通过视频建立的异常行为检测可以无损地提供对不良状态的理解和有效的参考。Zhao 等[14]开发了一种基于 RNN 的方法，通过视频数据鉴定局部的异常行为。Morimoto 等[15]监测游泳速度和移动距离，提出了基于机器学习技术的罗非鱼（*Tilapia mossambica*）和虾的异常行为评估方法。

（2）鱼群群体行为分析

鱼群中个体成员根据有限的本地信息（周边的物化环境、邻居的状态）采取行动，这些本地信息通过群体系统汇聚和流动。在鱼类的群体行为中，异常状况可以被观察到是非个体的行为，从而提供了群体或环境更加深入信息的指引[16]。Han 等[17]提出了一种基于 CNN 和时空信息融合的检测方法，Zhang 等[18]利用 VGG16 分析群体中同一对象的不同状态目标。

这些研究中多数以视频为数据来源，揭示了人工智能手段可以有效检测出个体和种群的异常行为。研究者们主要是通过机器视觉的深度学习神经网络进行异常的行为分析。养殖生物受到水环境变化压力时，其身体颜色会发生不同程度的变化。此外，鱼类行为也可以反映水环境的变化，可以通过异常行为为水环境调整提供有效的建议。

3．饲料管理

传统的自动喂食方法经常面临在控制饲料投放量方面的困难，经常导致饲料投放不足或过度投食，从而危害鱼群。因此，优化进食在鱼类养殖中至关重要[19]。基于不同水温和活跃性，鱼类的单位体重食量有所不同。因而还需要按生物量多少以及鱼类的活跃状态确定合理的投喂量[20]。生物量估计是水产增养殖中人工智能应用研究的最常见的领域之一[21]。投食量需要在生物生长的时期基础上，依据时间和生物量的变化对投放饲料的量和组合[22]进行优化。

Zhou 等[23]针对鱼类喂养行为，使用红外线成像技术评估鱼类行为，以 SVM 量化喂养行为指数，用深层卷积神经网络就鱼类进食进行评估，在“无”“弱”“中”“强”4 个等级实现了 90%精度的判断。Måløy 等[24]利用 CNN 和 LSTM 推测鲑鱼（*Salmo salar*）的投食/非投食行为，并实现了 80%的准确性。

4．生物量信息的检测和估计

在水产养殖场所中，生物量信息是饲料、产量以及决策的基础[25-27]。传统获取鱼类生物量信息通常采取定期捕捞等破坏性措施，由人工延时测定。这种获取方式不符合现代的水产鱼类养殖的要求。而机器视觉技术的出现为通过图像估计鱼的生物量信息提供了一种新的途径。

（1）体长估计

研究者在 imagenet 公开数据集中对鱼类的体长开展了研究。Monkman 等[28]提出 R-CNN 用于估算欧洲鲈鱼（*Dicentrarchus labrax*）的体长，平均误差仅有 2.2%。Garcia 等[29]采用 R-CNN 估计北大西洋众多鱼类的体长，并研究了重叠和非重叠的情况。但是直接训练需要准备大量的图像数据，在数据数量较少时难以保证估计的准确。因此，Li 等[30]通过 CNN 模型进行迁移学习，并达到了 93.3%的准确度。多目视觉技术在鱼的体长估计中也取得了良好的效果，Muñoz-Benavent 等[31]采用立体视觉系统评估大西洋蓝鳍金枪鱼（*Thunnus thynnus*）的体长并获得了 97%的准确率。

（2）重量估计

鱼类的重量估计研究主要依赖于对其身体形状特征的测量。通常，这是通过图像处理技术，提取鱼的几何信息来实现重量的评估。Fernandes 等[32]使用线性回归+CNN 划分鱼的身体区域来预测重量。Saberioon 等[20]利用红外摄像头收集鱼类图像，以随机森林和 SVM 预测鱼的几何特征，用于鱼类的质量估计任务。但这些研究目前仅局限于单种单只鱼类在固定距离下的质量估计。在此基础上，Zhang 等[33]提出 PCA 与神经网络集合的方式减少距离变化对尺寸估计的影响。尽管如此，对鱼类体重的估计仍存在相当大的局限性。

（3）计数

另一个具有应用前景的是鱼类的计数。传统的 CNN 神经网络在鱼类计数方面难以提升准确性。Zhang 等[34]采用混合 CNN 结合密度估计进行大西洋鲑鱼（*Salmo salar*）计数，可达到 95.06%的准确性，但无法自动对鱼筛选类别，且计算成本太高。França Albuquerque 等[35]和 Le 等[36]则基于计算机视觉对图像处理实现了鱼类的自动计数。

综合上述研究，可以通过图像观察鱼类的大小，并应用间接的权重估计其他的生物量参数，从而确定生物的生长，进而预测日投食量。在这些研究中，大多数生物量信息检测的方法都是基于机器视觉的，而图像质量会影响检测的准确性。

5．鱼类分类、识别与检测

（1）鱼的分类

机器视觉在鱼类识别和分类的应用上具有无损、非接触、低成本的优势[37,38]。然而，在水产养殖中，鱼的内在特征和复杂环境的影响导致实际应用于检测和区分时遇到了挑战[39-41]。在鱼类养殖中，准确的物种识别对于科学育种、繁殖密度等工作非常重要。

Xu 等[42]通过 YOLOv3 模型评估了鱼类的分类准确性。Cai 等[43]将 YOLOv3 模型中的 DarkNet-53 替换为 Mobilenet 后改善了准确率。Villon 等[44]提取鱼类特征和软性分类、添加决策规则来对珊瑚鱼（*Synchiropus* sp.）进行分类，达到 94.9%的分类准确率。Rauf 等[45]提高 CNN 的卷积层深度和数量并获得了更高的准确率（96.63%）。Li 等[46]利用更快的 R-CNN 识别鱼类，Labao 等[47]将 R-CNN 与 LSTM 连接优化了 CNN 的鱼分类混淆矩阵。

（2）鱼类识别

对于水下分辨率低的问题，Shevchenko 等[40]提出三种背景提取方法将鱼和其他物体分开，并在两个数据集上分别获得了 60%、80%的准确性。Gaude 等[48]改进了 GMM 并用来识别浑浊水质中的鱼类，提高了鱼类识别检测的准确性。Ben 等[49]应用迁移学习，微调真实数据集上的 Alexnet 参数进行低分辨率图像鱼类识别并获得了 99%的准确性。Meng 等[50]通过双目视觉技术和 CNN 互补达到 87%的准确度。

（3）年龄辨别

鱼的身体形态会随着年龄增长而变化，研究人员利用这种特征变化可以估计鱼的年龄。Moen 等[51]通过迁移学习和 CNN 模型，在鱼的耳石数据集中，获得了可与人工专家相当的准确率。Ordonez 等[52]使用 VGG-19 做出改进，并将鱼的年龄预测由回归问题转换为分类问题，成功提高了低龄鱼和高龄鱼两种情形下的准确率。

（4）鱼类性别鉴定

鱼的性别特征是一个高度复杂而重要的特征[53-55]。在养殖业中，识别不同性别的鱼类并将其分离是一项重要操作，有助于鱼类促进繁殖操作。然而，在某些不具备性别二态性的鱼类中，外观识别的方法通常变得难以使用。另一方面，大多数可靠的已知方法，例如测定生物激素测量，都会对鱼造成损伤和压力[56,57]。人工智能可以通过机器视觉分析关联鱼类行为分析来帮助鱼的性别鉴定[37,58]。Barulin 等[59]采用 DT 模型识别鱼后代的性别，相比于其他传统方法更有前景。

（5）鱼的质量监测和评估

鲑鳟类的鱼肉价值与其肌肉色素沉积程度直接相关，但检测肌肉中色素沉积程度必须杀死所养殖的鱼。人工智能的方法可以基于多个变量，如水温、食物的类型、数量和鱼的大小等，来预测色素沉积的时间[60]。

6．水质监控和预测

保持水质参数的稳定是高质量水产养殖的核心[61]。实时监测水质的因子指标对于降低疾病发生和预防风险具有重要意义[62]。水质参数通常以时间序列的形式呈现，且多个特征互相之间存在复杂的非线性关系，这给水质参数的预测带来很大的难度[63]。近年来，机器学习非线性近似、高维数据处理的优势正被广泛应用于水质检测中。

（1）单因子预测

溶解氧（DO）是鱼类等水生动物养殖中最重要的指标，溶解氧不足将导致养殖生物的死亡。此外，溶解氧还可用于评估养殖系统的生态健康状况[64]，因此，监测和预测溶解氧是一项重要工作[65]。

RNN 在时序任务中具有明显的优势。Zhang 等[66]采用 KPCA 降低原始数据的噪声，使 RNN 相比其他模型具有了更好的预测能力。Cao 等[67]在 RNN 上改进 *k*-means 聚类溶解氧的时间序列，提高了预测的准确性和灵活性。Huan 等[68]将水质和天气信息结合，使用 GDBT 方法对影响溶解氧的特征重要性进行选择，再通过 LSTM 预测溶解氧数值。Kisi 等[69]提出了一种新的综合方法有效预测短期溶解氧。在循环水养殖系统中，Ren 等[70]采用了 VMD-DBN 方法剥离循环水的原始数据，提高了神经网络输入数据的质量，使预测结果的准确性更高。Ji 等[71]研究了低氧河流中的 CNN 溶解氧预测模型，用 SVM 对溶解氧进行预测，他们的模型可以有效预测低氧环境中的水质情况。

生化需氧量（BOD）也是重要的水质指标。Kim 等[72]开发了一个深层 ESN 模型预测 BOD，并与树集成学习方法比较，获得了更加可靠的预测准确性。

如果水体中重金属含量超标，会对鱼类造成毒害，严重的情况下会导致鱼虾出现大规模死亡，因此监测水质中的重金属含量变得极为重要。Wang 等[73]、Ye 等[74]用 LSTM 预测水中 Mn 含量，获得了相比传统模型更加准确的预测结果。

（2）多因子预测

Fijani 等[75]采用双层分解和极限学习（ELM）预测叶绿素 a，获得了较好的预测性能。Barzegar 等[76]的研究不同，采用了 CNN-LSTM 混合模型在短期内预测溶解氧和叶绿素 a，成功提高了模型的短期预测性能。Lu 等[77]采用 CEEMDAN 和随机森林、Xgboost 集成学习模型预测水质，并在多参数短期水质预测中获得了较高的稳定性。

对 pH 和水温的预测，Hu 等[78]通过深度 LSTM 模型改进了传统预测模型预测准确性低、时间复杂度高的缺点。Liu 等[79]提出了一个新的深度 BI-S-SRU 学习网络预测水温和 pH、DO，并很好地预测了它们未来的发展趋势。

Li 等[80]提出了一种小波变换和人工神经网络结合的毒重金属检测方法，通过分解时间序列中不同参数的组合验证，结果表明该模型对长期预测砷、铅、锌含量有较高的准确率。

7. 对虾蟹等养殖生物的研究

虾蟹类是水产养殖的重要对象，然而，关于将人工智能应用于虾蟹养殖活动的文献相对少见。Cao 等[81]利用改造 CNN 检测活螃蟹达到 99.0%，Hu 等[11]使用 CNN 识别水下虾的精度达到 95.5%。Morimoto 等[15]提出监测游泳速度和移动距离对虾的异常行为进行评估的方法。Cui 等[82]使用深度卷积神经网络识别中华绒螯蟹（*Eriocheir sinensis*）的性别分类。

4.1.1.2 浅海增养殖大数据挖掘现状

鱼类通常具有适中的体型，频繁地游动，其动物体边界在水下观察时清晰可见，因此计算机视觉技术在对鱼类的应用相对较容易。相比于鱼类，在浅海增养殖海产品种类中，贝类和藻类扮演着更加重要的角色。然而，与鱼类不同的是，藻类的水下可视观察方式很少，因此缺少通过视频辨析采集的生长特征数据。虽然贝类活动范围有限，移动不频繁，但是底播条件黑暗浑浊，因此不易获得清晰影像。正因为如此，近年来，在贝类、藻类增养殖的应用领域，机器视觉模型研究较少。实际上，对藻类和贝类的大数据挖掘研究主要集中在赤潮等生态灾害和贝类毒素灾害等方向。

Shamshirband 等[83]使用了小波分解方法，开发了集合模型来获得希洛湾叶绿素 a 浓度的多天预报。他们将不同的小波变换函数应用于每日的叶绿素 a 的数据，并利用不同的子成分建立了 10 个独立的小波—人工神经网络模型，然后将不同小波神经网络的输出结合使用这两种集合技术，以实现更准确、可靠的预报。Derot 等[84]提出了一个随机森林模型来预测日内瓦湖有毒浮丝藻（*Toxic cyanobacterium*）引起的赤潮，使用 *k*-means 算法将叶绿素 a 浓度值分为 4 类，再用随机森林模型的预测目标，并在年级别获得浓度的有效预测。

相对于赤潮的预测研究，对赤潮影响程度的预测方面的工作相对较少，特别是在贝类捕捞和增养殖工作过程中，这方面的研究几乎可以说是罕见的。随着气象学、海洋学和传感科学的技术进步，提供了大量能够检测和描述与赤潮的发生、发展和衰亡过程的关键环境监测数据，包括气候（如温度、降雨量、地面光、风速和方向）、卫星（遥感图像和卫星衍生的 SST 和叶绿素 a 浓度）、现场测量等。这些多源异构数据为研究预测赤潮发生、推断赤潮生成变量与贝类毒害污染程度之间的关系开辟了路径。最近的研究试图直接基于多变量环境时间序列数据预测贝类毒素污染。Grasso 等[85]将贝类毒害污染预测问题转换为模拟图像分类任务，按毒素浓度建立了 4 个分类类别，并利用单隐藏层的 FFNN 进行分类。该模型能够在提前 2 周的情况下准确预测会导致增养殖活动停止的毒性事件，然而，对于超过 3 周的预测准确性将急剧下降。

综上所述，数据挖掘对浅海增养殖对象的覆盖应用尚处在起步阶段。形成这种现状的原因包括以下几个方面。首先，浅海贝类、藻类及其他海珍品的数据搜集工作很少，这使得智能研究团队难以开展深入的数据挖掘工作。数据的稀缺状态限制了模型的训练和性能。其次，浅海增养殖环境本身具有特殊性，令数据收集存在天然困难。这些困难包括浪涌、附着物与腐蚀、光照和浑浊度等。再次，目前的研究中，大多数研究论文采用图像处理和机器视觉方法，而其他数据挖掘算法应用得很少。这种明显的模型倾向很大程度上是因为深度学习在图像处理领域取得了显著的成功。最后，鱼类在网箱或水族箱中的视频数据容易获取，鱼的生物大小形态与背景的辨析度高，更加适合发挥深度学习和图像处理的优势。相比之下，浅海增养殖贝类和藻类在自然条件下的数据收集一直没有有效的方法，这导致贝类、藻类等增养殖生物数据集缺失。

所幸，在过去 10 年间，数据挖掘、机器学习和深度学习打造的各种技术和工具在鱼类养殖领域的运用和研究越发广泛。虽然浅海贝类和藻类增养殖领域的应用研究相对滞后，但随着技术的不断进步，人工智能技术正展现出它的潜力。总体来说，与传统的统计方法相比，数据挖掘和人工智能研究逐步拓展了水产增养殖的智能化手段，有望进一步为优化增养殖过程和决策提供帮助[86]。

大数据“下海”正在呈现不断增长的趋势，但在浅海增养殖领域，尤其是在浅海贝、藻的增养殖领域研究很少。本书希望尝试突破这种现状，填补浅海增养殖数据，赶上智能化发展趋势。

4.1.2　大数据技术与海洋领域的结合趋势

大数据技术在海洋的各个领域正在展开有价值的科学实践。海洋地形、海洋气候、海平面变化、海洋灾害、海洋生态系统、海洋矿产、海洋生物等数据的收集与标准化管理正在逐步完善。

在过去的 20 年间，全球发表了大数据挖掘与机器学习在海水增养殖领域应用的大量研究成果，而且中国拥有最多的文章发表数量。如图 4-1 所示，截至 2022 年春，中国发表了 144 篇文章，其次美国发表了 41 篇文章。挪威是在鲑鱼（*Salmo salar*）养殖机械化和智能化领先全球的国家，共发表了 24 篇文章。其他国家的文章研究较少。

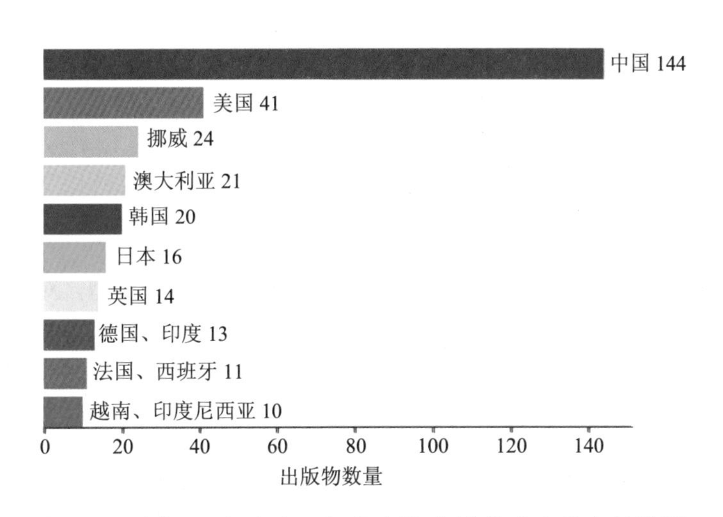

图 4-1　过去 20 年中人工智能在海水增养殖中发文的数量

资料来源：在 Scopus 中 Aquaculture 和 Artificial Intelligence 的搜索结果，Wilfredo Vásquez-Quispesivana，2022。

图 4-2 所示为人工智能在海水增养殖业的应用热度。2018 年以来，文章发表数量呈现加速上升的趋势，体现了海水增养殖正在快速吸引人工智能研究者的目光。

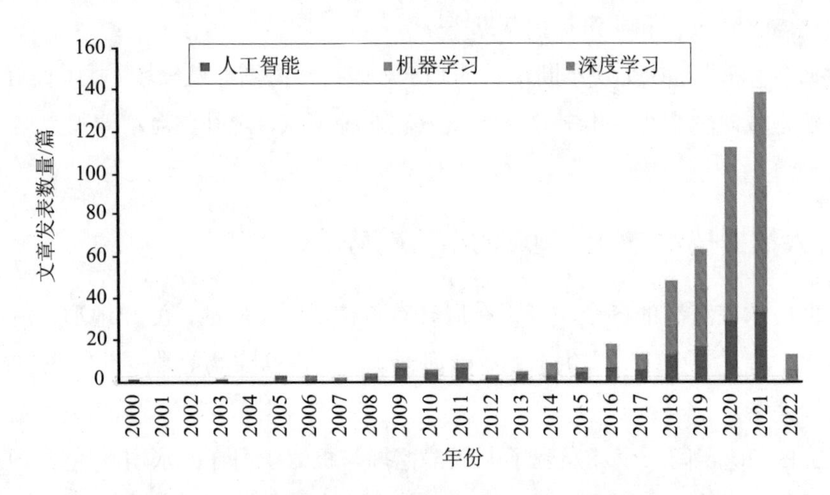

图 4-2　人工智能在海水增养殖领域成果发表数量的趋势

资料来源：Wilfredo Vásquez-Quispesivana，2022。

综上所述，人工智能和大数据挖掘方法在海水增养殖领域的研究和应用呈现逐年增长的趋势。由于我国海洋战略的积极推进，我国在海洋大数据的研究应用正在快速发展的推进阶段，成果数量居世界领先。

4.1.3　浅海增养殖大数据分析的主要目标

在浅海增养殖领域应用大数据挖掘技术的主要目标包括以下几个重点。①基于多源异构数据，构建浅海增养殖生物生长的数据模型。②利用数据模型，对生长状况进行预测，或者对生长和环境的异常情形发出预警或预报。③让数据挖掘服务于浅海增养殖产业，服务于企业、工人和经营、商业，创造更大的数据价值。

1．构建浅海生物生长数据模型

模型在数据挖掘和机器学习的研究中扮演着核心角色。模型是使计算机能够“理解”生物系统正常运行的途径，同时也是深入分析数据的基础。因此，针对特定的增养殖生物，首要任务是获得一个能够准确反映信息的模型，以此作为进一步分析的基础。

这个模型应该具备以下特点：①清晰明确地描述生物的成长情况，模型对观察值的拟合程度需要很好；②模型应当以实用为目的，不应当过于简单或过于复杂，并能够给出足够的信息；③符合增养殖企业和行业的使用习惯。

2. 预测和预警

在浅海增养殖企业的应用需求下，大数据挖掘模型应当有能力为管理者提供清晰的预测和预警。预测方法应当对增养殖生物的生长、产量进行预测，提供具体的值和可信度高的区间。此外，对于异常或危害增养殖生物的情况，模型可以及时给出明显的预警信号。为确保可靠性，预警的准确率应当远高于 50%，且召回率在经济上有优势。

3. 服务于企业，降低人工成本和渔民的劳动强度，加快推进增养殖智能化

确立以上增养殖分析的主要目标的依据有两点。第一，与合作企业之间的反复交流，并整理出养殖企业的需求作为导向，并考虑减轻浅海增养殖从业者的负担。第二，基于所获数据的数量、质量、数据形式、内容等，并结合大数据挖掘模型的特点进行取舍。

4.2 大数据挖掘基本方法简介

4.2.1 数据预处理

实际工作中获取到的数据有多种形式，常见的原始数据通常包括 3 种形式：

（1）结构化数据

结构化数据是由数值和字符等构成的记录数据。这些数据通常是以表格的形式记录被测量变量的值和描述。数据的存储方式通常是连续型浮点数、分类字符型、整型、日期格式等。在数据挖掘和机器学习领域，通常每一行代表一个数据观察值，每一列被称为一列“特征”。

（2）图片、语音和视频等多媒体数据

多媒体数据通常以图片、视频等方式展现。在数据库中以二值数据文件保存，可以是流数据，也可以是文件数据，通常以二维矩阵保存。

（3）表示数据之间关联的图数据

图数据是由节点和节点间的联系的边组成的数据网络。节点集和结构化数据近似，边集为节点之间是/否相关联。

为方便理解，一般情况下呈现给数据分析者的是二维表格形式的记录数据。用于数据分析的数据通常汇总在横向的长数据表中，其格式如表 4-1 所示。通常，以数据行的形式分别排列呈现观察事件，一行即为一条观察数据。而在一行中的每一列则记录了对事件的某个“特征”的观察值，在数据挖掘中有时也被称为“特征”。大数据挖掘方法则是在实际的物理观察数据中，统计出规律或辨识出模式。

表 4-1 结构化数据示例表

	特征 1	特征 2	特征 3
第 1 条数据	××	××	××
第 2 条数据	××	××	××

在实际物理场景获得的数据中，不可避免地包含了大量的缺失值、噪声、不规范数据或者有异常点，俗称“脏数据”。这些不正确、不规范记录的存在会大幅降低数据的有效性和可靠性。数据的质量直接决定了大数据模型的预测能力和泛化能力，低质量的数据非常不利于大数据算法模型的训练学习。为解决这一问题必须在使用前预先处理，即数据预处理工作[87]。

“脏数据”可能存在但不限于以下几种主要问题：

（1）数据缺失，即属性的观察值为空。

（2）数据噪声，即数据中无意义、不合理、损坏或无法解释。例如盐度 = “−100”。

（3）数据不一致，即数据前后存在矛盾。如对同一个人年龄 = “2 岁”同时生日 = “1900 年 1 月 1 日”。

（4）数据冗余，即数据的数量或者属性的数目过多，超出数据挖掘分析需要。

（5）数据集不均衡，即不同类别的数据集合中所包含的数据量相差悬殊。

（6）离群点或异常值，即明显远离数据集中分布区域的数据。

（7）数据重复，即在数据集中出现多次的数据。

数据预处理工作需要对各种“脏数据”进行合理有效的处理，目标是得到标准的、干净的、整洁的、连续的数据，为下一步的数据统计、大数据挖掘等做准备。但是，数据预处理的过程并没有固定的流程或者套路，它需要依据实际问题的需求、实际数据的情况、事件的物理规律等做出人工分析和调整。数据预处理过程中往往需要按数据对模型贡献的好坏进行反复调整和测试，因此，在大数据分析项目中，数据预处理相关的工作时间通常占据了整个项目工作量的 70%以上。数据预处理可以笼统地分为对数据结构的预处理和对数据内容的预处理。对数据结构的预处理，即将原始数据的结构格式整理为数据模型可用的特殊结构格式；对数据内容的预处理是针对每行中的数据值执行的处理操作，大致可以分为数据清理、数据集成、数据规约和数据变换，这些预处理工作一般不需要按顺序依次进行[88]。

4.2.1.1 数据清理

在实际大数据分析工作中，数据的异常无法避免。这些异常值需要通过数据清理进行清除或补全。数据清理主要是希望以填补缺失值、光滑噪声、平滑或删除离群值、解决数据的不一致性来“清理”数据。

大多数大数据挖掘算法不允许数据的特征值或目标值中存在缺失值。因此不能简单地忽视缺失值，而应该在数据预处理过程中解决这个问题。

1. 缺失值处理

在实际的项目获取信息和数据的过程中，缺失值是很常见的现象。实际工作中会存在多种不可预测因素导致数据丢失和空缺，如仪器的损坏、网络传输的故障、人工记录的疏忽、物理和经济条件限制等。通常，数据表中的缺失值常常被记录为“空”，或工程上以特殊固定值（如−9 999、−3 999）来表示。

缺失大致可以分为如下 3 种类型，我们可以根据不同的类型选择不同的处理方法。

（1）完全随机缺失值

完全随机缺失值与其他任何变量有关，呈现随机缺失的情况。

（2）随机缺失值

随机缺失的可能性并不是完全随机的，其缺失概率与已知的特征有关联。例如海水无机盐富集容易导致水下探头损坏。

（3）完全非随机缺失值

这类缺失值的缺失很可能是完全非随机的，缺失的情况与已经存在的特征值密切相关。例如可以根据车辆行驶的路程和时间推导出平均速度。

针对这些缺失值的处理方法并没有规定的范式。最简单的方法是丢弃这些带缺失的观察值，但丢弃也不得已地让算法失去了观察相关的非缺失信息的机会。因此丢弃缺失值应视为别无他法时的选择。如果缺失的值是完全随机缺失值或随机缺失值，那么在某些情况下可以将其直接删除；如果缺失值是完全非随机缺失值，那么数据的缺失本身就是一种信息。处理缺失数据通常基于变量的分布特性和变量的重要性（信息量和预测能力）采用不同的方法。主要分为以下几种：

①删除特征

若某一个特征缺少的比例较高（如空值大于 80%）、覆盖率较低，且该特征的重要性较低，那么可以合理地认为这个特征对模型效果的影响有限，可以将其直接删除。

②丢弃数据

整理缺失值的最简单的方法就是把带有缺失值的整行数据删除，但是，这样可能会删除有价值的特征数据。在随机缺失和完全非随机缺失的情况下，简单删除数据行有可能导致原始数据中具有特定特征关联关系的数据会被删除，据此训练的模型将无法掌握数据的某些特定联系。因此，解决缺失问题时还可以考虑填充缺失值。

③统计值填充

对缺失的数据值，一种普遍的做法是使用统计值进行填充。常见的统计量包括均值、众数、中位数等。统计值通常从某一方面描述了特征的概率分布。若缺失比例较低（小于 95%）且重要性较低，按照数据分布的情况可以选用合适的统计值进行填充。统计值填充的优点在于它计算迅速快，并适用于处理成千上万的大型数据集，然而相比模型填充方法，统计值填充的表现效果通常较差。

④模型填充

模型填充缺失值即通过数据分析的模型统计预测这些缺失的值。为达到该目的，通常将带有缺失值的特征当作目标向量，并使用剩余的特征来预测它。例如，在缺少身高信息时，可以尝试使用足长数据构建算法模型来预测身高。在数据量不大的情况下，流行的方法是用 KNN 算法来预测缺失值。然而 KNN 的不足之处是需要计算各个观察值之间的距离，对于小数据集而言，这个计算过程相对简单。当需要计算成千上万的观察值时，需要消耗的计算时间和硬件资源会成为一个严重的负担。此时可以考虑使用回归方法、贝叶斯、随机森林、树等模型对缺失数据进行预测。

⑤哑变量填充

若变量是离散型的，且该变量的可能取值集合较小，则可以将该变量转换成多个哑变量表达。例如性别 SEX 变量，存在 male、female、NA 3 个不同的值，可将该列转换成 IS_SEX_MALE、IS_SEX_FEMALE、IS_SEX_NA。当变量的取值集合较大，例如某个变量存在十几个不同的值时，仍旧可以哑变量变换。此时可先统计每个值在数据中出现的频数，再将频数小的值单独归为一类，并标记为“other”。这样能够在减小取值集合、降低维度的同时，最大化保留变量的信息。

⑥插值与采样

插值法填充主要是面对序列数据（时序数据）。由于受到故障、物理限制、人工因素等的影响，一些时间上有序列意义的数据往往会出现行缺失或者时序不等长的情况。此外，当观察值粒度较大，需求模型需要的输入粒度较小时，也可以用插值补充的方法对细节粒度进行填充。常用的插值方式有分段线性插值、多项式插值、牛顿插值、三次样条插值等。

⑦多重插补法

在面对填补复杂数据缺失值的任务时，除非数据缺失是随机的，将某些特定的值填到缺失部位的方法会导致出现“偏差”，即插入后的数据与真实数据的分布偏离。为了避免直接排除缺失值带来的统计检验效能减少和偏性，可以使用多变量多重插补来估算缺失值。多重插补法采用多种随机模拟方法产生多个完整数据集，并随后合理评估插值的效果。对得到的多个结果进行整合，即可得到偏差较小的结果。多重插补法对完全随机缺失和随机缺失的情况均有效果。

⑧手工填充

手工填充，是指人工重新收集数据，或寻找新的数据来源，或者根据领域知识来推测、补充或验证数据。手工填充常常费时、费力、费钱，但可以获得更加有说服力的数据。

数据填充是在陷入数据缺失，而又必须进行分析的困境时使用的无奈方法；尤其是对于完全非随机数据丢失的情况，目前并没有特别有效的补充方法。最佳的解决途径仍旧是重新考虑数据收集机制，避免原始数据的丢失。

2．异常值处理

由于仪器校准、漂移或外部环境因素常常会产生异常值，这些异常值在分布上可能会比大多数观察值大很多或小很多。这样极大或极小的异常值通常也会对数据挖掘的预测模型的构建产生不良影响。因此我们希望通过预处理将其删除。另外，删除数据就意味着放弃考虑极端值的情况。这是因为数据分析者无法获得数据统计中极大或极小的值是否属于异常的明确证据。因此，如果在分析需求中也要考虑特殊情况或极端情况，最好对异常值的处理持谨慎态度。

欲删除异常值，首先必须区别数据中的异常值和有效值。然而，仅异常值检测就是一个很大的主题。在没有其他信息辅助的情况下，常常认为异常值是那些偏离主要分布区间的少数数据。检测方法非常多，然而必须选择正确的方法。判别异常值常用方法包括：

（1）统计分析

统计分析可以为发现异常偏离的数据点提供帮助。在计算统计量前，可以画图由人工查看数据的分布形状，猜测大致的分布类型。随后计算方差、标准差查看数据的波动程度。按数据的分布结合查看均值大小、众数、最大值、最小值、分位数值，并结合起来观察寻找差异较大的数点。例如，观察到方差/标准差相当大，同时最小值很小，就可能存在异常值。

（2）正态分布分析

统计上常常将特征的取值分布认为是独立正态分布，这种假设在常见的应用情景中并不会出现大的问题。在正态分布为假设下，最简单常用的检测方法就是删除到平均值的距离大于某个倍数标准差的离群值。当标准差倍数较小时，大量的值会被检测为异常值；而标准差倍数较大时，则仅有更极端的值被检测为异常值。如工程上管理取的标准差倍数为 3：在 3σ 的范围内大致包含了约 99.73%的值，相当于将发生概率为 0.27%及以下的值视为异常值。这种方法也被称为 Z-分数方法或 3σ 原则。

（3）箱线图/四分位数方法

另一种习惯的规则是应用四分位数区间（IQR）和一些调整因子来计算检测异常值的分界位置。经过统计，将数据按数量分为四等份，获得数据集的中位数（median）作为中心，并且第一个四分位数（Q_1，25%）和第三个四分位数（Q_3，75%）之间的值不是异常值。令：

$$\mathrm{IQR} = Q_3 - Q_1 \tag{4-1}$$

令：

$$\mathrm{UQ} = Q_3 + 1.5 \times \mathrm{IQR} \tag{4-2}$$

$$\mathrm{LQ} = Q_1 - 1.5 \times \mathrm{IQR} \tag{4-3}$$

按规则，区间（LQ，UQ）内的值不认为是偏离较大的异常值，区间外的值则是显著偏离的异常值。四分位数方法通常可以结合箱线图直观地展示，如图 4-3 所示。

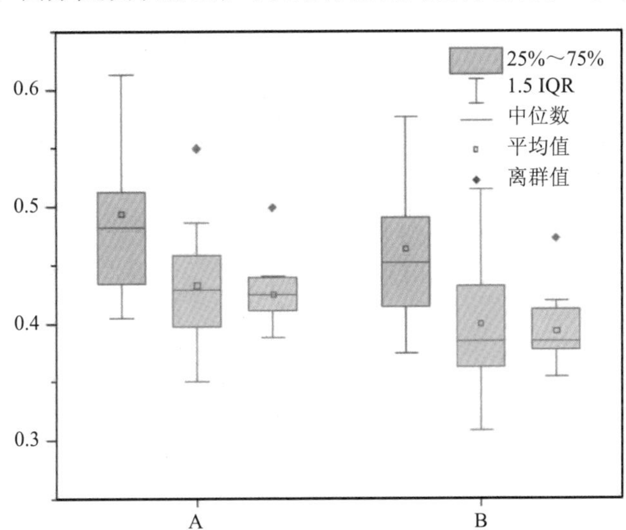

图 4-3 箱线图示意

（4）可视化方法

不依赖复杂的计算公式，也可以通过可视化作图的方法找到异常值。这种方法虽然简单，但十分有效实用。对一维数据，经常使用箱线图的方式观察数据。对二维和三维数据可以直接作图发现离群值。对高维数据，可通过 PCA 等降维方式投影到低维后，再作图观察。

（5）聚类方法

聚类是一种非监督的机器学习方法。非监督学习即不需要人为地给予标签，并自动聚合不同类别。聚类方法对样本数据生成聚合的簇，而远离簇中心、无法被聚合的孤立数据点则被认为是异常数据。常见的聚类算法如 DBScan、*k*-means 或层次聚类都有不错的表现。

（6）随机森林方法

通过无监督的随机森林方法也可以用于异常值检测。随机森林寻找异常值的思想有别于之前介绍的几种方法。之前的方法都在寻找划分数据的常规区间的边界，然后将此边界之外的点都被视为离群点或异常值。而随机森林的思路则是希望明确地隔离开异常值。常见的两种随机森林检测算法是孤立森林（Isolation Forest）和随机砍伐森林（Robust

Random Cut Forest，RCF）。这两种随机森林利用了一个合理的假设：异常值往往数量很少，同时具有区别于正常值的特征属性。随机森林方法为每个数据点关联分数，并依据打分的高低标记异常点。随机森林的两种异常值检测算法适用于高维数据集，并且被证明是一种非常有效的检测方法；此外，RCF的优势还在于可以处理实时流数据。

（7）半监督方法

半监督方法适用于只有正常、没有异常的数据，也被称为新奇点检测。典型的有局部异常因子（Local Outlier Factor，LOF），它计算给定数据点相对于其邻居的簇局部密度的偏差，密度大大低于邻居的簇局部密度的样本将被视为异常值。

（8）深度学习方法

深度学习方法希望构建神经网络来训练对异常点的检测，比较典型的有自动编码器（Auto Encoder，AE）、Variational Auto Encoder（VAE）、对抗生成网络（GAN）等。

数据预处理识别出异常值后，可以直接删除，也可以依照缺失值的填补方式进行填补。

3. 噪声处理

噪声在测量中出现的随机误差或者偏差。噪声是常见现象，它会导致随机误差或偏差。这种偏差与异常值有明显的不同。首先，不同于异常值的特征显著区别于正常值，噪声既可以显著偏离实际值，也可以围绕在实际值附近，如测量时的电信号毛刺，或者以一定固定的分布叠加在信号上，如背景/基底噪声。其次，不同于异常值的稀少，噪声不可避免地出现在每一次观测中，且无法在任何环节进行消除。

对噪声的处理主要有两种思路：一种是平滑，即将数据点周边一定范围内的数据一起取平均；另一种则是滤波，需考虑噪声的分布特点进行选择。具体采用哪种方式处理噪声需要依据应用场景和实际的物理条件进行取舍。

4.2.1.2 数据集成

数据集成主要是将互相关联的分布式数据源集成到一起，去除冗余数据，提高数据信息的利用效率。数据集成后可以更好地为模型训练服务。在大数据研究中，大量分布的探测设备及网络不断地运行和传递数据，每天将会记录大量来源于各种渠道的信息。多传感器收集的多源数据需要先被汇总整合起来，而整合的过程一般需要面对实体识别、冗余和不一致问题。这些整合后的数据常常包含数据冗余重复或者相关联的分布数据。冗余数据被定义为：①一个数据集或者几个相关数据集中包含了相同特征的相同观察值，这些观察值理论上应当是唯一的；②数据集中的某些属性可以通过其他几项属性计算而来。冗余数据不仅对服务器造成了额外的压力，也给模型构建训练带来了计算负担。因此需要以合理科学的方法集成方法整合多源数据，适当排除冗余。

数据集成一般考虑如下方法：

（1）应用关联分析技术可以分析冗余数据之间的相关性，具有较强的数据分析能力。关联分析技术可以确定判断冗余数据的规则。通过在所有数据中计算并对比数据属性对挖掘目标的相对重要性，将数据重要性的相近度作为去除冗余数据的判断依据。

（2）数据拼接也是数据集成中比较常用的方法，它将多个数据集合并为一个数据集。数据拼接依赖的是不同数据集之间具有相同的或者相关的属性，从而去除冗余数据。

4.2.1.3　数据归约

当数据集规模较大且复杂时，大数据分析和挖掘需要付出相当大的计算代价。数据规约的目的是在理解挖掘任务和数据本身内容的基础上，寻找有实际效用的特征，产生相对较小但能够保持原数据完整性的新数据集。数据规约需要保证在规约后的数据集上进行分析和挖掘可以获得几乎相同的效果。数据规约的意义在于：降低无效、错误数据对建模的影响，提高建模的准确性；大幅缩减数据挖掘所需的时间；降低储存数据的成本。通常用于数据归约需要消耗的时间不应大于等于在归约后为挖掘节省出的时间。

数据归约通常包括：

1．特征规约

特征规约是指从原有的特征列中删除不需要的特征，或者对特征进行重组。其目的在于保留甚至提高特征的可判别能力，同时减少特征向量的维度。在没有前置领域知识的情况下，特征规约通常先随机选择特征的若干子集，并将这些子集通过评估函数获取评估值，并选择最优特征子集用于训练。

2．数据压缩

数据压缩就是从样本中进行代表性采样。采样的误差对所有采样策略而言都是不可避免的，采样的范围越广，误差越小。数据压缩的好处是降低成本、速度更快，且能够提高准确率。

3．特征值规约

特征值规约是希望通过以更小的数据形式替代来表示观察值，包括通过模型参数替代的方法、选样的方法和聚类方法等，或采用主成分分析（PCA）降维。

4.2.1.4 数据变换

数据变换是模型输入前的最后一步也是至关重要的一步，数据变换的方法众多，作用也不尽相同。数据变换的目的在于使数据符合模型输入的标准，有利于模型的训练。常见的数据变换过程包含离散化、稀疏化、标准化/归一化、特征转换与创建、函数变换等。

1. 离散化

离散化是指将主动连续的数据分段标记、分类，重构后形成离散化数据。分段的原则有基于等距离分段、等频率分段或者优化分段原则。工程上采用数据离散化的原因主要有：

（1）模型需要：如 Apriori、朴素贝叶斯等以离散数据为输入的算法，须输入离散型的数据。

（2）有效的离散化能减少训练模型和模型预测时的时间和空间资源的开销，提高分类聚类能力和抗噪声能力。

（3）从解释性的角度看，离散化的特征更易被人类理解，符合人类的思考习惯。

（4）特征离散化后可以有效地规避隐藏的数据缺陷，相比连续性特征，离散化特征不容易受到波动、噪声等影响，使模型的预测和运行结果更加稳定。

2. 稀疏化

离散型变量的取值不应被识别为有序的特征时，一个常见的做法是独热编码（one-hot 编码）。具体做法是将离散型变量做一对多的 0～1 哑变量处理，增加特征列使之稀疏化。例如，增养殖生物来源有青岛、烟台、大连、威海 4 个不同的海域，进行独热编码时将来源特征列转换成“from_Qingdao，from_Yantai，from_Dalian，from_Weihai”4 个哑变量列；在“from_Qingdao”列中，只有当增养殖生物来源于青岛时取值为 1，其他城市均为 0，依次类推。如果遇到变量的不同值较多，可以视情况将出现次数较少的值统一归为一类“rare”。这样的重新编码操作提高了特征空间的维度，在高维度特征空间的矩阵中出现了更多的 0，有效数据的“距离”变得更远了，即“稀疏化”。稀疏化处理给模型的训练和效果带来了好处，有利于模型更快地收敛，同时能够有效提升模型抗噪的能力。

3. 标准化/归一化

由于量纲的不同，数据中不同特征的值的差距可能很大。在特征空间中，特征值越大的特征向量对模型的影响越明显。因此若不对距离进行映射处理可能会影响数据分析的有效性，在使用基于距离的挖掘方法如聚类、KNN、SVM、神经网络时尤其如此。为避免这种情况发生，通常需要对特征的取值向相近的数量区间进行缩放映射，使所有的特征取值落在同一个区间内或附近，这被称为规范化，常见的方法有标准化和归一化。常用的区间为[−1，1]和[0，1]，常用的方法有最值规范化法、*Z*-score 规范化法、小数定标规范化法等。

4. 特征转换与创建

对于一些时间序列，可以通过傅里叶变换、小波变换、EMD 分解等方法得到数据的频域或其他类型特征，这能帮助我们从另一个角度分析问题，如 EMD 分解在经济学上就有较多的应用。有时原始数据的特征本身并不适合直接用于模型学习，此时可以尝试用原始数据构造新的特征列。

以上数据预处理方法是比较常见的处理手段。但数据预处理过程中并不存在固定的套路或者模式，其只有一个原则，即最大限度保留数据中的真实信息，突出有效信息，减少噪声和错误的数据，优化其分布和结构，让数据挖掘的模型更有可能从中学到有意义的知识。

4.2.2 分类学习

数据挖掘任务按照是否有“参考答案”可以分为监督学习、非监督学习和半监督学习。监督学习使用标记的训练数据和一系列样本来推断知识。通过使用已知样本对模型进行训练，结果除了获得对未知样本和其对应结果的预测外，还可以获得变量之间的相互关系[89]。监督学习通常被用于“分类”和“回归”两类目标。

分类学习是一类重要的监督机器学习技术。它通过将数据集的属性值进行计算后，用于预测结果，结果为数据样本属于某个类别[4]。

4.2.2.1 分类的评价标准

分类任务的常用评价指标包括准确率（Accuracy）、精确率（Precision）、召回率（Recall）、混淆矩阵（Confuse Matrix）、F_1 Score、P-R 曲线（Precision-Recall Curve）、ROC、AUC 等。

1. 准确率

准确率是指预测正确的样本数量占样本容量的百分比，此处的“预测正确”包括正确的正样本和正确的负样本。具体公式为：

$$\text{Accuracy} = \frac{n_{\text{right}}}{n_{\text{sample}}} \tag{4-4}$$

式中，n_{right} ——预测正确的样本数量；

n_{sample} ——样本容量。

准确率最主要的缺点是，当数据不均衡时，准确率无法给出有参考价值的信息。

2．精确率

精确率又称为查准率，是指在模型预测为正样本的结果中，真正的正样本的百分比，具体公式如下：

$$\text{Presion} = \frac{P_{\text{right}}}{P_{\text{pred}}} \tag{4-5}$$

式中，P_{pred} ——预测为正的样本；

P_{right} ——预测为正样本的结果中，真正的正样本。

由公式可以看出，精准率的设计比较谨慎，因此分类阈值较高。

3．混淆矩阵

针对一个二分类问题，即将实例分成正类（Positive）或负类（Negative），在实际分类中会出现以下四种情况：

（1）若一个实例是正类，并且被预测为正类：真正类 TP（True Positive）。

（2）若一个实例是正类，但是被预测为负类：假负类 FN（False Negative）。

（3）若一个实例是负类，但是被预测为正类：假正类 FP（False Positive）。

（4）若一个实例是负类，并且被预测为负类：真负类 TN（True Negative）。

混淆矩阵如表 4-2 所示。

表 4-2　混淆矩阵示例

预测 真实	正例	反例
正例	TP	FN
反例	FP	TN

在评价多分类问题时，混淆矩阵可以用“one to many”的形式进行转换。混淆矩阵的每一行是样本的各取值的预测结果，每一列则是样本的各取值的真实分类。应用混淆矩阵时最简单的原则就是对角线上的数字要尽量大，其他地方的数字要尽量小。

4．召回率（Recall）

召回率又称为查全率，具体公式如下：

$$\text{Recall}=\frac{\text{TP}}{\text{TP+FN}} \tag{4-6}$$

式中，TP ——实际为正、预测也为正的样本数；

TP+FN ——实际为正的样本数。

召回率的设计是希望尽量多地检测出正样本，即希望捕捉尽可能多的 TP 样本。同时，召回率也反映了遗漏数据的程度，即没有被正确识别为正样本的数据的数量。关注召回率可以看作是分类问题中阈值的选择，较低的阈值会导致更高的召回率，但同时会带来更多的误报。

5．F_1 Score

采用精确率和召回率都会面临相应的缺点。如果设置分出正样本的阈值较高，那么正样本检出的精准率会表现得较好，但同时会漏掉很多正样本，导致召回率降低；反之，如果阈值设置较低，则召回率会表现良好，但预测的正样本可能会包含大量负样本，准确度降低。为了平衡精确率和召回率，通过它们设计了指标 F_1 Score 为

$$F_1=\frac{2\times P\times R}{P+R} \tag{4-7}$$

式中，P ——精确率；

R ——召回率。

F_1 Score 是一种调和平均数，兼顾地追求同时高的精确率和召回率。

4.2.2.2　常用的分类模型

1．朴素贝叶斯

朴素贝叶斯是一种简单但功能强大的数据挖掘算法。它基于条件概率的贝叶斯定理，解释如何从每个属性中获取给定类别的信息[90]。

线性判别降维算法（LDA）是一种用于变量监督分类方法。该算法基于贝叶斯定理，通过利用特征来估计观察值的类别。结合已知的先验观察结果和新的观察结果，令同类

样本尽可能靠近，非同类样本尽可能分开，实现对分类任务的有效处理。

2．逻辑回归

逻辑回归虽然被称为“回归”，但它经常被用于分类任务，尤其是二分类任务[89]。逻辑回归假设数据服从 Logistic 分布，然后使用极大似然估计进行参数的估计。Logistic 分布相对正态分布表现出肥尾的性质，逻辑回归将特征转换为对数概率，并直接对分布的概率建模。实际上一个逻辑回归模型就相当于人工神经网络的一个神经元。

3．*K* 近邻分类

K 近邻（KNN）对离散样本进行分类或回归。它通过统计中心样本周围 *K* 个最接近的点的类别猜测中心样本“更近似”哪个类别[90]。

4．支持向量机

支持向量机（SVM）在高维空间中构造一组超平面分割不同类别的样本。SVM 构造的超平面希望尽可能宽地区分不同类别的点，良好地分离并保证准确性[89]。

5．基于规则的分类

基于规则的分类用于指代按照规则分类特征的方法。决策树是这类技术最成功的模型。决策树利用基尼系数或信息熵来建立和归纳规则。它易于解释，可以快速简单地处理高维数据，拥有良好的精度和指定清晰可理解的规则的能力[90]。

6．随机森林分类

随机森林模型常常用于分类。在分类任务中，随机森林通过弱学习器组合成强学习器。通常弱学习器由非常简单的决策树构成。随机森林分类的优势在于可以处理高维数据、稳定，较难过拟合，准确率好、解释方便等。

分类任务是数据挖掘中最常见的任务，其模型较为丰富，易于理解。不少回归任务也可以分段化并转换为分类任务实现，并有可能获得更好的效果。

4.2.3 回归分析

回归分析是确定两种或两种以上变量间相互依赖的定量关系的一种统计方法。回归的目的在于根据已知的输入变量提供数据变量的预测。回归分析的模型可以被认为通过样本数据的约束训练一个函数，从结果来看这个函数代表了监督连续结果预测一个连续值输出[90]。

4.2.3.1　回归分析的评价指标

对回归分析的效果有一些性能度量的方法：

1．平均绝对误差（MAE）

MAE 是回归误差的期望值。如果 $\hat{y}_i$ 是第 i 个样本的预测值，y_i 是对应的真实值，n_{samples} 为测试样本数量，则 MAE 定义为

$$\text{MAE}(y,\hat{y})=\frac{1}{n_{\text{samples}}}\sum_{i=0}^{n_{\text{samples}}-1}\left|y_i-\hat{y}_i\right| \tag{4-8}$$

式中，y_i ——第 i 行数据的观察值；

$\hat{y}_i$ —第 i 行数据的模型预测值；

n_{samples} ——样本容量。

2．均方差（MSE）

MSE 是预测误差的平方损失的期望值。如果 $\hat{y}_i$ 是第 i 个样本的预测值，y_i 是对应的真实值，n_{samples} 为测试样本数量，则 MSE 定义为

$$\text{MSE}(y,\hat{y})=\frac{1}{n_{\text{samples}}}\sum_{i=0}^{n_{\text{samples}}-1}\left|y_i-\hat{y}_i\right|^2 \tag{4-9}$$

式中，y_i ——第 i 行数据的观察值；

$\hat{y}_i$ ——第 i 行数据的模型预测值；

n_{samples} ——样本容量。

3．均方根误差（RMSE）

RMSE 就是 MSE 开根号的结果，它与 MSE 的实质功能一样，但拥有正常的单位，可以更好地描述数据。

4．平均绝对百分比误差（MAPE）

MAPE 被定义为

$$\text{MAPE}=\frac{100\%}{n_{\text{samples}}}\sum_{i=1}^{n_{\text{samples}}}\left|\frac{\hat{y}_i-y_i}{y_i}\right| \tag{4-10}$$

式中，y_i ——第 i 行数据的观察值；

$\hat{y}_i$ ——第 i 行数据的模型预测值；

n_{samples} ——样本容量。

可以看到，MAPE 与 MAE 很像。MAPE 的取值范围为［0，+∞），当 MAPE=0 时

表示模型是完美模型，当 MAPE 大于 1 则代表了模型的效果很差。在使用 MAPE 时需要注意的是，因分母有一个样本点，故存在除 0 问题；而当存在非常小的样本时，也会因为个别数据的值（分母）太小而导致一个巨大的 MAPE 值。

5．决定系数（R-square，R^2）

如果 $\hat{y}_i$ 是第 i 个样本的预测值，y_i 是对应的真实值，$\overline{y}$ 为样本均值，n 为测试样本数量，则决定系数被定义为：

$$R^2 = 1 - \frac{\Sigma\left(y_i - \hat{y}_i\right)^2}{\Sigma\left(y_i - \overline{y}\right)^2} \tag{4-11}$$

式中，y_i ——第 i 行数据的观察值；

$\hat{y}_i$ ——第 i 行数据的模型预测值；

$\overline{y}$ ——样本平均值。

决定系数的分母描述了偏离均值的离散程度，分子则代表了预测数据和原始数据的误差大小；分子、分母相除的设计使决定系数可以消除原始数据离散程度的影响。决定系数理论上可取值范围为（$-\infty$，1]，正常取值范围在区间［0，1]，只有当拟合效果相当糟糕时才会出现很大的负数值。决定系数越接近 1，表明模型对目标 y 的预测越准确，而越接近 0，则表示模型的拟合效果越差。习惯上，人们常使用 0.4 作为观察决定系数的阈值。

决定系数的缺点在于：数据集的样本容量越大，则 R^2 越大。因此，决定系数在不同数据集的模型之间比较会缺乏说服力。因此，统计学家提出校正决定系数（Adjusted R-square），它被定义为

$$R^2\_\text{adjusted} = 1 - \frac{\left(1 - R^2\right)\left(n - 1\right)}{n - p - 1} \tag{4-12}$$

式中，n ——样本容量；

p ——特征数量；

R^2 ——决定系数。

校正决定系数消除了样本容量和特征数量对决定系数大小的影响。

4.2.3.2 常用的回归分析模型

1．线性回归

设数据集有 m 行数据（样本容量 m）、n 个特征列，$x_j^{(i)}$ 表示数据集第 i 个数据的第

j 个属性取值。线性回归模型希望得到这样一个线性函数：

$$f(x)=w_0+w_1x_1+w_2x_2+\cdots+w_nx_n \tag{4-13}$$

式中，w_i ——线性方程的系数，即权重。

使用矩阵运算时可以写为向量和权重矩阵的点乘。线性回归假设数据分布拥有明显的线性相关关系，希望找到一条解析直线来描述这种关系。在用于预测新的样本点时，可利用得到的直线进行直接计算。

在选择参数 w 时，线性回归采用最小二乘法。在线性回归模型中，实现最小二乘法采用均方误差作为损失函数，最小化这个损失函数能让所有样本点到直线的距离最短。

线性回归的优点是直接快速和可解释性好，缺点则包括需要严格的先行假设、对异常数据敏感、特征存在线性关系时表现不佳。使用线性回归需要仔细处理好数据，否则有可能出现过拟合。线性回归是一种很强大的模型，但是线性回归应用的拟合能力有限，通常全局性的线性回归模型是比较难得到的。此外，线性回归可以进行多种变体，如局部加权线性回归、多项式回归等。

2．岭回归和 LASSO 回归

当特征之间存在多重共线性或者自变量个数多于样本量时，使用最小二乘法来回归会变得困难。因为这可能会使得回归系数趋向于无穷大，得到的回归系数是无意义的。为此人们引出了岭回归模型和 LASSO 回归模型[89]。

岭回归在线性回归的目标函数上增加了一个 L2 范数的惩罚项。该惩罚项的加入使得模型对回归系数的估计不再是无偏估计。岭回归以放弃无偏性、降低精度为代价解决问题。

LASSO 回归通过把惩罚项改为 L1 范数，来修正岭回归无法剔除变量的缺点。L1 范数惩罚项会将不太重要的系数置 0，实现剔除特征、降低模型复杂度的功能。

3．随机森林回归与集成学习

随机森林是树的集成学习方法，被广大数据分析者成功应用。随机森林的回归模型由多棵基决策树构成，且森林中的每一棵决策树都相互独立地预测，模型的最终输出值由森林中的每一棵决策树共同投票获得[89]。随机森林不仅可以用于分类，也可以用于回归。通常基决策树的数量在 500～2 000 棵。

随机森林回归的基学习器是强学习器，是由很高深度的强决策树组成的。通过将样本随机采样获得子集，并随后在子集上随机选择特征训练一棵CART回归树。构造的每一个基学习器相当于一个在局域范围内的专家系统。随机森林回归通过在多个随机子集上构造多个基回归树，相当于多个专家从不同的角度同时对回归结果做出预测；因此可以认为模型的最终结果可以合理地取所有基回归树的预测平均值。在随机采样的训练过程中，每一棵回归树的输入样本都不完全；平均后相对不容易出现过拟合现象。

随机森林通过合并基决策树的预测结果，以获得强学习模型。它的优势是准确率高，不容易出现过拟合。这使随机森林成为在许多领域中广泛使用的数据挖掘技术，如遥感、银行、医学、金融市场和电子商务等。

随机森林是集成学习最著名的算法[91]。集成学习是一种方法，它在监督学习算法中线性集合了多个基模型（例如，随机森林分类中集成的是弱决策树），当一个基模型预测错误时，其他基模型的结果也可以纠正这个错误。随机森林、GDBT等属于集成学习中的此类，被称为Baggings的方法。

另一类集成学习模型被称为Adaboost方法，它通过逐级递进的基学习器学习方法创建更加强大的强学习器，并获得良好的预测效果[90]，常见的Adaboost方法有XGboost等。XGboost由一系列基决策树组成，新添加的基决策树会学习纠正先前决策树的“错误”，直到无法产生更多的错误。因此这种做法有时也被称为“下降梯度”。

4．神经网络回归

神经网络（ANN）常被戏称为“万能函数拟合器”，它通过如图4-4所示的神经网络连接。每个神经元有多个输入和一个输出，输入神经元的数据通常采用一个非线性函数聚合；每层的神经元的输出作为下一层神经元的输入，通过权重矩阵调整输入的大小。典型的神经网络通常是多层神经元的连接，由接受原始输入的输入层（可以为一层，也可以是多层）、精密设计的隐藏层和输出预测的输出层构成。ANN具有类似生物大脑的结构和信息特征，广泛互联的神经结构将输入模式映射到输出[89]。当神经网络被应用于回归任务时，输出层通常以线性回归的形式出现。

深层的神经网络通常被称为深度学习。在一定程度上，深层结构简化了大数据分析的任务，在数据量巨大时，深度学习的优势尤为明显[92]。同时，有可能导致过拟合的问题，此时有可能需要更多数据的帮忙。深度学习最成功的应用便是在机器视觉方面，针对各种视觉任务发展出了花样繁多的模型和变种。但大体上可以归纳为卷积神经网络（CNN）[93]、循环神经网络（RNN）[94]、生成对抗网络（GAN）[95]、faster R-CNN[96]、长短记忆神经网络（LSTM）[97]等基本类型。

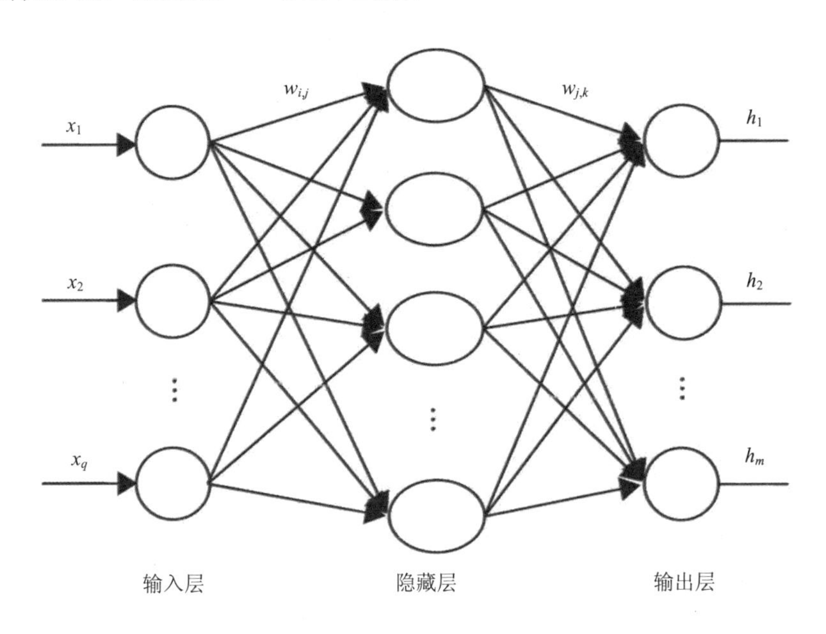

图 4-4　神经网络示意图

回归是为了预测和归纳趋势任务给出的方法。回归可以计算精确的数值作为模型输出，易于数值化，是预测浅海增养殖生物生长的重要方法。在应用回归方法时需要考虑数据物理场景和模型的性质。由于事先并不知道数据分布规律，挖掘模型经常出现过拟合或欠拟合的情况，需要仔细予以甄别、想方设法避免。其中过拟合模型经常带有迷惑性，导致模型泛化效果差，尤其在深度学习模型中需要避免出现过拟合的现象。

4.2.4　时间序列分析

时间序列和其他类型的数据挖掘模型最大的区别是对输入数据的假设。其他非时序的数据挖掘模型通常默认假设为抽样是独立同分布的，而时间序列问题假设序列数据是逐渐生长出来的。时间序列研究假设在时间前后的数据上有特殊的关联关系，这种关联关系足以让相邻的采样之间不再是独立事件。

时间序列数据被定义为按时间顺序排列和变化的数据，数据序列间相互关联、顺序不可交换。时间序列分析通过研究历史数据的变化趋势，来评估和预测未来的数据。时间序列数据常出现在经济、金融、商业数据分析领域。

传统的时间序列分析基于简练的数学公式，但实际的应用中如果存在数学假设的不符合则模型可能严重失真。人们为了从海量的数据当中获得隐藏的信息，利用计算机技术将时间序列分析升级为时间序列挖掘。时间序列挖掘方法依赖于广泛的数据基础来建立“规则”。这些规则是基于对大量实际数据的经验总结而来的，而不是对事件发生原理的严格的数学推导。但由于数据中往往存在多种干扰，挖掘有可能发现“假规则”，因此得到的规则需要验证原理。时间序列分析和时间序列挖掘在思路上有一定区别，在分析时间序列时两种思路是互补的。

1. ARIMA 模型

差分整合移动平均自回归模型（ARIMA），是由一些常用模型，包括自回归模型（AR）、滑动平均模型（MA）、自回归—滑动平均混合模型（ARMA）、差分整合移动平均自回归模型（ARIMA）逐步扩展而来，可以进一步扩展为 ARIMAX、SARIMAX 等[98]。

自回归（AR）过程是时间序列分析中的一项基本技术。AR 的数学定义如下：

$$\mathrm{AR}(p)=\alpha_1 y_{t-1}+\alpha_2 y_{t-2}+\cdots+\alpha_p y_{t-p}+\varepsilon_t \tag{4-14}$$

式中，p ——自回归阶数；

α_i ——第 $t-i$ 项的系数；

y_t ——时间序列的第 t 项；

ε_t ——白噪声。

滑动平均模型（MA）的定义为：

$$\mathrm{MA}(q)=\alpha_1 \varepsilon_{t-1}+\alpha_2 \varepsilon_{t-2}+\cdots+\alpha_p \varepsilon_{t-q}+\varepsilon_t \tag{4-15}$$

式中，q ——滑动平均阶数；

α_i ——第 $t-i$ 项的系数；

ε_t ——t 时刻的白噪声。

MA 的表达式看上去和 AR 一样，最重要的区别在于，MA 通过 t 时刻误差的线性组合来预测结果。

差分（I）的目的是获取平稳序列。使用 ARIMA 系列模型时，输入的数据必须是平稳的。数据输入前必须进行平稳性检验和白噪声检验。序列平稳性一般可以通过人眼视觉来判断，也可以更精确地用 ADF 验证来完成。如果序列是非平稳的，则必须通过差分对数据进行处理生成新的时间序列，然后继续进行平稳性检验直到序列平稳为止。一般情况下差分的阶数在不超过 2 时即可达成平稳性。

2. LSTM 模型

由于循环神经网络（RNN）反向传播时存在梯度消失的问题，在序列较长时，信息很难传递较长的时间。因此 RNN 有可能遗漏一些重要的信息。作为解决方案，长短记忆人工神经网络（LSTM）被开发出来[97]。LSTM 通过称为“门”的内部机制来控制信息的流动。LSTM 的结构如图 4-5 所示。

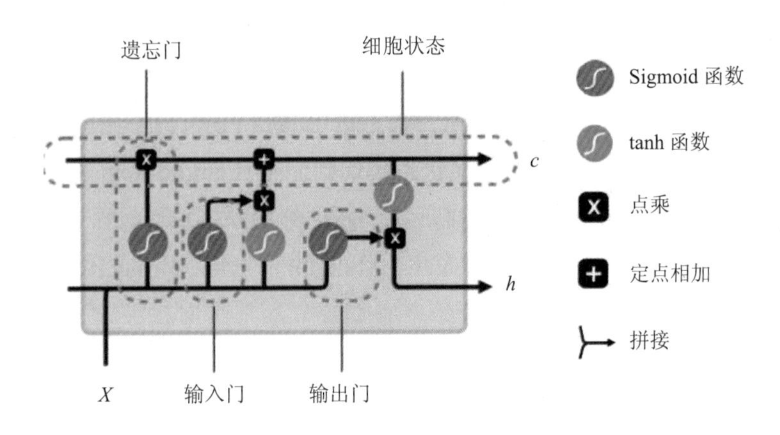

图 4-5　LSTM 结构示意图

LSTM 发挥作用的核心在于细胞状的网络结构以及被称为“门”的特殊设计。细胞会记录细胞状态，相当于信息在序列链中传递的记录，即可当作细胞的“记忆”。理论上讲，细胞状态 c 能够沿着序列链条将信息一直传递下去，因此，即便是较早的信息也可以流动到较晚的细胞中来，这就解决了 RNN 中梯度消失和短期记忆的问题。h 为细胞通过神经网络计算的输出值，也可以作为下一个细胞的输入特征。

c 中所保留的信息的添加和移除在细胞中通过“门”结构来控制：“门”结构将在训练中学会哪些信息应该被保存，哪些信息应该被遗忘。实现这种功能的门被称为遗忘门。遗忘门的输入是来自前一个细胞的信息 c 和当前输入的信息 X，用一个 Sigmoid 函数聚合并输出值介于 0～1 的值。越接近 0 意味着应该丢弃越多的信息，越接近 1 意味着应该保留越多的信息。

输入门的作用是决定输入信息将如何更新细胞状态 c。输入门的输入同样是前一个

细胞的状态 c 和当前的输入信息 X，并由 sigmoid 函数计算一个 0～1 的值。接近 0 代表信息不重要，1 代表信息重要，细胞将更加倾向于保留重要信息的内容。

在获得遗忘门和输入门的输出结果后需要计算更新细胞的状态 c。首先，前一个细胞状态 c 与遗忘门输出进行点乘。如果遗忘门的输出接近 0，则意味着点乘后的细胞状态中前一个细胞的占比很小，即前一个细胞的信息需要丢弃。其次，输入传递如 tanh 函数中创造细胞的新候选状态。再次，将输入门的输出和新的候选状态点乘，当输入门的输出值接近 1，则表示本细胞的输入很重要，因此，新的候选状态需要被更大比例地保存。最后，将前述步骤所得的结果定点相加，即将本细胞输入的信息更新到细胞状态 c 中。新的细胞状态部分地忘记了之前的信息，并记忆了新的输入。

输出门用来输出预测值 h 和本细胞的状态值 c。h 和 c 包含了先前细胞的状态和本细胞输入的信息。首先，更新后的细胞状态传递到一个 Sigmoid 函数中，然后将新得到的细胞状态一同传递给 tanh 函数，拼接后作为新的细胞状态向下一个时间步传递。

除了以上两类代表性方法之外，CNN、因果卷积、Trainsformer 结构等模型也被应用到时间序列预测中并取得了一定成效。

4.3 浅海增养殖领域的大数据挖掘方法

4.3.1 多源异构浅海增养殖数据的预处理

数据质量是浅海增养殖大数据分析预报的关键。数据来源包括浮标/潜标探头、视频监控、人工船舶测量、机器人测量、卫星监控等；数据形式包括数据表格、流文件、ns 文件、图片等；数据的记录格式多样。由于记录数据的物理条件来源于不同厂家对产品的测量或人工测量，导致存在计量单位不同、处理质量不一，采样和测量的时间错开、环境恶劣、网络传输情况不佳、数据缺失或重复等多种问题。因此，浅海增养殖数据需要经过合适的数据预处理、质量控制后方可以进一步挖掘。

影响数据质量的主要因素如下：

4.3.1.1 恶劣环境影响

浅海环境适宜附着生物生长，对仪器探头产生覆盖和腐蚀，导致测试结果错误或者仪器直接损坏。海面自然环境存在大风、洋流、降雨等自然现象或台风暴雨等自然灾害，易在灾害期间对仪器数值产生影响。此外，海洋远离陆地，缺少基站支持，数据的传输信号通常较差，很可能出现中断、漏传等现象。

4.3.1.2　人工限制

对环境进行监测的数据浮标/潜标通常放置在增养殖区内，探头在恶劣条件下长时间使用会发生读数漂移，此时需要人工定期重新进行对标校正。但是，由于人工校正花费大，重新对标的频率不可能过高，导致漂移后的数据被记录下来。

目前，对养殖藻类生长情况的测量缺少自动手段，仍旧依赖于工作人员手工测量。这是一种费时费力、成本相当高的测量方式，而且因为海上天气和路程限制无法做到准点定时、定点准确测量，因此，人工测量数据存在周期较长、周期不规律、波动较大的情况。

另外，增养殖生物及环境的历史数据有赖于企业自发记录，跨度周期长、数据复杂，也存在测量变量、记录标准的变更等。

4.3.1.3　测量方式物理限制

因为测量方式和原理的不同，会出现测量准确度在实现上的困难。例如，部分数据获得测试读数会有延迟，一个单独的浮标采样点也不太可能覆盖整个增养殖海域，或者同一个海域上的不同监测点之间存在矛盾。

针对数据质量的问题，在进行数据挖掘之前，需要对数据进行转换、拼接、去重和清洗等预处理。在数据预处理时，需考虑海洋环境数据和增养殖数据的特点并进行取舍。浅海增养殖大数据分析的主要挑战是面对原始数据的复杂性和增养殖生物动态过程的内在复杂性。通常，浅海增养殖所关心的数据围绕增养殖生物生长所需要的水温、营养、光照等数据，以及区分养殖藻类生长的常见指标（如长度、宽度等）。这些数据通常具有以下特征：

1. 时空连续性

海洋环境和生物数据的时空连续性是进行浅海增养殖数据科学研究的基础之一。由于加热散热过程、溶解物的扩散过程、生物生长时细胞增殖过程都是缓变连续的物理进程，因此海水的测量数值、环境数值、生物的生长指标应当具有时间和空间上的连续性。在海洋中变化较慢的有平均水温、盐分、pH、溶解氧等，变化较快的有台风、藻类暴发等。在处理多源异构数据融合和重构时，对不同指标的分析，需要参考历史数据的分布和变化情况，对数据的变化和动态、范围、时间等的变化速度进行合理估计，判断其演化周期，充分利用时空连续性进行整合和清洗。

2．周期性

无论是环境数据还是生物的生长都存在明显的周期性。浅海增养殖处在开放自然环境中，数据研究必须尊重周期。在增养殖活动中比较重要的周期包括季节变化导致的水温、日照、营养盐、溶解氧等周期；增养殖生物生长的幼年、成年周期；增养殖生物和环境耦合的生长速度周期；海水中其他生物和水温周期耦合后的营养盐消耗周期；季风和洋流周期等。

3．海区局域性

不同海区全年的光照条件、风浪条件、洋流条件、径流水文条件等都有很大的差距。例如，春季南方水温高于10℃时，而北方水温比冰点略高。因此，对增养殖应用场景下，所获得的数据规律也必将受制于海区的局域条件，仅反映局域的规律。

4．准确性、唯一性与模糊性并存

对海洋同一个时空点的测量，在同一台仪器下，经过正确校正后，其数据应当是准确且唯一的。浅海增养殖要素数据的观测是非常准确的，如水温、水深、测量精度、测量时间、测量空间等。浮标、站台的搭建和测量均遵循海洋调查规范，其获得的数据必须保持在误差允许范围内。因此，可以把这些海洋要素数据视为具备准确性的数据，其基本形式就是可以数字或等级的形式进行明确的表示。由于海洋信息是时刻变化的，因此获得的要素数据具有不可再生的原始唯一性特点。无论是实时测量的度数值，还是校准值，抑或是重构仿真的模拟值，都具有唯一性。

然而，就目前的研究阶段而言，浅海增养殖的现象划分数据却具有很强的时间和空间上的模糊性。例如，增养殖生物的不同生命周期、藻类病害发生的判定标准、暖流/寒流的包络面位置、人工标注观察到的时间点和真实发生的时间差距等，对数据分析而言都是模糊不清的。如探头无法布满整个海面，单点的测量值难以代表全部海区。又如因为生物生长的随机因素，表征生物生长状况的长度、重量等指标无法准确描述每一个个体，只能体现其种群抽样分布。因此浅海增养殖数据具有准确性、唯一性和模糊性共存的特点。

针对上述浅海增养殖数据存在的特点，在进行数据挖掘之前采用的主要数据预处理方法如下[88]：

（1）数据转换和拼接

浅海增养殖数据可以大致分为增养殖生物的生长数据和环境数据两类。一条测量值可以由测量的时间协同仪器的编号或测量者进行索引，而从时空关系上考虑，一组特征可以由测量的时间加上测量的地点共同确定。测量的地点可以通过浮标的卫星定位坐标获得。

部分缺失值可以由其他测量手段获得的数据补全。在浅海增养殖的监测数据中，特征叶绿素浓度很容易存在历史记录的缺失或者异常情况。由于叶绿素可能因微藻的生长、暴发而出现较为快速的变化，因此在历史月粒度的监测频率下不太适合用插值方式填充。目前的叶绿素测量手段不仅包括传统的采样测量，也包含了卫星的遥感数据，因此可以用对应海域的遥感月粒度数据来估计叶绿素的浓度。其缺点在于遥感数据的精度范围通常较大，中心点相对固定，其测得的有可能是较大海域范围内一个月的均值。在填入遥感叶绿素时，可以利用空间连续性对经纬度坐标进行插值。

（2）数据清理

在浅海增养殖数据清理工作中，主要是对缺失值和异常值的判断和填充。当缺失值或异常值占数据的比例较小时，可以直接丢弃异常数据。但对异常值的判断有赖于经验常识和对数据的了解，需要避免在排除异常值的过程中删除本具有显著意义的极端数值。例如，从往年的经验中可以获得海水中溶解氧大概的范围，从而识别是异常值还是极端值。

如果缺失值或异常值的情况不适合一删了之时，就需要进行填充。填充时，需要先了解数据分布的情况，再据此适当处理。例如，当某个特征数据分布波动范围很小时，可以用其均值或中位数直接填充；当某个特征有时间上的连续性时，可以用前后数据进行插值获得；当缺失数据列与其他列有一定的相关性时，可以使用机器学习方法（如KNN）进行推理获得。

（3）插值变换

由于粒度不同或测量时间不规律，需要估计某个特征在某些空缺的时间的值，并整理成新的序列数据。这样的新序列数据需要合理地反映浅海增养殖全过程的特征。幸运的是，由于浅海增养殖数据具有时空连续性，可以通过插值的估计方法补充。具体的做法是按数据约束生成对应的插值函数或分段插值函数后，在创建所需粒度的等差时间序列后，代入函数获得估计的特征值。考虑到有可能存在数据的漂移，可以考虑不适用以原始数据约束插值，而考虑采用多项式拟合方式插值或分段线性插值。

在插值过程中可以选择线性或者其他非线性插值，但是由于原始数据点的间距问题，不同的插值方法可能出现异常值（如三次样条插值）。此时应选用更加稳定的线性插值方式。线性插值可能会导致数据挖掘模型能力的降低，需要更多数据点。如果考虑生物生长规律，也可以采用拟合方式插值。

（4）解析模型仿真

浅海增养殖大数据挖掘项目推进过程中，最大的阻碍就是海上测量环境恶劣以及历史数据积累粒度粗糙。这两个阻碍导致企业历史收集的数据数量、覆盖面均较少。此外，海洋生物生长周期通常较长，短则半年，长达三四年。这影响到浅海增养殖企业积累数据的速度，缺少足够丰富的数据，因此对企业建立和部署数据挖掘模型相当不利。一种合理的方式是先想办法把数据挖掘模型建立起来，然后在企业的经营运行中，随着数据量积累，将模型逐步优化。

综上所述，浅海增养殖多源异构数据的处理方法需要考虑浅海增养殖过程的特点、海洋数据呈现的特点、数据获取技术的特点等细节。还需要综合考虑当地海洋数据的常识，有时必须人工判断数据的有效性、解决矛盾等。异构数据通常需要通过特征工程变换为特征，并由定制算法转换为模型可接受的数据类型。

4.3.2 浅海增养殖过程异常值、阈值的智能学习与判断

浅海增养殖大数据挖掘的目标之一是建立增养殖生物的生长模型，然后为企业增养殖活动在管理上提供帮助。在增养殖过程中，合作企业时常提出对异常现象判断的困难。浅海增养殖企业在监测过程中，通常关注增养殖生物的生长状况和增养殖生物所处海洋环境的参数情况。企业根据生物的生长状况可以估计产量、收获时间，并制订经营计划。在企业应用中，常常需要知道正常的范围，也需要知道异常情况的发生，如异常的水温、溶解氧、营养盐，还需要直观反映环境和生物生长的影响关系。以上这些需求可以通过生物的生长模式辅助观察和对应的阈值来进行分割。

4.3.2.1 增养殖生物正常生长模式数据模型

海洋生物（如藻类、鱼类、贝类）在某个海域有特定的生长模式。如果按传统的生物解析模型的研究方法对某种海洋生物生长模式进行研究，研究者将通过在实验室条件下进行大量控制变量的试验和观察总结其生长规律，并参考前人对动植物生长模拟的数学模型，进一步构建数学函数组模型描述该生物在各种环境因素条件影响下的生长机理与过程。最后，研究者使用这样的数学函数组模型在一定的真实环境下对生物的生长做

出数值预测，并通过实际的测量观察值比较验证数学函数组的准确程度。

不同于生物解析模型研究方法中，研究者以试验验证原理和总结规律为出发点的总结和逻辑思考，数据挖掘研究方法则采用以实际测量数据为立足点和出发点进行统计的思考方式。增养殖生物生长的局域数据模型以企业在实际增养殖经营过程中测量观察到的数据为基本资料，通过计算机统计方法的手段，以建立数字模型为目标来挖掘总结有用的生长规律。显然，这样的一个数据模型是局域的，不是普适的。首先，实际增养殖活动中取得的生物生长的数据通常来自某年某个具体海洋环境中的某几段生长过程，是该时空环境下的一段特例。基于此的统计模式将会强烈地依赖于这段环境中的参数，而无法归纳在另一种海洋环境组合下生物的生长规律。其次，实际的浅海增养殖环境是完全开放的，生物的增养殖环境受到海水、气候、洋流、河流、沉积、地理环境和周边人类活动的影响，导致需要间接考虑的外源性因素数量庞大。最后，从企业应用的角度出发，描述生物生长的数据模型还需考虑不同地域企业的经营周期和企业对产品的叙述惯例。

相较于解析模型，数据模型的思想在企业应用中的优势包括：①分析快速准确且成本较低，数据模型容易处理巨量数据、易于获得十分复杂的统计关系，且不依赖额外的控制变量试验；②数据模型以确定的数值方式保存规律，模型结论显示清晰、方便企业实际应用和展示；③模型具有非平凡性，拥有发现隐藏模式的能力，不易受主观经验的影响；④适应性好、数据结论针对性强、模型移植相对容易等。由于浅海增养殖的环境开放、海面面积大、流动性高、干预成本高、效果低、见效慢，导致企业对海水中环境变量的干预能力极其有限，难以做到类似实验室小环境中控制变量进行精细研究的行为。因此，当实际分析增养殖过程中的现象成因时，难以采用需要长时间精确控制环境变量进行对照的研究方式。而数据模型则可以通过企业经营中自行测量的数据观察值构建、训练和优化，具有速度快、成本低、效果较好、易于实现的优势。但同时数据模型与解析模型相比其劣势也十分明显，这些劣势包括难以对原理进行有效分析和解释、其统计相关性不等于因果相关性等。在实际应用数据模型时，需要扬长避短，发挥其对大量数据分析的迅速准确的优势，同时对模型所得结论需仔细参照和分析再予以采用。

综上所述，正常生长模式数据模型的研究目标是：海洋生物特定的局域生长数据模型；可随企业经营时间而累积增长的数据量来不断自我丰富的智能模型；能直观展示正常生长模式、发生异常的阈值，易移植性好，便于企业使用的模型。

1. 正常生长模型的组成

浅海增养殖生物正常生长数据模型包括生物的生长模式和所处的环境模式两部分。生长模式部分记录了生物体生长指标随时间周期变化的典型过程。由于企业规律化的增养殖生产节奏，正常生长模式类似以往“××时间体长长到××cm”的描述方法。正常环境模式则记录增养殖海区的光照、水温、溶解盐、叶绿素等海洋环境要素特征随时间和季节周期变化的典型模式，这种典型模式经过当地养殖企业的经验验证，可确保增养殖生物在其海域中正常生长。

在描述某个参数（生物的或环境的）时，数据模型将以“基线”和“阈值”两部分搭配完成。“基线”以一条曲线描述正常生长的“典型过程”，但在实际应用模型中，仅给出一条曲线作为参数的参考并不实用。企业需要界定正常与异常的边界，统称为“阈值”。当参数处在阈值内可以视为生物或环境观察值正常，阈值内可以容忍一定的波动；相反，当参数超过阈值时则代表进入了异常状态，提示企业管理人员需要严加警惕。

2. 正常生长模式基线

（1）生物正常生长的基线

生物生长和所处的环境息息相关，但大多数生物生长都有自身固定的规律。生物感受到环境的改变相当于在自身固有规律上添加本代（适宜环境促进生长）或者隔代（基因的表观遗传特性）的扰动。因此，正常生长模式的基线反映的是该生物随时间成长的主体趋势变化。

①多项式回归方法

线性回归方法有效且简单。当对输入特征 X 做高次化变化后，即可实现多项式回归。多项式回归相当于获得通过多个自变量描述的函数曲线 $f(x)$，其总体表达式如式（4-16）所示。

$$f\left(x\right)=\theta+\theta_0^{(1)}x_0+\theta_1^{(1)}x_1+\cdots+\theta_n^{(1)}x_n+$$
$$\theta_0^{(1)}x_0^2+\theta_1^{(2)}x_1^2+\cdots+\theta_n^{(2)}x_n^2+\cdots+$$
$$\theta_0^{(p)}x_0^p+\theta_1^{(p)}x_1^p+\cdots+\theta_n^{(p)}x_n^p \tag{4-16}$$

式中，x_i ——第 i 个特征值；

θ ——对应项的系数；

n ——特征总数；

p ——多项式最高幂次。

式（4-16）也可以用式（4-17）来表示：

$$f(X)=\theta^{(1)}X^{(1)}+\theta^{(2)}X^{(2)}+\cdots+\theta^{(p)}X^{(p)} \tag{4-17}$$

式中，

$$X^{(1)}=\begin{bmatrix}1\\x_0\\x_1\\\vdots\\x_n\end{bmatrix},\quad X^{(2)}=\begin{bmatrix}1\\x_0^2\\x_1^2\\\vdots\\x_n^2\end{bmatrix},\quad\cdots,\quad X^{(p)}=\begin{bmatrix}1\\x_0^p\\x_1^p\\\vdots\\x_n^p\end{bmatrix}$$

$$\theta^{(1)}=\begin{bmatrix}1 & \theta_0^{(1)} & \theta_1^{(1)} & \cdots & \theta_n^{(1)}\end{bmatrix}$$

$$\theta^{(2)}=\begin{bmatrix}1 & \theta_0^{(2)} & \theta_1^{(2)} & \cdots & \theta_n^{(2)}\end{bmatrix}$$

$$\cdots$$

$$\theta^{(p)}=\begin{bmatrix}1 & \theta_0^{(p)} & \theta_1^{(p)} & \cdots & \theta_n^{(p)}\end{bmatrix}$$

在应用多项式回归时需要注意以下两点。第一，由于多项式回归的损失函数为最小二乘，在应用多项式回归前需要将所有的特征列和构造特征列经过标准化处理后再输入模型。第二，对输入的特征需要注意先消除多重共线性。

在实际构建多项式回归时，式中 p 值也可以取非整数值（如 $\sqrt{x}$）。通常，在应用多项式回归时避免使用幂次过高的多项式以规避过拟合的情况。由于生物生长的基本规律是成年后减速，常常可以使用 x^2 项或 $\sqrt{x}$ 的形式。

为避免多项式回归出现过拟合问题，可以使用正则化方法，对损失函数添加正则化项。在应用于浅海增养殖项目中，选择了 L1 范数作为正则化项。正则项的表达式可以写为：

$$\|x\|_1=\sum_{i=1}^{m}|x_i| \tag{4-18}$$

$$\min\left\{\frac{1}{m}\sum_{i=1}^{m}L\left[y_i,f\left(x_i\right)\right]+\lambda\|x\|_1\right\} \tag{4-19}$$

式中，$\|x\|_1$——L1 范数；

$L\left[y_i,f\left(x_i\right)\right]$——损失函数；

λ——正则化系数；

m——样本容量。

当 λ 越大时，正则项对损失函数的惩罚力度越大，模型越不容易过拟合；反之则惩罚力度越小，模型不容易欠拟合。实际应用中应根据回归效果选择合适的正则化系数。在浅海增养殖生物正常生长模型回归中采用L1 范数的原因是L1 范数在一定程度上可以起到“特征选择”的作用，在浅海增养殖应用场景中表现较好。加入 L1 范数后，多项式系数矩阵 θ 中会有更多的 0 元素。这个性质使得模型可以自动忽视环境因子中影响微弱的或者常年波动稳定的部分，以及使模型可以灵活地适应海洋生物对各个环境因子复杂而不同的响应函数。

应用多项式回归时，数据量越多、生物批次越多、时间越长则回归的结果越有说服力，但对浅海增养殖生物生长测量往往伴随着误差，生物生长的环境有可能发生突变（例如从车间苗种培育到海上增养殖前后）。因此单一的多项式回归有可能得出荒谬的结果。在这种情况下需要按所构建生物的特性进行约束、分段和设置边界条件。常见的约束条件如：

生物长度＞0，生物重量＞0

生物生长速率＜生物生长最大速率

分段则以企业经营中的断点事件为界，前后分别各用一个多项式回归进行拟合。边界条件常常出现在断点前后：依据生物生长的连续性特征，断点后的生物的体长、重量等测量采样的平均值应当与断点前相等。断点前的多项式回归末值应当作为断点后多项式回归的初始值输入。将边界条件代入后，向多项式回归中添加一条约束相当于减少一个对多项式系数的自由度，如式（4-20）所示：

$$\theta=\left[1\quad \theta_0\quad \theta_1\quad \cdots\quad \theta_{n-1}\quad f\left(1,\ \theta_0,\ \theta_1,\ \cdots,\ \theta_{n-1}\right)\right] \tag{4-20}$$

式中，$f\left(1,\ \theta_0,\ \theta_1,\ \cdots,\ \theta_{n-1}\right)$——约束条件。

通过合理的参数设置和学习，多项式回归可以获得一条光滑曲线描述增养殖生物总体的生长趋势和数值。因此，该曲线可以作为生物正常生长的基线使用。

②周期性分解方法

企业在增养殖过程中通常会收集多个生长季度的生物数据。这些数据可以按生物增养殖的天数堆叠起来进行多项式回归，也可以拼接起来作为时间序列来分解。时间序列的可分解性具有重要的实践意义。时间序列中趋势、季节性等有重复性和延续性的成分可以被发现，且大部分的时序数据变动是可知和可解释的；无法解释的未知的部分只是很小的、随机的，虽然趋势和季节最初看起来也像是随机出现的。

不同增养殖批次中，通常企业会在固定的时间、增养殖生物达到商业化大小时进行收获。因此拼接后的时间序列会呈现出明显的周期特征。当增养殖生物的生长周期短于 1 年，生物受环境影响大时，这种周期特征则表现为季节性特征，因此周期性分解也被形象地称为季节性分解。

季节性分解方法将一条时间序列数据视作趋势、季节性和分解残差三部分。三部分可以通过相加汇总，也可以通过相乘汇总。季节性分解表达式如式（4-21）所示：

$$\text{param}=\text{trend}+\text{seasonal}+\text{resid}$$

$$\text{或 param}=\text{trend}\times\text{seasonal}\times\text{resid} \tag{4-21}$$

式中，param——生物生长的测量时间序列数据；

trend——宏观期趋势分量；

seasonal——季节/周期性分量；

resid——分解残差。

趋势部分代表的是宏观的漂移或更大周期的波动，季节性部分则是该增养殖生物在历年历次生长的时间序列中反复重复的模式，残差则是实际观察值与 trend+seasonal 的差。

以加法分解为例，季节性分解步骤如下：

首先运用移动平均法观察趋势部分，选取前后 k 个数据取平均获得 m 阶移动平均。一般阶数越高则移动平均曲线越平滑。由于随机性一般围绕中心波动，移动平均可以在一定程度上过滤掉随机性，抵消周期和季节的波动。

$$\text{trend}=\frac{1}{m}\sum_{i=-k}^{k}y_{t+i} \tag{4-22}$$

式中，$m=2k+1$。这一步中阶数 m 的选择如果不恰当有可能被季节性污染。当时间序列中包含的趋势很强时，去除季节性后趋势的方差理论上应该比残差的大很多。因此可以定义趋势的强度 F_t：

$$F_t = \max\left[0,1-\frac{\text{Var}(\text{resid})}{\text{Var}(\text{trend+resid})}\right] \tag{4-23}$$

其次，将 trend 分解结果代入式（4-22），便可以余下 seasonal 和 resid 两部分。如果可以将随机的部分残差 resid 去掉，就可以获得季节性的部分。由于残差随机波动没有具体的模式，通过对每个季节窗口长度平均即可以消除一定的随机性。季节性强度可以定义为 F_s：

$$F_s = \max\left[0,1-\frac{\text{Var}(\text{resid})}{\text{Var}(\text{seasonal+resid})}\right] \tag{4-24}$$

当分解后，如果有显著的季节性特征，则季节性强度应该相对显著。当在多个批次的浅海生物增养殖观察值中，发现的季节性足够显著，趋势和残差的标准差足够小时，趋势的均值和季节性成分求和则可以作为浅海增养殖生物正常生长模式的基线。

③随机森林回归方法

可以采用另一个角度出发，研究对浅海增养殖生物生长标准模式的模型构造的目标：生物不同时期的生长速率。随机森林、GDBT 等联合学习方法在增养殖生物生长速率建模任务中有较好的表现。对浅海增养殖生物的生长速率定义为

$$V = \frac{\text{param}(t)}{\text{param}(t-1)} - 1 \tag{4-25}$$

$$V < V_{max}$$

式中，V ——生物生长率，如体长生长率或体重生长率；

param ——生物生长的参数观察值，如体长、体重；

t ——时间序列中的时间标识；

V_{max} ——该生物的最大生长速率。

随机森林是最著名的 baggings 联合学习方法，它既可以用于分类任务，也可以用于回归任务。随机森林通过 n 棵相对简单的决策树共同投票选出输出结果，每一棵决策树是该随机森林的基学习器。在随机森林模型中，每棵决策树都是在随机选择的特征子集和数据子集上构建的，这种多样性可以减少随机森林最终预测的偏差。

随机森林具有以下优点：一是不容易陷入过拟合，具有较为出色的噪声免疫能力；二是可以直接处理高维度数据，不需要预先进行数据选择；三是易于实施，训练速度快。

从生长速率的角度建模的优点是可以将时间序列任务转换为普通的监督学习任务。在采用随机森林建立浅海增养殖生物生长正常速率模型的决策过程中，每一棵基决策树 i 都是在寻找输入的环境变量 X 落入 i 的某个分割区间 M，随后以分段函数形式计算速率 $V = f_i^{(M)}(X)$。这种建立模型的思路类似建立生物在不同环境下的生长速率的专家系统，贴合研究者对生长解析模型的研究思路，理解起来非常自然，容易解释，模型也拥有非常高的准确率。在使用模型预测时，只需按生物值累积生长的道理，将生长速率乘以时间间隔后叠加即可得到生长的基线，然而，在实际这么做的时候，预测结果却往往偏差很大，经常事与愿违。因为，从生长速率的角度建模的方式也有两个缺点：一是构造生长速率后隐性忽视了时间序列时间前后的特殊相关性；二是只适用于受环境影响显著的增养殖过程，例如生长周期短于 1 年的藻类，不利于在生长周期较长、对环境耐受能力强的生物上应用。

随机森林算法既可以用作回归，也可以用作分类。当采用回归方式回归生长速率时，森林的基决策树在环境的区间 M 上构造了生长速率的线性回归函数，基决策树直接产生预测的生长速率数值。随机森林回归随后将所有生长速率平均后求出预测速率值。当采用分类方式生成生长速率时，需要先对数据集的各观察特征列进行处理。此时随机森林的输出形式为在环境参数处于区间 M 时，生长的速率处于区间 Y。离散化操作在一定程度上可以缓解上文“构造生长速率后隐性忽视了时间序列时间前后的特殊相关性”导致的预测漂移情形，也可以使模型更加稳定可靠。

④特征变换

在浅海增养殖应用场景中，直接将预处理后的环境数据作为输入模型训练是能够得到合理结果的。但如果在一些合理的假设下，对输入的环境特征进行变换似乎可以获得更让我们满意的模型。

a）环境参数舒适区

其中一个合理的假设是：生物生长有适宜的环境参数范围。以水温为例，浅海增养殖生物感觉舒适的温度应该是一个温度区间，当小于水温区间下限或高于水温区间上限时会抑制该生物的生长。

在没有参考解析模型研究结论的前提下，可以对环境因子进行舒适度映射处理。在最适宜的环境参数值周围，使用高斯函数去近似环境对生长的影响在多数情况下不会出现太大问题。映射函数可以选择高斯函数进行修改，如式（4-26）所示：

$$f\left(\text{param};\mu,\sigma\right)=\frac{1}{\sigma\sqrt{2\pi}}\mathrm{e}^{-\frac{(\text{param}-\mu)^2}{2\sigma^2}}-b \tag{4-26}$$

式中，param ——环境参数；

μ、σ ——分别为高斯函数的均值、标准差；

b ——位移选项。

式（4-26）舒适度映射的函数图像如图 4-6 所示。图中纵坐标大于 0 的部分代表此时的环境参数促进生物生长速度，曲线最高点为最适宜的环境参数值；纵坐标小于 0 的部分代表此时的环境参数令生物生长缓慢，$f=0$ 分割的横坐标 c、d 由 b 的值选择计算出来。图 4-6 中，适宜生物生长的环境 param 范围为（c，d）。

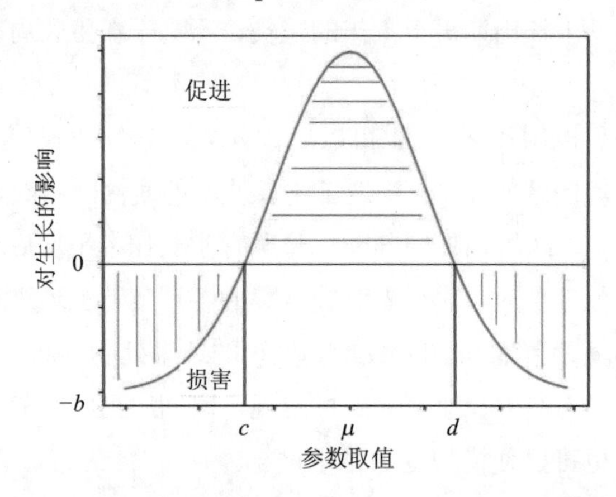

图 4-6　假设以高斯函数的环境 param 适宜情况

b）分段化

在海洋生物生长过程中，时常有一些环境参数值对生物的影响是“分段”的。如当饵料丰富时，继续增加饵料并不能让增殖的贝类吃得更多。例如在氮磷比高的情况下，磷成为限制因子，而在氮磷比低的情况下，氮成为限制因子，限制海带的生长。例如而当日照强度和时常满足时，海带的生长曲线将脱离日照强度的限制等。

将输入特征分段化时可以参考前人对增养殖生物的研究结果，也可以使用离散化方法将环境数据分段后作为新的特征列使用。将新的特征列、舒适区特征和原始特征拼接起来作为模型的输入特征使用。通过一些特征选择能力，自动或人工将无效的特征变换结果置 0。

c）离散化

将参数离散化的主要目的是增加模型学习的稳定性。离散化有两种方式：等间距离散化和等比例离散化。等间距离散化指在特征的观察值范围内，以固定间距划分区间以离散特征。等比例离散化则是在特征的观察值范围中分割出 n 个区间，样本落入每个区间内的数量大致相等。通常，等间距离散化可能导致样本的不平衡，在实际应用时应通过试验测试结果进行选择。

此外，当采用离散化对生物的测量观察值处理后，可以将随机森林回归方法用随机森林分类替换。这种替换可以提高模型求和预测较长期生长情况的准确性。

d）特征提取

浅海增养殖区的水质可能受到河流输入、赤潮暴发、废水排放等不稳定或突发因素的影响，因此在环境因素的时间序列中可能会观察到部分特征的高频较大波动。如溶解氧、营养盐、盐度等，易表现出高度非线性特征。

由于受到浅海增养殖环境的限制，实际应用场景中，多源的水质数据和生物测量数据存在粒度的差异。这种差异在数据预处理中通过插值和重采样整理为时间序列数据集。高频的非线性环境特征此时会对模型带来误导。因此，需要对特征进行提取，分离这些类似“噪声”的波动。

e）特征值偏移

在浅海增养殖中，采用特征值偏移是一种特殊的操作，它将过去 $t-k$ 时刻的海水环境移动到当前的 t 时刻。这种操作的思考是源于一个基本的观察，在浅海海域，环境的变化并不会直接改变增养殖生物的状态。以营养盐为例，当海水中营养盐严重不足时，生物并不会立刻死去，它们通常在几天到 1 周后才会表现出严重的后果。因此找到合适的偏移量可以令模型的训练效果事半功倍。这种偏移可以简单地使用 shift（n）实现。

另外，海洋生物从海洋环境中获得生长必需的能量和物质时可以在体内进行一定的储备，海洋生物体内激素和细胞的分化发育也需要在过去的一段时间内满足环境条件才能够顺利发生。因此在模型中可以考虑将特征值 shift（1）～shift（n）的偏移都拼接为输入特征，让模型可以“看到”环境因素过去发生的情形。

以上叙述简单展示了在浅海增养殖的生物生长模型基线构造中所用到的基础方法。

在研究不同的增养殖物种时，根据增养殖的生物和环境特点，这些方法可以被组合使用，如“特征变换+特征提取+离散化+随机森林”建模正常生长速率，或“特征变换+多项式回归”建模正常生长基线。

（2）环境因子正常模式的基线

地球上存在季节性周期变化的气候、洋流和大气循环，而异常气候和洋流以及人类活动给海洋环境因子的总体模式带来扰动。在已知的地理环境和经纬度下，海洋环境因子的波动维持了已知的总体模式。因此，正常的环境模式基线反映的是某个增养殖海域环境因子波动的总体模式。

正常的环境模式由各个环境特征的一条时间序列描述。通常，大规模开发浅海增养殖的海区其海洋环境因子常年维持稳定，适宜增养殖生物的生长。因此可以用海洋环境观察值的历年同期平均值作为环境因子的基线。当平均后的曲线存在明显毛刺时，可以用移动平均、卷积或中值过滤的方法消除毛刺波动，最终得到的曲线则认为是海水环境因子的基线。

当统计历年同期的海洋特征时的做法依次为：

①进入统计的年份需要加以鉴别，先从企业取得历年增养殖情况的报告，剔除增养殖生物出现显著异常的年份。这些年份的海水环境对增养殖生物而言显然不那么“正常”，不应统计入正常模式的环境基线当中。

②为避免海水环境特征在短时间内超常幅度变化的影响，对同期数据按百分位方法划分。先去除落在±1.5 倍 IQR 以外的数据点（离群值），然后在剩下的数据点中进行平均求值。

3. 正常生长模式阈值

一条基线可以为企业提供“t 时间点生物应该生长到 l”的参考提示，但单纯这样的提示包含的信息太少，无法定义基线标识的精度。在企业实际应用于未来的增养殖生产活动时，环境或生长的观察值不大可能刚好等于基线值。一条单独的基线在应用上过于简陋是不方便的。

更加适合增养殖企业应用的是给出一个范围，这个范围有一定的宽度（精度），范围的两端跨在基线的两侧（准确度）。当观察值在范围内波动时，可以认为参数特征处在正常范围，反之当观察值超出范围时，则认为参数特征发生异常情况。范围的划分方法取决于对异常情况的定义以及企业增养殖经营过程中对质量把控的置信度。划分范围的上下限即阈值。

（1）增养殖生物的阈值

企业经过经验和技术积累，对增养殖生物的生长情况通常有合理的预期。对这种预期的描述往往是“某月某日，生物体长/体重达到某值”。当不符合企业的预期时，企业经营人员需要介入和调整。增养殖生物的阈值划分的目的在于为企业提供产品质量控制的预警线，为生产计划的制订提供参考。

首先，通过剔除养殖生物不正常生长的年份数据，排除可能导致数据偏差的异常情况。接下来，将剩余年份的生物体测量数据进行统计分析，求出样本标准差σ。以基线为中心，$\pm n$ 倍σ为边界划定正常范围，可以得到上下两条阈值。通常企业更担忧不及预期的情况，即“下阈值”。经营人员可以按各阶段对增养殖生物的质量控制的需求，灵活设置 n 的大小；企业亦可以将预警按需要设置多条阈值。当生物体测量观察值低于下阈值时，即提示企业注意生长发生了异常情况。

生物阈值的另一个用途是关联和划分环境的阈值。

（2）增养殖海域环境的阈值

增养殖海域环境的阈值用于划分是否出现了环境异常的现象。在划分阈值之前需要对关注的环境异常现象进行定义。浅海增养殖大数据挖掘应用中，对环境因素发生异常可以有三种定义方式：一是环境因子大幅偏离基线时发生异常；二是在环境因素作用下增养殖生物的生长受抑制时发生异常；三是在环境因素影响下增养殖生物生长低于企业预期。

①异常环境的内外层阈值

通常，环境的正常模式包括各个环境参数特征的基线和阈值。浅海增养殖数据的环境特征数据中包含三种情况：一是环境特征具备明显的季节性和周期性。将这样的环境特征作图可以观察到明显的季节和周期波动，且波动时长、振幅范围大致稳定，季节性和周期性强度显著。二是环境因子观察值多年持续相对稳定在一个相对小的范围内。将这类特征数据作图后观察不到长期趋势方向，且样本标准差显著小于样本均值。三是环境因子观察值的变化频率高、波动幅度大且不规律，这是因为干扰因素强且变动速度快。将这类特征作图后可以同时观察到一定的周期性和高频的毛刺不光滑，但具有周期性质不明显、样本标准差接近或超过均值的特点。对海水环境三种不同的波动规律，需要采用不同的方式界定环境因子是否大幅偏离了往年的值。

当环境因子周期和季节性强时，将每年定期的观察值采用四分位法进行分割。保留1/4和3/4分位点曲线作为“内层阈值”，当特征观察值在层阈值之内时可以被认为是参数正常的波动。取1/4和3/4分位点向外扩展1.5倍IQR后的曲线作为“外层阈值”，外层阈值之外是环境因素的离群值，代表观察到异常的发生。内外层阈值描述了增养殖海域环境因素的一般分布情况。当观察值位于外层阈值之外则已经严重偏离往年的正常范围，此时需要企业给予足够的重视，并严密监控、调研偏离原因并做好形势预估和工作预案。

应用四条内外层阈值时的重要性并不是相同的。例如，饵料通常只关注缺乏的情况，毒性金属超出内层阈值的偏离就应该高度重视。

环境因子常年稳定的情况下，其对生长影响关系不太明显。此时如果同样采用①中的方法则会出现错把噪声当趋势的情况。此时，内外层阈值直接选取正常年份环境因子观察值进行整体统计，采用四分位方法获得。阈值表现为水平参考线的形式。

环境因子高频波动显著时，需先去除每年定期的观察值的离群值，再采用四分位法进行分割。在生成具有显著高频波动特征的环境因子时，我们常常面临获得外层阈值可能是无意义的情况。这些情况可能包括负数的浓度或几百倍的叶绿素 a。因此，在生成外层阈值时，需要注意观察是否存在无意义值。一旦遇到这些情况，我们应当直接舍弃外层阈值。

②抑制生物生长的阈值

企业在增养殖过程中最不希望遇到的情形就是海水环境抑制了生物的生长。我们称造成抑制生物生长的阈值为“危害阈值”。危害阈值可以通过两种方式获得：一是对式（4-26）所示的舒适区间假设的拟合获得；二是由特征扰动实验获得。

生物生长过程中对各个环境参数特征的感受是动态关联和复杂相关的，生物生长的速度和环境的关系可以认为是一种复杂的函数：

$$y = f_{\text{true}}\left(X\right)$$

数据模型则学习了这些复杂相关性。这样的相关性用某个函数来近似：

$$\hat{y} = f_{\text{pred}}\left(X\right) \approx y$$

正常模式的数据模型描述正常生长的模型和正常环境的关系，而异常模型同样可以看作描述造成增养殖生物损伤的函数。建立数据模型 $y_{\text{pred}} = f\ (X)$ 后，即可通过 $f\ (X)$ 来推理环境参数 X 对海带生长速率的影响。

在获得正常模式的数据模型后，人为对环境特征 X 进行分别扰动。扰动后由 $\hat{y}=f_{\text{pred}}\left(X\right)$ 计算的生长速度 y。计算的结果有可能增加，也有可能减小，甚至会转为负数值。当扰动 X 带来的改变令大部分正生长值转负时，可以认为找到了危害阈值。例如，人为设置水温为 18℃（扰动可以使用随机扰动或人工固定扰动，随机扰动计算量较大），发现原数据集中 600 个正增长中超过 300 个值转负，则该参数值（18℃）即为水温的危害阈值。

③企业控制产量设置的阈值

为了及时发现增养殖生物生长情况可能不及生产预期，可由企业控制生产预期划定的阈值为“控制阈值”。控制阈值也通过扰动 X 的方法产生。控制阈值首先需要一个时序预测模型（详见 4.3.3 节），并合理利用增养殖生物的阈值的下阈值。控制阈值的获得需依赖于企业对增养殖生物的预期下限划定，由扰动后数据集重新计算预测未来 15 天的生物体测量值。当 15 天后生物体预测值低于增养殖生物的阈值的下阈值时，则认为找到了控制阈值。

企业可以按需求在模型中对阈值进行设定。一是企业可以按照自身经营的需要，调整增养殖生物生长预期的预警线。二是企业可以根据增养殖经验、物流时间和计划及指定时间，设置选取预测未来的天数。所选取的天数应当在预测模型较为准确的范围内。以 15 天为例，当环境观察值低于控制阈值时，企业可以利用未来 15 天的预测时间做出预防或者研究备案。

4.3.2.2　异常病害模型

生物生长的正常模式和阈值为辨识异常情况的出现提供了方便。然而，企业最担忧的情况之一是增养殖生物发生病害、大量死亡的情况。因此对病害发生的可能性进行预报是浅海增养殖中的重要目标之一。建立异常的病害模型也是非常必要的，基于以下三个原因。

首先，增养殖生物发生病害时经历的生理过程与生物正常生长的生理过程是由两种完全不同的机理驱动的。正常的生长模式通常只有一套，而影响一种浅海增养殖生物产量和品质的病害种类可能多达几十种，其机理各不相同。正常的生长模式模型虽然可以提供“出现异常”的警报，但无法回答“发生的是哪一种异常”的问题。仅凭借正常生长模型提供的异常警报信息，企业还需要从采样、调研、判断开始制订应对计划，耗时耗力，可能错过应对的最优窗口期。而异常病害模型可以为经营者提供病害类型的方向提示，缩短应对措施启动的时间。

其次，增养殖生物的正常生长模型建立在海区的局域环境影响之上。历史记录的生物生长观察值数据中，如果不包含某个重要环境因子特征对生长的关系，则构建的正常生长模型就不可能获得它们之间的关联信息。例如，如果海区的自然饵料终年富足，则训练的正常生长模型会将饵料识别为不重要的特征并剔除，这样建立的模型将无法预测增养殖生物是否出现“饥荒”状态。

最后，通常生物的严重病害和正常生长两种模式数据波动的频率有巨大的区别。大部分严重的病害发生时，通常在很短的时间内造成大量的经济损失。正常模型通常描述了生物积累物质的过程，模型曲线长期、缓慢、稳定，模型无法追求过于精细粒度的准确性；而异常严重病害可能在几天甚至几小时内造成增养殖生物大量死亡。因此，由正常生长模型提供的信息可能不够及时，而病害模型的任务之一是需要用相对短时间的数据做出快速预测和报警。

1. 数据来源

对一场病害模型的建立遇到的第一个难题是数据获取。在发展的早期，企业以人工密集型劳动为主，经验化摸索和缺少高粒度翔实数据的记录。经过几十年的发展，研究者和企业积累了一定的经验和规律，增养殖过程中发生严重病害的概率显著降低。如此，企业记录的历史数据中，刚好记录到养殖生物遇到病害的情况相对较少，且往往数据质量不高。此外，由于某些病害的发展速度快，一些病害的前兆现象不明显等原因，导致被记录的数据中往往给很少保留了贯穿病害未发生、病害发生前期、爆发期到末期的完整连续记录。这些实际困难显著阻碍了建立养殖生物病害发生过程模型所需的原始数据的获取和使用。

进行异常分析的另一个困难是，严重异常病害是罕见现象，在短短几年间，想利用大数据分析平台观察到病害发生的概率很低。只能通过查阅过去的文献来补充病害发生时的异常环境和生长信息，但难以达到多数大数据分析方法的最低数据量需求。

因此在建立病害模型前，先从公开文献中获取数据进行构造。研究人员在论文中记录并分析了增养殖生物的各种病害发生的环境和机理，为数据集构造提供了帮助。这些研究记录通常是事后进行，记录了少数的环境信息，并对增养殖生物病害做出过权威判断。

2. 分类模型

将文献中发生病害时的环境记录和生物正常生长模型中的记录拼接后，可以用分类模型实现对病害发生的判断。拼接后的数据中，通常正常模式的数据远多于异常病害的数据，因此需要对数据进行平衡，而上采样是效果不错且计算容易的方式。采用人工标注“正常”与“某种病害”后，再经过上采样均衡的数据集将作为分类模型的训练数据集。

集成学习方法在浅海增养殖病害分类模型中有较好的表现。GDBT、随机森林等模型可以为浅海增养殖生物的病害环境分类提供相当准确的结果。为降低误报率，浅海增养殖项目中采用针对单一病害专门构造“某某病害专用分类模型”的方式。为提高病害模型的鲁棒性，随机森林分类的基分类器设计为简单的二叉树桩，基分类器数量设置大于 1 000。模型的输出为分类目标，输出“某种病害”时则代表至少一半的基分类器认为大概率该病害发生的概率较大。

4.3.2.3　环境因素影响的重要性评估

借助正常生长模型和异常的病害模型，企业经营者能更加清楚地辨析生长过程和发生的风险。然而浅海增养殖业仍提出了一个痛点，即当企业观察到增养殖生物生长不及预期时，却难以从纷乱的环境因素中厘清导致异常的最重要因子。快速辨明最需要关注的环境因子，提供有依据的环境因子重要性排行可以为企业创造价值。

然而，大数据方法在逻辑推理因果关系的机理上有其天然缺陷，事物原理研究并不是大数据分析所擅长的领域。受助于对模型解释性的深入研究和开发，特征参数对某些模型预测结果贡献的重要性可以被合理估计出来（大部分模型，如深度学习系列的模型仍旧处于黑盒状态）。如果一个正常生长模型或异常病害模型对真实情况的近似相对准确，那么这种环境因子特征贡献的重要性即可起到一定的参考作用。通过比较正常和异常情形下因子贡献重要性的区别，亦可以辅证环境因子对生物驱动力的改变，在此基础上进一步优化模型阈值和监测指标。

在由基决策树构成的随机森林模型中进行特征影响的重要性研究相对简单。在随机森林中评估重要性的思想即观察每个特征在每棵基决策树对信息的变化造成了多大的影响，再对所有的基决策树做平均。在其中构建评估影响大小的合理函数，即可完成重要性的估计和排序。

1. 基于基尼系数

基尼系数是决策树中用于划分属性纯度的工具。基尼指数越小，则代表纯度越高；从另一个角度表明依据该属性做出的判断的解释能力。当去掉某特征时，模型的精确度受到的影响越大则重要性越大。假设特征列的数量为 K，则决策树的分割节点 m 的基尼系数的计算方法为：

$$\mathrm{Gini}(p)=\sum_{k=1}^{k}p_k\left(1-p_k\right)=1-\sum_{k=1}^{k}p_k^2 \tag{4-27}$$

式中，k——类别的总数量；

p_k ——第 k 个类别所占的比例。

基尼系数直观地计算了节点 m 上的数据中随机抽取两个样本，两个样本相异的概率。通过基尼系数计算各个特征在每个决策树中的贡献，将贡献加总即为该特征的总体贡献值，最后把所有重要性评分做归一化处理，来比较大小即可。在基决策树上节点 m 分裂前后的基尼系数变化量定义为：

$$\mathrm{VIM}_m^{\mathrm{Gini}}=\mathrm{GI}_m-\mathrm{GI}_n-\mathrm{GI}_o \tag{4-28}$$

式中，GI_n、GI_o——节点 m 分裂后两个新节点的基尼系数。

如果在基决策树 i 的节点集合 M 中存在特征 X_j，则 X_j 对基决策树 i 的贡献重要性为：

$$\mathrm{VIM}_i^{\mathrm{Gini}}=\sum_{m\in M}\mathrm{VIM}_m^{\mathrm{Gini}} \tag{4-29}$$

如果随机森林 RF 中存在 n 棵基决策树，则：

$$\mathrm{VIM}^{\mathrm{Gini}}=\sum_{i=1}^{n}\mathrm{VIM}_i^{\mathrm{Gini}} \tag{4-30}$$

在计算的最后，将所有特征 X_j 的 VIM_j 进行归一化即可得到第 j 个特征贡献度的重要性：

$$\mathrm{importance}(j)=\frac{\mathrm{VIM}_j}{\sum_j \mathrm{VIM}_j} \tag{4-31}$$

2. 基于袋外样本

基于袋外样本的思想是：当对某个特征人为加入噪声后对随机森林预测结果干扰越大，则该特征越重要。采用指标泛化错误率衡量扰动对模型的影响。求出加入噪声前后之间的误差率即可得出结论。

基于袋外样本的步骤为：首先，用训练好的模型 RF 对袋外样本进行预测并求出误差率 E_1；其次，人为为每个样本的特征 X_j 添加随机噪声。添加噪声后的特征重新输入模型 RF 中，可以求出新的误差率 E_2；最后，求出泛化误差 E_2-E_1，得到的值越大则代表这个特征越重要。

总体上，随机森林中某一个特征的重要性为：

$$\text{importance}(I) = \text{performance}(\text{RF}) - \text{performancd}(\text{RF}^{\text{random}i}) \tag{4-32}$$

式中，importance(I) ——特征 I 的重要性；

performance(RF) ——随机森林 RF 的模型准确性；

performancd($\text{RF}^{\text{random}i}$) ——将特征 I 用随机噪声后，RF 的模型准确性。

相较于浅海增养殖生物传统的试验研究方法，以增养殖生物的数据模型求出环境特征重要性的方法劣势在于不能逻辑可解释地给出特征作用的生物学机理，但通过数据模型估计参数特征重要性的方法的优势在于可以直接由模型得出一个不错的估计值，计算速度快、使用方便，可移植性和可扩展性非常强。

4.3.3 因素—时间序列对浅海生物产量和生长状况的预测方法

在经营计划中，预估生物的生长状况和产量是预估盈利、编制计划的前提。一般海洋生物有自己的正常生长基线，但由于所处海洋环境因素的影响不太可能沿着基线标准地生长。由于环境制约的存在，浅海增养殖生物会偏离生长的基线，所以构造预测模型时需要以外源性的环境特征 X 作为模型输入，进行时间序列的预测。

4.3.3.1 生长速度叠加的方式

在 4.2.1 节“4.2.1.2 数据集成”中介绍了一种通过集成学习回归的方式获取增养殖生物在不同环境和阶段下的生长速率。一种很简单的预测思路是，先由模型预测出不同环境特征作用下的生长速率，再转换为不同时间点的生长平均速度，最后将生长速度按时间轴积分即可得到增养殖生物的测量值。然而当实际试验时，预测的准确率非常低；在模型训练到对速度的预测误差相当小的情况下，模型在较长时间段的未来预测任务中做出的预测甚至常常出现量级偏差。这种费解的现象源于时间序列的特殊性，时间序列是前后相关的、不独立的有序数据。生长速率的思考方式虽然更接近生长的本质特征，但仍旧采用了“在某种环境条件下生长速率独立”的观察假设。因此，在预测较短的未来时准确率尚可，但预测较长期的生长状况时偏差较大。

速率叠加的建模方式也有明显的好处，一是更容易获得模型的解释性，二是模型直观地展示了生长旺盛和缓慢的环境关系。为了修正用于时间序列预测任务的结果准确率，须对模型进行两步改进：

第一，在训练的数据集特征中，引入历史数据的特征进行修正。通过 shift（）方法将过去的 n 个观察值整体移动到当下时刻，拼接为新的观察值。这种方式意在将模型的感受野覆盖过去的信息，但是可能引入高的多重共线性关系。

第二，将回归问题离散化，修正为分类问题。离散化针对特征和目标同时进行。针对特征的离散化可用等间距离散化和等频离散化两种方式，等频离散化可以带来平衡的数据集，这对一些影响和波幅较明显的特征使用有较好的效果。等间距离散化则更加适用于分布均匀且影响平稳的特征。针对目标的离散化采用“平均速率”的概念：将 30 天（或 n 天）内的平均速度替代日粒度的速度波动，再进行离散化操作。预测时，建立随机森林或 GDBT 的多分类模型，预测不同环境类别组合下一个月“平均”应该生长的速度范围，并据此调整和预测生物量指标的生长状况。这样的离散化改进的本质是提高模型的稳定性，且将较长步长的预测（偏移大）问题转化为较短步长的预测问题（偏差小）。

引入两种改进后可以比较明显地改善通过速率思想预测生物量生长状况的准确性。

4.3.3.2 经典的 ARIMA 系列模型

自回归差分移动平均模型（ARIMA）是一种不同于回归方法的统计模型。SARIMAX 则由 ARIMA 扩充而来，且具有考虑更多变量的能力。该模型具有构建外源性变量影响下的季节波动的动态平稳或非平稳非常规的时间序列的能力。SARIMAX 采用如式（4-33）拟合时间序列：

$$d_t = c + \sum_{n=1}^{p}\alpha_n d_{t-n} + \sum_{n=1}^{q}\theta_n \varepsilon_{t-n} + \sum_{n=1}^{r}\beta_n x_{n_t} + \sum_{n=1}^{P}\phi_n d_{t-sn} + \sum_{n=1}^{Q}\eta_n \varepsilon_{t-sn} + \varepsilon_t \tag{4-33}$$

式中，d_t ——平稳的时间序列，实际应用中经常通过 d 阶差分方法获得；

c ——常数；

$\sum_{n=1}^{p}\alpha_n d_{t-n}$ ——自回归（AR）分量；

p ——自回归阶数；

$\sum_{n=1}^{q}\theta_n\varepsilon_{t-n}$——移动平均（MA）分量；

q——移动平均阶数；

$\sum_{n=1}^{r}\beta_n x_{n_t}$——外源性变量 X 的线性回归形式；

r——外源性变量个数；

$\sum_{n=1}^{P}\phi_n d_{t-sn}+\sum_{n=1}^{Q}\eta_n\varepsilon_{t-sn}$——季节性分量；

P、Q——季节性阶数，类似季节性的自回归与移动平均阶数；

s——季节周期的长度；

ε_t——残差。

SARIMAX 模型通过逐个叠加的方式，在序列中逐次生长出未来的数据点，并将其用于预测。在使用 SARIMAX 模型时，依据各项系数的选择、删除项以及在原始数据和差分数据之间切换，可以轻松地调整模型的复杂性。SARIMAX 模型可以较好地模拟海洋生物在前一时刻基础上逐渐生长的过程，也可以引入外源性的环境因子特征对生长速度进行调节，较适合用于预测浅海增养殖生物的生长状况。

1. 定阶

应用 SARIMAX 时首先需要确定阶数。一个 SARIMAX 模型经常会被表示为 SARIMAX（p，d，q）（P，D，Q）$_S$。

阶数 d 代表需要进行 d 次差分。在使用 SARIMAX 时，要求输入时间序列是平稳序列。通常海洋生物生长的过程是不具备平稳性的，需要将其中的趋势剔除。首先，序列的平稳性需要验证，验证方法常常采用 ADF 验证：ADF 验证的原假设是存在单位根；当验证的 p 值小于 1%时，以 99%的置信度拒绝原假设，即可认为数据为平稳序列；否则不可以拒绝原假设，需要进一步做高阶差分的验证。其次，由于白噪声也是平稳的，通过 ADF 验证后需要再进行白噪声卡方检验。白噪声验证的原假设为“序列数据是白噪声”，当检验结果为 p 值小于 1%时说明其不是一个白噪声序列；否则数据列为白噪声。在数据挖掘中，我们不应当在一个白噪声序列上寻找规律。通过 ADF 验证和白噪声验证后，确定的阶数 d 是符合 SARIMAX 要求的，一般选取最低阶的 d 值。

确定 d 后，可以进一步确定 p 和 q 的阶数。一个传统的方式是使用自相关和偏自相关图来选择。当偏自相关图在滞后 p 出现截断时，即可确定模型中包含 AR（p）。当自相关图在滞后 q 出现截断时，即可确定模型中包含 MA（q）。通过以上步骤即可确定 ARIMA（p，d，q）的阶数。

模型 AR（p）和 MA（q）的阶数也可以用 AIC 或 BIC 评估方法确定。AIC 信息准则又称赤池信息量准则。它的设计建立在信息熵的基础上，用以权衡目标模型的复杂度和数据拟合情况的优良程度。AIC 准则假设模型的误差服从于相互独立的正态分布。一般情况下 AIC 可以表示为：

$$\mathrm{AIC}=\frac{2k-2L}{n} \tag{4-34}$$

式中，k ——模型参数的个数；

n ——样本的数量；

L ——似然函数。

AIC 信息准则的设计目标是寻找一个可以最好的解释数据，且包含最少自由参数的模型，它的评价兼顾了简洁性和精确性。

BIC 评估方法即贝叶斯信息准则，定义为：

$$\mathrm{BIC}=k\ln(n)-2\ln(L) \tag{4-35}$$

式中，k ——模型参数的个数；

n ——样本的数量；

L ——似然函数。

通常增加参数和项的数量会提高模型拟合的准确度，但过多的项有可能带来过拟合问题。AIC、BIC 的设计鼓励模型的准确性且尽量避免出现过度拟合。在应用 AIC 或 BIC 评估模型时，它们的值越小模型越好。

当阶数 p 和 q 增大时，AR（p）和 MA（q）参数数量 k 增加，模型变复杂；k 的增大会提高 AIC、BIC 值。此外，似然函数 L 的值越大，则 AIC、BIC 的值越小。代码实现时可以在一定范围内网格搜索阶数（p，q）的组合，寻找最小的 AIC 和 BIC 值。AIC 和 BIC 方法虽然更容易自动化，但其效果不一定能保证优于图解自相关和偏自相关图的方法，消耗的计算时间也较长。通常将 AIC 和 BIC 方法与自相关图、偏自相关图互相印证使用。

往往，季节性分量的周期参数 S 可以一目了然地被发现。实际训练模型时，S 值设置得小于周期值或与真实的周期值相当时，对模型预测的准确率影响非常有限。但周期参数 S 不宜设置得过大，当 S 过大时序列数据中长度 $2S$ 的数据将无法被 SARIMAX 向前预测。另外，当原始数据相对光滑时模型的效果会更好，当原始数据包含大量的毛刺和波动时模型训练结果会包含更多的错误模式，因此通常对原序列数据进行一定的平滑和降噪处理以提高模型预测的性能。季节性分量的阶数（P，D，Q）可以用与 ARIMA（p，d，q）相同的定阶方式确定。

2．外源性特征预处理

SARIMAX 模型中，外源性变量 X 的项的数学形式为线性回归。为了学习环境参数对增养殖生物的复杂关系，通常先利用特征提取或特征变换的方式对外源性变量 X 进行处理，可以采用类似高斯函数，或者类似 Sigmoid 函数对输入的外源性环境特征转换为抑制函数值或概率值后，作为新的外源性特征输入模型。

4.3.3.3 LSTM 模型预测

1．LSTM 结构

LSTM 模型如 4.2.4 节“2. LSTM 模型”中所述。应用 LSTM 模型时将一个或多个 LSTM 细胞叠加起来，并按照时序的顺序循环调用、计算信息的流动。LSTM 的结构设计如图 4-7 所示。

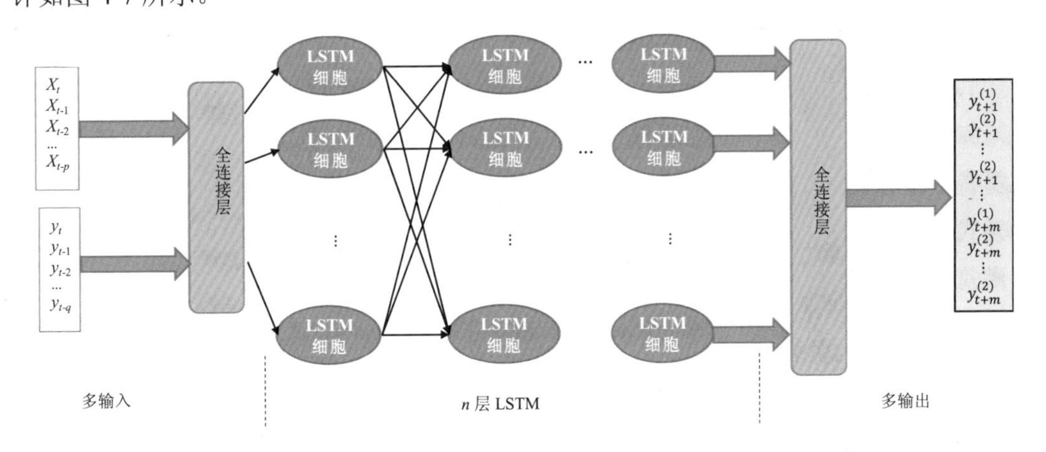

图 4-7 LSTM 结构示意图

整体结构分为多输入、LSTM 和多输出 3 个部分。多输入将过去的水质特征 X 和过去的生物量信息 y 拼接后作为输入数据集，经过全连接神经网络转变为新的特征列作为输入。LSTM 层由多层的 LSTM 细胞全连接堆叠形成 LSTM 神经网络。数据按时间顺序依次通过循环网络，最后由输出层将 LSTM 层的输出通过全连接神经网络转变为多输出的 m 步预测。

2．多元贝叶斯不确定性处理

多元贝叶斯不确定性处理器（MBUP）的引入主要是鉴于浅海增养殖数据挖掘过程中的数据采集困难。由于海洋环境复杂、人工维护成本高、信号传递距离远等问题，浅海增养殖中数据平台的测量获取数据往往存在两个问题：①数据错误，艰难多变的测量环境可能造成传感器获得错误的数据结果；②数据缺失，数据缺失有可能是错误造成的，也可能是由于测量的时间差造成的。当开始预测增养殖生物量时，以上两种数据缺陷很可能造成需要在数据缺失的情况下做出一定可信度的预测，此时往往会出现程序报错或错误的预测结果。MBUP 的引入是为了在数据缺失的情况下给出合理的预测。

4.3.4 浅海赤潮灾害数据模型搭建方法

赤潮不仅对海洋环境生态造成巨大破坏，还对海水增养殖业以及渔业造成重大损失。赤潮的产生和发展不是变量独立引起的事件，而是多个海洋环境因子之间相互影响带来的复杂过程。

4.3.4.1 赤潮环境因素关联规则挖掘

1．特征变换

赤潮发生过程中的关键因子包括水温、溶解氧、pH、盐度、硅、总氮、总磷、氮磷比等。不同藻类引发的赤潮，其诱发因子范围也有所不同。以温度举例，适宜赤潮生物爆发式生长温度区间有所不同；当其他环境因子满足赤潮条件，但温度条件不满足时，赤潮几乎不可能发生。借助前人的研究成果，可以查询到这些温度的范围，如适合东海原甲藻的水温范围为 20～27℃，米氏凯伦藻的适宜水温为 20.5～24℃，中肋骨条藻的适宜温度为 8～32℃。盐度方面，东海原甲藻的适宜盐度为 25‰～31‰，米氏凯伦藻的适应盐度为 27.9‰～30.5‰，中肋骨条藻的适应盐度为 18‰～35.7‰等。

传感器传回的海水环境因子观察值会“落在”某个藻类的适宜区间范围内。将某个藻类的适宜区间内打上记号，进行 onehot 编码则可以获得新的特征列。举例来说，当传感器传回水温为 25℃，显然它落在东海原甲藻和中肋骨条藻的适宜温度之内，但高出米氏凯伦藻的适宜温度区间。因此可以对向量（东海原甲藻、米氏凯伦藻、中肋骨条藻）

创建一个（1，0，1）的温度特征向量作为温度的新特征值。这个特征值相当于离散化了传感器的回传数据。据此可以将环境因子数据转换为经研究的赤潮藻类的适宜区间的离散数据。

2. 关联规则挖掘

由于赤潮的发生应当是多因素关联的，因此通过关联规则挖掘方法可以寻找赤潮发生状态下环境因子的特点。关联规则最终会给出 $X \to Y$ 的表达形式，其中 X 为条件的集合。赤潮是否发生、发生的强度或赤潮发生的种类等都可以作为被推出的 Y。关联规则采用 Apriori 算法挖掘，由项、项集、支持度、置信度组成。

（1）项：关联规则中事件特征的最基础组成成分，类似特征的基本事件。

（2）项集：事件中包含项的集合。当项集中包含 k 个项时，被称为 k 项集。

（3）支持度：包含项集 X 的事件在样本中出现的比例：

$$\text{Support}(X)=\frac{n_X}{n_{\text{sample}}} \tag{4-36}$$

式中，n_X ——包含项集 X 的事件数量；

n_{sample} ——样本容量。

（4）规则 $X \to Y$ 的支持度衡量 X、Y 同时发生的概率：

$$\text{Support}(X \to Y)=\frac{n(X \cap Y)}{n_{\text{sample}}} \tag{4-37}$$

式中，$n(X \cap Y)$ ——包含项集 X、Y 同时发生的事件数量；

n_{sample} ——样本容量。

（5）规则 $X \to Y$ 的置信度衡量 X 发生时 Y 发生的条件概率：

$$\text{Confidence}(X \to Y)=\frac{n(X \cap Y)}{n_X} \tag{4-38}$$

式中，$n(X \cap Y)$ ——包含项集 X、Y 同时发生的事件数量；

n_X ——包含项集 X 的事件数量。

在执行关联规则挖掘中，一个理想的关联规则应当同时具备较高的支持度和置信度。Apriori 通过设置支持度和置信度的最小阈值，筛选出符合阈值要求的 k 项集，形成“环境因子组合→赤潮描述”的关联规则。通过这种关联规则，可以在置信度水平上判断赤潮有可能发生。此外，从另一个角度也可以建立赤潮“不发生”的关联规则模型表达；选用多少置信度、选用关联发生/不发生的规则取决于企业更关心预报判断的准确率还是误报率。

4.3.4.2 时间序列预测赤潮发生的历史引申预测

通常人们获取经验判断的途径是通过参照历史真实发生的状况（即历史的时间序列），从而利用当下的时间序列对未来进行预测。在数据挖掘预测中借鉴这种方法的被称为历史引申预测。通过观察历史的时间序列的相似性，预测历史重演的概率。这项预测需要记录详细的历史数据。对赤潮我们选用人工确定赤潮发生前一个月的海水环境因子数据观察值进行预测。赤潮发生时，通常叶绿素 a、pH、盐度、溶解氧、营养盐等会出现短时间陡峭的变化，当时间序列的预测结果出现陡峭的变化时，即可预报赤潮可能发生。

1．时间序列预处理

对水质传感器传回的数据，基本按照本章 4.3.4.1 节中的方式处理为新的特征向量。将新的特征向量按传感器时间序列重新叠加，即可得到新的时序特征序列。例如，对于米氏凯伦藻的温度新特征时间序列，可能获得［0，0，0，1，1，1，1，…，0，0］这样的一个新的时间序列，其中 0 表示“不舒适”、1 表示“舒适”，以上序列即对［“不舒适”，“不舒适”，“不舒适”，“舒适”，“舒适”，“舒适”，“舒适”，…，“不舒适”，“不舒适”］的编码。对于水质的时间序列，则可转变为由所有赤潮藻类的各个因子的时间序列组成。

2．时间序列相关性

动态时间规整（Dynamic Time Warping，DTW）可以计算时间序列之间的相关性。DTW 采用欧式距离判断两条时间序列之间的相似性。一个重要的点是它应用欧式距离之前会找到序列之间正确对应的点。DTW 在语音识别领域有着广泛的应用，能分辨拖长或短促的相似音节。在找到对应点后，DTW 即可简单利用相关系数衡量两条时间线序列是否相似。

首先将传回的数据和历史数据按本章 4.3.4.1 节中分别预处理为新时间序列和旧时间序列；新时间序列由实时监测产生，而旧时间序列可以由历史发生赤潮时的监测数据生成，并用于比较。其次，应用 DTW 方法可以比较传感器对某个藻类特定特征记录的新旧时间序列之间的相似性。

3. 赤潮的预报

将赤潮发生的历史记录数据经过本章 4.3.4.1 节中预处理后，可用于训练 LSTM 模型预测 15 天后的时间序列。模型训练成功后被用于预测传感器实时数据后水质的 15 天时间序列。

当 DTW 发现相似度较高的时间序列时，赤潮有可能发生。此时即启用 LSTM 模型做出预测。当预测结果中出现本章 4.3.4.1 节中的关联规则的项时，则会发出赤潮预警。

参考文献

[1] Sharma D，Kumar R. Smart aquaculture：Integration of physical sensors，biosensors，and Artificial Intelligence[M]. Biosensors in Agriculture：Recent Trends and Future Perspectives，Concepts and Strategies in Plant Sciences，2021：455-464.

[2] Liakos K，Busato P，Moshou D，et al. Machine learning in agriculture：a review[J]. Sensors，2018，18（8）：2674.

[3] Abadi M，Mcmahan H B，Chu A，et al. Deep learning with differential privacy[C]. Proceedings of the ACM Conference on Computer and Communications Security，24-28-October. 2016：308-318.

[4] Zhao S，Zhang S，Liu J，et al. Application of machine learning in intelligent fish aquaculture：a review[J]. Aquaculture，2021，540：73624.

[5] Sinkala M，Mulder N，Martin D. Machine learning and network analyses reveal disease subtypes of pancreatic cancer and their molecular characteristics[J]. Disease Subtypes of Pancreatic Cancer and Their Molecular Characteristics，Scientific Reports，2020，10：1212.

[6] Ophir Y，Tikochinski R，Asterhan C S C，et al. Deep neural networks detect suicide risk from textual facebook posts[J]. Scientific Reports，2020，10：16685.

[7] Rahman M A，Asyhari A T，Leong L S，et al. Scalable machine learning-based intrusion detection system for IoT-enabled smart cities[J]. Sustainable Cities and Society，2020，61：102324.

[8] Perry B J，Guo Y，Atadero R，et al. Streamlined bridge inspection system utilizing unmanned aerial vehicles（UAVs）and machine learning[J]. Measurement，2020，164：108048

[9] Mourad M，Moubayed S，Dezube A，et al. Machine learning and feature selection applied to seer data to reliably assess thyroid cancer prognosis[J]. Scientific Reports，2020，10：5176.

[10] Ren Q，Wang X，Li W，et al. Research of dissolved oxygen prediction in recirculating aquaculture systems based on deep belief network[J]. Aquacultural Engineering，2020，90：102085.

[11] Hu W，Wu H，Zhang Y，et al. Shrimp recognition using ShrimpNet based on convolutional neural network [J]. Journal of Ambient Intelligence and Humanized Computing，2020：102085.

[12] Yang X，Zhang S，Liu J，et al. Deep learning for smart fish farming：applications，opportunities and challenges[J]. Reviews in Aquaculture，2021，13（1）：66-90.

[13] Ahmed M S，Aurpa T T，Azad M A K. Fish disease detection using image-based machine learning technique in aquaculture[J]. Journal of King Saud University-Computer and Information Sciences，2022，34（8）：5170-5182.

[14] Zhao J，Bao W，Zhang F，et al. Modified motion influence map and recurrent neural network-based monitoring of the local unusual behaviors for fish school in intensive aquaculture[J]. Aquaculture，2018，493：165-175.

[15] Morimoto T，Zin T T，Itami T. A study on abnormal behavior detection of infected shrimp[C]. 2018 IEEE 7th global conference on consumer electronics（GCCE），2018.

[16] Zhao J，Gu Z，Shi M，et al. Spatial behavioral characteristics and statistics-based kinetic energy modeling in special behaviors detection of a shoal of fish in a recirculating aquaculture system[J]. Computers and Electronics in Agriculture，2016，127：271-280.

[17] Han F，Zhu J，Liu B，et al. Fish shoals behavior detection based on convolutional neural network and spatiotemporal information[J]. IEEE Access，2020，8：126907-126926.

[18] Zhang B，Xie F，Han F. Fish population status detection based on deep learning system[C]. IEEE international conference on mechatronics and automation，2019.

[19] Adegboye M A，Aibinu A M，Kolo J G，et al. Incorporating intelligence in fish feeding system for dispensing feed based on fish feeding intensity[J]. IEEE Access，2020，8（9093055）：91948-91960.

[20] Saberioon M，Císař P. Automated within tank fish mass estimation using infrared reflection system[J]. Computers and electronics in agriculture，2018，150：484-492.

[21] Li Z，Niu B，Peng F，et al. Estimation method of fry body length based on visible Spectrum[J]. Spectroscopy and spectral analysis，2020，40：1243-1250.

[22] Sun M，Hassan S G，Li D. Models for estimating feed intake in aquaculture：a review[J]. Computers and Electronics in Agriculture，2016，127：425-438.

[23] Zhou C，Zhang B，Lin K，et al. Near-infrared imaging to quantify the feeding behavior of fish in aquaculture[J]. Computers and Electronics in Agriculture，2017，135：233-241.

[24] Måløy H，Aamodt A，Misimi E. A spatio-temporal recurrent network for salmon feeding action recognition from underwater videos in aquaculture[J]. Computers and Electronics in Agriculture，2019，167：105087.

[25] Lorenzen K，Cowx I G，Entsua-Mensah R E M，et al. Stock assessment in inland fisheries：a foundation for sustainable use and conservation[J]. Rev Fish Biol Fisheries，2016，26：405-440.

[26] Melnychuk M C，Peterson E，Elliott M，et al. Fisheries management impacts on target species status[R]. Biological Sciences，2016，114（1）：178-183.

[27] Yang X，Zhang S，Liu J，et al. Deep learning for smart fish farming：applications，opportunities and challenges[J]. Reviews in Aquaculture，2020，13（1）：66-90.

[28] Monkman G G，Hyder K，Kaiser M J，et al. Using machine vision to estimate fish length from images using regional convolutional neural networks[J]. Methods in Ecology and Evolution，2019，10（12）：2045-2056.

[29] Garcia R，Prados R，Quintana J，et al. Automatic segmentation of fish using deep learning with application to fish size measurement[J]. ICES Journal of Marine Science，2019，77（4）：1354-1366.

[30] Li P，Hua P，Gui D，et al. A comparative analysis of artificial neural networks and wavelet hybrid approaches to long-term toxic heavy metal prediction[J]. Scientific Reports，2020，10（13439）.

[31] Muñoz-Benavent P，Andreu-García G，Valiente-González J M，et al. Enhanced fish bending model for automatic tuna sizing using computer vision[J]. Computers and Electronics in Agriculture，2018，150: 52-61.

[32] Fernandes A F A，Turra E M，De Alvarengaé R，et al. Deep learning image segmentation for extraction of fish body measurements and prediction of body weight and carcass traits in Nile tilapia[J]. Computers and Electronics in Agriculture，2020，170：105274.

[33] Zhang L，Wang J，Duan Q. Estimation for fish mass using image analysis and neural network[J]. Computers and Electronics in Agriculture，2020，173：105439.

[34] Zhang S，Yang X，Wang Y，et al. Automatic fish population counting by machine vision and a hybrid deep neural network model[J]. Animals（Basel），2020，10（2）：364.

[35] França Albuquerque P L，Garcia V，Da Silva Oliveira A，et al. Automatic live fingerlings counting using computer vision[J]. Computers and Electronics in Agriculture，2019，167：105015.

[36] Le J，Xu L. An automated fish counting algorithm in aquaculture based on image processing[C]. 2016

International Forum on Mechanical，Control and Automation（IFMCA 2016），2017：358-366.
[37] Zhou C，Zhang B，Lin K，et al. Near infrared computer vision and neuro-fuzzy model-based feeding decision system for fish in aquaculture[J]. Computers and Electronics in Agriculture，2018，146：114-124.
[38] Hartill B W，Taylor S M，Keller K，et al. Digital camera monitoring of recreational fishing effort：applications and challenges[J]. Fish Fisher（Oxford，England），2019，21：204-215.
[39] Spampinato C，Palazzo S，Boom B，et al. Understanding fish behavior during typhoon events in real-life underwater environments[J]. Multimedia Tools and Applications，2012，70：199-236.
[40] Shevchenko V，Eerola T，Kaarna A. Fish detection from low visibility underwater videos[C]. 2018 24th International Conference. on Pattern Recognition（ICPR），2018：1971-1976.
[41] Yang L，Liu Y，Yu H，et al. Computer vision models in intelligent aquaculture with emphasis on fish detection and behavior analysis：a review[J]. Archives of Computational Methods in Engineering，2021，28：2785-2816.
[42] Xu W，Matzner S. Underwater fish detection using deep learning for water power applications[C]. 2018 International Conference on Computational Science and Computational Intelligence（CSCI），2018：313-318.
[43] Cai K，Miao X，Wang W，et al. A modified YOLOv3 model for fish detection based on MobileNetv1 as backbone [J]. Aquacultural Engineering，2020，91：102-117.
[44] Villon S，Mouillot D，Chaumont M，et al. A deep learning method for accurate and fast identification of coral reef fishes in underwater images [J]. Ecological Informatics，2018，48：238-244.
[45] Rauf H T，Lali M I U，Zahoor S，et al. Visual features based automated identification of fish species using deep convolutional neural networks [J]. Computers and Electronics in Agriculture，2019，167：105075-105075.
[46] Li X，Shang M，Hao J，et al. Accelerating fish detection and recognition by sharing CNNs with objectness learning[C]. OCEANS 2016-Shanghai，2016：1-5.
[47] Labao A B，Naval P C. Cascaded deep network systems with linked ensemble components for underwater fish detection in the wild [J]. Ecological Informatics，2019，52：103-121.
[48] Gaude G S，Borkar S. Fish detection and tracking for turbid underwater video[C]. 2019 International Conference on Intelligent Computing and Control Systems（ICCS），2019：326-331.
[49] Ban Tamou A，Benzinou A，Nasreddine K，et al. Transfer learning with deep convolutional neural

network for underwater live fish recognition[C]. 2018 IEEE International Conference on Image Processing，Applications and Systems（IPAS），2018：204-209.

[50] Meng L，Hirayama T，Oyanagi S. Underwater-drone with panoramic camera for automatic fish recognition based on deep learning [J]. IEEE Access，2018，6：17880-17886.

[51] Moen E，Handegard N O，Allken V，et al. Automatic interpretation of otoliths using deep learning [J]. PLoS One，2018，13（12）：e0204713.

[52] Ordonez A，Eikvil L，Salberg A，et al. Explaining decisions of deep neural networks used for fish age prediction [J]. PLoS One，2020，15（6）：e0235013.

[53] Martínez P，Viñas A M，Sánchez L，et al. Genetic architecture of sex determination in fish：applications to sex ratio control in aquaculture [J]. Frontiers in Genetics，2014，5：340.

[54] Mei J，Gui J. Genetic basis and biotechnological manipulation of sexual dimorphism and sex determination in fish[J]. Science China Life Sciences，2015，58（2）：124-136.

[55] Lu G，Luo M. Genomes of major fishes in world fisheries and aquaculture：status，application and perspective[J]. Aquaculture and Fisheries，2020，5（4）：163-173.

[56] Du H，Zhang X，Leng X，et al. Gender and gonadal maturity stage identification of captive Chinese sturgeon，acipenser sinensis，using ultrasound imagery and sex steroids[J]. General and Comparative Endocrinology，2017，245：36-43.

[57] Webb M A H，Van Eenennaam J P，Crossman J A，et al. A practical guide for assigning sex and stage of maturity in sturgeons and paddlefish[J]. Journal of Applied Ichthyology，2019，35：169-186.

[58] Chen Y，Shaofang L I，Liu H，et al. Application of intelligent technology in animal husbandry and aquaculture industry[C]. The 14th International Conference on Computer Science and Education（ICCSE），2019：335-339.

[59] Barulin N V. Using machine learning algorithms to analyse the scute structure and sex identification of sterlet *Acipenser ruthenus*（Acipenseridae）[J]. Aquaculture Research，2019，50（10）：2810-2825.

[60] Lin C，Xu L，Liu Z. Digitization of free-swimming fish based on binocular stereo vision[C]. Proceedings-2015 8th International Symposium on Computational Intelligence and Design（ISCID），2016，2：363-368.

[61] Chen Y，Cheng Y，Cheng Q，et al. Short-term prediction model for ammonia nitrogen in aquaculture pond water based on optimized LSSVM[J]. International Agricultural Engineering Journal，2017，26

（3）：416-427.

[62] Zounemat-Kermani M，Seo Y，Kim S，et al. Can decomposition approaches always enhance soft computing models？ Predicting the dissolved oxygen concentration in the St. Johns River，Florida[J]. Applied Sciences，2019，9（12）：2534.

[63] Liu S，Xu L，Jiang Y，et al. A hybrid WA-CPSO-LSSVR model for dissolved oxygen content prediction in crab culture[J]. Engineering Applications of Artificial Intelligence，2014，29：114-124.

[64] Šiljić Tomić A Š，Antanasijevic D，Ristic M，et al. A linear and non-linear polynomial neural network modeling of dissolved oxygen content in surface water：inter- and extrapolation performance with inputs' significance analysis[J]. Science of the Total Environment，2018，1：1038-1046.

[65] Keshtegar B，Heddam S，Heddam S. Modeling daily dissolved oxygen concentration using modified response surface method and artificial neural network：a comparative study[J]. Neural Computing and applications，2018，30：2995-3006.

[66] Zhang Y，Fitch P，Thorburn P J. Predicting the trend of dissolved oxygen based on the kPCA-RNN model[J]. Water，2020，12（2）：585.

[67] Cao X，Liu Y，Wang J，et al. Prediction of dissolved oxygen in pond culture water based on k-means clustering and gated recurrent unit neural network[J]. Aquacultural Engineering，2020，91：102122.

[68] Huan J，Li H，Li M，et al. Prediction of dissolved oxygen in aquaculture based on gradient boosting decision tree and long short-term memory network：a study of Chang Zhou fishery demonstration base，China[J]. Computers and Electronics in Agriculture，2020，175：105530.

[69] Kisi O，Alizamir M，Docheshmeh G A. Dissolved oxygen prediction using a new ensemble method[J]. Environ. Environmental Science and Pollution Research，2020，27：9589-9603.

[70] Ren Q，Wang X，Li W，et al. Research of dissolved oxygen prediction in recirculating aquaculture systems based on deep belief network[J]. Aquacultural Engineering，2020，90：102085.

[71] Ji X，Shang X，Dahlgren R A，et al. Prediction of dissolved oxygen concentration in hypoxic river systems using support vector machine：a case study of Wen-Rui Tang River，China[J]. Environmental Science and Pollution Research，2017，24：16062-16076.

[72] Kim S，Alizamir M，Zounemat-Kermani M，et al. Assessing the biochemical oxygen demand using neural networks and ensemble tree approaches in South Korea[J]. Journal of Environmental Management，2020，270：110834.

[73] Wang J，Ma Y，Zhang L，et al. Deep learning for smart manufacturing：methods and applications[J]. Journal of Manufacturing Systems，2018，48：144-156.

[74] Ye Q，Yang X，Chen C，et al. River water quality parameters prediction method based on LSTM-RNN model[C]. 2019 Chinese Control And Decision Conference（CCDC），2019：3024-3028.

[75] Fijani E，Barzegar R，Deo R，et al. Design and implementation of a hybrid model based on two-layer decomposition method coupled with extreme learning machines to support real-time environmental monitoring of water quality parameters[J]. Science of The Total Environment，2019，648：839-853.

[76] Barzegar R，Aalami M T，Adamowski J. Short-term water quality variable prediction using a hybrid CNN-LSTM deep learning model[J]. Stochastic Environmental Research and Risk Assessment，2020，34：415-433.

[77] Lu H，Ma X. Hybrid decision tree-based machine learning models for short-term water quality prediction[J]. Chemosphere，2020，249：126169.

[78] Hu Z，Zhang Y，Zhao Y，et al. A water quality prediction method based on the deep LSTM network considering correlation in smart mariculture[J]. Sensors，2019，19（6）：1420.

[79] Liu J，Yu C，Hu Z，et al. Accurate prediction scheme of water quality in smart mariculture with deep bi-S-SRU learning network[J]. IEEE Access，2020，8：24784-24798.

[80] Li D，Wang Z，Wu S，et al. Automatic recognition methods of fish feeding behavior in aquaculture：a review[J]. Aquaculture，2020，528：735508.

[81] Cao X，Liu Y，Wang J，et al. Prediction of dissolved oxygen in pond culture water based on k-means clustering and gated recurrent unit neural network[J]. Aquacultural Engineering，2020，91：102122.

[82] Cui Y，Pan T，Chen S，et al. A gender classification method for Chinese mitten crab using deep convolutional neural network[J]. Multimedia Tools and Applications，2020，79：7669-7684.

[83] Shamshirband S，Nodoushan E J，Adolf J E，et al. Ensemble models with uncertainty analysisfor multi-day ahead forecasting of chlorophyll a concentration in coastal waters[J]. Ensemble Models with Uncertainty Analysisfor Multi-day Ahead Forecasting of Chlorophyll a Concentration in Coastal Waters，2019（13）：91-101.

[84] Derot J，Yajima H，Jacquet S. Advances in forecasting harmful algal blooms using machine learning models：a case study with Planktothrix rubescens in Lake Geneva[J]. Harmful Algae，2020（99）：101906.

[85] Grasso I，Archer S D，Burnell C，et al. The hunt for red tides：deep learning algorithm forecasts shellfish toxicity at site scales in coastal Maine[J]. Ecosphere，2019，10（12）：e02960.

[86] Vásquez-Quispesivana W，Inga M，Betalleluz-Pallardel I. Artificial intelligence in aquaculture：basis，applications，and future perspectives[J]. Scientia Agropecuaria，2022，13（1）：79-96.

[87] Chris Albon. Python 机器学习手册——从数据预处理到深度学习[M]. 北京：电子工业出版社，2019.

[88] 本桥智光. 数据预处理——从入门到实战：基于 SQL、R、Python[M]. 陈涛，译. 北京：人民邮电出版社，2021.

[89] 周志华. 机器学习[M]. 北京：清华大学出版社，2016.

[90] 李航. 统计学习方法[M]. 北京：清华大学出版社，2019.

[91] Fawagreh K，Gaber M M，Elyan E. Random forest：from early developments to recent advancements[J]. System Science & Control Engineering，2014，2（1）：602-609.

[92] Najafabadi M M，Villanustre F，Khoshgoftaar T M，et al. Deep learning applications and challenges in big data analytics[J]. Journal of Big Data，2015（2）：1-21.

[93] Krizhevsky A，Sutskever I，Hinton G. ImageNet classification with deep convolutional neural networks[J]. Communications of the ACM，2017，60（6）：84-90.

[94] Graves A，Mohamed A R，Hinton G. Speech recognition with deep recurrent neural networks[C]. 2013 IEEE International Conference on Acoustics，Speech and Signal Processing，2013：6645-6649.

[95] Ledig C，Theis L，Huszar F，et al. Photo-realistic single image super-resolution using a generative adversarial network[C]. 2017 IEEE Conference on Computer Vision and Pattern Recognition（CVPR），2017：105-114.

[96] Girshick R. Fast R-CNN[C]. 2015 IEEE International Conference on Computer Vision（ICCV），2015：1440-1448.

[97] Sainath T N，Vinyals O，Senior A，et al. Convolutional，long short-term memory，fully connected deep neural networks[C]. 2015 IEEE International Conference on Acoustics，Speech and Signal Processing（ICASSP），2015：4580-4584.

[98] 毛国君. 数据挖掘原理与算法（第二版）[M]. 北京：清华大学出版社，2007.

第5章　浅海增养殖区生物目标检测及跟踪

浅海增养殖是在浅海水域中养殖或增殖海洋生物资源的活动，生物群落监测是进行浅海增养殖科学规划和管理的重要基础。水下视频观测可获取生物群落的直观信息，在浅海增养殖海域使用较为普遍，便于掌握资源物种或致灾物种的数量变动及行为规律。然而面对海量的水下视频数据，利用人工方法进行数据提取显然无法奏效，因此当前亟待解决视频大数据的智能分析和挖掘技术。近年来，包括深度学习在内的人工智能技术发展迅猛，促进了全球产业技术的智能化革新。在海洋生物物种识别及检测跟踪领域，人工智能等新技术也展现出较强的应用潜力和发展前景。本章围绕浅海增养殖海域生物目标检测与跟踪，概述了深度学习等技术在海洋生物观测领域的进展，展示了基于机器视觉的浅海生物观测的应用案例，以期为浅海增养殖的监测和管理提供参考。

5.1　浅海增养殖区生物目标检测技术进展

5.1.1　浅海生物目标检测技术进展

近年来，水下机器人技术逐步应用和成熟，海水增养殖的智能化迎来新的发展关键期。为实现水下机器人的渔业捕捞和防灾减灾，研发海洋生物的目标识别技术自动化尤为重要，而支撑这一工作的核心架构是目标检测（Object Detection）算法和模型。由于水下获取图像及视频的特殊性，海洋生物目标检测在实时性和准确率等方面都有特别的需求，所以面向海洋环境研究海洋生物目标的高效能检测已经成为一个重要的研究方向。从本质上说，目标检测是计算机视觉的一项分支，旨在解决计算机视觉应用中最基本的疑难，即检测物体的位置和类别，两个问题的解决效率和程度反映了不同目标检测算法的变化难易程度。传统的目标检测方法一般由特征学习和图像特征提取两个相对独立的结果来完成。从算法层面看，传统的目标检测方法依赖于图像特征提炼算子来预先将图像集抽取成多维特性值集。多维特性值集一旦建立，图像的学习就可以利用多维数据探索算法来完成知识模式的挖掘。由于传统的图像特征抽取算子是基于主观评估的，而且与知识模式的学习算法独立，存在泛化能力弱和提取特征难度大的致命缺点，因此目标的检测效率和精度都很难达到预期的效果。

相较于以前的方法，基于 CNN 的深度学习目标检测算法渐渐成为新的分析重点[1]。CNN 是根据深度学习目标检测算法的基础，基于 CNN 的深度学习借由增添 CNN 的卷积层量来增加学习的质量。通常来说，基于深度学习的目标检测方式的效果比人工的检测方法和特征提取要好。从架构角度上说，CNN 运用反向传播算法来反馈学习，通过多层卷积学习和自动化的特征提取，最大限度地减少人为干涉，提升了建模能力。另外，最新的 CNN 使用数据增强（Data Enhance）方法来增添训练样本的多样性及质量，有利于提高 CNN 检测准确度。基于深度学习的目标检测算法适用于多种情况，如已经应用于诸多海洋生物以及热带鱼类的目标检测。

1．从图像中检测目标

目前的高精度目标检测器基本上是基于 CNN 设计的 CNNs[2-5]。根据是否有 ROI 特征提取过程存在，它们被划分为一阶段目标检测器和两阶段目标检测器。两阶段目标检测器如快速 R-CNN[6,7]和级联 R-CNN[8]。通过 RPN 提取 ROI 模块，并对其进行分类和进一步细化第二阶段的对象定位。特征图中的直接分类和检测通常被视为一阶段目标检测器，例如 YOLO 序列[9-11]。一般来说，两阶段目标检测器更精确，但速度相对较慢。实践表明，一阶段目标检测器的精度与两阶段目标检测器相当[12]。边界映射过程中的差异框到特征图分为两种类型的检测器：基于锚的检测器和无锚检测器。基于锚的检测器需要设置先验锚来回归实际边界框和对象之间的差异[6]。基于锚的检测器通常会生成许多锚，然后对这些锚执行回归或过滤，其缺点是计算复杂度增加，影响探测器的实时性能。在无锚检测器中，CornerNet 检测对象边界框[13]和检测对象边界框的中心点[12]。坐标和编码期间使用对象本身的属性标签，在检测速度方面优于基于锚的检测器。

2．从视频中检测目标

与静止图像的目标检测不同，视频中的目标检测任务可以改变其外观、纵横比、运动期间的形状及其他属性。其他问题在运动过程中也会出现，如运动模糊等。因此，这对视频来说是一个挑战。目标检测器用于保持物体在关于时序的检测过程，以确保可以在多个帧中检测到目标。

视频在时域中的信息比静止时有更多图片，诸多研究[14-22]使用时域中的信息对改进当前帧的检测进行了探索，以解决视频检测中遇到的困难。FGFA[23]和 MANet[19]使用 FlowNet[9]预测的光学流在帧之间传播特征信息。STSN[14]、STMN[20]和其他方法直接聚合多帧功能。基于关系网络的 RDN[16]学习多帧候选框之间的关系，并使用自注意力传递来自其他帧的关系特征帧到关键帧。大多数多帧特征聚合方法基于两阶段模型，很难用于实时检测。一阶段模型没有 RPN 结构，无法提取目标在特征图上的要素。它们之间的关系特征由全连接层计算的模型 ROI 特征关系模块不能用于增强原始特征图。Xu 等[21]设计了可以计算两个 ROI 的关系特征的模块热图上的功能，将前一帧的热图传播到下一帧增强检测结果。热图 ROI 提取热图上潜在对象区域，并在多帧中聚合热图 ROI 以提高目标检测效果。

5.1.2 浅海生物目标跟踪技术进展

目标跟踪是计算机视觉的一个重要分支，其利用图像序列的上下文信息或视频，对目标的外观和运动信息进行建模，从而对目标运动状态进行预测并标定目标的位置。目标跟踪结合了深度学习、图像处理和最优化方法等多个专业与学科的知识和模型，是完成更高层次的图像理解任务的基本要求[24]。

通过目标检测和跟踪技术可实现浅海增养殖生物的行为规律监测及异常行为预警，这是一种非接触、非破坏性的监测方式，在浅海生物增养殖活动中有较大应用潜力，也是当前海洋生物检测和跟踪领域的研究热点。目标检测与追踪技术的另一个重要应用方向是精准投喂，可以对养殖生产过程中鱼群聚散和游泳行为进行监测，便于依据检测结果对鱼群进食前后的行为特征进行分析，为精准投喂提供依据。

5.1.2.1 基于传统机器视觉的海洋生物跟踪

视觉跟踪系统的基本框架一般由搜索策略、特征提取和观测模型等模块组成。目前常用的搜索策略包括粒子滤波（Particle Filter）[25]、均值漂移（mean-shift）[26]等。通过搜索策略获得候选样本后进行特征提取，主要包括人工特征和学习特征；利用特征判断候选样本是否可作为跟踪目标的观测模型，通常分为生成式模型和判别式模型。

1．基于生成式模型的跟踪方法

生成式模型提取目标特征构建表观模型，在图像中搜索与模型最匹配的区域作为跟踪结果，包括基于核的跟踪算法首先对目标进行表观建模，之后以相似程度作为判断依据，实现对目标的定位。该算法的优点是，当目标为非刚体时，目标跟踪有很好的效果。基于核的算法典型的是均值偏移法，基于密度分布构建目标模型，循环计算数据中心点偏移向量直到阈值点，通过寻找密度上升峰值点来进行预测，能够非常有效地跟踪非刚性物体，对距离变化具有鲁棒性（Robustness）。彭丹妮[27]在海参追踪中提出改进的均值漂移追踪算法，由于实际水下图像对比度低、质量差，无法精确得到海参的轮廓，为此采用去雾算法进行图像处理，然后应用 mean-shift 算法实现了对海参的跟踪。陈勇[28]对鱼类目标追踪针对传统 Camshift 算法（连续自适应的 mean-shift 算法）不能实现全自动及多目标跟踪的问题，结合模糊推理背景差分和二次搜索，提出了 Camshift 自动跟踪算法。王俊辉[29]研究自然水域下的鱼类长时间跟踪基于跟踪学习检测 TLD 框架，在跟踪模块中采用尺寸自适应均值漂移（Adaptive Scale mean-shift）替换 TLD 中的跟踪模块，该方法能够实现对鱼类长时间的跟踪。

卡尔曼滤波算法是对跟踪目标进行运动模型建模，通过计算协方差矩阵和状态转移矩阵，结合前一时刻估计值来对当前时刻的状态进行估计。王春翔[30]在研究斑马鱼（*Danio rerio*）的运动轨迹时首先使用轻量化的卷积神经网络，基于无监督的聚类方法对鱼的幼体进行识别，之后设计的自适应卡尔曼滤波器和提出了两阶段的目标检测关联算法进行轨迹追踪，克服了幼鱼不连续运动对于目标运动参数最优估计的影响，并解决了高通量密集目标追踪过程中轨迹生成效率降低、正确率下降的问题。袁永明等[31]通过 Ostu 阈值分割法改进 Canny 边缘检测算法提取鱼群的边缘轮廓，估算鱼群下一时刻的位置信息。结合目标关联匹配算法，实现对罗非鱼（*Oreochromis mossambicus*）运动行为的跟踪和监测。

2．基于判别式模型的跟踪方法

与生成式模型不同的是，判别式模型同时考虑了目标和背景信息。判别式模型将跟踪问题看成是分类或回归问题，通过寻找一个判别函数，对目标和背景进行分离重点关注目标，从而实现对目标的跟踪。

分类判别式模型是将目标进行分类。白云翔[32]研究基于改进的 HOG 特征和 SVM 分类机制对斑马鱼的个体识别，使用一系列数据关联策略进行逐级增强，最后获得斑马鱼的运动轨迹。数据关联分为基于启发式策略对初始轨迹片段进行获取、基于时序相关局部分类器加长轨迹片段，最后基于全局分类器的全局轨迹连接三个层次，各级不断增强，确保追踪结果拥有完整且正确的轨迹。Chuang 等[33]基于一种可靠的基于特征的目标匹配方法，提出了一种基于改进 Viterbi 数据关联的多目标跟踪算法，解决了 LFR 场景下鱼类目标运动连续性差和频繁进出的问题。颜鹏东等[34]通过视频跟踪法对竖缝式鱼道中目标鱼的运动轨迹进行实时跟踪，使用 MATLAB 对输入图像进行灰度化，背景差分高斯混合建模和分块自适应阈值等前处理以提升图像质量，之后采用连通域分析、形心点等方法获取鱼体运动的速度和运动轨迹。

回归判别式模型的典型算法是相关滤波，其算法利用了循环矩阵，在实现时域到频域的转换时使用了快速傅里叶变换，极大地缩短了算法的运算时间。刘吉伟等[35]对刺参（*Apostichopus japonicus*）进行跟踪，首先将刺参整体分为九宫格块，通过边界块与中心块的比较定位刺参的两头部位置，使用改进的核相关滤波（KCF）算法分别对两个头部位置进行局部跟踪，并利用两个头部之间的距离变化估计目标尺度，同时计算出目标的准确位置。邹立[36]改进了核相关滤波对鱼类目标的跟踪，在 KCF 跟踪算法的基础上分别提取鱼类目标的 HOG（梯度方向直方图）特征和 CN（颜色属性）特征，并融合两种特征描述鱼类目标，通过尺度滤波器自适应估计鱼类尺度。

5.1.2.2　基于深度学习的海洋生物跟踪

近年来，深度学习（Deep Learning）取得了巨大突破，特别是在计算机图像领域。深度学习是机器学习的一种，其思想源于人工神经网络的研究，由多个处理层组成的计算模型具有优异的特征学习能力。与深度学习结合的目标追踪算法在近年来发展也很快。关于深度学习的追踪方法较多，例如，基于孪生卷积神经网络对单目标跟踪的研究、DeepSort 算法的多目标追踪等。

1. 单目标跟踪

在单目标跟踪方面，田恒[37]基于孪生卷积神经网络进行水下单目标跟踪的研究。将 Conv 4_x 的层数由 50 增至 62，设计了基于 ResNet-62 骨干网络结构的 SiamRPN++算法。之后借鉴现代网络 MobileNet V 2 中的倒置残差瓶颈块的设计思想，与 ResNet-62 骨干网络结合设计了 NewNet-62 骨干网络结构，其准确度比原网络提高了 37.9%。程淑红等[38]提出一种利用 MobileNet-SSD（Single Shot Multibox Detector，SSD）与 Dlib 关联跟踪器相结合对鱼体进行跟踪的方法，通过 SSD 算法精准地检测到视频中的鱼体，再将信息输入 Dlib 关联跟踪器中，使跟踪对象定位更加准确，提高了鱼体在水中运动发生遮挡和光照变化时跟踪的鲁棒性。

2．多目标跟踪

在多目标跟踪方面，Xu 等[39]得到鱼的轨迹是训练初始轨迹时，根据线段结束点和起始点之间的位移以及结束点和起始点之间的帧差生成一个初始轨迹。轨迹的每一段都被输入最终训练的 CNN 中，以确定它属于哪个身份。这些部分根据其分配的身份联系起来，形成时间顺序的轨迹。Romero-Ferrero 等[10]在对斑马鱼进行跟踪时提出了一种基于 CNN 和 SVM 的算法 IdTracker.ai，该方法无须对个体进行视觉标记，由两个卷积网络构成，一个网络负责在检测到动物个体之间存在相碰和交叉的时候，能够实现个体的分离；另一个负责对追踪的个体在不同帧中进行识别，用于分配 ID，实验证实该算法能够快速识别动物个体。Wang 等[40]提出了基于主从相机的三维鱼群追踪方法，用长短记忆网络（LSTM）学习一个针对鱼类个体的运动模型，并用该模型预测鱼在各个时刻的三维状态。Cheng 等[41]在鱼群多目标跟踪中基于迭代训练集生成和网络训练的自动框架，构建了基于 ConvNet 的二维视频跟踪算法。杨晓帅[42]使用 Faster-RCN 模型训练识别斑马鱼外表和纹理特征，在此基础上结合 DeepSort 算法实现单个视角下的斑马鱼多目标追踪，并进一步融合两个视角信息实现三维（3D）轨迹追踪。刘宗宝[43]对刺参（*Oplopanax elatus* Nakai）、光棘球海胆（*Strongylocentrotus nudus*）和虾夷扇贝（*Mizuhopecten yessoensis*）等浅海生物进行单目标和多目标的跟踪，采取先检测后跟踪的策略，对目标先使用一种将可变形卷积网络和 R-FCN 相结合的算法进行目标检测，之后使用 KCF 目标跟踪算法对目标检测结果进行跟踪。

目标跟踪的研究方向从单目标跟踪朝多目标跟踪（Multiple Object Tacking，MOT）发展，多目标跟踪的难点是目标关联，常用的目标关联方法包括最近邻算法和匈牙利匹配算法。关联算法的性能对跟踪模型的性能有较大的影响。在保证关联准确率的前提下，尽量提高关联的处理速度。卡尔曼滤波和相关滤波已经在目标跟踪领域应用多年，近年来深度学习领域的兴起，也会将深度学习目标检测与卡尔曼滤波结合，以达到更好的跟踪效果。深度学习跟踪算法的基础是需要具有较大数据量的标准数据集。基于深度学习的跟踪算法在精度上要求较高，但是如果想要提高精度，将导致算法结构复杂，产生较大的计算量，从而导致算法的实时性较差，所以在应用上还需要改进。

在浅海生物目标检测与跟追踪领域，对鱼类、贝类、棘皮动物（如海胆和海参）的研究具有重要意义。使用传统的目标追踪算法卡尔曼滤波和相关滤波等，在检测与追踪浅海生物时面对复杂的海底环境，光线不均匀，存在海草等遮挡时会存在追踪过程中轨迹中断等问题。在深度学习跟踪算法上由于需要大量的数据集进行训练，为了提高精度结构也会更加复杂，从而影响运算的速度和追踪的实时性。但是，现在研究人员都在努力使用深度学习的方法达到检测与追踪精度与速度的平衡，取得了很大进展。

5.2　典型目标检测及跟踪技术

5.2.1　一阶段海洋生物目标检测算法

根据深度学习的目标检测方式主要有两类：第一类是根据区域建议的二阶段（Two-stage）目标检测算法，如 Fast R-CNN、Faster R-CNN、R-CNN；第二类是根据回归的一阶段（One-stage）目标检测算法，如 RetinaNet、EfficientDet、YOLO。一阶段目标检测算法中应用最多的是 YOLO 系列算法。Redmon 等[44]首先提出根据回归的目标检测方式 YOLOv1，算法一经发布就受到了研究人员的广泛重视。随着 YOLO 系列算法的开展，在 2020 年已经发展到了第四代。YOLOv4 算法具有很好的性能，借由统一协议数据集上的验证，YOLOv4 是当前最好的目标检测算法之一，检测速度快是 YOLOv4 的明显优点。

近几年，国内外研究者已经将 YOLO 神经网络模型拓展到海洋生物体的检测中。例如，Wang 和 Samani[45]在对水下不同的鱼类进行检测时，将迁移学习方法放到 YOLO 架构中；Xia 等[46]使用 YOLOv2 算法，对浅海养殖的海参识别完成，演绎了优化检测模型和训练样本对提高准确率的重大意义；朱世伟等[47]为了满足高密度水下目标检测条件，提出了根据类加权 YOLO 神经网络的水下目标检测方式，增加了网络学习的调适性；赵德安等[48]使用数据增强 Retinex 算法对数据进行预先处理，提升了学习样本的多样性和数据量，增加了 YOLO 神经网络对水下河蟹的辨识能力。进一步地，李庆忠等[1]设想简化 YOLO 神经网络，再借由迁移学习的方式训练神经网络，对海底鱼类等小目标辨识进行了试验。

YOLO 算法在某些方面已经得到应用，但是直接应用于浅海增养殖生物辨识仍然存在疑难，主要问题有：①由于分布不均匀而且光线昏暗，导致采集的数据分辨率不高，检测精准度达不到期望值；②一些海洋生物与所在的环境区分度不足够，容易导致漏检；③生物体的半隐藏、遮挡等现象经常显现，对模型的泛化能力需求更高。所以本书针对浅海生物检测的延伸问题，设计了嵌入式连接 EC（Embedded Connection）组成，并将其嵌入 YOLOv4 神经网络的颈网末端，有望增强网络的泛化和学习能力。

海洋生物检测模块（Marine Organism Detection，MOD）从以下 3 个方面依次进行叙述：①分析原版 YOLOv4 的工作原理和结构，为改善创新 YOLOv4 网络提供基本保障；②直接面向浅海生物目标检测的需求，设计嵌入式 EC 组成，得到改进的 YOLOv4+EC 神经网络架构；③基于改进的 YOLOv4 神经网络，提出海洋生物目标检测模型。

YOLO 一阶段目标检测系列算法是目前应用最为广泛的算法之一，YOLOv4 是当前使用最多的算法版本。YOLOv4 神经网络主要包括输入层、主干网络（BackBone）、颈网络（Neck）和输出层 4 个构件。输入层接受确定大小的图像，经过主干网络进行特征取出后送到颈网进行特征合并，最后在输出层产出 3 种不同度量水平的预测锚框，也称为 YOLO Head。

YOLOv4 神经网络主干网是 CSPDarknet53，是在 Darknet53 神经网络的基础上增加了跨阶段局部网络 CSPNet 所提出的。Darknet53 神经网络是 YOLOv3 神经网络的主干网络，因有 53 个卷积层而命名为 Darknet53。YOLOv4 神经网络保留了 Darknet53 神经网络的框架，也采用了 CSP 机制，改善梯度反向传播路径，同时在确保准确率的前提下大幅减少了计算量。图 5-1 为 CSPDarknet53 的基本架构。

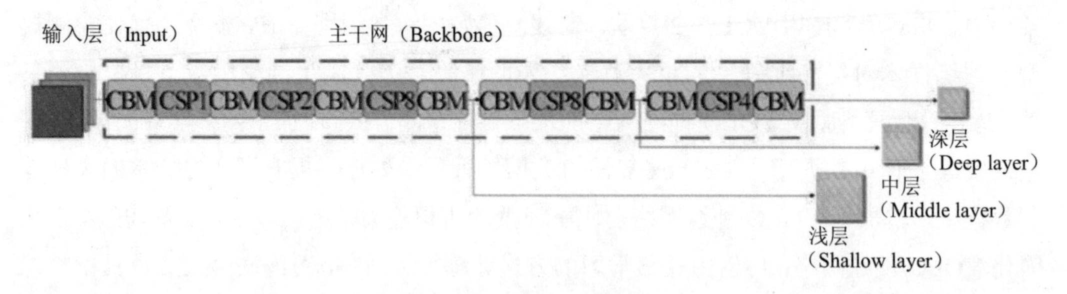

图 5-1 YOLOv4 主干网架构

注：CBM 为卷积块；CSP 为跨阶段局部网络。

如图 5-1 所示，CSPDarknet53 有两个主要目的功能：①CBM（Conv+BN+Mish），用来控制采样和拼接等工作，其中 Mish 是 YOLOv4 神经网络使用的新激励函数（YOLOv3 相较下使发表用的是 Leaky_Relu 激励函数）；②CSP：一组跨阶段残差组件（CSP8 就是 8 个残差组件）。

YOLOv3 与 YOLOv4 的主要区别是后者使用了 CSPNet 框架，对残差单元的结构连接进行了改善，加入一种跨残差块的旁路模式，形成跨阶段局部衔接，有效减轻了梯度消失的风险。简单地说，在 YOLOv4 神经网络的主干网络中，一条残差单元可以形成两个路径：一个路径和它的下一个残差单元直接连接；另一个路径和 CSP 的末端残差单元衔接。由于在 YOLOv4 神经网络中增加了旁路模式，使 CSP 的推理更具合理性，而且有效地分散了内部梯度流，降低梯度消失的风险，进而增加泛化学习能力。

颈网是在主干网和预测输出层当中增加的一个特征传达网络，主要作用是对主干网络抽取的特征值进行采样合并，形成不同度量水平下的特征聚合。YOLOv4 神经网络的颈网使用的是路径聚合网络（Path Aggregation Network，PANet）架构。如图 5-2 所示，PANet[49]采用路径聚合和特征金字塔技术，使得低层信息更简单地传播到高部，定位更加精准，同时支持小、中、大 3 类目标的预测。

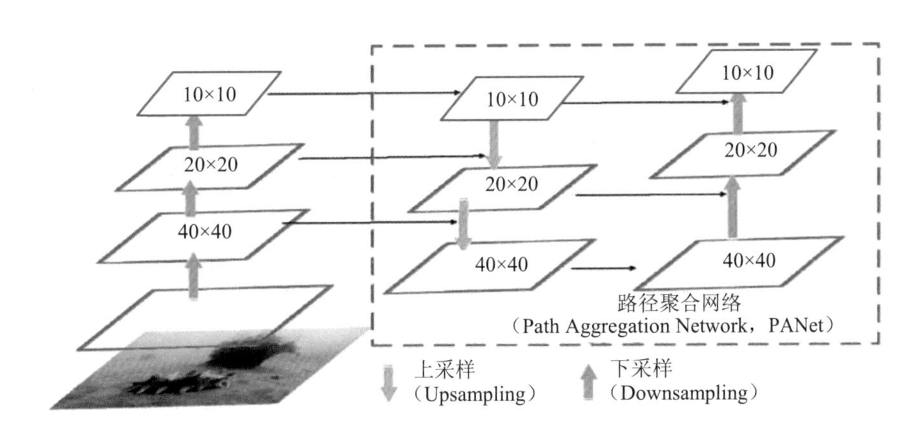

图 5-2　PANet 架构示意图

设计嵌连接 EC 组成主要是为了增强特征聚合的泛化能力和适应性。面对生物的特殊性及其浅海环境，需要研发高性能的组成来有效增加特征聚合能力。图 5-3 给出了 EC

部件的结构示意图。如图 5-3（a）所示，EC 部件有两种路径，第一种路径连续通过卷积 1 和卷积 2 两个单元来完成，第二种路径只通过卷积 2 来完成。这样综合两种路径的效果就可以有效削弱聚合过程中的表观误差，同时卷积 1 和卷积 2 利用不同的激励函数也增添了提高 EC 组成的适应性。如图 5-3（b）所示，卷积 1 是第一种卷积单元，用的是 Leaky_Relu 激励函数，保留了原来 YOLOv4 的特性。

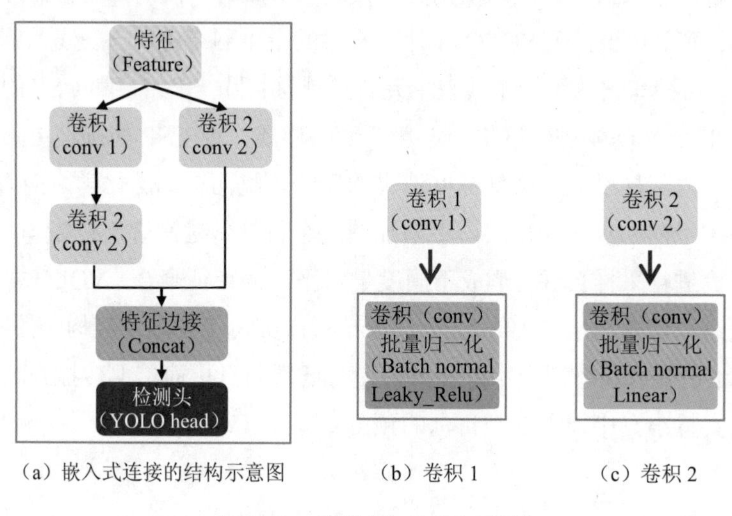

（a）嵌入式连接的结构示意图　（b）卷积 1　（c）卷积 2

图 5-3　嵌连接（EC）部件

如图 5-3（c）所示，卷积 2 是第二类卷积单元，使用的是 Linear 激励函数。从预测角度，Linear 函数更快和更容易形成可预测的输出结果。将 EC 部件加入 YOLOv4 的颈网末端，即在 YOLOv4 颈网的末端增加 EC 部件，形成了改进 YOLOv4 网络。

通过在颈网的末端加入 EC 组成后，改进了 YOLOv4 神经网络，作为海洋生物检测模型的技术支持。嵌入 EC 组成的 YOLOv4 神经网络能够增强颈网的反向传播能力。颈网的尾端直接连接到 YOLOv4 预测端，增强的反向传播能力有利于提升神经网络的泛化能力，从而减少预测偏差。由于 EC 组成同步被嵌入整个网络的尾端，使最后的预测结果加入了浅层的聚合信息，能够有效提高预测的准确性。根据改进 YOLOv4 神经网络，本书设计海洋生物检测（Marine Organism Detection，MOD）模型。图 5-4 为 MOD 模型的详细结构。

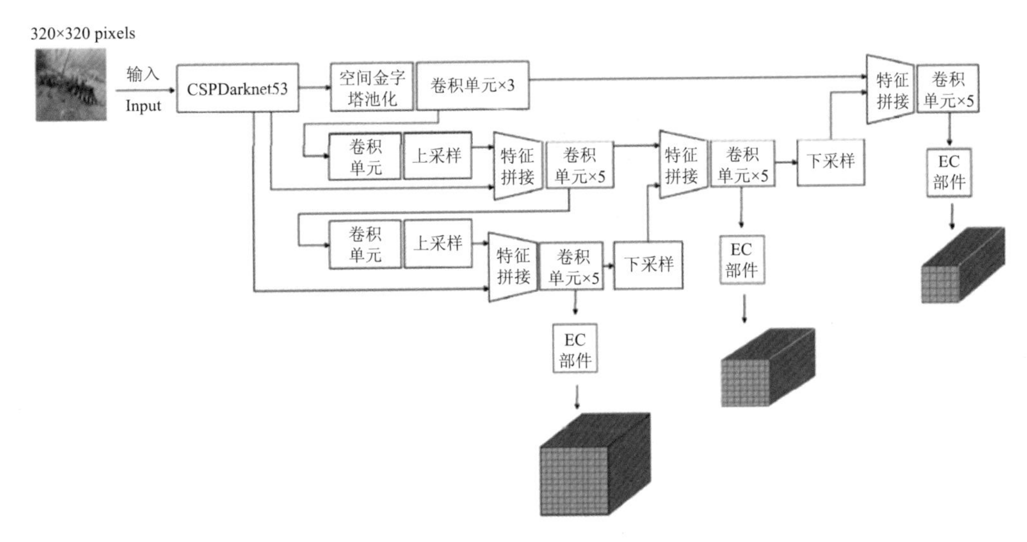

图 5-4　MOD（海洋生物检测）模型网络结构

在 MOD 的相互作用方式中，特征提取是基于 YOLOv4 神经网络的 CSPDarknet53 来完成的。主要的改变是在特征聚合，网络分别在三个度量水平上提取特征，深层信息将通过两次上取样与浅层信息合并，聚合后的信息再经过两次下取样分别在像素 10×10、20×20、40×40 尺度下进行预测，分别对应着小、中、大 3 种不同的目标尺寸进行预测，深层信息负责检测较大目标，浅层信息负责检测较小目标，从而提高网络的适应性。在输入信息到检测头之前，加入了 EC 组成，这样的设计能够推迟梯度消失的出现，从而有效增加特征的聚合能力。

5.2.2　两阶段海洋生物目标检测算法

5.2.2.1　R-CNN

2014 年，Ross Girshick 等将高容量卷积神经网络（Convolutional Neural Networks，CNNs）应用于自下而上的区域提案，以便对对象进行本地化和分段，当标记的训练数据稀缺时，对辅助任务进行监督的预训练，然后进行特定区域的微调，从而显著提高性能。由于该算法将候选区域（Region Proposals）与 CNN 相结合，所以称为 R-CNN。

R-CNN 算法流程：

（1）候选区域生成：一张图像生成 1 000～2 000 个候选区域，采用选择搜索

（Selective Search）方法。

（2）特征提取：对每个候选区域，使用深度卷积网络提取特征（CNN）。

（3）类别判断：特征送入每一类的 SVM 分类器，判别是否属于该类。

（4）位置精修：使用回归器精细修正候选框位置。

1. Selective Search

目标检测任务比图像分类任务复杂得多，因为目标检测任务可能有很多物体的分类和定位任务，我们说目标检测，一般是暗含分类（Classification）和位置（Localization）两个任务的。在训练分类器之前，需要通过一些方法得到 Region Proposal，也就是候选框，在这些候选框中进行分类和回归，找到我们需要的目标信息。

在 R-CNN 以前的 Region Proposal Algorithms 主要采用穷举或者分割的方式，搜索范围很大，候选框数量非常多，会给后面的训练带来非常大的压力。R-CNN 选用 Selective Search 的方法，这种方法计算速度快，召回率高，综合考虑了颜色、大小、形状、纹理等特征，对图像区域进行分组。这种方法主要包含两部分：分层分组算法（Hierarchical Grouping Algorithm，HGA）和多元化策略（Diversification Strategies，DS）。

分层分组算法（HGA）的大致思路是使用一种过分割方法得到图像的分割区域作为初始区域，然后使用多样性的策略，从多个角度特征来表征不同的分割区域，结合区域的相似性对区域进行迭代分组。多元化策略（DS）是用多个维度去衡量不同图像区域的相似度，进行加权平均，主要有颜色、纹理、大小、尺寸。

网络输入预处理，将所有的候选框都重新定义尺寸为 227×227，但是在重新定义尺寸之前，对候选框进行区域膨胀，保证重新定义尺寸之后正好周围有 16 个像素的原图像上下文信息。

R-CNN 使用了 AlexNet 分类网络作为特征提取器，网络输入为预处理好的 227×227 图像块，经过 5 个卷积层和 2 个全连接层能得到固定 4 096 维的向量特征（卷积层最后得到的 66×256 的特征，每个像素点的感受野是 195）。使用 AlexNet 对 RP 进行区域块的图像分类，IOU≥0.5 认为是正例，反之为负例。

2. NMS 算法

非极大抑制（Non-maximum Suppression，NMS）应用在目标检测架构中的最后一个步骤，通过 NMS 算法消除多余的 Bounding-box，找到最佳检测位置，求得最终的预测框。传统的目标检测基于每个目标类别的前景和背景得分来计算每个窗口的特征。但是，相邻窗口之间关联的分数可能会增加检测结果中的误报。为了避免出现此类问题，人们通过 NMS 的处理来获得检测结果。迄今为止，NMS 仍然是常见的十分有效的检测处理算法。

非极大抑制算法的检测流程如下：

步骤 1：对所有图片进行循环。

步骤 2：找出该图片中所有 Bounding-box 的集合 S，判断框的种类与得分，并根据置信度将其从大到小排序。

步骤 3：筛选出 S 中得分最高的 Bounding-box M，把 M 从 S 中移除并加入初始化为空集的 D 中。

步骤 4：遍历 S 中剩余的 Bounding-box，用 bi 表示，计算置信度最高的 Bounding-box M 与剩余所有 Bounding-box bi 之间的 IOU 值，若大于设定的阈值 t，则将 bi 从 S 中剔除。

步骤 5：从 S 未处理的 Bounding-box 中继续选一个得分最高的加入结果 D 中，重复上述过程步骤 3、步骤 4，直至 S 集合为空，此时 D 即为所求结果。

5.2.2.2 Fast R-CNN

Fast R-CNN 是 Ross Girshick 为解决 R-CNN 存在的几个问题，将训练分为多步，R-CNN 的训练需要一个预训练的网络，然后针对每个类别都训练一个 SVM 分类器，步骤比较烦琐、时间和内存消耗比较大[6]。所以，Fast R-CNN 训练是使用多任务损失的单阶段训练，训练可以更新所有网络层参数。

1. 算法流程

Fast R-CNN 网络将整个图像和一组候选框作为输入。网络首先使用卷积层和最大池化层来处理整个图像，以产生卷积特征图。然后，对于每个候选框，ROI 池化层从特征图中提取固定长度的特征向量。每个特征向量被送入一系列全连接（fc）层中，其最终分支成两个同级输出层，一个是 Softmax 概率估计；另一个是每个类的边界框回归偏移量。此结构是训练端到端的多任务损失。

Fast R-CNN 进行目标检测的预测流程如下：

步骤 1：输入一张图片，使用 Selective Search 选取建议框。

步骤 2：将原始图片输入卷积神经网络中，获取特征图，该特征图为最后一次池化前的卷积计算结果。

步骤 3：对每个建议框，从特征图中找到对应位置（按照比例寻找即可），截取出特征框（深度保持不变）。

步骤 4：将每个特征框划分为 $H\times W$ 个网格，在每个网格内进行池化（即每个网格内取最大值），这就是 ROI 池化。这样每个特征框就被转化为 $H\times W\times C$ 的矩阵（其中 C 为深度）。

步骤 5：对每个矩阵拉长为一个向量，分别作为之后的全连接层的输入。

步骤 6：全连接层的输出有两个，即计算分类得分和 Bounding Box 回归（Bounding Box 表示预测时要画的框）。前者是 Sotfmax 的 21 类分类器（假设有 20 个类别+背景类），输出属于每一类的概率（所有建议框的输出构成得分矩阵）；后者是输出一个 20×4 的矩阵，4 表示（x，y，w，h），20 表示 20 个类，这里是对 20 个类分别计算了框的位置和大小。

步骤 7：对输出的得分矩阵使用非极大抑制方法选出少数框，对每一个框选择概率最大的类作为标注的类，根据网络结构的第二个输出，选择对应类的位置和大小对图像进行标注。

ROI Pooling 的作用是对不同大小的候选区域（Region Proposal），从最后卷积层输出的特征图提取大小固定的特征图。简单来讲可以看成是 SPPNet 的简化版本，因为全连接层的输入需要尺寸相同，所以不能直接将不同大小的候选区域映射到特征图作为输出，需要变换尺寸。在本书中 VGG16 网络使用 $H=W=7$ 的参数，即将一个 $H\times W$ 的候选区域分割成 $H\times W$ 个网格，然后将这个候选区域映射到最后一个卷积层输出的特征图，最后计算每个网格里的最大值作为该网格的输出，所以无论 ROI Pooling 之前的特征图大小是多少，ROI Pooling 后得到的特征图大小都是 $H\times W$。

2．损失函数

损失函数的定义是将分类的 loss 和回归的 loss 整合在一起，其中分类采用 log loss，而回归的 loss 和 R-CNN 基本一样。分类层输出 K+1 维，表示 K 个类和 1 个背景类。

$$L\left(p,u,t^{u},v\right)=L_{\mathrm{cls}}\left(p,u\right)+\lambda\left[u\geqslant 1\right]L_{\mathrm{loc}}\left(t^{u},v\right) \tag{5-1}$$

其中，$L_{\mathrm{cls}}\left(p,u\right)=-\log P_{u}$ 是 u 类真正的 log 损失。

回归的 loss 如下：

$$L_{\mathrm{loc}}\left(t^{u},v\right)=\sum_{i\in\{x,y,w,h\}}\mathrm{smooth}_{L_1}\left(t_{i}^{u}-v_{i}\right) \tag{5-2}$$

式（5-2）中 t^u 表示预测结果，$v=\left(v_x,v_y,v_w,v_h\right)$ 表示真实的结果，目标分类 u 的边框网络预测值为 $t^u=\left(t_x^u,t_y^u,t_w^u,t_h^u\right)$。

其中：

$$\mathrm{smooth}_{L_1}\left(x\right)=\begin{cases}0.5x^2 & \text{如果}|x|<1\\ |x|-0.5 & \text{其他}\end{cases} \tag{5-3}$$

5.2.2.3　Faster R-CNN

Ren 等[7]为了解决直接使用神经网络产生候选区域框并进行分类的问题提出了 Faster R-CNN 网络框架。Faster R-CNN 主要由使用候选区域网络 RPN 提取候选框和沿用 Fast R-CNN 中的分类与 Bounding-box 回归模块这两大块组成。图 5-5 所示为 Faster R-CNN 预测阶段的流程架构。

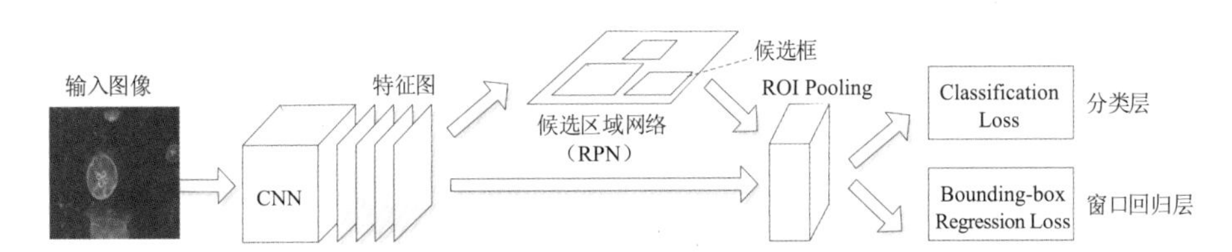

图 5-5　Faster R-CNN 架构

首先，输入原图，得到特征作为后续的输入，随后分为两路，分别被后续的 RPN 层和 ROI Pooling 共享。一路通过 RPN 层生成候选区域框作为 ROI Pooling 层的输入，得到固定尺寸的特征图，最后通过 Softmax Loss 获得分类概率和边框回归。

1．候选区域网络（Region Proposal Networks，RPN）

Faster R-CNN 的优势为使用候选区域 RPN 网络，极大地提高了检测候选框的生成速度。如图 5-6 所示，经过卷积得到的特征图被分为 n 个候选区域，可以得到由 3 种面积、3 种比例（1∶1，1∶2，2∶1）组成的 9 种候选窗口。

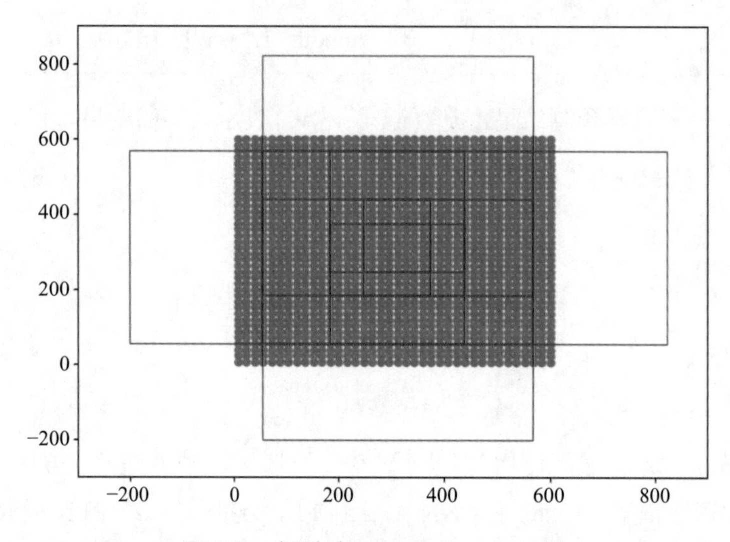

图 5-6 候选窗口（Anchor）示例

图 5-7 所示为 RPN 网络结构图，通过滑动窗口（Sliding Window）在最后一层卷积层得到的特征图上依次滑动后产生了 n 个候选区域（Anchor），通过多任务损失函数回归出候选窗口的偏移量并给出每个候选窗口的分类概率。

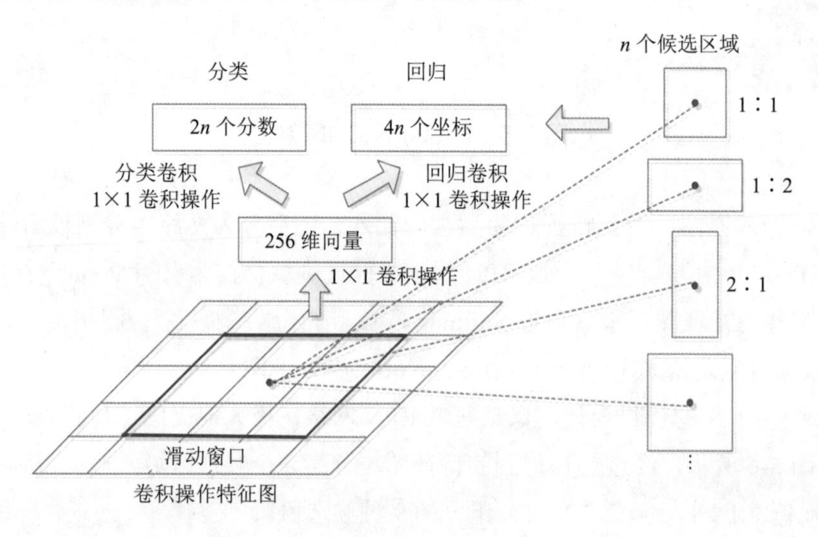

图 5-7 RPN 网络结构

2. 多任务损失函数

Faster R-CNN 的损失函数与 Fast R-CNN 类似，使用 Softmax 分类函数和多任务损失函数作为边框回归。全连接层的输出有如下两个：

Softmax Loss：计算 K+1 类的分类损失函数（K 个目标类别，1 个背景类别）。

Regression Loss：K+1 的分类对应 Bounding-box 的 4 个坐标值。

最终将所有结果通过 NMS 算法产生最终 Bounding-box 及其所属分类。由于分类和边框回归都是基于同一个损失函数，因此加快了训练时间，减少了训练步骤。该多任务损失函数为

$$L\left(p,u,t^{u},v\right)=L_{\mathrm{cls}}\left(p,u\right)+\lambda L_{\mathrm{loc}}\left(t^{u},v\right) \tag{5-4}$$

式中，$L_{\mathrm{cls}}\left(p,u\right)$ 为目标分类 u 的对数损失，$p=(p_1,p_2,\cdots,p_K)$ 为每一个 ROI 在 K+1 个分类中的离散概率分布：

$$L_{\mathrm{cls}}\left(p,u\right)=-\log p_u \tag{5-5}$$

另外，式（5-4）中 $\lambda\in R$ 为边框回归损失的权重值。$L_{\mathrm{loc}}(t^{u},v)$ 为目标分类 u 的边框损失函数：

$$L_{\mathrm{loc}}\left(t^{u},v\right)=\sum_{i\in\{x,y,w,h\}}\mathrm{smooth}_{L_1}\left(t_i^{u},v_i\right) \tag{5-6}$$

式（5-6）中 $v=(v_x,v_y,v_w,v_h)$，目标分类 u 的边框网络预测值为 $t^{u}=(t_x^{u},t_y^{u},t_w^{u},t_h^{u})$。

$$\mathrm{smooth}_{L_1}\left(x\right)=\begin{cases}0.5x^2 & \text{如果}\left|x\right|<1\\ \left|x\right|-0.5 & \text{其他}\end{cases} \tag{5-7}$$

L1 loss 比 L2 loss 更具有抗噪性，对数值波动不敏感，能够更好地找到目标分类的边框值。

5.2.3　基于滤波的目标跟踪算法

目标跟踪是计算机视觉领域的重要问题，是指在连续的视频序列中，建立起要跟踪物体的位置关系，得到运动轨迹。实际应用中，对视频的目标检测和跟踪要求有较高的检测速度，跟踪计算的时间短，才能满足跟踪的实时性。早期典型的目标跟踪算法主要有光流法、Meanshift、Camshift 等。为了提高检测的快速性，人们将通信领域的相关滤

波（衡量两个信号的相似程度）引入了目标跟踪中一些基于相关滤波的跟踪算法MOSSE、CSK、KCF等。后期研究者把深度学习方法和跟踪算法相结合形成了不同的目标跟踪框架，提高了检测的精度和速度。

5.2.3.1 传统跟踪算法

Shi等[50]首次将光流法应用于目标跟踪，将当前帧和下一帧的灰度值做对比，以确定当前帧目标在下一帧的位置。但该算法假设两帧之间同一目标的亮度保持一定和目标在两帧中位置只有很小的变化。其优点是在任何场景下不需要知道具体目标特征就能对运动目标位置正确地定位；缺点是在实际应用中目标亮度会受到光源影响变化，移动距离不一定小。Meanshift 算法首先通过目标检测算法从视频的初始帧中单独得到的目标物体，了解其物体边缘，然后确定初始帧中目标的特征，再全局搜索出与目标模板某一相似度最高的地方确定其最终位置，该算法实现了运动目标的跟踪与定位。但当目标移动的速度很快时，有目标缺失现象，并且跟踪的准确度不高[51]。

机器视觉技术涉及图像处理、深度学习、计算机科学、大数据等方面，计算机视觉技术利用电荷耦合元件（Charge-coupled Device，CCD）。图像传感器可以比拟人眼对视频目标进行收集，首先对视频图像预处理，其次利用数据采集卡对信息进行处理和传输（这一过程与人的中枢神经系统作用相似），最后利用计算机终端对预处理后的目标进行分析，然后在计算机上输出目标检测的结果（这一过程仿制人的大脑视觉中枢系统）。在分析机器视觉技术的基础上，将机器视觉技术应用到目标跟踪领域，通过对视频图像进行灰度化，灰度化之后的当前帧画面与前一帧画面的像素点进行差分运算，得到差分后的视频图像，之后差分的视频画面需要调整阈值完成最终的检测；在视频跟踪部分可以基于 Camshift 跟踪算法流程，在跟踪流程中要首先得到视频每帧图像的颜色概率分布图，才能完成最终对视频中目标的跟踪。

传统监控系统中，在对视频目标进行检测时，研究中流传范围较广的有数据采集器、不同类型识别器等硬件。但是，传统的检测方法使用时，是由监控中的硬件设备不断地发射探测信号，在接触目标后得到响应，所以对方也发现了自己。因此，现在不断研究如何将计算机视觉技术更有效地应用到视频目标的检测与跟踪中。在检测的目标不能满足最优条件而目标较小时，为了能够更快地对目标进行定位之后对其跟踪，就需远距离检测。但是检测距离过长、目标较小，有可能会使目标在画面中像素比例过低，意味着会有目标的形状或运动等特征信息大量丢失，所以视频中目标的检测与跟踪研究有很大困难。传统的视频画面目标检测和跟踪方法在目标跟踪时间上还有很大的晋升空间。如邹航菲等[52]提出一种机器视觉背景下的视频画面目标检测和跟踪方法，先对视频画面目标检测再进行跟踪，视频目标检测首先将视频中明显特征的目标提取出来，再将提取出来的目标进一步处理。视频每帧目标的检测是整个视频目标检测和跟踪的核心组成部分，检测结果会直接影响视频跟踪的效果。

使用帧间差分法进行目标检测，帧间差分法简称帧差法，其在目标检测过程中可以减少所需时间和计算量，原理是在视频中提取的相邻两帧的图像，对相邻两帧图像的像素值做减法运算，通过相减后值得变化检测视频目标。

$$f_d\left(x,y,t\right)=1,\left|f\left(x,y,t\right)-f\left(x,y,t-1\geqslant1\right)\right|\geqslant T_{x,y,t-1} \tag{5-8}$$

$$f_d\left(x,y,t\right)=0,1 \tag{5-9}$$

式中，$f_d\left(x,y,t\right)$ —— 视频画面二值后的差分画面；

$f\left(x,y,t\right)$ —— 视频画面在 t 时刻、坐标为（x，y）处的像素值；

$f\left(x,y,t-1\geqslant1\right)$ —— 视频画面在 $t-1\geqslant1$ 时刻、坐标为（x，y）处的像素值；

$T_{x,y,t-1}$ —— 画面在 t 时刻、坐标为（x，y）处的阈值。

如果视频画面第 t 帧与 t–1 帧之间像素差值的绝对值大于预先设定的阈值，则差分后的二值画面的像素值为 1，否则为 0。

使用帧差法检测目标，首先要设定目标的阈值。阈值的设定决定了视频画面目标判断的效果，过大会导致无法判断图像变化，过小会对图像的变化过于敏感，所以应降低判断目标的准确度。因此采用帧差法检测视频目标时，关键是选择阈值时要合理。由于视频画面与不同地区的外界环境有关，所以阈值的选取涉及环境因素。阈值调整公式为

$$T_{x,y,t}=\max\left(\sigma_N,T_{x,y,t}^0\right) \tag{5-10}$$

式中，

$$T_{x,y,t}^0=\left(1-\alpha_1\right)T_{x,y,t-1}^0+\alpha_1\left|f\left(x,y,t\right)-f\left(x,y,t-1\right)\right|,\sigma_N=\alpha_1$$

$$T_{x,y,t}^0=\left(1-\alpha_2\right)T_{x,y,t-1}^0+\alpha_2\left|f\left(x,y,t\right)-f\left(x,y,t-1\right)\right|,\sigma_N=\alpha_2$$

式中，σ_N —— 视频图像的外界环境标准差；

$T^0_{x,y,t}$ —— 自适应阈值，视频画面像素点阈值 $T_{x,y,t}$ 要在 σ_N 和 $T^0_{x,y,t}$ 中选择一个较大的，视频检测的准确性更高；

α_1、α_2 —— 阈值更新系数。

利用帧差法选择阈值，检测视频目标，流程如图 5-8 所示。

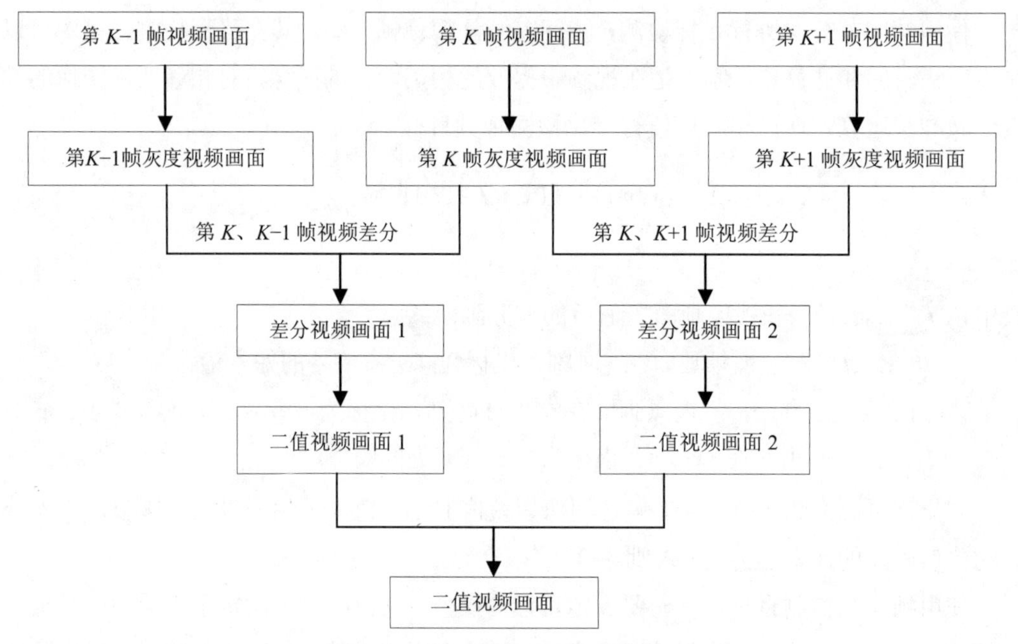

图 5-8 视频画面目标的检测流程

使用自适应阈值，然后设计帧差法，帧差法具有检测时间短、计算速度快的优点，可以提高检测视频的准确度。

由于视频跟踪处于一个动态的场景中，目标跟踪的环境比较复杂。Camshift 跟踪算法实现视频目标的跟踪过程如下：先将视频所有帧使用 Meanshift 算法进行运算，并将前一帧检测到的目标结果，即搜索框的大小和中心位置，作为下一帧 Meanshift 算法的输入；按照这一过程重复迭代，最后可以跟踪视频目标。Camshift 算法首先将视频窗口初始化，RGB 颜色空间对光照和亮度变化比较敏感，所以将视频 RGB 颜色转换成 HSV 颜色空间，然后对其中的 H 值采样统计，得到 H 值分量颜色直方图；然后用 H 值分量的 HSV 颜色直方图替换视频中目标的像素值，得到目标颜色的概率分布图；之后计算得到目标的质心坐标，调整窗口的大小，将目标搜索中心转移到目标的质心位置；最后实现目标跟踪。Camshift 跟踪算法流程如图 5-9 所示。

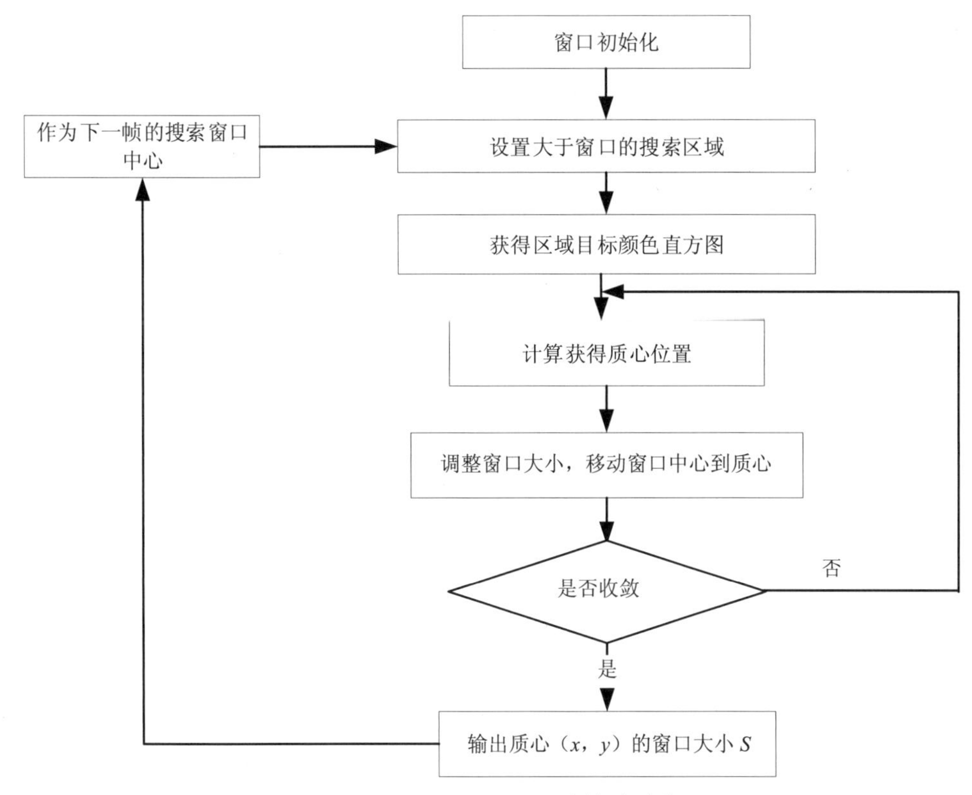

图 5-9　Camshift 跟踪算法流程

统计视频目标的 H 分量并且形成直方图，不同的 H 分量表示目标像素出现的概率或者像素个数。

H 分量的计算公式如下：

$$P_u(y)=\sum_{i=1}^{n}\delta\left[b(x_i)-u\right] \tag{5-11}$$

式中，y —— 视频图像目标的像素；

$\delta\left[b(x_i)-u\right]$ —— 视频图像目标的冲激函数；

u —— 归一化常数；

i —— 视频图像目标的个数。

根据直方图中颜色出现的概率可以得到视频目标的颜色概率分布图，最后完成视频目标的跟踪。

粒子滤波（Particle Filter）[53]方法是基于粒子分布统计的方法。在跟踪过程中，首先对跟踪目标进行建模，并定义相似性度量确定粒子与目标之间的匹配度。在进行目标搜索的过程中，它会按照一定的分布（如均匀分布或高斯分布）撒一些粒子，统计这些粒子的相似度，就能确定目标可能存在的位置。在这些可能的位置上，下一帧时加入更多新的粒子，确保有更大概率跟踪上目标。

卡尔曼滤波（Kalman Filter）用于建立目标的运动模型，它不是根据目标的特征进行建模，而是对目标的运动模型进行建模，估计目标在下一帧时的位置。

卡尔曼滤波预测部分，用 x_t 表示 t 时刻的系统状态向量，则 t 时刻的状态预测公式为

$$\hat{x}_t = A\hat{x}_{t-1} + Bu_{t-1} \tag{5-12}$$

式中，A —— 状态转移矩阵；

B —— 输入控制矩阵，此时不考虑系统和观测噪声等影响。

为了对状态预测得到的 $\hat{x}_t$ 进行误差矫正，需要计算 t 时刻的误差矩阵 P_t，可以得到预测部分的误差矩阵预测公式：

$$P_t = AP_{t-1}A^T + Q \tag{5-13}$$

矫正部分，首先计算一个当前时刻的卡尔曼增益矩阵 K_t：

$$K_t = P_tH^T\left(HP_tH^T + R\right)^{-1} \tag{5-14}$$

式中，H —— 观测矩阵；

R —— 测量噪声协方差矩阵。

通过式（5-14）中得到的参数更新矫正公式：

$$\hat{x}_{t+1} = \hat{x}_t + K_t\left(z_t - H\hat{x}_t\right) \tag{5-15}$$

式中，z_t 为观测值，$z_t - H\hat{x}_t$ 的结果是实际观测值和预测的残差，该残差通过卡尔曼增益处理后对初始 $\hat{x}_t$ 进行矫正，得到卡尔曼滤波的结果。

最后对误差矩阵也进行更新，然后进行下一步计算，误差矩阵更新公式为

$$P_t = \left(I - K_tH\right)P_t \tag{5-16}$$

式中，使用 0 时刻观测值来初始化状态，可以使预测更准确。

扩展卡尔曼滤波用来解决非线性问题，当状态和控制是非线性的函数关系时，$x_t = f\left(x_{t-1}, u_{t-1}\right) + w_t$，此时将 f 函数进行 taylor 展开，采用一阶近似：

$$f(x) \approx f(\mu) + \frac{\partial f(\mu)}{\partial x}(x-\mu) \tag{5-17}$$

对于向量，一阶导即雅克比矩阵，可以使用雅克比矩阵代替卡尔曼滤波中的线性矩阵 A 等，最后可得到扩展卡尔曼滤波。

5.2.3.2　相关滤波跟踪算法

相关滤波跟踪（Minimum Output Sum of Squared Error，MOSSE）算法开始需要有一组训练图像 f_i 和期望的训练输出 g_i。g_i 通常是以目标为中心，σ 为方差生成的一个高斯矩阵。由此滤波模板 H 的计算如下：

$$H_i^* = \frac{G_i}{F_i} \tag{5-18}$$

式（5-18）是对单独一帧图像计算滤波模板的，但是在实际情况下滤波模板需要能够适应整个图像序列。MOSSE 的滤波要求对于视频序列的所有实际输出和期望输出的平方误差最小，即

$$\min_{H^*} \sum_i \left| F_i \odot H^* - G_i \right|^2 \tag{5-19}$$

式中，H^*——H 的共轭复数；

$\odot$——点乘；

G_i 和 F_i——分别为 g_i 和 f_i 的傅里叶变换。

式（5-19）的求解结果如下：

$$H^* = \frac{\sum_i G_i \odot F_i^*}{\sum_i F_i \odot F_i^*} \tag{5-20}$$

式中，$\sum_i G_i \odot F_i^*$ —— 输入图像与期望的输入图像的卷积；

$\sum_i F_i \odot F_i^*$ —— 输入图像的能量谱图。

MOSSE 算法流程如下：

（1）输入第一帧（当前帧）图像包括目标中心点的坐标，其中矩形框的中心点为目标中心点。其中当前帧图像代表 F。

（2）对当前目标框的目标区域进行随机仿射变换生成 128 个样本，然后对应样本经过高斯函数计算，得出响应值 G。最终结合公式得出滤波器模板 H。

（3）根据得到的滤波器模板 H，得到第二帧的响应图，再取响应图中最大的值，即第二帧目标中心点，并据此画出矩形框。

（4）根据第二帧得出的目标中心点，利用更新策略，计算第二帧应对的 A_i 与 B_i，按照更新公式更新滤波器模板 H。

（5）根据更新的 H，载入第三帧数据 F，利用公式求出第三帧对应的响应图，取其最大值为当前帧的目标中心，据此确定目标矩形框。

（6）重复（4）和（5）步。

CSK 相关滤波算法是对 MOSSE 算法的改进，为了防止采取第一帧图像数据出现过拟合情况，我们采用以第一帧目标中心点的矩形框进行随机仿射多个样本，然后使用最小化函数公式来取滤波器 H。CSK 相较于 MOSSE 算法，提出了在最小化函数后面加入了一个正则项 $\lambda\|w\|^2$，以此防止求得的滤波器 H 过拟合。同时采用循环矩阵生成样本（即循环移位构建出样本，这点和 MOSSE 算法的随机仿射不同）。

岭回归函数：

$$\min_{w,b}\sum_{i}^{n}L\left[y_i,f\left(x_i\right)\right]+\lambda\|w\|^2 \tag{5-21}$$

式中，$L\left[y_i,f\left(x_i\right)\right]=\left[y_i-f\left(x_i\right)\right]^2$；

y_i —— 理想的高斯响应；

n —— 样本数量；

$f(x_i)$ —— 图像 x_i 与滤波器 w 在频域内的点积。

引入核函数是为了提高在高维特征空间中分类样本的速度，从而将特征空间映射到一个更高维的空间。通过映射函数 $\varphi\left(x\right)$，分类器变为 $f\left(x_i\right)=w^T\psi\left(x_i\right)$；令 $w=\sum\alpha_i\varphi\left(x_i\right)$，经过一系列变换：将求 w 转换为求α。

$$\min_{\alpha}\sum_{i}^{n}\left(y_i-K\alpha\right)^2+\lambda\alpha^T K\alpha \tag{5-22}$$

$$\alpha=\left(K+\lambda I\right)^{-1}y \tag{5-23}$$

α 频域形式 $\alpha=F^{-1}\left[\frac{F(y)}{F(k)+\lambda}\right]$，其中 K 为核相关矩阵（循环矩阵），y 为期望输出。

最终得到的所有样本响应：

$$\hat{y}=F^{-1}\left[F\left(\bar{k}\right)\odot F\left(\alpha\right)\right] \tag{5-24}$$

KCF 算法将视频目标跟踪问题抽象为目标检测问题，首先利用岭回归得到一个通用的预测公式。此外，该算法利用循环矩阵在傅里叶空间对角化一些性质，大大减少了计算量，引入了高斯核函数，引进了基于多通道的方向梯度直方图（Histogram of Gradient，HOG）进行特征提取，进一步提升了算法的跟踪性能。

5.2.3.3　基于深度学习的跟踪

1. 单目标跟踪

全卷积孪生网络（Fully-Convolutional Siamese Networks，SiamFC）使用两个同框架网络判断两个不同输入的相似性，这两个框架使用了相同的权重，使用深度卷积神经网络 AlexNet 的全卷积孪生网络在跟踪领域，将深度学习与相关滤波相结合[54]。SiamFC 网络的两个输入分别为模板图像 z 和搜索区域 x。模板图像通常是视频第一帧选定的跟踪目标，跟踪期间模板图像不进行更新；搜索区域一般以上一帧目标所在位置为中心选出固定尺寸大小的区域。在跟踪过程中，算法对目标图像进行多种尺度缩放，并以不同尺寸的滑动窗口在整个搜索区域进行滑动匹配。两个分支骨干网的结构相同，参数共享，骨干网对两个输入进行相同的变换后，将提取的特征图送入相似性度量函数 g 中，利用式（5-25）得到相似度。

$$f(z,x)=g\left[\varphi(z),\varphi(x)\right] \tag{5-25}$$

式中，g —— 卷积操作；

$\varphi(z)$ —— 卷积核。

基于区域跟踪的孪生网络（Siamese Region Proposal Network，SiamRPN）[49]在预测跟踪目标的轨迹前，先对目标的大小和位置进行预测。干扰感知孪生网络（Distractor-aware Siamese Networks，DaSiamRPN）通过使用数据增强方法使算法可以分析同类目标，提高了抗干扰能力，进化孪生网络的视觉跟踪算法（Evolution of Siamese Visual Tracking，SiamRPN++）引入深度残差网络（Residual Network，ResNet）和区域候选网络（Region Proposal Networks，RPN）[2,7,55]等结构。

2．多目标跟踪

由于多目标跟踪（Multi-object Tracking，MOT）的复杂性，它在跟踪中比较麻烦。多目标跟踪算法的主流是基于检测的跟踪（Tracking by Detection，TBD）。基于检测的跟踪策略的多目标跟踪包括单独的检测过程，还有检测结果和跟踪器轨迹对应的过程。基于检测的跟踪目标的数目和种类都与检测算法的效果有关，该跟踪方法的准确度取决于检测成果。简单的在线和实时跟踪（Simple Online and Realtime Tracking，SORT），简单的在线和实时深度关联度量跟踪（Simple Online Realtime Tracking with Deep Association Metric，DeepSORT）是基于 TBD 策略的多目标跟踪算法。SORT 算法是利用 CNN 检测器的检测结果进行多目标跟踪，使用卡尔曼滤波和匈牙利算法（Hungarian Algorithm）进行跟踪，DeepSORT 算法是在 SORT 算法基础上做出的改进，增加了级联匹配和目标的确认。

SORT 算法[56]流程是首先使用目标检测算法获得的第 t 帧搜索框顶点或中心坐标及大小等信息，卡尔曼滤波器依据目标的运动状态对其进行下一帧的位置预测，从而预测出目标在第 t+1 帧的搜索框顶点或者中心坐标及大小等信息。之后将卡尔曼滤波预测出的搜索框位置与后一帧输入数据的真实搜索框进行数据关联匹配，将图像的前后两帧目标之间的关联关系转化后建立两帧图像目标间的关联矩阵，最后使用匈牙利算法把它转化为指派问题求出最优分配，最后完成跟踪。SORT 多目标跟踪算法结构简单易懂，通过卡尔曼滤波预测和匈牙利算法结合对多目标进行跟踪。

匈牙利算法[57]是寻找最优分配的一种方法，其经典的数学模型为指派问题：假设有 n 项任务要分配给 n 个人完成且总代价最小。首先构造一个 $n \times n$ 矩阵表示问题模型，需要按照在各行各列选取一个元素并且选取的元素总和最小的方法在 $n \times n$ 矩阵中选择 n 个元素。指派问题的一般形式如式（5-26）所示，其中 c 为效率矩阵。效率矩阵中每行每列都只存在一个数相比其他数较小，表示第 i 个人完成第 j 项任务的代价，从而保证指派过程中耗费的总代价最小。规定第 i 个人只能完成 n 项工作中的某一项、第 j 个任务只能由 n 个人中的唯一一个人完成该任务以及第 j 个工作只能由其中的某人完成。

$$\begin{cases} \min z = \sum_{i=1}^{n}\sum_{j=1}^{n} c_{ij} x_{ij} \\ \text{s.t.} \sum_{j=1}^{n} x_{ij} = 1, \quad j = 1,2,\cdots,n \\ \sum_{i=1}^{n} x_{ij} = 1, \quad i = 1,2,\cdots,n \\ x_{ij} = 0 或 1, \quad i,j = 1,2,\cdots,n \end{cases} \tag{5-26}$$

为了确定 SORT 中检测器检测出的结果和跟踪器绘制的跟踪轨迹之间的联系，通常匈牙利算法可以使用最小的代价进行最优的分配。使用对象重叠度（Intersection over Union，IoU）[58]作为匈牙利算法的权重，通过给 IoU 设置一个阈值来比较匹配结果，比阈值低的结构可以看作无效的匹配。

联合检测跟踪（Joint Detection and Tracking，JDT）[59]是在基于监测跟踪的基础上对部分功能模块进行一定程度的统合，在降低算法复杂性的同时增加功能模块之间的耦合度，作用在于：①联合目标的检测与关联共同学习，将跟踪融入目标检测过程中，将前帧的跟踪结果作为输入，更有利于处理遮挡与中断情况；②利用深度特征强化多目标跟踪，深度特征代替传统手工特征；③融合单目标跟踪算法。

3. 评价指标

（1）虚警（FP）是分配错误检测目标的跟踪轨迹。

（2）漏警（FN）是当前帧中检测和跟踪中判漏的正样本数。

（3）身份交换数（IDSW）是跟踪过程中，真实标签所分配的 ID 标识变化次数。

（4）多目标跟踪准确率（MOTA）表示跟踪过程中的虚警、漏警、身份交换等所有的错误目标匹配，是衡量多目标跟踪算法对目标轨迹持续跟踪的能力，值越小模型性能越差，最大值为 1 表示没有错误，如式（5-27）所示。

$$\text{MOTA} = 1 - \frac{\sum(\text{FN}+\text{FP}+\text{IDSW})}{\sum \text{GT}} \tag{5-27}$$

式中，GT —— 标注的目标个数。

（5）多目标跟踪精确度（MOTP），表示跟踪车辆的边界框与车辆目标真实边框的重叠率，值越大精度越大，如式（5-28）所示。

$$\mathrm{MOTP}=\frac{\sum_{t,i} d_{t,i}}{\sum_{t} c_t} \tag{5-28}$$

式中，c_t —— 当前帧目标匹配成功的数目；

$d_{t,i}$ —— 当前跟踪目标的预测框与真实框之间的交并比。

（6）大部分成功跟踪目标轨迹（MT），表示成功跟踪的目标轨迹中 80%以上被准确跟踪。

（7）少部分丢失目标轨迹（ML），表示丢失的目标轨迹中 20%以下被准确跟踪。

5.3 浅海增养殖区生物目标检测及跟踪案例

5.3.1 基于 YOLOv3 的岩礁性浅海生物目标检测

5.3.1.1 水下生物目标检测图像数据集建立

用于视觉任务的数据集，其包含的图像数量并没有硬性的标准。本书利用收集自烟台近海人工鱼礁区的水下视频，采用人工标注的方式建立了岩礁性生物图像目标检测数据集。由于浅海岩礁区物种优势度的种间差异明显，因此该数据集也存在一定不均衡性。数据集建立的具体过程如下：

1. 多边形标注

利用视频播放器进行人工截图，使用 Labelme 的多边形标注框进行人工标注，标注界面及标注结果如图 5-10 所示。

标注过程遵循以下原则：

（1）图片中出现的所有物种全部进行标注，每个物种的所有个体都进行标注。

（2）个体标注的轮廓要完整，鱼类要包含鱼鳍，蟹类要包含螯。

（3）图片中只有部分可见的个体，若可人工辨识物种也要标注。

（4）若出现个体遮挡，则先标注靠近摄像头的未被遮挡的个体，之后尽量标注遮挡个体的轮廓。

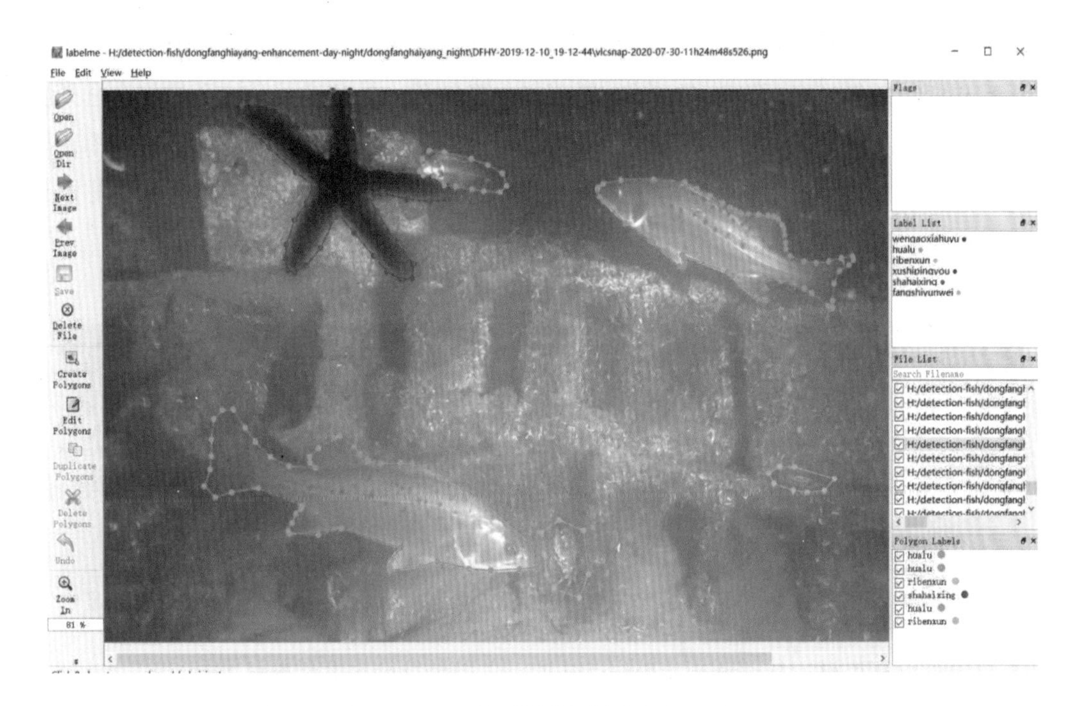

图 5-10　图像识别数据集标注示例

2．多边形标注转为矩形标注

在目标检测任务中，只选择了山东烟台牟平浅海海域的 1 856 张图像及对应标注进行格式转换，获得目标检测数据集。在前节所述的分类数据集中，岩礁性生物采用多边形标注方式描绘生物个体的外周轮廓及物种名称，所标注的物种轮廓能反映出生物个体在图像中的位置信息，标签则反映标注的类别属性信息。

在分类图像数据集的基础上，使用 Python 对标注的 json 文件进行处理，完成目标检测数据集的建立。步骤如下：①进行图像文件和 json 文件对应检查，删除只有图像并未标注的文件，确保图像与 json 一一对应；②利用多边形标注的点坐标信息，计算 x、y 方向的最大值和最小值，生成矩形标注轮廓。矩形标注图像示例如图 5-11 所示。

3．图像融合对不常见物种进行数据增广

对目标检测数据集中各物种的标注数进行统计，包含大泷六线鱼、方氏云鳚、砂海星、黑棘鲷、花鲈、铠平鲉、罗氏海盘车、矛尾虾虎鱼、日本蟳、海蛇尾、纹缟虾虎鱼、许氏平鲉 12 个物种 6 405 个标签。其中，黑棘鲷标注框为 14 个，过小的标注数量会导

致训练集和验证集数据量过少。因此，本书使用 PaddleX 中图像无缝融合的方式，对 14 个标签和背景图像进行新图片的生成，即选择一张物种个体标注较少的图像作为背景图像，根据多边形标注的标注点的裁剪 14 张图像中的黑棘鲷图像，依次与该背景图像进行无缝融合。有些融合之后的图像中黑棘鲷色彩与真实情况相差较大，该部分图像没有纳入目标检测数据集（图 5-12）。

图 5-11 目标检测图像标注示例，不同物种的标签框颜色不同

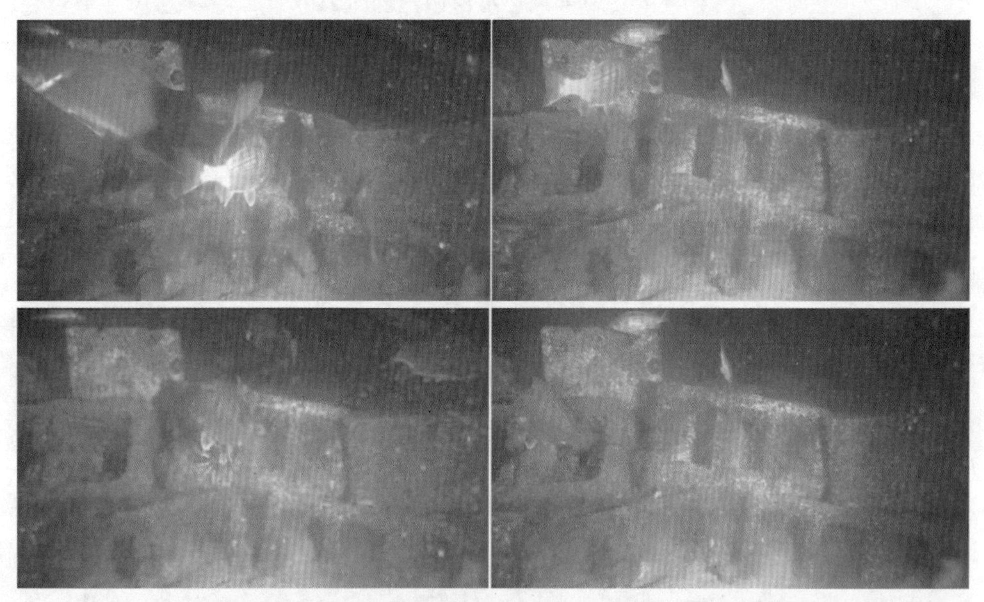

图 5-12 黑棘鲷图像增广示例［原图（左）、无缝融合生成的图像（右）］

5.3.1.2 模型开发环境和网络配置

试验系统是 Windows 10 操作系统，Python 3.8 编程软件，以百度飞桨 PaddlePaddle 2.0、PaddleX 开发套件和 CUDA11.0 为开发平台，使用配备 Titan RTX 的戴尔 T7920 工作站进行模型训练、验证和测试，其配置和使用过程参考百度飞桨和英伟达的相关文档。

YOLOv3 模型机器配置文件在百度飞桨官方网站模型库下载，模型预训练模型为 COCO 模型，参数来自百度飞桨平台，并根据百度飞桨目标检测实例的参数经验微调参数，相关参数含义及调整依据见表 5-1。使用 gpu 训练 use_gpu：true；最大迭代次数 max_iters：1200；log 平滑参数，平滑窗口大小，默认打印日志的间隔 log_iter：20；每隔多少迭代保存模型 snapshot_iter：200；mAP 评估方式 metric：VOC；用户数据物种类别数 num_classes：12；检测模型的结构 backbone：Darknet-53；yolo_loss：YOLOv3 Loss；非极大值抑制参数（NMS）nms：MultiClassNMS；训练回合数 epochs：540，根据内存大小开启多进程 worker_num：8；batch_size：8；学习率参数的初始学习率 base_lr：0.000 125，学习率调整策略用 PiecewiseDecay 分段衰减，学习率衰减系数为 0.1，decay_epochs 为[480，510]，即每 460 个 epoch 学习率衰减 10 倍；动量值（momentum_rate）为 0.9；权重衰减为 L2 正则化，权重衰减系数为 0.000 5 可以防止过拟合；数据集格式按照 VOC 数据集格式；数据集图像通过旋转一定角度、调整饱和度、调整爆亮度、调整色调来随机生成更多训练样本实现图像增广，算法中都可通过 transform 设置。

鱼类图像数据集按照训练集、验证集和测试集划分，比例分别为 0.7、0.15 和 0.15。目标检测模型参数设置与图像识别模型有很大不同，参数多次调整，需要实时查看 loss、Map、epoch、lr、mAP 等运行情况，要求在 PaddleX 界面实时训练数据，以上参数是根据经验设置的初始参数，输入初始参数开始训练，并在 PaddleX 的 VisualDL 界面显示训练日志，可随时查看训练的运行情况，并根据显示的 loss、mAP 结果调整参数来提高训练的准确率。

表 5-1 目标检测模型训练相关参数含义及调整依据

参数	含义	解释	调整依据
metric	数据集类型的评估方式	根据数据集类型确定相应类型的评估方式	与数据集类型相同
num_classes	种类数	用户数据物种类别数	根据用户数据物种类别数确定
nms	非极大值抑制参数	抑制不是极大值的元素	
batch_size	批大小	一次训练所抓取的数据样本数	根据电脑内存大小调整保证训练速度
epoch	训练回合数	遍历一次所有数据，就称为一个 epoch	根据 loss 值的大小和稳定情况调整
interactions	迭代次数	训练学习循环一遍的次数	根据 batch_size、epoch 计算
Lr	学习率	目标函数能否收敛到局部最小值以及何时收敛到最小值	根据模型的收敛程度，平衡模型的训练速度和损失（loss）后进行调整
lr_strategy	学习率变化策略	学习率变化规律	观察准确率上升速率和最终结果
Piecewise	学习率变化策略	分段调整	观察准确率上升速率和稳定情况
decay_epochs	学习率衰减的回合	学习率发生变化的回合数	观察 loss 曲线，为每个试验定制学习率调整时机
momentum_rate	动量值	控制迭代收敛的幅度	控制迭代收敛的幅度，根据收敛的梯度和速度情况进行调整
Regularizer_function	权重衰减类型为 L2 正则化	防止过拟合	调节模型复杂度对损失函数的影响，根据 loss 调整
Regularizer_factor	权重衰减系数	控制拟合程度	如果过拟合，调大这个参数；如果欠拟合，调小这个参数
Cosine Warmup	学习率变化策略	学习率成余弦规律变化	观察准确率上升速率和稳定情况
transform	图像增广方式	模型内部图像随机变化增强模型的泛化性	经 mAP 验证，本数据集只经过旋转、裁剪和平移效果最好

5.3.1.3 模型训练

应用 PaddleX 客户端配置 YOLOv3 模型，选用 DarkNet53 为特征提取网络，并设置参数进行训练。

输出日志主要包括 Epoch、Step、loss、lr、time_each_step、eta 等信息，loss 为预测值与真实值之间的误差，可以反映模型的训练收敛趋势，目标检测包括位置预测和类别预测两部分，通常位置检测的 loss 比图像分类的 loss 要大，经预试验验证，总体 loss 在 10 以下，模型的 mAP（mean Average Precision）能达到 50%左右，能达到检测的能力，所以先按模型训练完后 loss 达到 10 以下为目的调整初始参数，然后按照模型每个 epoch 的 loss 下降速率以及 mAP 的上升速度再次调整参数。初步调整参数后使用百度飞桨可视化命令 VisualDL 实现 Loss、学习率 lr 和 mAP 的变化曲线图。根据学习率变化规律和 mAP 曲线上升趋势和结果，对参数继续优化使 mAP 逐渐趋于稳定。

初始学习率为 0.000 125，模型在前 100 个 epoch 迅速上升达到 60%，并在 100 个 epoch 后 mAP 缓慢稳步上升，模型在 470 个 epoch 时 mAP 的值达到最大，最优值为 81.375%，训练在 480 个 epoch 后 mAP 有小幅振荡，但是出现下降趋势，此时调整学习率为 0.000 012 5 来维持 mAP 的上升趋势，调整学习率后虽有大幅上升和下降，但是结果 mAP 出现提升，为避免出现 mAP 大幅震荡，在 510 个 epoch 后调整学习率为 0.000 001 25 使 mAP 维持在 80%以上，且趋于稳定。这样经人工实时调整参数，模型总共训练 540 个 epoch 即可满足试验要求，大大缩短了训练时间。

5.3.1.4 模型评估

用模型训练的 best_model 对测试集 305 张图像进行检测，经多次测试总体 mAP 都在 80%左右，最高达到 81.38%。为更好展现由数据集不均衡导致的各物种的精准率的情况，本试验采用精确率（Precision）、召回率（Recall）、平均精确率（Average Precision）3 个指标对模型预测能力进行评估。精确率和召回率计算是常用于图像识别和目标检测的评价指标，用来评价其结果的质量。本书目标检测的评价的计算公式与图像分类的计算公式略有不同，计算公式为

$$\text{精确率} = \frac{\text{第}\,i\,\text{类物种预测正确的标签数量}}{\text{预测为第}\,i\,\text{类物种的标签数量}} \tag{5-29}$$

$$\text{召回率} = \frac{\text{第}\,i\,\text{类物种预测正确的标签数量}}{\text{样本中第}\,i\,\text{类物种的标签数量}} \tag{5-30}$$

$$平均精确率=\sum_{k=1}^{n}P(k)D(k) \qquad (5-31)$$

式中，n —— 测试集中所有图片的个数；

P（k）—— 在能识别出 k 个图片时 Precision 的值；

D（k）—— 识别图片个数从 k–1 变化到 k 时（通过调整阈值）Recall 值的变化情况。

各物种目标检测精度指标如表 5-2 所示。从平均精确率来看，目标检测效果较好的物种依次为矛尾虾虎鱼、罗氏海盘车、日本蟳，平均精确率均达到 0.90 及以上。其次为花鲈、纹缟虾虎鱼、海蛇尾、砂海星，平均精确率均达到 0.80 及以上。从真实标注和预测结果对比（图 5-13）来看，所训练模型的检测效果基本满足预期，但也存在需进一步优化的问题。

表 5-2 目标检测模型测试集检测结果

类别	拉丁文	精确率	召回率	平均精确率
大泷六线鱼	*Hexagrammos otakii*	0.705 9	0.705 9	0.705 9
方氏云鳚	*Enedrias fangi*	1.000 0	0.250 0	0.606 1
砂海星	*Luidia quinariavon*	0.851 7	0.769 5	0.829 5
黑棘鲷	*Acanthopagrus schlegelii*	1.000 0	0.750 0	0.727 3
花鲈	*Lateolabrax japonicus*	0.903 7	0.923 6	0.898 2
铠平鲉	*Sebastes hubbsi*	1.000 0	0.411 8	0.701 1
罗氏海盘车	*Asierias rollestoni*	1.000 0	0.846 2	0.946 0
矛尾虾虎鱼	*Chaeturihthys stigmatias*	1.000 0	1.000 0	1.000 0
日本蟳	*Charybdis japonica*	0.945 9	0.955 8	0.902 9
海蛇尾	*Ophiura* sp.	0.857 1	0.750 0	0.853 0
纹缟虾虎鱼	*Tridentiger trigonocephalus*	0.909 1	0.857 1	0.872 5
许氏平鲉	*Sebastes schlegelii*	0.578 9	0.611 1	0.722 7

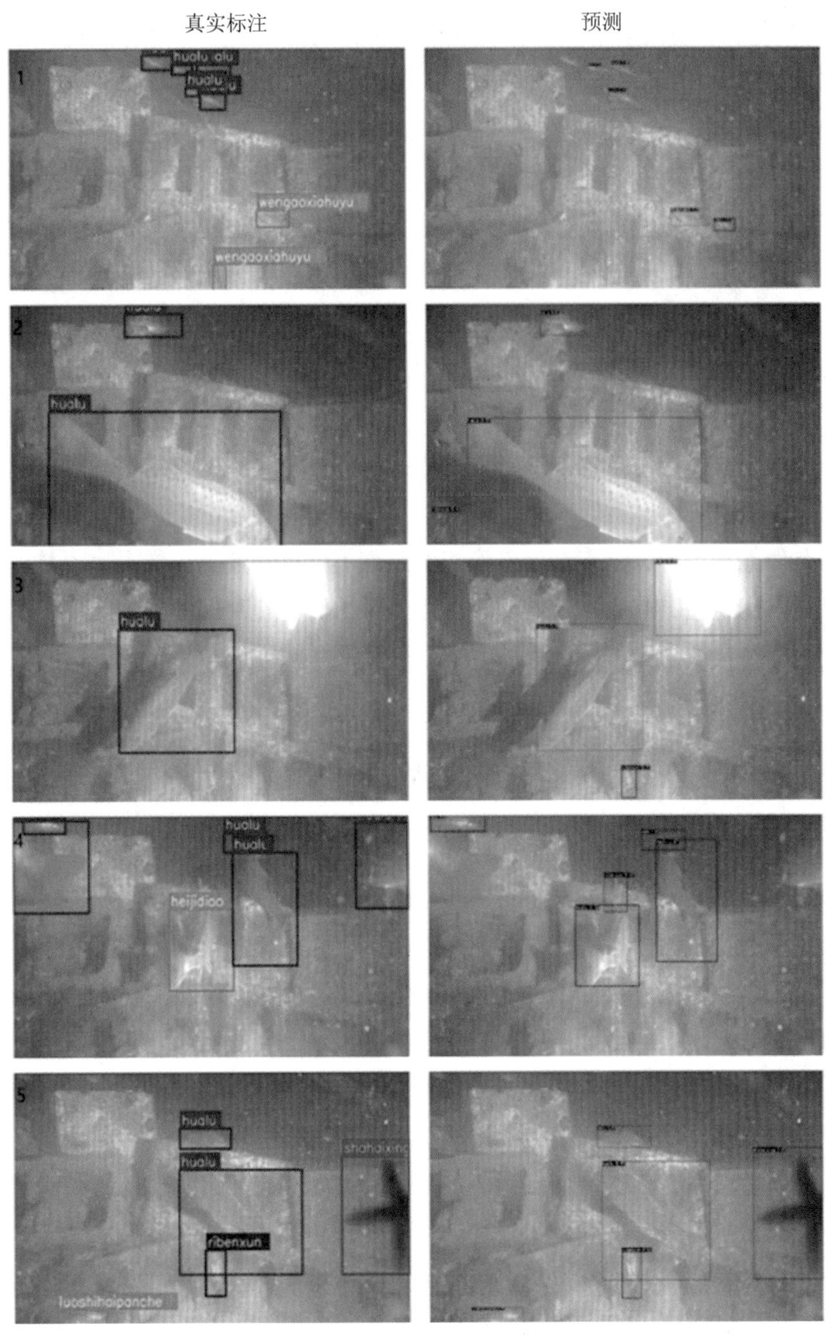

图 5-13　目标检测结果对比

图 5-13 展示了测试集中真实标注和预测框的对比。子图 1 中所示物种都为小个体目标生物，经过对比可知位于图像边缘的模糊小个体容易漏检，并且物种密集易出现重叠遮挡而漏检。子图 2 和子图 3 中，模型预测出人工漏标的生物各体，例如子图 2 中模型预测出 1 个人工漏标日本蟳个体，子图 3 模型预测出人工漏标花鲈和日本蟳各 1 个，且预测皆正确，后续也可对图像数据集进行完善，进一步提高模型性能。子图 4 将黑棘鲷预测为花鲈，可能是由于黑棘鲷出现频次过低，而致使模型训练过程中降低了对该物种的注意程度，因此易将其识别为与其特征相似的物种，后期应进一步收集和扩充涉及该物种的水下图像。子图 5 的检测结果较为理想，物种数量和种类都预测准确。

综合分析，本书所选择的 YOLOv3 模型基本满足增养殖海域岩礁性物种目标检测的需求，具有较强的应用潜力。但针对岩礁性生物群落的特点，仍然需要一些改进：①岩礁性生物个体大小不一、距离水下摄像头的距离不定，致使其图像占比不均，小目标个体易被忽略、检测性能有待提升。②岩礁性生物的优势度种间差异大，不常见生物图像获取量较少会导致数据集不均衡，致使不常见物种的识别准确率不高，其在数据集扩充、模型构建和训练方面需有工作需要开展。

5.3.2 基于改进 YOLOv4 的海珍品等经济物种的目标检测

目标检测的硬件环境是：8 G 内存，Intel® Core™ i7-8700 中央处理器，图形加速器（4 G GeForce GTX 1650），Windows 10 计算机系统。

使用的数据为獐子岛集团浅海增养殖视频数据，对视频分帧检视得到原始图片 1 810 张，利用数据增强方法对原始图片集合进行了数据预处理和容量扩充，因此数据增强后图片数据量为 7 420 张，作为本书测试和训练的数据集。里面的浅海生物种类有 4 种：海胆、鲍鱼、绿鳍马面鲀和海参。利用 LabelImg 软件对选出的图片进行人工标注，其中训练集占 80%，测试集占 20%。软件使用矩形框来标注检测目标，而很多浅海生物的外形是相当不规则的。以海胆为例，海胆是呈现球状的，而且周围还布满了伸出的管足或棘刺，因此在标注时需进行预处理。在图像预处理中，本书重点关注海胆的部分，标注时包含少部分棘刺但是不能过多。此外，试验中所有信息文件以 XML 格式储存，包含对应的目标类别名称、图片名、目标框位置、图像尺寸信息等。

模型预测时需要对交并比（Intersect over Union，IOU）阈值形式自变量进行设定。输出预测框与 IOU 阈值的设定有关，一般阈值越大预测精确率越高。本书的试验数据面对复杂性海底环境，环境与检测目标之间的差别较小，因此增加 IOU 阈值有助于提高有效目标检测准度。本书使用的评价指标主要包括 mAP75（IOU 阈值为 0.75 的精度均值）、mAP50（IOU 阈值为 0.5 的精度均值）、帧检测速度（ms）。由精确率和召回率组成的 PR 曲线进一步得到 mAP，是评估目标检测模型的检测精度的主要指标，式（5-32）～式（5-34）所示分别为精确率、召回率和平均精度均值（mAP）的计算方式。

$$P=\frac{E}{E+N} \tag{5-32}$$

$$R=\frac{E}{E+M} \tag{5-33}$$

$$\text{mAP}=\frac{1}{K}\sum_{k=1}^{K}AP\left(P,R,k\right) \tag{5-34}$$

式中，P—— 精确率；

R—— 召回率；

N—— 负样本被错误划分为正样本的数量；

E—— 正样本被正确划分为正样本的数量；

AP—— 单类检测目标对应的 PR 曲线与坐标轴围成的积分面积；

M—— 正样本被错误划分为负样本的数量；

K—— 检测目标类别的数量，试验中 K=4；

mAP—— 各个类别检测目标平均检测精度求和的均值。

MOD 模型相比 YOLOv4 神经网络模型有效性，主要是和原始的 YOLOv4 神经网络模型进行对比试验。试验中 MOD 模型和 YOLOv4 神经网络使用相同的训练集，设置相同的超参数：输入图像后得到像素尺寸为 320×320，初始学习率为 0.001 3，batch_size 为 16，权重衰减正则系数为 5×10^{-4}，动量为 0.949，迭代累计总数为 200。为了避免训练曲线收敛前学习停止，当迭代到 160 时，设置学习率为开始学习率的 1/10，当重复反馈过程至 180 时，降低学习率为开始学习率的 1/100。当使用模型对测试集进行测试时，设置 0.75 和 0.5 两个交并比阈值进行试验。表 5-3 给出了 MOD 模型和 YOLOv4 神经网络模型迭代次数在 50、100、150、200 时，对应 mAP_{50} 和 mAP_{75} 的指标。从表 5-3 中数据可以看出，MOD 模型比 YOLOv4 模型在训练时 mAP 提升更快，并且训练完成时 MOD 模型精度更好，mAP_{50} 提升了 0.9%，mAP_{75} 提升了 4.8%。表 5-4 显示两个模型的检测速度及计算成本，MOD 模型计算成本为 35.328 个 BFLOPs（十亿浮点运算数），与 YOLOv4 神经网络相比只提高了 0.2%，但是 mAP_{75} 和 mAP_{50} 均有所提高。

表 5-3　目标检测模型测试结果

检测网络	mAP	迭代次数			
		50	100	150	200
YOLOv4	mAP_{50}	0.680	0.813	0.940	0.960
MOD		0.734	0.852	0.945	0.969
YOLOv4	mAP_{75}	0.058	0.216	0.364	0.686
MOD		0.137	0.321	0.450	0.450

表 5-4　模型计算成本及其检测速度

检测网络	计算成本/BFLOPs	检测帧速/ms
YOLOv4	35.257	139
MOD	35.328	139

图 5-14 是使用 MOD 模型与 YOLOv4 模型分别在检测鲍鱼、绿鳍马面鲀、海参、海胆 4 类浅海生物时的图像。从图中可以看出，YOLOv4 神经网络模型在检测鲍鱼的试验中有误检现象，检测海胆、海参和绿鳍马面鲀的试验中，存在漏检现象，也从一个方面说明 MOD 模型在目标检测浅海生物中的有效性。

进行测试试验时，各个类别物种检测准确率结果如表 5-3 所示。一方面，IOU 阈值设置为 0.5，在海胆、海参和绿鳍马面鲀的检测中，MOD 模型和 YOLOv4 模型的检测基本持平；在鲍鱼的检测中，MOD 模型的 mAP_{50} 提升 3.4%。另一方面，在 IOU 阈值设置为 0.75，海胆、海参、绿鳍马面鲀和鲍鱼的检测中 mAP_{75} 均有所提高，分别为 3.1%、4.5%、2.5%、9.2%。

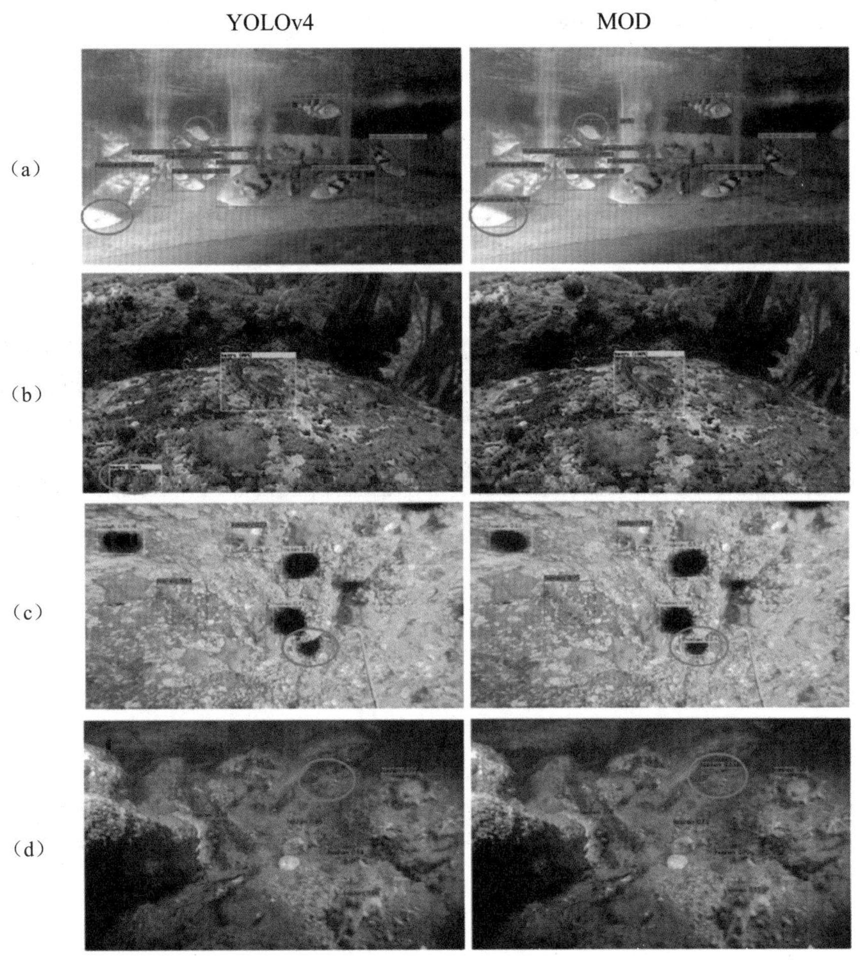

（a）绿鳍马面鲀（*Thamnaconus modestus*）；（b）皱纹盘鲍（*Haliotis discus hannai*）；（c）光棘球海胆（*Strongylocentrotus nudus*）；（d）刺参（*Apostichopus japonicus*）

图 5-14 不同模型检测效果

注：方框表示模型预测目标；圆框表示预测差异。

为了进一步验证 MOD 模型的有效性，选择发布于 2020 年的 EfficientDet 算法和 2018 年的 RetinaNet 算法作对比试验。YOLOv4 和这两个算法是目前典型的一阶段目标检测算法。表 5-4 显示了两种模型的主要对比指标。

表 5-5 和表 5-6 说明，观察浅海生物数据集，本书设计的 MOD 模型在 mAP_{50} 指标

上，对比 EfficientDet_D0、RetinaNet 分别高 32.1%、1.3%；在 mAP_{75} 指标上，对比 EfficientDet_D0 高 21.0%、对比 RetinaNet 低 6.3%。在检测速度上，EfficientDet 使用 D0 版本，速度较快，检测帧速达 72 ms，较 MOD 模型快 67 ms，但检测精确率较低；RetinaNet 模型检测帧速达 185 ms，较 MOD 模型慢 46 ms。综合考虑运行速度和检测精确率，在 4 种模型中选择 MOD 模型较适合水下机器人捕捞任务。

表 5-5 模型测试集各个类别精确率结果

检测网络	mAP	绿鳍马面鲀（*Thamnaconus modestus*）	刺参（*Apostichopus japonicus*）	光棘球海胆（*Strongylocentrotus nudus*）	皱纹盘鲍（*Haliotis discus hannai*）
YOLOv4	mAP_{50}	0.955	0.986	0.936	0.962
MOD		0.956	0.990	0.933	0.996
YOLOv4	mAP_{75}	0.736	0.729	0.602	0.678
MOD		0.761	0.774	0.633	0.770

表 5-6 不同方法目标检测结果

检测网络	mAP_{50}	mAP_{75}	检测帧速/ms
RetinaNet	0.956	0.797	185
EffcientDet_D0	0.648	0.524	72

针对浅海生物检测的特殊之处，设计了嵌入式 EC 组合，架构海洋检测模型 MOD，并建构浅海生物数据集，在浅海生物数据集上对 MOD 模型的性能加以验证。

（1）设计嵌入式 EC 组合，将 EC 组合嵌入网络尾端改进了 YOLOv4 神经网络，构建 MOD 模型。提出的方法和模型为海洋生物目标检测提供新的思路，可以为多类别海洋生物目标识别给予有益参考。

（2）对比原始的 YOLOv4 神经网络模型，MOD 模型检测精度在 mAP_{75} 和 mAP_{50} 指标上分别达到了 0.734 和 0.969，分别提升了 4.8%和 0.9%，计算量只提高了 0.2%。特别是检测精度在 mAP_{75} 指标上得到较大提升，说明 MOD 模型比 YOLOv4 神经网络模型对复杂环境的目标检测能力更好。

（3）对比原始的 YOLOv4 神经网络模型，MOD 模型适应性预期更强。模型在各类别检测准确度中均有提高，特别是在 mAP_{75} 指标上最明显，说明 MOD 模型比 YOLOv4 神经网络模型对各类浅海生物检测适应能力更强。

（4）对比同为一阶段目标检测算法的 EfficientDet_D0 和 RetinaNet，MOD 模型的检测效果总体发展优于两种模型。检测精度和速度方面达到了很好的平衡，说明 MOD 模型更适合浅海生物检测任务。

5.3.3　水母的目标检测跟踪及密度估算

5.3.3.1　水母目标检测

水母种群的暴发式增长对浅海增养殖造成了环境和经济损害。本书采用图像处理水母（分布）识别技术（图 5-15）提高现有水母入侵预警系统效率，该研究思路可适用于图像声呐及水下机器人采集水下海洋生物。

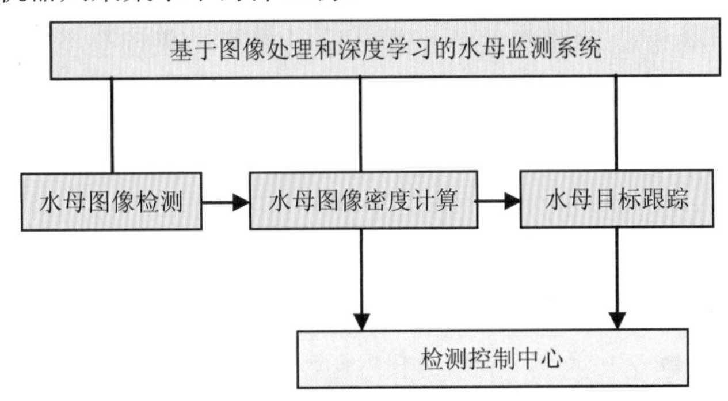

图 5-15　基于图像处理和深度学习水母监测系统框架

1. 水母图像检测训练流程（图 5-16）

（1）拟通过机器视觉获取水母图像，当然也可以通过图像声呐获取相应的水母图像，只要包含水母的特性即可，在后期的研究中可以将两种获取手段进行融合获得更好的检测效果。

（2）在训练时由于水母图像的获取不一，因此需要对图像尺寸统一化。尺寸越大训练包含的信息越多，后期检测精度越高，但是训练时间越长。尺寸越小训练包含的信息越少，后期检测精度越低，训练时间越短。同时，图片的尺寸大小也要与拍摄设备的分辨率、硬件处理速率和信息传输带宽相匹配，因此要根据具体情况综合设置。

（3）由于水下水母图像受环境影响严重，因此要根据具体情况讨论是否先将图片进行去噪增强之后再进行深度学习。

（4）拟采用至少 1 000 张图片。由于图片采集条件受限，可以通过图像处理技术（灰度变换、图像平滑、图像添加噪声等）丰富数据以满足深度学习对大量数据的要求，或者通过采用生成对抗网络（Generative Adversarial Networks，GAN），在丰富图片数量的同时提高检测精度。

图 5-16 基于深度学习的水母图像检测（训练）

2. 水母图像检测测试流程

图 5-17 给出了水母图像检测的测试流程，在算法使用前一般将图像数据分成两部分：训练数据（占 60%）、测试数据（占 40%）。本项目拟采用分类器对检测结果进行分类，通过计算得到分类阈值，得到的检测结果（scores）大于计算阈值则确定是水母，如果 scores 小于计算阈值则不是水母。最终的系统检测输出有三个部分：bboxes、labels、scores。其中 bboxes 表示物体的位置，labels 表示物体的种类，scores 为检测为此类物体的得分。

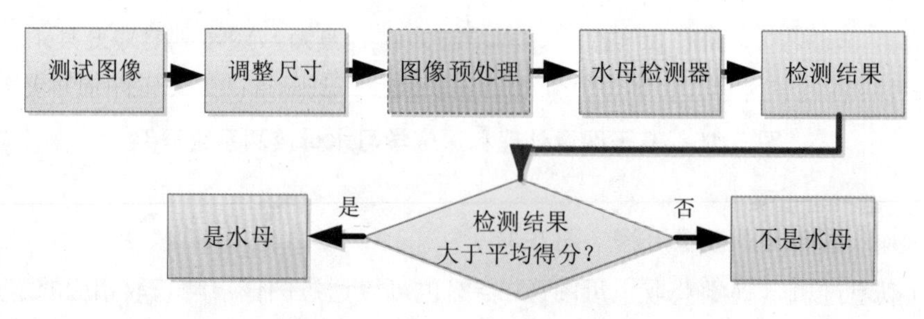

图 5-17 基于深度学习的水母图像检测（测试）

图 5-18 为前期根据网络下载的水母数据，包括 46 个数据的前 60%测试、后 40%测试。

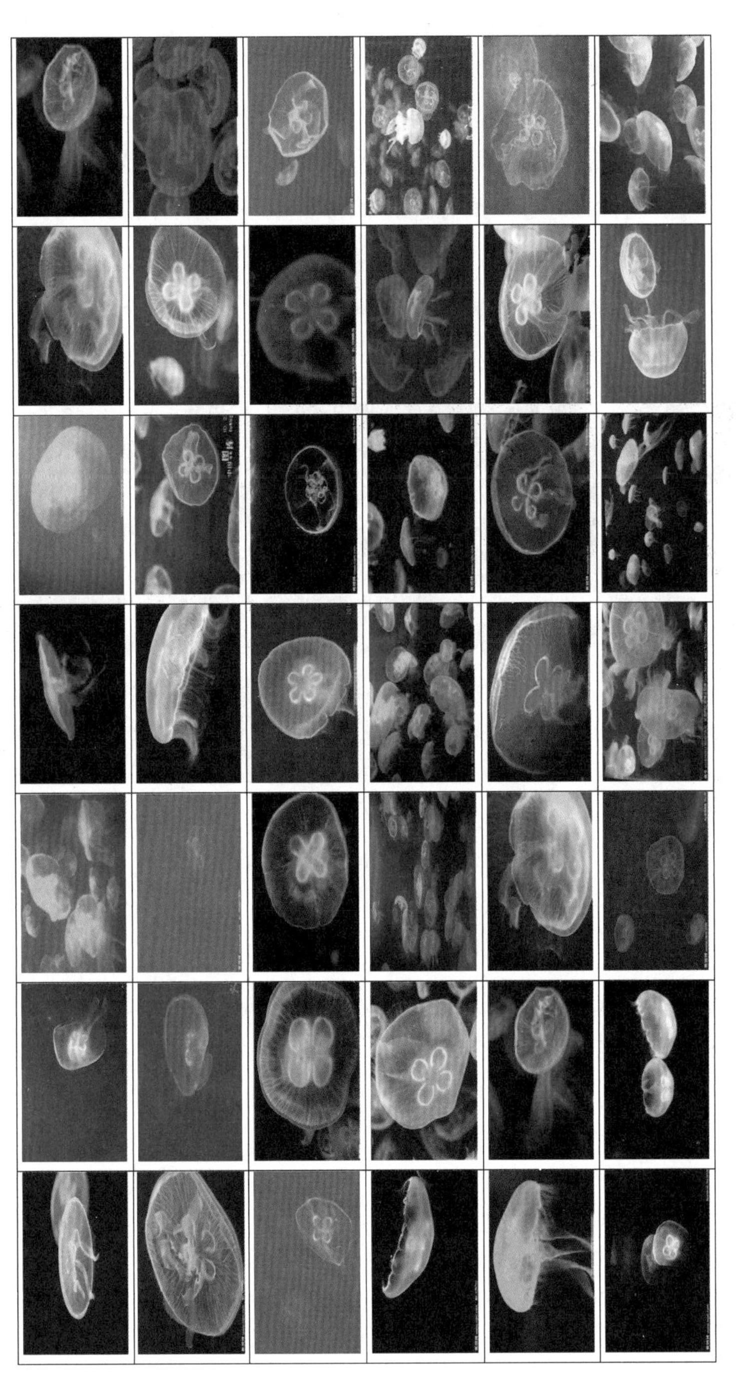

图 5-18　尺寸为［128，228］的水母图像（部分）

本节以海月水母（*Aurelia aurita*）为例（图 5-19）自制数据集，为了提高检测精度，统一化采集/测试图片尺寸，设计了基于 Faster R-CNN 深度学习网络结构的水母检测模型。需要注意的是，尺寸越大训练包含的信息越多，后期检测精度越高，但是训练时间越长。尺寸越小训练包含的信息越少，后期检测精度越低，训练时间越短。尺寸大小也要与拍摄设备的分辨率、硬件处理速率和信息传输带宽相匹配，因此要根据具体情况综合设置。由于水下水母图像受环境影响严重，本节初步采用图片增强技术提高水母的检测精度。经仿真验证，也可以通过增加数据数量以及采用灰度变换、图像平滑、图像添加噪声等方法提高检测精度。

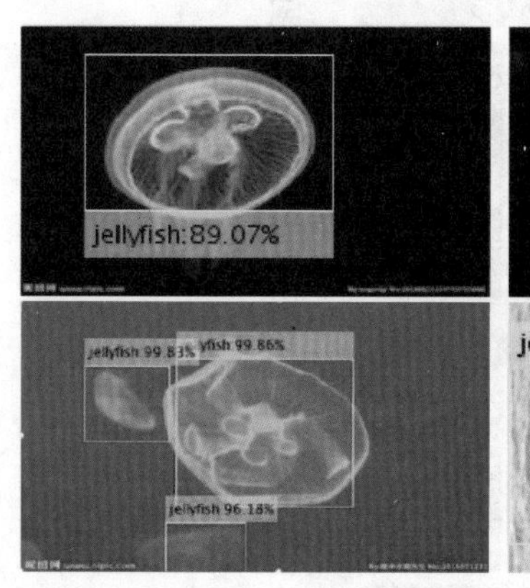

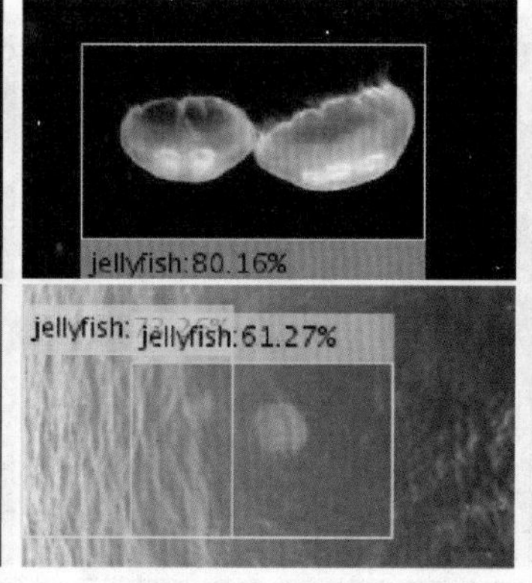

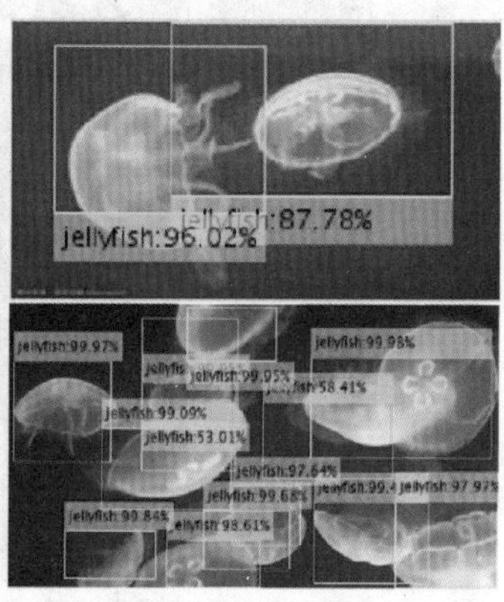

注：图中 jellyfish 表示水母。

图 5-19 深度学习（Faster R-CNN）检测结果

5.3.3.2 水母密度估算

以水母为例，说明了海洋生物密度的计算方法。机器视觉获取水母图像，水母图像处理的目标是一个图像二值化的过程，综合运用图像锐化、边缘检测、边界闭合和孔洞填充等方法，最终目的是分割图像中的目标和背景。对原始灰度图像进行锐化、边缘检测、边界闭合和孔洞填充，得到目标和背景的二值图像。进一步划定图像区域，计算水母密度，最后输出密度结果。

1. 图像预处理

（1）锐化图像

对于复杂条件下的图像，图像的边缘信息的获取与运用至关重要，图像锐化的目的是使图像的边缘或线条变得清晰，本书采用的是梯度锐化算子，梯度算子有如下 3 个计算步骤。

①计算水平梯度得到 F_x，垂直梯度得到 F_y。设灰度图像 $f(x, y)$ 的尺度为 $m \times n$。F_x、F_y 与原图像 $f(x, y)$ 具有相同的尺度。图像某点像素水平梯度 F_x 的计算规则如式（5-35）所示。

$$\begin{cases} f(x,i+1)-f(x,i) & i=1 \\ f(x,i)-f(x,i-1) & i=n \\ \dfrac{f(x,i+1)-f(x,i-1)}{2} & i=2,\cdots,n-1 \end{cases} \tag{5-35}$$

式中，$f(x, y)$ —— 图像在位置（x，y）像素点的函数值（灰度值）；i=1，2，…，n。

同理，$f(x, y)$ 的垂直梯度 F_y 按类似方法计算，只是行列规则互换。

②计算梯度模 $|\nabla F|$。设灰度图像 $f(x, y)$ 的梯度算子 $\nabla F = F_x i + F_y j$，则其梯度模如式（5-36）所示。

$$|\nabla F| = \sqrt{F_x^{\ 2} + F_y^{\ 2}} \tag{5-36}$$

③设定阈值 δ。根据实际水下背景环境设定阈值 δ，δ 大于零。将 $f(x, y)$ 中梯度的模 $|\nabla F| > \delta$ 的点看作生物量的边界点进行标记，标记为 1，从而得到了将原始图像中梯度模大于阈值 δ 的点标记为 1 的二值图像 $f_1(x, y)$。这样的选取在一定程度上能够滤除噪声，阈值 δ 选取不易过大，否则会导致微小目标物因不计边界而丢失。

（2）边缘检测

边缘检测是底层图像处理中重要的环节之一，也是实现基于边界的图像分割的基础。对图像 $f_1(x, y)$ 而不是对灰度图 $f(x, y)$ 进行边缘检测，其目的在于使得原本锐化的图像边缘信息进一步强化。边缘检测有两个步骤，先抽取边缘点，后剔除某些边界点或填补边界断点。常用的边缘检测的算子有基于一阶导数的 Roberts 算子、Sobel 算子、Canny 算子和基于二节导数的 Laplacian 算子等。由于检测边缘的目的在于强化锐化了的图像，平滑高频边缘，连接边界断点，所以采用了较为适合的 Canny 算子。其工作原理是先用高斯滤波器平滑图像，计算滤波后图像的模与方向，后对梯度的模应用非极大值抑制，就是找出图像梯度的局部极大值点，把其他非局部极大值点置零从而得到细化的边缘，最后用双阈值法检测和连续边缘。对函数 $f_1(x, y)$ 采用 Canny 算子进行边缘

检测得到的函数值 f_2（x，y）。

（3）闭合边界

这项工作的目的是对边界进一步进行闭合运算，为进一步的孔洞填充打下基础。对函数 f_2（x，y）采用闭合运算后得到的图像 f_3（x，y）。

这项工作较为简单，只需要利用形态学理论将闭合的边界图像 f_3（x，y）利用形态学原理进行孔洞的填充，至此目标物与背景图像分割完毕。

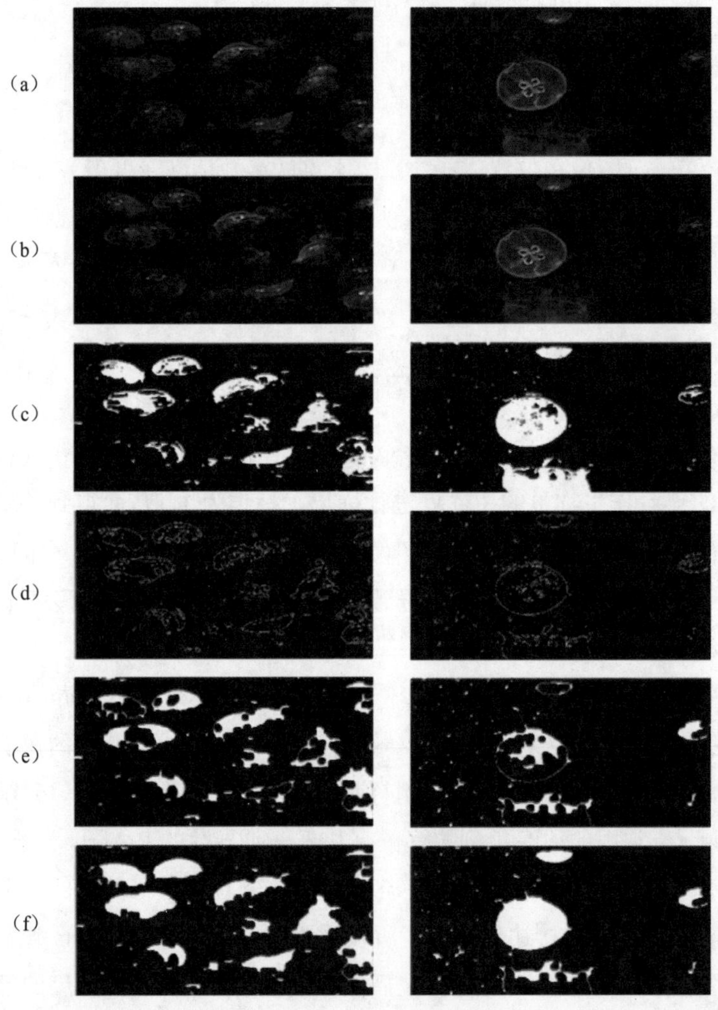

（a）原图；（b）灰度化；（c）梯度二值化；（d）Candy 算子边缘检测；（e）闭操作；（f）填充

图 5-20　水母图像预处理

2．密度估算

针对图 5-20 中的二值图像，计算海生物在一帧图像中利用式（5-37）识别海洋生物密度。应用 MATLAB 软件的 bwlabel 函数可以标注连通区域，忽略海洋生物重复情况，每个连通区域看成一个个体，从而得到单幅图像的生物体数量。

$$G_{\mathrm{r}}=\frac{N_{\mathrm{s}}}{N_{\mathrm{s}}+N_{\mathrm{b}}} \tag{5-37}$$

式中，G_{r} —— 海洋生物密度；

N_{s} —— 图 5-20 中海洋生物连通图所占像素的个数；

N_{b} —— 图像背景占像素个数。

图 5-21 显示了从视频 A 和视频 B 开始的 100 个视频帧的密度曲线，FPS=24（每秒帧数，FPS），即两个视频的时间为 4.2 s。由于水母的运动速度不是很快，所以从该图中可以平滑地读取密度曲线，符合短时间内水母密度不能突变的物理现象。

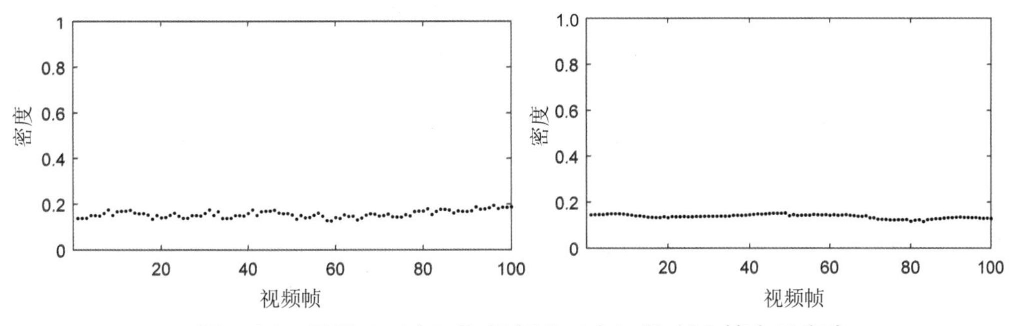

图 5-21　视频 A（左）和视频 B（右）的 100 帧水母密度

将对象的像素数除以图像的总像素数，然后计算对象在图像中的像素比例（密度）和对象数。计算结果如表 5-7 所示。

表 5-7　平均目标像素和平均目标个数

图像	平均目标像素	平均目标个数
A	0.154 0	27.4
B	0.158 3	23.2

本节为了实时监测、识别和测量水母入侵，需要在一段时间内建立一个相对稳定的水下摄像机工作环境，实时采集监控范围内的图像数据，将目标识别和目标密度计算分离，使系统不仅能检测到目标，还可以快速测量目标的密度。该方法可以有效地应用于实时测量小水母、不同物体共存、海水母与水下摄像机之间的距离不同、海水母密度大情况下的海水母密度估计和物种识别。

5.3.3.3 水母的目标跟踪

目标跟踪是在运动物体连续运动的空间中进行采样，获得运动物体的观测信息。目标跟踪过程事实上是一个如何利用观测值估算运动物体运动变量的概率预测问题。在水母的运动过程中，每个个体鱼的位置信息是观测变量，需要获取的位置和方向信息为状态变量，对水母的跟踪可以定义为对状态变量位置信息和方向信息的预测问题。

Kalman 滤波系统结构如图 5-22 所示。

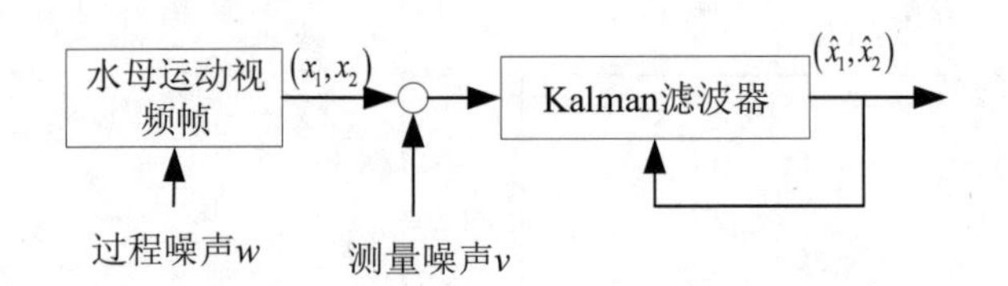

图 5-22 水母视频帧的 Kalman 滤波模型

跟踪处理的视频中水母运动有速度和加速度过程，$\left[x_1(k), x_2(k)\right]$ 表示当前帧中水母质心位置坐标，状态变量 $x(k)=\left[x_1(k), \dot{x}_1(k), \ddot{x}_1(k), x_2(k), \dot{x}_2(k), \ddot{x}_2(k)\right]$，当前帧中个体水母质心位置、速度和加速度。则水母的状态方程和观测方程如下：

$$x(k+1)=Ax(k)+v(k) \tag{5-38}$$

$$z(k)=Cx(k)+w(k) \tag{5-39}$$

式中，$A=\begin{bmatrix}1 & 0 & 0 & 0 & 0 & 0\\ 0 & T & 0 & 0 & 0 & 0\\ 0 & 0 & 0.5T^2 & 0 & 0 & 0\\ 0 & 0 & 0 & 1 & 0 & 0\\ 0 & 0 & 0 & 0 & T & 0\\ 0 & 0 & 0 & 0 & 0 & 0.5T^2\end{bmatrix}$，$C=\begin{bmatrix}1 & 0 & 0 & 0 & 0 & 0\\ 0 & 0 & 0 & 1 & 0 & 0\end{bmatrix}$

设计 EKF 滤波器步骤如下：

状态一步预测：

$$\hat{x}\left(k+1|k\right)=A\hat{x}\left(k|k\right) \tag{5-40}$$

状态更新：

$$\hat{x}\left(k+1|k+1\right)=\hat{x}\left(k+1|k\right)+K\left(k+1\right)\varepsilon\left(k+1\right) \tag{5-41}$$

式中，

$$\varepsilon\left(k+1\right)=y\left(k+1\right)-C\times\hat{x}\left(k+1|k\right) \tag{5-42}$$

滤波增益矩阵：

$$K\left(k+1\right)=P\left(k+1|k\right)\times C^{\mathrm{T}}\left[C\times P\left(k+1|k\right)C^{\mathrm{T}}+I_mR\right]^{-1} \tag{5-43}$$

式中，I_m——m 阶单位阵，$m=2$。

一步预测协方差阵：

$$P\left(k+1|k\right)=A\times P\left(k|k\right)A^{\mathrm{T}}+\Gamma\times Q\times\Gamma^{\mathrm{T}} \tag{5-44}$$

协方差阵更新：

$$P\left(k+1|k+1\right)=\left[I_n-K\left(k+1\right)\times C\right]\times P\left(k+1|k\right) \tag{5-45}$$

式中，I_n——n 阶单位阵，$n=6$。

式（5-40）～式（5-42）为水母 Kalman 滤波算法公式推导，图 5-23 所示为算法流程。图 5-24 所示为水母视频帧连图及 Kalman 滤波。其中，红色圈中心为图像处理得到的水母中心；绿色圈中心为 Kalman 滤波估计中心，仿真中，测量噪声 $w=1$；过程噪声为 $v=0.001$。

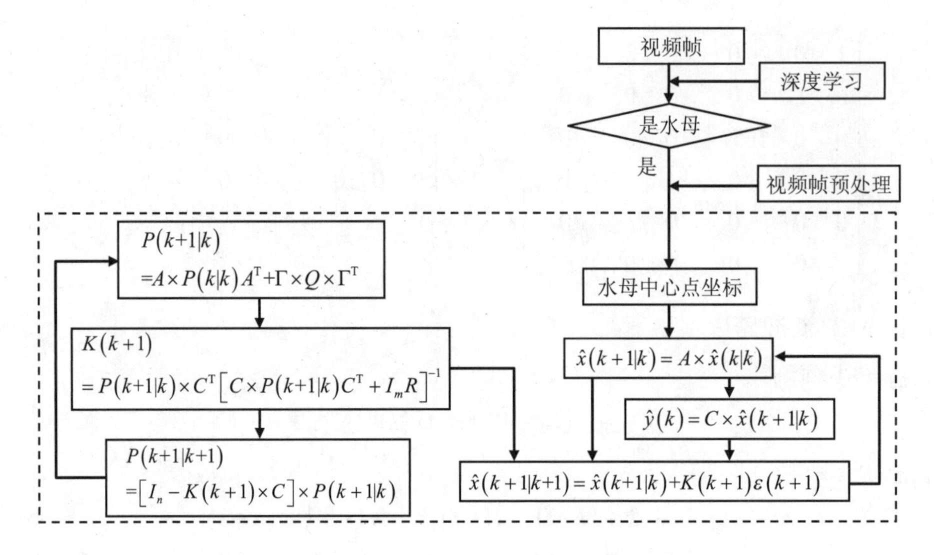

图 5-23　基于 Kalman 的水母跟踪流程

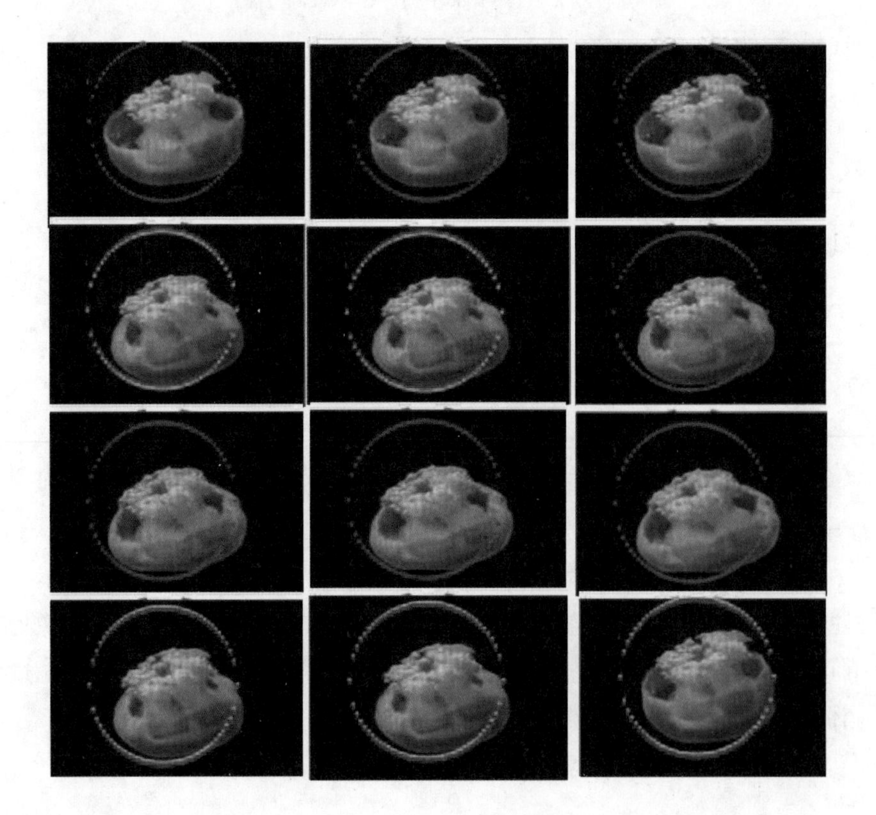

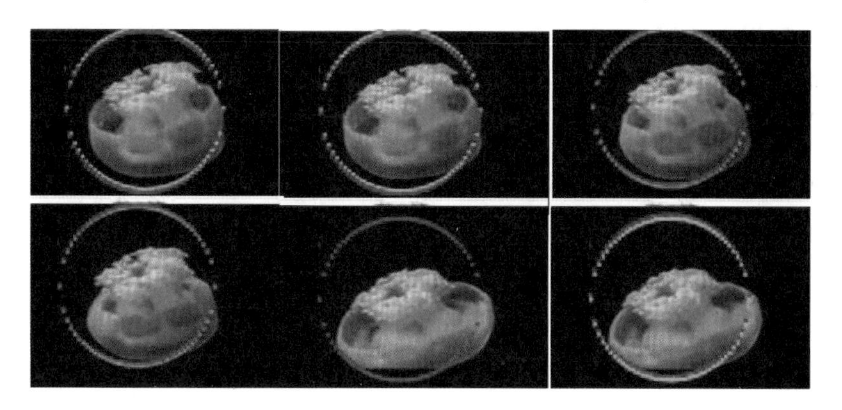

图 5-24　水母运动视频帧（9～27 帧）及其 Kalman 滤波

如图 5-25 所示，Kalman 滤波估计水母运行轨迹符合水母物理运行轨迹——上下运行。

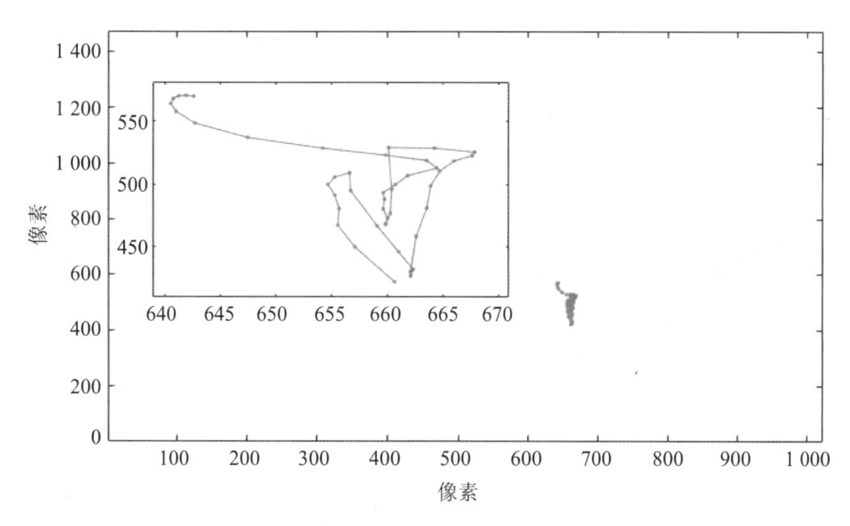

图 5-25　水母运动轨迹

采用机器视觉跟踪水母运动轨迹，需要在运动物体连续运动的空间中进行采样，获得运动物体的观测信息。采用 Kalman 滤波算法估计水母的水平和垂直方向的位置与速度信息，得出了水母运动学方程和 Kalman 滤波算法流程图。计算机仿真验证了所提出算法对机器视觉跟踪水母运动的有效性。

参考文献

[1] 李庆忠，李宜兵，牛炯. 基于改进 YOLO 和迁移学习的水下鱼类目标实时检测[J]. 模式识别与人工智能，2019，32（3）：193-203.

[2] He K，Zhang X，Ren S，et al. Deep residual learning for image recognition[C]. Proceedings of the IEEE Conference on Computer Vision and Pattern Recognition，2016：770-7787.

[3] Krizhevsky A，Sutskever I，Hinton G E. Imagenet classification with deep convolutional neural networks[J]. Communications of the ACM，2017，60（6）：84-90.

[4] Simonyan K，Zisserman A. Very deep convolutional networks for large-scale image recognition[J]. Computer science，2014. DOI：10.48550/arXiv.1409. 1556.

[5] Szegedy C，Liu W，Jia Y，et al. Going deeper with convolutions[C]//Proceedings of the IEEE Conference on Computer Vision and Pattern Recognition，2015：1-9.

[6] Girshick R. Fast R-CNN. 2015 IEEE International Conference on Computer Vision（ICCV），2015：1440-1448.

[7] Ren S，He K，Girshick R，et al. Faster R-CNN：towards real-time object detection with region proposal networks[J]. IEEE Transactions on Pattern Analysis and Machine Intelligence，2017，39（6）：1137-1149.

[8] Cai Z，Vasconcelos N. Cascade r-cnn：delving into high quality object detection[C]// Proceedings of the IEEE Conference on Computer Vision and Pattern Recognition，2018：6154-6162.

[9] Bochkovskiy A，Wang C Y，Liao H Y M. YOLOv4：Optimal speed and accuracy of object detection[J]. 2020. DOI：10.48550/arXiv.2004. 10934.

[10] Romero-Ferrero F，Bergomi M G，Hinz R C，et al. Idtracker. ai：tracking all individuals in small or large collectives of unmarked animals[J]. Nature Methods，2019，16（2）：179-182.

[11] Lin T Y，Goyal P，Girshick R，et al. Focal loss for dense object detection[C]//Proceedings of the IEEE International Conference on Computer Vision，2017：2980-2988.

[12] Zhou X，Wang D，Krähenbühl P. Objects as points[J]. arXiv preprint arXiv：1904. 07850，2019.

[13] Law H，Deng J. Cornernet：Detecting objects as paired keypoints[C]//Proceedings of the European Conference on Computer Vision（ECCV），2018：734-750.

[14] Bertasius G，Torresani L，Shi J. Object detection in video with spatiotemporal sampling networks[C]//

Proceedings of the European Conference on Computer Vision（ECCV），2018：331-346.

[15] Chen Y，Cao Y，Hu H，et al. Memory enhanced global-local aggregation for video object detection[C]//Proceedings of the IEEE/CVF Conference on Computer Vision and Pattern Recognition. 2020：10337-10346.

[16] Deng J，Pan Y，Yao T，et al. Relation distillation networks for video object detection[C]//Proceedings of the IEEE/CVF International Conference on Computer Vision，2019：7023-7032.

[17] Feichtenhofer C，Pinz A，Zisserman A. Detect to track and track to detect[C]//Proceedings of the IEEE International Conference On Computer Vision，2017：3038-3046.

[18] Han W，Khorrami P，Paine T L，et al. Seq-NMS for video object detection[J]. 2016. DOI：10.48550/arXiv. 1602. 08465.

[19] Wang S，Zhou Y，Yan J，et al. Fully motion-aware network for video object detection[C]//Proceedings of the European Conference on Computer Vision（ECCV），2018：542-557.

[20] Xiao F，Lee Y J. Video object detection with an aligned spatial-temporal memory[C]//Proceedings of the European Conference on Computer Vision（ECCV），2018：485-501.

[21] Xu Z，Hrustic E，Vivet D. Centernet heatmap propagation for real-time video object detection[C]//European Conference on Computer Vision. Springer，Cham，2020：220-234.

[22] Zhu X，Wang Y，Dai J，et al. Flow-guided feature aggregation for video object detection[C]//Proceedings of the IEEE International Conference on Computer Vision，2017：408-417.

[23] Zhu X，Xiong Y，Dai J，et al. Deep feature flow for video recognition[C]//Proceedings of the IEEE Conference on Computer Vision and Pattern Recognition，2017：2349-2358.

[24] Li P X，Wang D，Wang L J，et al. Deep visual tracking：review and experimental comparison[J]. Pattern Recognition，2018c，76：323-338.

[25] Isard M，Blake A. CONDENSATION-conditional density propagation for visual tracking[J]. International Journal of Computer Vision，1998，29（1）：5-28.

[26] Comaniciu D，Meer P. Mean shift：a robust approach toward feature space analysis[J]. IEEE Transactions on Pattern Analysis and Machine Intelligence，2002，24（5）：603-619.

[27] 彭丹妮. 海参自动捕捞中的目标跟踪技术研究[D]. 大连：大连工业大学，2017.

[28] 陈勇. 面向水质监测的鱼类目标跟踪与运动行为建模系统研究[D]. 杭州：浙江工业大学，2010.

[29] 王俊辉. 自然水域下的鱼类检测和跟踪算法研究[D]. 青岛：山东科技大学，2019.

[30] 王春翔. 斑马鱼幼鱼鱼群高通量自动化追踪算法[D]. 哈尔滨：哈尔滨工业大学，2021.

[31] 袁永明，施佩. 基于图像处理的鱼群运动监测方法研究[J]. 南方水产科学，2018，14（5）：109-114.

[32] 白云翔. 基于改进 HOG 特征的斑马鱼多目标追踪[D]. 天津：南开大学，2019.

[33] Chuang M C，Hwang J N，Williams K，et al. Tracking live fish from low-contrast and low-frame-rate stereo videos[J]. IEEE Transactions on Circuits and Systems for Video Technology，2014，25（1）：167-179.

[34] 颜鹏东，谭均军，高柱，等. 基于视频跟踪的竖缝式鱼道内鱼类运动行为分析[J]. 水生生物学报，2018，42（2）：250-254.

[35] 刘吉伟，魏鸿磊，裴起潮，等. 采用相关滤波的水下海参目标跟踪[J]. 智能系统学报，2019，14（3）：525-532.

[36] 邹立. 水下图像增强与鱼类跟踪技术研究[D]. 青岛：山东科技大学，2020.

[37] 田恒. 基于孪生卷积神经网络的水下单目标跟踪算法与实验研究[D]. 青岛：山东科技大学，2020.

[38] 程淑红，王迎. 遮挡和光照变化下的单鱼目标跟踪[J]. 计量学报，2021，42（2）：171-177.

[39] Xu Z，Cheng X E. Zebrafish tracking using convolutional neural networks[J]. Scientific Reports，2017，7（1）：1-11.

[40] Wang S H，Zhao J，Liu X，et al. 3D tracking swimming fish school with learned kinematic model using LSTM network[C]//2017 IEEE International Conference on Acoustics，Speech and Signal Processing（ICASSP）. IEEE，2017：1068-1072.

[41] Cheng X E，Du S S，Li H Y，et al. Obtaining three-dimensional trajectory of multiple fish in water tank via video tracking[J]. Multimedia Tools and Applications，2018，77（18）：24499-24519.

[42] 杨晓帅. 基于 DeepSort 的斑马鱼轨迹追踪研究与应用[D]. 成都：电子科技大学，2021.

[43] 刘宗宝. 基于深度学习的水下视频目标检测与跟踪[D]. 哈尔滨：哈尔滨工程大学，2019.

[44] Redmon J，Farhadi A. YOLOv3：An incremental improvement[J]. 2018. DOI：10.48550/arXiv.1804.02767.

[45] Wang C C，Samani H. Object detection using transfer learning for underwater robot[C]//2020 International Conference on Advanced Robotics and Intelligent Systems（ARIS）. IEEE，2020：1-4.

[46] Xia C，Fu L，Liu H，et al. In situ sea cucumber detection based on deep learning approach[C]//2018 OCEANS-MTS/IEEE Kobe Techno-Oceans（OTO），IEEE，2018：1-4.

[47] 朱世伟，杭仁龙，刘青山. 基于类加权 YOLO 网络的水下目标检测[J]. 南京师大学报（自然科

学版），2020，43（1）：129-135.

[48] 赵德安，刘晓洋，孙月平，等. 基于机器视觉的水下河蟹识别方法[J]. 农业机械学报，2019，50（3）：151-158.

[49] Bo L，Yan J，Wei W，et al. High performance visual tracking with siamese region proposal network[C]//Proceedings of the IEEE Computer Society Conference on Computer Vision and Pattern Recognition，Salt Lake City，UT，USA，2018：8971-8980.

[50] Shi J. Good features to track[C]//1994 Proceedings of IEEE Conference on Computer Vision and Pattern Recognition. IEEE，1994：593-600.

[51] Du K，Ju Y，Jin Y，et al. Object tracking based on improved MeanShift and SIFT[C]//2012 2nd International Conference on Consumer Electronics，Communications and Networks（CECNet）. IEEE，2012：2716-2719.

[52] 邹航菲，罗婷婷. 基于机器视觉技术的视频画面目标检测和跟踪研究[J]. 现代电子技术，2021，44（5）：94-97.

[53] 林晓杰，索继东. 基于自适应粒子群优化的粒子滤波跟踪算法[J]. 现代电子技术，2020，43（17）：11-15.

[54] Bertinetto L，Valmadre J，Henriques J F，et al. Fully-convolutional Siamese networks for object tracking [J]. Computer Vision-ECCV 2016 Workshops，2016，9914：850-865.

[55] Li B，Wu W，Wang Q，et al. Evolution of siamese visual tracking with very deep networks[C]//Proceedings of the IEEE Conference on Computer Vision and Pattern Recognition，Long Beach，CA，USA，2019：16-20.

[56] 马信辰. 基于 YOLOv3 的航拍车辆目标检测与跟踪技术研究[D]. 南京理工大学，2020.

[57] 王嘉琳. 基于 YOLOv5 和 DeepSORT 的多目标跟踪算法研究与应用[D]. 山东大学，2021.

[58] Jiang B，Luo R，Mao J，et al. Acquisition of localization confidence for accurate object detection [J]. Computer Vision-ECCV 2018 Workshops，2018，11218：816-832.

[59] Bergmann P，Meinhardt T，Leal-Taixe L. Tracking without bells and whistles[C]//Proceedings of the IEEE/CVF International Conference on Computer Vision，2019：941-951.

第6章　浅海增养殖智能化大数据平台构建

受到复杂浅海环境及诸多因素的影响，浅海增养殖活动很难准确监控、检测和优化管理。将大数据技术、人工智能技术和浅海增养殖相结合，挖掘增养殖领域相关的大量数据及其之间的内在关联，构建浅海增养殖智能化大数据平台，实现生物增养殖过程的全方位认知、智能分析和行业链数据整体的自动决策，促进大数据技术与养殖业的紧密结合，为我国增养殖产业的升级提供理论基础和技术支持[1]。浅海增养殖智能化大数据平台是面向浅海增养殖全产业链开展信息管理与决策服务的软件平台，在浅海增养殖过程监测、决策支持、生产经营、管理服务等各个环节，可以为企业提供信息管理与生产决策服务，为政府部门提供决策支持和行业服务。

6.1　浅海增养殖大数据平台需求分析

浅海增养殖智能化大数据平台的构建主要针对浅海增养殖信息化和智能化程度低、多源数据库缺乏、大数据挖掘与分析技术薄弱等问题，通过分析水产养殖大数据的来源和获取手段，整合获得水产养殖业、生产过程全产业链数据，实现养殖过程全面感知、全产业链数据智能分析与自动决策，推进大数据技术与水产养殖产业的深度融合，建立实用性好、前瞻性强的浅海生态养殖大数据分析国内示范性平台[2,3]。

6.1.1　功能需求分析

1. 多源实时监测数据获取

利用在线监测和视频监控，辅以人工观测等技术手段，实现对示范区水质监测各参数的实时监测，包括记录参数的实时变化情况、查询选择时间范围的参数记录表格及变化曲线、查询每个时间段内所有参数汇总情况等；实现视频监测功能，查看当前选择监测点的视频监控，以及根据日期选择可查看历史视频，获取养殖示范区环境与生物实时、连续、长期的监测数据。

2. 智能决策服务

应用主成分分析和时间序列挖掘等方法，建立浅海生态增养殖环境动态大数据模型和养殖生物生长模型，识别影响增养殖全过程的关键环境因子；研发聚类分析和关联分析算法，利用深度学习和强化学习技术，查明环境变化与增养殖生物生长的关联规律，挖掘浅海生态增养殖知识模式；研究多模态大数据挖掘技术，实现浅海增养殖的全过程预警、预测与反馈。

3. 全过程视频信息展示

对典型增养殖生物的全周期过程进行文字描述和视频展示，分别是育苗阶段、养殖阶段、采收阶段和加工阶段，从而更全面、直观地展示浅海生态增养殖生物全周期信息化过程。管理人员可以定期通过更新按钮对每个阶段的视频及文字描述进行更新。

4. 生产数据管理

对示范区企业的幼苗信息、成品信息及销售等生产信息，包括对海带、扇贝等典型生物的幼苗、成品及销售信息进行增加、删除、修改、查询等功能。

5. 行业最新动态信息

行业信息发布通过网络爬虫技术爬取养殖生物的市场行情、水产资讯等信息，帮助及时了解水产行业最新动态信息。

6. 系统管理及平台参数设置

对系统用户进行分级管理，设置不同的用户权限和角色，实现用户管理、角色管理、资源管理以及它们之间的关系管理，以达到系统的安全控制管理并实现不同用户的功能需求；对平台参数进行设置和管理，实现对养殖区、养殖对象、设备、参数以及阈值等的管理，以快速适应系统的功能变化要求，实现系统功能的可扩展。

6.1.2 质量需求分析

质量需求是一类非常重要的非功能性需求，对提高客户满意度非常关键，主要包括性能、安全性、可靠性、可用性和可扩展性等。

性能：支持 50～60 个用户并发访问，支持 GB 级数据，能快速响应并发客户请求，响应时间在 5 s 以内。

安全性：对用户进行严格的权限访问控制，用户在经过身份认证后，只能访问其权限范围内的数据，以及进行其权限范围内的相关操作。不同的用户具有不同的身份和权限，需要在用户身份真实可信的前提下，提供可信的授权管理服务，保护数据不被非法/越权访问和篡改，确保数据的机密性和完整性[4]。

可靠性：对输入有提示，数据有检查，防止数据异常。系统健壮性强，能够处理系统运行过程中出现的各种异常情况，如输入非法数据、误操作错误、硬件设备出错等，系统应该能正确地处理，恰当地回避。

可用性：提供数据备份和恢复功能，由于系统错误或其他原因引起系统的数据丢失或系统的数据被破坏时，能够及时恢复和还原数据。

可扩展性：具有良好的可扩展性，系统能根据客户需求的变化快速进行系统功能的扩展。

6.1.3 用户界面需求

依托互联网平台，构建浅海增养殖大数据服务平台，整合浅海增养殖过程中各方面的数据，实现养殖环境的在线监测、智能决策辅助支持和养殖全过程信息服务等，将结果以简洁、直观的形式呈现给生产者和决策者，是对用户界面的主要需求。

6.1.3.1 增养殖实时监测

对浅海增养殖区实时传输连续监测数据、现场监测数据，并进行存储管理和分析，实现增养殖环境实时监测数据、水文气象数据、增养殖全过程数据等的动态实时展示与历史查询。

6.1.3.2 智能决策支持

以获取的在线监测数据、视频监测数据、互联网数据、专业数据库数据等海量数据为基础，构建数据驱动和知识驱动相结合的机器学习模型，实现相关数据的在线训练、模型生成及使用，为浅海增养殖领域提供决策支持。

6.1.3.3 生产管理

利用计算机网络技术，实现对整个浅海增养殖产业链各个环节的数据和信息的全过程管理，使养殖运营过程标准化，提高养殖管理水平。通过先进技术实现水质环境实时监测，整合设备管理、全过程管理、库存管理、销售管理、专家辅助决策等一系列配套功能。

主要功能流程设计如下：

1. 查看所选养殖区的水质信息（图 6-1）

（1）点击增养殖区图标查看该区域的水质数据。

（2）默认情况下，显示该增养殖区近 1 h 的所有水质数据，也可查询具体时间段的数据。

（3）选择具体水质参数，查看该参数近 1 h 的数据，也可查询具体时间段的数据。

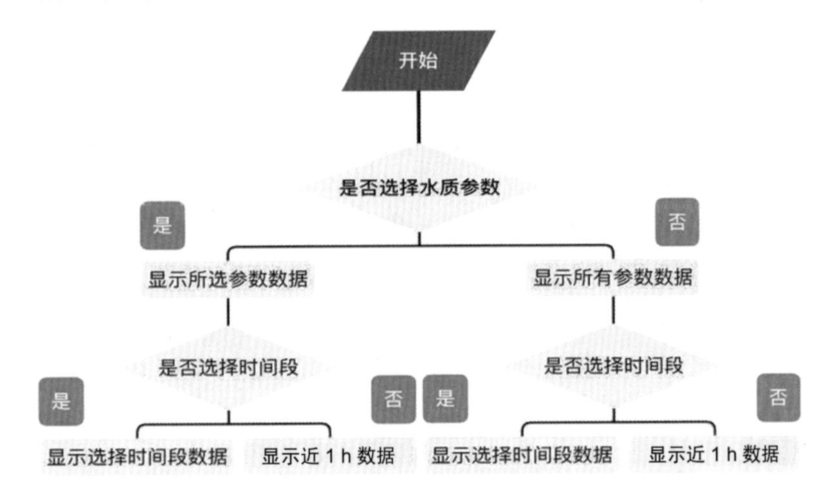

图 6-1 查看所选增养殖区的水质信息

2. 全过程视频展示（图 6-2）

（1）用户进入全过程展示模块查看各个阶段内容介绍。

（2）超级管理员可以执行上传操作，添加新的阶段展示内容。

（3）超级管理员可以执行删除操作，删除现有的阶段展示内容。

3. 智能决策（图 6-3）

（1）点击进入智能决策模块。

（2）判断用户是否为专家，若为是，显示添加病例模块；若为否，隐藏添加病例模块。

（3）点击添加病例模块，输入病例信息，上传病例图片，点击提交，若输入信息格式正确，则上传病例到数据库；若输入信息格式错误，提示错误原因。

（4）点击专家在线模块，可实时与专家进行交流。

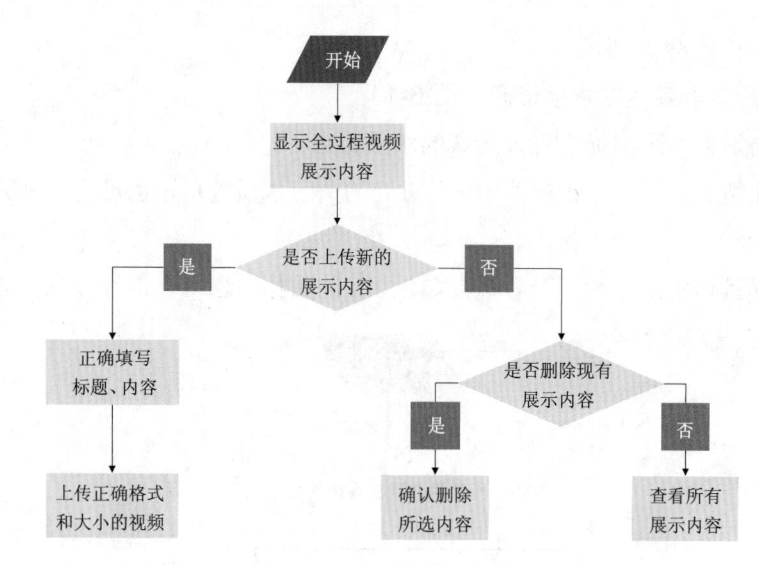

图 6-2 全过程视频展示

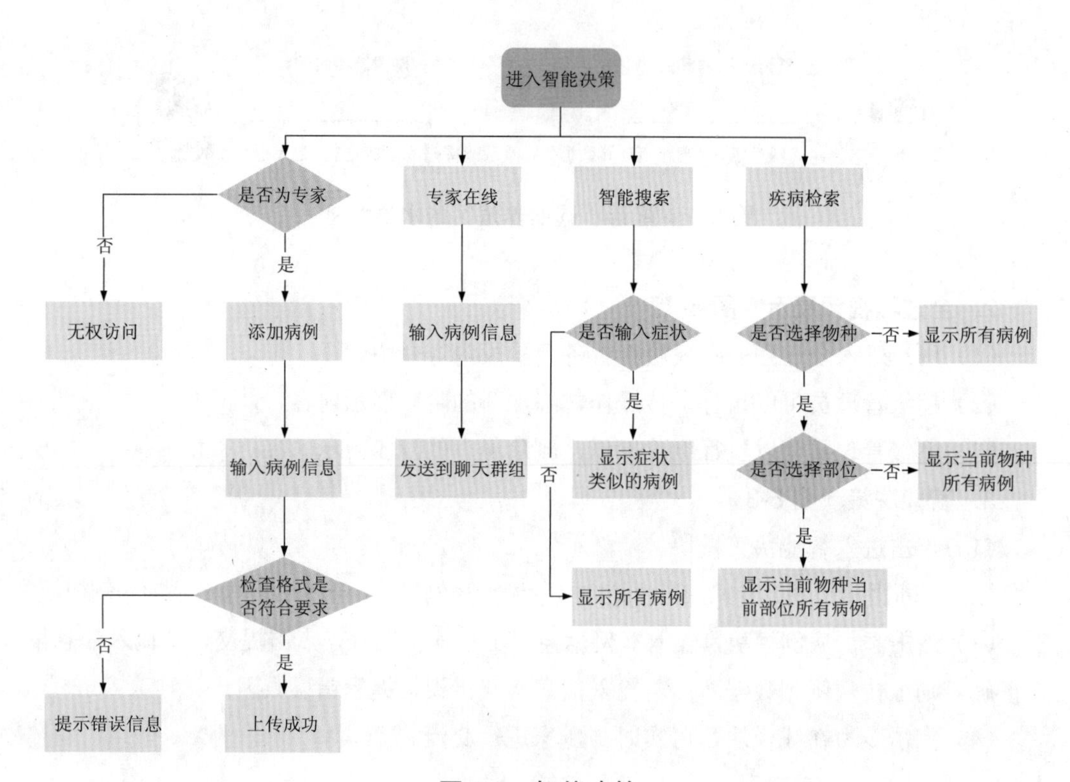

图 6-3 智能决策

（5）点击智能搜索模块，输入病例的症状，点击搜索可显示相关病例；若无症状描述，点击搜索将显示所有病例。

（6）点击疾病检索模块，选择想要查找的物种类别，选择该物种对应的发病部位，点击搜索可显示该物种相关部位的所有病例；若为选择物种类别，点击搜索将显示所有病例信息；若选择了物种类别未选择发病部位，点击搜索将显示该物种所有病例信息。

4．存销管理

存销管理包括幼苗管理、成品仓储和销售管理，处理流程类似，以销售管理查询为例，选择销售起止时间和养殖对象，查询结果以表格形式展示，并支持导出 Excel 文件，如图 6-4 所示。

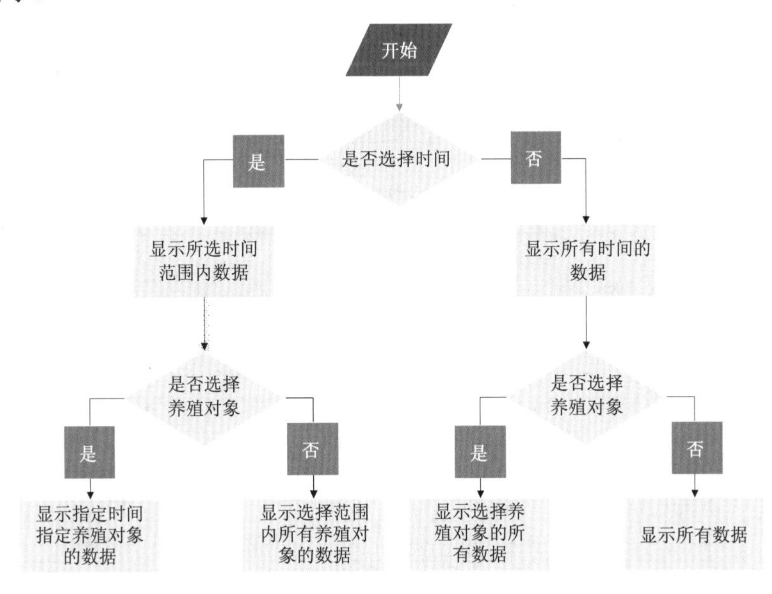

图 6-4　存销管理

6.2　浅海增养殖大数据平台总体设计

6.2.1　大数据平台总体技术框架

应用层采用 B/S 结构，维护方便，采用 PC 端、移动端方式访问。技术框架选型方面，后端使用 Java 语言，利用 Java EE 技术 Spring Boot 框架提供支撑，相较于其他框架，在快速迭代上 Spring Boot 具有得天独厚的优势。通常来说，利用 Spring Boot 创建微服务使得各应用耦合性最小化，这对于后续修改是非常有必要的。另外，由于 Java 历史悠久，使得 Spring Boot 具有丰富的资源与开发者支持，包括 MongoDB、Redis 非结构化数据库，Quartz、RabbitMQ 消息队列等巨量的第三方库，而 Rabbit 作为流数据处理中常用的消息队列，借助这一优势能够有效提高开发效率。移动端 App 使用 Vue 开发混合型应用。Vue 提出了由数据驱动的渐进式 MVVM 模型，性能好、简单、易用，并且可以轻松实现前后端分离，总体技术框架如图 6-5 所示。

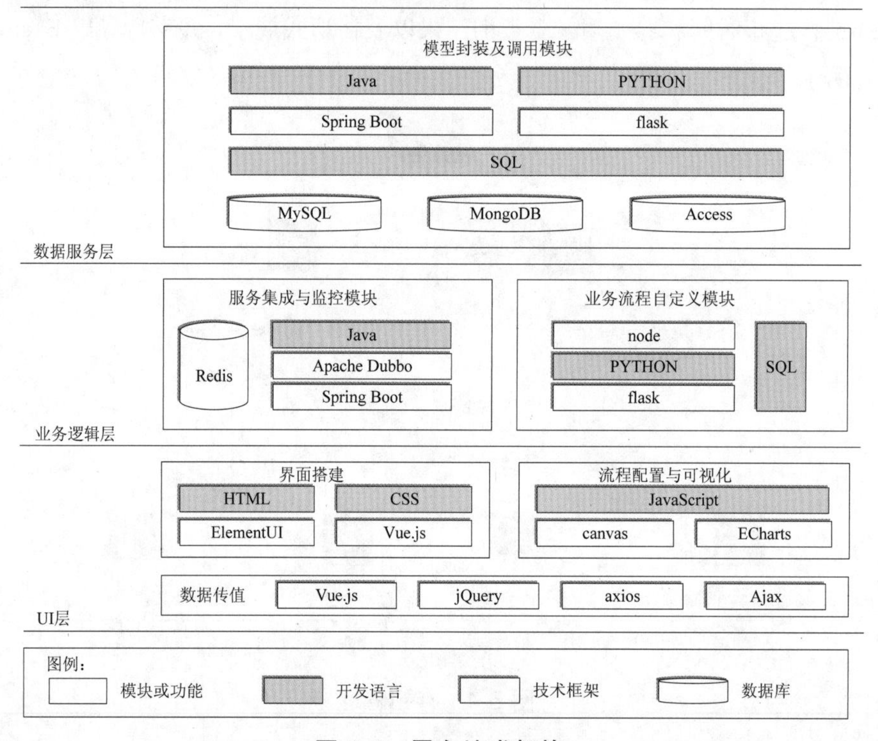

图 6-5 平台技术架构

数据库采用结构化和非结构化多源异构模式，包括增养殖对象、用户个人信息等固定数据由于其量小不变性，不需要经常修改，属于结构化数据，所以设计存放至常用的 MySQL 数据库。而对于视频、增养殖数据等经常变化的数据，则存放于非结构化数据库 MongoDB 及内存数据库 Redis 中。此类数据库采用键值对方式存储，不存在关联，便于频繁修改，效率更高，数据库总体设计如图 6-6 所示。

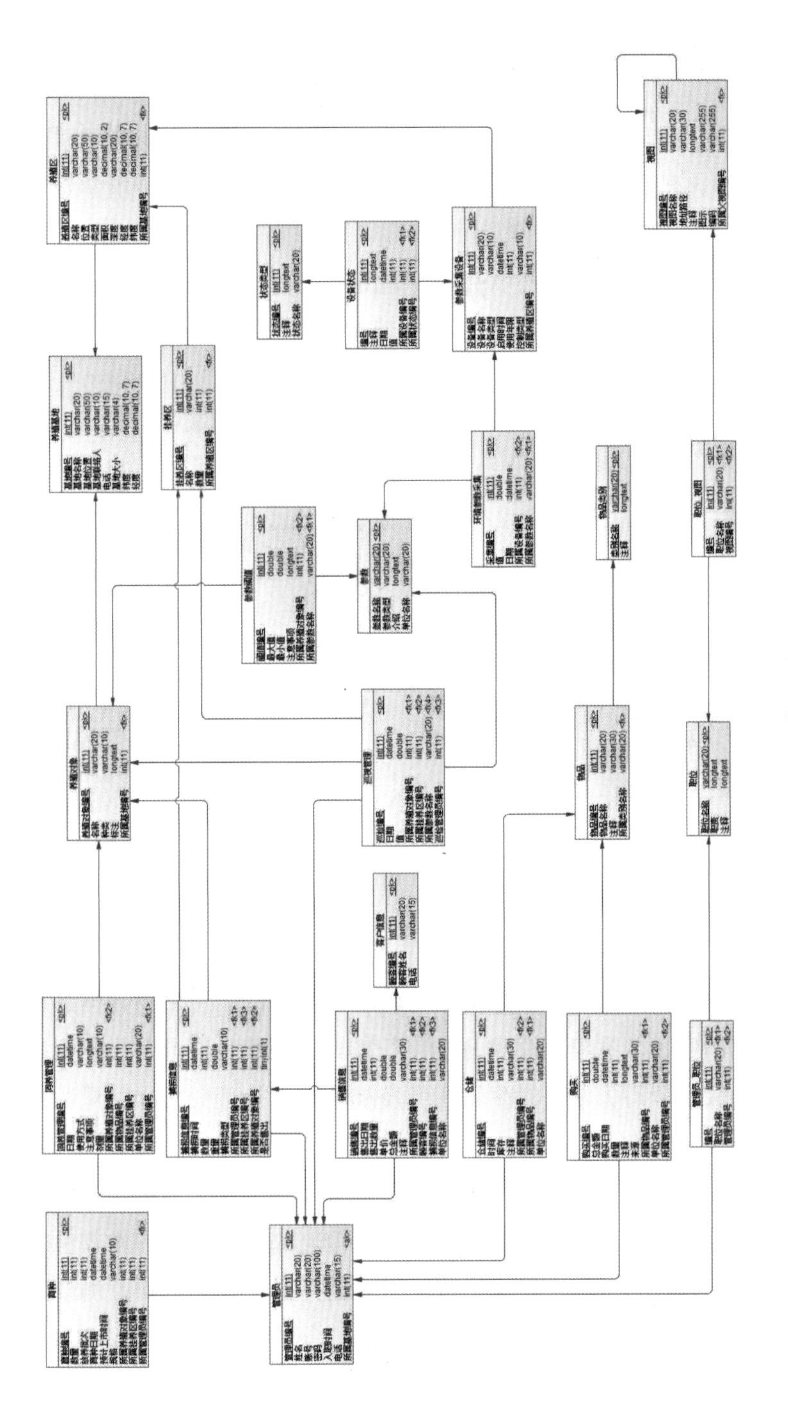

图 6-6　数据库设计

6.2.2 大数据平台总体功能设计

构建浅海生态增养殖智慧服务平台和在线监测 App，平台提供系统管理(用户管理、角色管理、权限管理)、日志管理、信息发布、数据分析与可视化、智能决策等服务，App 提供养殖环境实时监测、视频监控、短信预警、专家在线等服务。通过水质监测、专家在线、短信报警等功能打通平台与 App 之间的连接，完成浅海生态增养殖自动化反馈和全过程的智能信息化系统的构建工作。总体功能设计如图 6-7 所示。

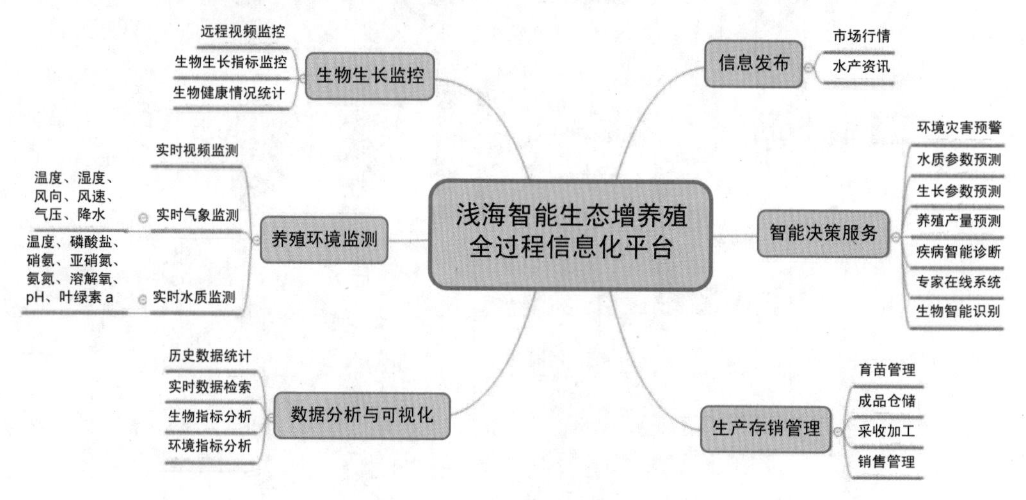

图 6-7 大数据平台总体功能设计

1. 平台功能规划

生物生长监控：通过养殖从业者使用移动端 App 定期巡检上传生物数据进行生物生长跟踪；根据历史生物生长数据学习生物标准生长模式；预警生物异常生长数据，及时提供决策服务。利用深度学习方法，对生物图像及视频进行处理分析，测量监测生物指标，进而做到实时监控。

增养殖环境监控：包含实时视频监控、实时数据显示。以养殖监测点为单位，可实现监测点自由切换，显示监测点的基本信息，以及当前监测点视频监控及视频回放。实时监测数据包括溶解氧、温度、pH 等增养殖环节关键指标；提供水质监测要素的历史数据查询，并且可以切换要素，查看不同要素的历史数据变化趋势。

数据分析可视化：通过采集增养殖过程的相关数据，如养殖环境、水环境状况、生物生长信息、市场前景等数据，利用大数据技术（包括模式识别、数据挖掘、图像分析、机器视觉等）对水产养殖全过程进行信息处理和数据挖掘，结合人工智能、分析方法和智能决策系统（专家库、知识库、决策库等）指导优化增养殖过程，进而实现养殖过程自动化、决策控制智能化。

智能决策服务：水质参数及生物生长参数的单因子或多因子预警：水产养殖针对的是特定的生物，不同水产生物的水质指标不同，甚至同一生物不同生长阶段的水质指标也不相同，根据生物的生长需求建立相应的正常生长模式并进行生物生长过程分析和状况预测，由预警模块根据实测值进行数据分析后按照预警规则进行预警推送或者短信通知。赤潮及富营养化等环境灾害预警：通过历史水质、生物巡检或遥感数据预测赤潮发生的时间范围、地域范围、影响因素、赤潮发生概率等，并及时提供处理对策。

生产存销管理：主要包括育苗管理、成品仓储、销售管理等功能。对增养殖生物的苗种信息、成品信息和销售信息进行维护和管理；通过对历史数据的统计查询以图表形式展示示范区内养殖生物的产销情况，通过对比分析往年数据制定合适的生产销售策略。

信息发布：从水产养殖官方网站爬取养殖生物的市场行情、水产资讯等信息，并实现与水产养殖行业官方网站信息的无缝连接，帮助及时了解水产行业最新动态信息。

2. 移动端在线监测功能规划

实时信息监控：在示范区地图上展示监测点分布，每个监测点可实时监测养殖环境，主要包括实时视频监控、实时水质监测、实时气象监测等。对视频数据、水质数据、气象数据、巡检数据等历史信息统计查询以图表形式进行可视化展示，能直观地展示增养殖生物的生长参数和环境参数的变化曲线。

短信报警功能：平台后端实时监测增养殖环境因子预警，赤潮和富营养化等灾害预警信息，通过 App 向一线人员发送短信报警信息，确保一线人员能及时发现问题并采取措施。

专家在线：养殖一线人员可以通过实时专家系统与行业专家进行在线交流，可以通过文字、图片等形式向专家在线咨询增养殖生物异常生长状况，获得专家建议，提高生产效率。

6.2.3 大数据应用技术流程

“浅海增养殖大数据服务平台”系统构建了集感知层、传输层、分析决策层、数据层和应用层于一体的浅海生态增养殖自动化反馈和全过程的智能信息化系统，提供生态增养殖实时监测、数据可视化、信息共享、智能决策等服务；研发平台信息安全技术、第三方系统接口技术，保障平台的安全性和可扩展性。大数据应用技术流程如图6-8所示。

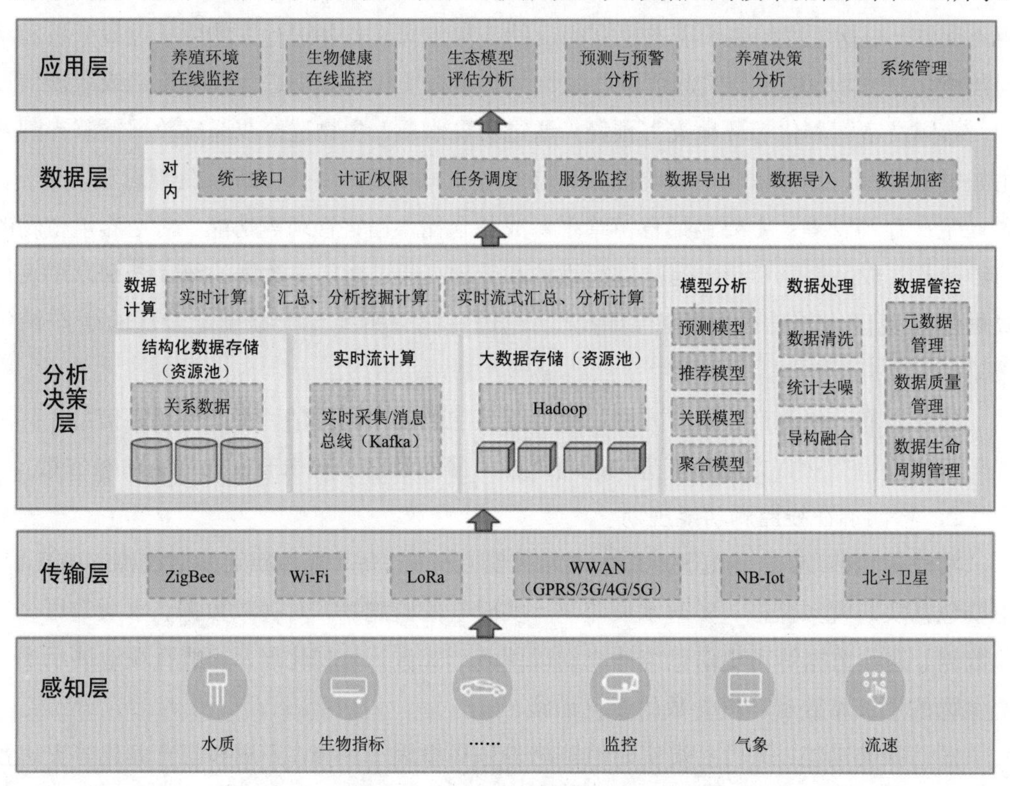

图6-8 大数据应用技术流程

感知层：主要包括养殖的基本数据，是通过水下传感器、浮标采集环境、视频监控、人工观测、遥感监测、互联网爬取等手段获取的监测数据，这些数据是构成浅海生态增养殖智能化服务平台的基础。

传输层：主要按照一定的技术标准和数据传输规范，集成传感网络、计算机网络、“3S”以及VPN/VPDN专线等技术进行采集和传输浅海增养殖基础数据。

分析决策层：总体由关系型数据仓库和分布式数据仓库构成，由于数据量巨大，此类数据会采用 HDFS 进行分布式存储，该方法通过添加新节点来扩充数据库以灵活扩容，并且 HDFS 框架提供可靠的存储机制，保证要素数据的安全性。数据检索采用 HBase 与 HDFS 相结合的方式，以解决 HDFS 无法即时读写的问题，为系统提供实时高维度的分布式数据访问能力。为了提高平台响应速度，部分可并行化业务逻辑以 Spark 计算框架进行并行处理。

应用层、数据层：应用服务层作为系统与使用者之间的桥梁，主要分为智慧服务平台及移动端应用。平台端通过调取不同的业务处理接口，获取相应的数据查询、统计和分析结果，并以丰富的可视化形式进行展示。同时提供环境评价、要素分析、产量预测等分析服务，从数据分析的角度提供科学的预测、评价和决策指导；移动端应用方面，为一线养殖人员提供养殖环境查看、生物信息巡检、短信预警通知、专家在线指导等功能，涵盖生物数据上传、收集，与后端数据分析形成闭环。

6.3 浅海增养殖大数据平台关键技术

6.3.1 物联网网关接入技术

常见的传感网技术包括 ZigBee[5]、Z-Wave、RUBEE、Wireless HART、IETF6LowPAN、ANT/ANT+、Wibree、Insteon 等[6]。各类技术主要针对单一应用展开，各应用之间缺乏系统规划和有效兼容。一方面，浅海增养殖环境中近距离通过 ZigBee 等近场通信技术可以实现传输与能效的平衡；另一方面数据实时监控可以采用北斗等卫星手段进行远距离传输。

ZigBee 是基于 IEEE 802.15.4 标准的局域网通信协议，又称紫蜂协议，具有低速、短距离、低功耗以及双向无线通信技术的特点。ZigBee 协议从下到上分别为物理层（PHY）、媒体访问控制层（MAC）、传输层（TL）、网络层（NWK）、应用层（APL）等，其中物理层和媒体访问控制层遵循 IEEE 802.15.4 标准，主要用于传感控制应用（Sensor and Control），可工作在 2.4 GHz、868 MHz 和 915 MHz 3 个频段，分别具有最高 250 kbit/s、20 kbit/s 和 40 kbit/s 的数据传输速率，单点传输距离在 10～75 m，ZigBee 是由 1～65 535 个无线数传模块组成的无线数传网络平台，在整个网络范围内，每个 ZigBee 网络数传模块之间可以相互通信，从标准的 75 m 距离进行无限扩展[7]。

Z-Wave 是由丹麦公司 Zensys 主导的基于射频的短距离无线通信技术，具有低成本、低功耗、高可靠的特点，工作频带为 908.42 MHztu（美国）～868.42 MHz（欧洲），采用 FSK（BFSK/GFSK）调制方式，数据传输速率为 9.6～40 kbit/s，信号的有效覆盖范围在室内为 30 m，室外可超过 100 m，适合于窄宽带应用场合。Z-Wave 采用了动态路由技术，每一个 Z-Wave 网络都拥有自己独立的网络地址；网络内每个节点的地址，由控制节点分配。每个网络最多容纳 232 个节点，包括控制节点在内。Zensys 提供 Windows 开发用的动态库（Dynamically Linked Library，DLL），开发者利用该 DLL 内的 API 函数来进行 PC 软件设计。通过 Z-Wave 技术构建的无线网络可以通过 Internet 网络对 Z-Wave 网络中的设备进行控制。

6.3.2 实时监测技术

为保证监测数据的实时性，平台采用 WebSocket 进行数据传输，它将 TCP 的 Socket（套接字）应用在 Web 页面上，从而使通信双方建立起一个保持在活动状态的全双工（双方同时进行双向通信）连接通道[8]。WebSocket 借用 HTTP 协议[9]的 101 Switch Protocol 来达到协议转换，其最大特点是服务器可以主动向客户端推送信息，客户端也可以主动向服务器发送信息，实现真正的双向平等对话，属于服务器推送技术的一种。另外，与 HTTP 协议有良好的兼容性，握手阶段由于采用 HTTP 协议，因此握手时不容易被屏蔽。数据格式相对轻量，性能开销较小，通信高效，可以发送文本以及二进制数据[10]。

WebSocket 的优点如下[11]：

（1）控制开销较小。建立连接后，服务器和客户端之间交换数据时，用于协议控制的数据包头部相对较小。在不包含扩展的情况下，对于服务器到客户端的内容，该头部大小只有 2～10 bit（与数据包长度有关）；对于客户端到服务器的内容，该头部还需要加上额外的 4 bit 的掩码。相对于 HTTP 请求每次都要携带完整的头部，此项开销明显减少。

（2）实时性更强。由于采用全双工协议，服务器可以随时主动给客户端下发数据。相对于 HTTP 请求需要等待客户端发起请求后服务端才能响应，延迟明显减少；即使和 Comet 等类似的长轮询相比，其也能在短时间内提高数据传递效率。

（3）保持连接状态。与 HTTP 不同的是，WebSocket 需要先建立连接，因此

WebSocket 是一种有状态的协议，在之后的通信中可以省略部分状态信息。而 HTTP 请求可能需要在每次请求都携带状态信息（如身份认证等）。

（4）二进制支持更好。WebSocket 定义了二进制帧，与 HTTP 相比，可以更方便地处理二进制文件。

（5）可以支持扩展。WebSocket 定义了扩展，用户可以扩展协议、实现部分自定义的子协议，如部分浏览器支持压缩等。

（6）压缩效果更好。相对于 HTTP 压缩，WebSocket 在适当的扩展支持下，可以沿用之前的上下文内容，显著提高了压缩率。

6.3.3 智能流媒体服务技术

流媒体是采用流式传输的方式在 Internet 播放的媒体格式。流媒体又叫流式媒体，是指商家用一个视频传送服务器把节目当成数据包发出，在网络上进行传输。用户通过解压设备对这些数据进行解压后，节目就会如发送前一样实时播放出来。这个发送过程的一系列相关的包被称为“流”。流媒体技术实际指的是一种新的媒体传送方式，而不是一种新的媒体。流媒体技术全面应用后，人们在网上交流可直接语音输入或通过摄像头直接传输视频。流式传输方式是将整个 A/V 及 3D 等多媒体文件经过特殊的压缩方式分成一个个压缩包，由视频服务器向用户计算机进行连续、实时传送。在采用流式传输方式的系统中，用户不必像采用下载方式那样等待整个文件全部下载完毕，而只需经过几秒或几十秒的启动延时，即可在用户的计算机上利用解压设备（硬件或软件）对压缩的 A/V、3D 等多媒体文件解压后进行实时播放与观看[12]，与此同时，多媒体文件的剩余部分将在后台的服务器内继续下载。与单纯的下载方式相比，这种对多媒体文件边下载边播放的流式传输方式，不仅使启动延时大幅缩短，而且对系统缓存容量的需求也大大降低[13]。

流式传输的实现需要缓存。因为 Internet 以包传输为基础实行断续的异步传输，对一个实时 A/V 源或存储的 A/V 文件，在传输中它们要被分解为许多包，由于网络的动态变化提醒，各个包选择的路由可能不尽相同，到达客户端的时间延迟不同，因此先发的数据包有可能会后到。为此，可以通过缓存来弥补延迟和抖动的影响，并保证正确的数据包传输顺序，从而使媒体数据连续输出，而不会因为网络的动态变化影响播放的实时和流畅。高速缓存一般使用环形链表结构来存储数据，通过及时丢弃已经播放的数据，流可以通过高速缓存空间复用的方式来缓存后续待播放内容，所以高速缓存所需容量通常并不大。流式传输的实现需要传输协议的支持。由于 TCP 协议需要较大的开销，不太适合实时数据传输。在流式传输的实现方案中，一般采用 HTTP/TCP 传输控制信息，使用 RTP/UDP 传输实时声音数据。流式传输的过程如下[14]：当用户选择某一流媒体服务后，Web 浏览器与服务器之间使用 HTTP/TCP 协议交换控制信息，以便把待传输的实时数据从原始信息中检索出来；然后在客户机的 Web 浏览器上启动 A/VHelper 程序，使用 HTTP 协议从 Web 服务器检索相关参数并对 Helper 程序初始化。这些参数可能包含目录信息、A/V 数据的编码类型或与 A/V 检索相关的服务器地址。A/VHelper 程序及 A/V 服务器运行实时流控制协议（RTSP），以交换 A/V 传输所需的控制信息。类似于 VCRs 所提供的播放功能，RTSP 提供了对播放、快进、快倒、暂停等命令的操作。A/V 服务器使用 RTP/UDP 协议将 A/V 数据传输给 A/V 客户程序，一旦 A/V 数据达到客户端，A/V 客户程序即可及时播放。需要说明的是，在流式传输中，与 A/V 服务器建立联系分别使用 RTP/UDP 和 RTSP/TCP 两种不同的通信协议，以便于把服务器的输出重新定向到一个其他目的地址，该目的地址可不同于运行 A/VHelper 程序所在的客户机[15]。

常用的流媒体协议[16]主要有 HTTP 渐进下载和基于 RTSP/RTP 的实时流媒体协议，CDN 直播中常用的流媒体协议包括 RTMP、HLS、HTTP-FLV。养殖环境中的实时监控由于需要及时性，结合各技术的自身优势，选择延迟小的作为候选方案。平台采用的 HTTP-FLV 基于 HTTP 长连接，同 RTMP 一样，每个时刻的数据，收到后立刻转发，只不过使用的是 HTTP 协议，一般延迟在 1～3 s。

6.3.4 大数据平台构建技术

利用大数据[17]的技术优势，整合多源、海量、异构的浅海增养殖数据，构建集感知层、传输层、数据层、分析决策层和应用层于一体的浅海增养殖自动化反馈和全过程的智能信息化平台，提供增养殖实时监测、生产管理、信息发布、智能决策等服务。大数据平台[18]主要解决海量数据存储和海量数据分析计算的问题。采用 HDFS 进行数据存储，采用 Spark 进行数据分析计算。大数据技术架构如图 6-9 所示。

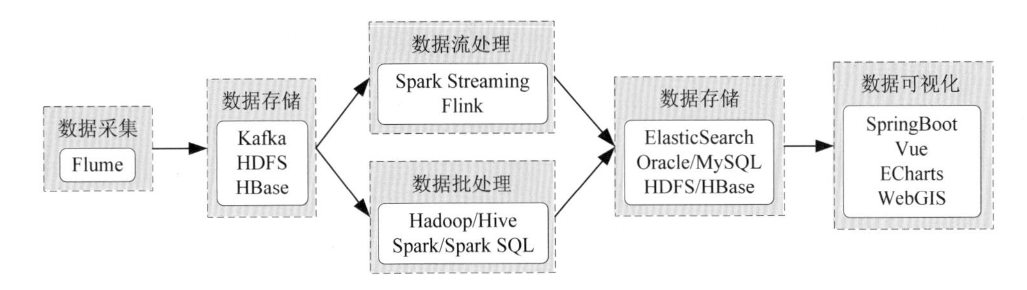

图 6-9　大数据技术架构

1. 分布式存储 HDFS

HDFS 是 Hadoop 框架的文件系统，该系统采用分布式的方式存储文件。HDFS 源于 Google 于 2003 年发表的关于其产品架构的论文“The Google File System”，其接口是在 Unix 文件系统上抽象重写的，自定义了文件标准以更好地适应大数据的需求，具有较好的容错性和较高的吞吐量[19]。HDFS 的文件体系的操作结构的主要模式为 master 和 slave 架构，集群是由一个名称节点（NameNode）和数量不定的数据节点（DataNode）组成的。名称节点的任务是管理文件系统的命名空间、存储文件的元数据和处理客户端读写请求。数据节点主要负责存储实际的数据块和执行数据块的读写操作。

2. MapReduce

Google 公司于 2004 年提出的并行计算框架 MapReduce[20]，被广泛应用在海量数据处理上。在编写应用程序时，技术人员可以通过实现 MapReduce 提供的 map 和 reduce 接口达到在并行框架上运行的目的。MapReduce 计算框架拥有诸如容错性、负载均衡和扩展性等良好特性。map 和 reduce 是 MapReduce 框架的核心思想，该框架的处理流程：map 主要负责处理被打散的任务块，reduce 负责对 map 的处理结果进行统计、合并，使用者通过实现 map 和 reduce 接口借助 MapReduce 框架完成海量的数据处理。

3. HBase

随着 Hadoop 的良好发展和 Google 的 Big Table 论文的发表，Cafarella 在 Hadoop 上面实现了 Big Table 的一个开源版本，称为 HBase[21]。HBase 是构建在 HDFS 之上的分布式、面向列存储的存储系统。HBase 介于非关系型数据库和关系型数据库之间，仅能通过行键和行键的范围来检索存储数据，主要用来存储半结构化或非结构化的松散数据。HBase 将大部分数据的物理文件存储于集群，Zookeeper 和 HBase 集群只需要维护少量的元数据，因此 IIBase 能够应对海量数据的存储。

4. 分布式计算 Spark

近年来，Spark 系统被广泛应用于分布式大数据处理领域，Spark 逐渐产生了一系列工具集。这些工具统称为 Spark 生态系统，它们相互配合，可处理各种大数据任务[22]。

Spark 生态系统主要包含 Spark SQL、Spark Streaming、MLLib 和 Gragh X 等模块。其中，Spark SQL 用于处理 Spark 平台上的结构化数据，引入了一种 Schema RDD 新数据抽象，提供了名为 Data Frame 的编程抽象，作为分布式 SQL 查询引擎，可以访问 Json、Hive 等数据源。Spark Streaming 为 Spark 提供了流式计算的功能，它利用 Spark Core 快速调度功能处理流式数据，提供了方便的 API，并做了自动化容错，方便用户对数据进行实时处理。Spark MLLib 为 Spark 上的机器学习工具。Graph X 是 Spark 上的分布式图处理框架。Spark Core 是 Spark 的核心模块，包含了 Spark 的基本功能，其他的 Spark 工具都是构建在 Spark Core 之上，其中 Driver 主要负责程序运行调度，运行 Application 程序 main 函数并创建 Sparkcontext 对象；Cluster Manager 主要负责集群资源管理；Worker 节点为工作节点，负责控制计算节点，启动执行器；执行器是 Spark 应用运行在工作节点上的一个进程。

5. Flink

Apache Flink 是一个面向流数据处理和批量数据处理的可分布式开源计算框架，它基于 Flink 流式执行模型（streaming execution model），能够支持流处理和批处理两种应用类型[23]。与传统方案不同，Flink 在实现流处理和批处理时，将二者进行了有机统一：Flink 完全支持流处理，即进行流数据处理时，输入数据流是无界的；进行批处理时，它的输入数据流被定义为有界，批处理被作为一种特殊的流处理。

Apache Flink 是一个分布式处理引擎和开源框架，被设计用于在所有常见的集群环境中运行，Flink 以内存形式和任何规模在无界和有界数据流上进行有状态计算。Flink 特性包括 Window、Watermark、状态管理、Checkpoint 和流批统一等。

6.3.5 3D 可视化技术

3D可视化，就是把复杂抽象的数据信息，以合适的视觉元素及视角去呈现，方便理解、记忆和传递。

ECharts：ECharts 是一款基于 JavaScript 的数据可视化图表库，提供直观生动、可交互、可个性化定制的数据可视化图表[24]。ECharts 提供了各种图形表达，并且支持图与图之间的混搭。具体包括常规的折线图、饼图、散点图、柱状图、K 线图，用于统计的盒形图，用于地理数据可视化的地图、线图、热力图，用于关系数据可视化的关系图、旭日图、树图、多维数据可视化的平行坐标等。

Web GIS：Web + GIS，在 Web 网页上的 GIS 系统，可以在网页（浏览器）上进行 GIS 数据处理操作、可视化展示等[25]。Web GIS 三层架构主要为展示层、地图服务层、数据层。3D Web GIS 是未来的方向，因为大数据可视化，最佳配合展示方式是 3D 地图。目前行业上流行的，有些用户基数的地图 JS 库，主要有 ArcGIS API for JavaScript、Open Layers、Leaflet、Map box、maptalks.js。

大数据三维可视化[26]：Three.js、Thing JS 以及 Cesium JS 都是 JavaScript 3D Library，都对 WebGL 的 3D 处理能力进行了封装，但是 Three.js 更偏向三维技术底层，适用于 3D 爱好者学习 3D 技术，Thing JS 更偏向物联网应用功能开发，Ceiusm JS 则更偏向 GIS 应用，后两者都重在开发效率，降低开发成本，适合于使用 3D 技术的实际项目应用。

6.3.6　爬虫技术

平台资讯类信息依托网络爬虫（Web crawler）技术，按照一定的规则，自动抓取万维网网站，这个过程分为数据采集、处理、储存 3 部分。爬虫的具体工作流程如下：传统爬虫从一个或若干个初始网页的 URL 开始，首先获取初始网页上的 URL，不断从当前页面上抽取待抓取的网页并将其放入 URL 队列，在抓取具体网页的过程中，需要根据一定的网页分析算法过滤与主题无关的链接，保留有用的链接，根据一定的搜索策略从队列中选择下一步要抓取的网页 URL，重复上述过程，直到满足系统设定的停止条件[27]。然后，所有被爬虫抓取的网页将会被系统存储，进行相应的分析、过滤，并建立索引，便于后续查询和检索，通过这个过程所得到的分析结果还可以对以后的爬取过程给出指导和反馈。网络爬虫[28]的系统框架中，主过程由控制器、解析器和资源库三部分组成。控制器的主要任务是负责给各个爬虫线程分配具体工作；解析器的主要任务是下载网页并进行页面处理，例如将一些 JS 脚本标签、CSS 代码内容、空格字符、HTML 标签等内容进行处理，爬虫的基本工作由解析器完成；资源库是用来存放下载的网页资源，一般采用大型的数据库存储，如 Oracle 数据库，并对其建立索引。

1. 爬虫抓取网络的工作流程

爬虫系统首先从互联网页面中精心选择一部分网页，并将这些链接地址作为种子URL 放入待抓取 URL 队列中，爬虫依次从待抓取 URL 队列进行读取，并通过 DNS 进行地址解析，把链接地址转换为网站服务器对应的 IP 地址，然后将其和网页相对路径名称交给网页下载器，由网页下载器负责页面的下载[29]。

对于下载到本地的网页，从中抽取出包含的所有链接信息，将其存储到页面库中，等待建立索引等后续处理；同时将下载网页的 URL 放入已抓取队列中，标记爬虫系统已经下载过该网页 URL，以避免系统重复抓取。

如此循环，直到待抓取 URL 队列为空，说明爬虫系统将能够抓取的网页已经全部抓取完成，此时一轮完整的抓取过程结束。

2. 爬虫和互联网所有网页之间的关系

已下载网页集合：指爬虫已经从互联网下载到本地进行索引的网页集合。

已过期网页集合：由于网页数量庞大，爬虫完整抓取一轮需要较长时间，互联网网页的动态变化特性有可能导致部分已下载网页已经过期，这些网页形成的集合称为已过期网页集合。网页过期的问题易导致出现本地网页内容和真实互联网内容的不一致。

待下载网页集合：是指那些即将被爬虫下载，尚处于待抓取 URL 队列中的网页形成的集合。

可知网页集合：是指那些通过已经抓取以及待抓取 URL 队列中的网页链接可以发现的网页集合，目前这些网页尚未被爬虫下载，也没有出现在待抓取 URL 队列中，但是后续会被爬虫抓取并索引。

未知网页集合：那些爬虫无法抓取到的网页构成了未知网页集合。

3. 爬虫系统类型

（1）批量型爬虫：批量型爬虫有比较明确的抓取范围和目标，当爬虫达到设定的目标后，即停止抓取。不同爬虫系统的具体目标可能各不相同，例如设定抓取到一定数量的网页，或者是设定抓取的时间等。

（2）增量型爬虫：与批量型爬虫不同，增量型爬虫会持续不断地抓取，以及定期更新。由于互联网网页具有动态变化的特点，如新增网页、网页被删除或者网页内容更改等，为了及时反映这种变化，增量型爬虫会持续不断地进行抓取，适时抓取新网页或者更新已有网页。

（3）垂直型爬虫：垂直型爬虫关注特定主题内容或者特定行业的网页，如对于浅海增养殖网站来说，只需要从互联网页面爬取与浅海增养殖相关的页面内容即可，其他行业的内容不予考虑。垂直型爬虫的最大特点和难点是如何识别网页内容是否属于指定主题或者行业。如果把所有互联网页面下载之后再进行筛选，会造成资源的过度浪费，考虑到尽量节省系统资源的需求，一般需要爬虫在抓取阶段就能够动态识别某个网址是否与主题相关，尽量减少无关页面的专区，提高抓取效率。

6.3.7　安全技术

Spring Security 是一种能够为基于 Spring 的企业应用系统提供的安全框架，它提供了声明式的安全访问控制解决方案[30]，它通过一组可以在 Spring 应用上下文中配置的 Bean，充分利用了 Spring IoC（Inversion of Control）、DI（Dependency Injection）和 AOP（面向切面编程）功能，为应用系统提供声明式的安全访问控制功能，减少了为企业系统安全控制编写大量重复代码的工作。

一般来说，Web 应用的安全性包括以下两部分[31]。

1. 用户认证（Authentication）

用户认证是指验证某个用户是否为系统中的合法主体，也就是说用户能否访问该系统。用户认证一般要求用户提供用户名和密码，系统通过校验用户名和密码来完成认证过程。

2. 用户授权（Authorization）

用户授权是指给不同用户授予执行某个操作的权限。在同一个系统中，不同用户所具有的权限可以不同。例如，对一个文件来说，有的用户只有读取的权限，而有的用户具有进行修改的权限。

系统会为不同的用户分配不同的角色，而每个角色可对应一系列的权限。对于上面提到的两种应用场景，Spring Security 框架都有很好的支持。在用户认证方面，Spring Security 框架支持主流的认证方式，包括 HTTP 基本认证、HTTP 表单验证、HTTP 摘要认证、OpenID 和 LDAP 等。在用户授权方面，Spring Security 提供了基于角色的访问控制列表（Access Control List，ACL），可以对应用中的领域对象进行细粒度的安全访问控制。

Spring Security 采用的是责任链的设计模式流程说明，主要流程如下。

（1）客户端发起一个请求，进入 Security 过滤器链。

（2）当到 LogoutFilter 的时候判断是否是登出路径，如果是登出路径则到 Logouthandler；如果登出成功则到 LogoutSuccessHandler 登出成功处理；如果登出失败则由 ExceptionTranslationFilter 处理；如果不是登出路径则直接进入下一个过滤器。

（3）当到 UsernamePasswordAuthenticationFilter 的时候判断是否为登录路径，如果是，则进入该过滤器进行登录操作，如果登录失败则到 AuthenticationFailureHandler 登录失败处理器处理，如果登录成功则到 AuthenticationSuccessHandler 登录成功处理器处理，如果不是登录请求则不进入该过滤器。

（4）当到 FilterSecurityInterceptor 的时候会拿到 uri，根据 uri 去寻找对应的鉴权管理器，鉴权管理器做鉴权工作，鉴权成功则到 Controller 层，否则到 AccessDeniedHandler 鉴权失败处理器处理。

Spring Security 的核心组件如下：

（1）SecurityContextHolder：提供对 SecurityContext 的访问；

（2）SecurityContext：持有 Authentication 对象和其他可能需要的信息；

（3）AuthenticationManager：其中可以包含多个 AuthenticationProvider；

（4）ProviderManager：对象为 AuthenticationManager 接口的实现类；

（5）AuthenticationProvider：主要用来进行认证操作的类调用其中的 authenticate（）方法进行认证操作；

（6）Authentication：Spring Security 方式的认证主体；

（7）GrantedAuthority：对认证主题的应用层面的授权，包含当前用户的权限信息，通常使用角色表示；

（8）UserDetails：构建 Authentication 对象必需的信息，可以自定义，可能需要访问 DB 才能得到；

（9）UserDetailsService：通过 UserName 构建 UserDetails 对象，通过 LoadUserByUserName 根据 UserName 获取 UserDetail 对象（可以在这里基于自身业务进行自定义的实现，如通过数据库、xml 和缓存获取等）。

6.4　浅海增养殖大数据平台设计与实现

6.4.1　平台端功能设计与实现

“浅海增养殖大数据平台”是集感知层、传输层、数据分析决策层和应用层的增养殖全过程于一体的智慧平台，提供生物生长过程监控、养殖环境监控、数据分析与可视化、存销数据管理、系统权限管理等服务，并进行业务化应用。最终实现全面感知、全产业链数据的智能分析与自动决策，从而推进大数据技术与浅海增养殖业的深度融合。

1. 登录注册界面

根据手机号和密码登录。在文本框中输入手机号和密码，点击登录按钮即可进入大屏界面。登录界面如图 6-10 所示。

在登录界面点击立即注册按钮，跳转到注册界面，填写用户基本信息：用户名、密码、手机号，在“角色”下拉框选择所要注册用户的角色，在“基地”下拉框选择示范区，点击注册按钮即可新增用户。注册界面如图 6-10 所示。

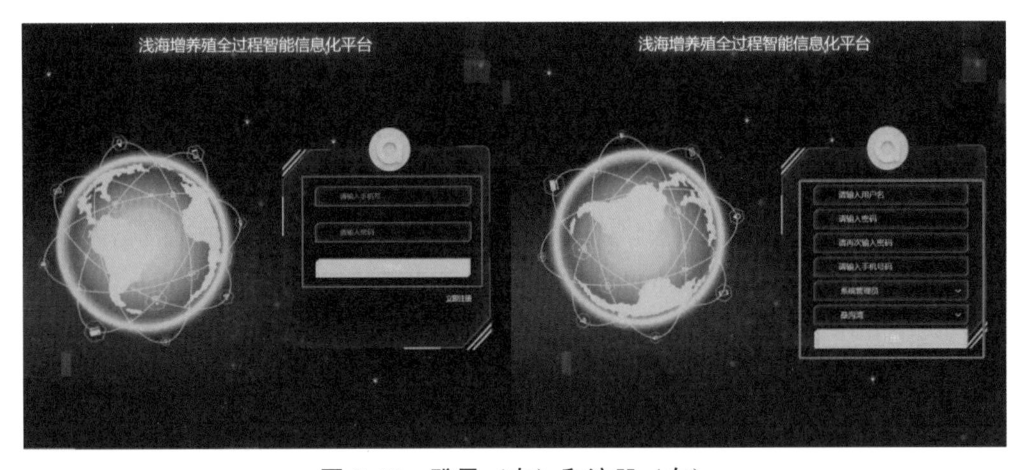

图 6-10　登录（左）和注册（右）

2. 概述界面

示范区概述是对几个最主要模块的概览，如图 6-11 所示。

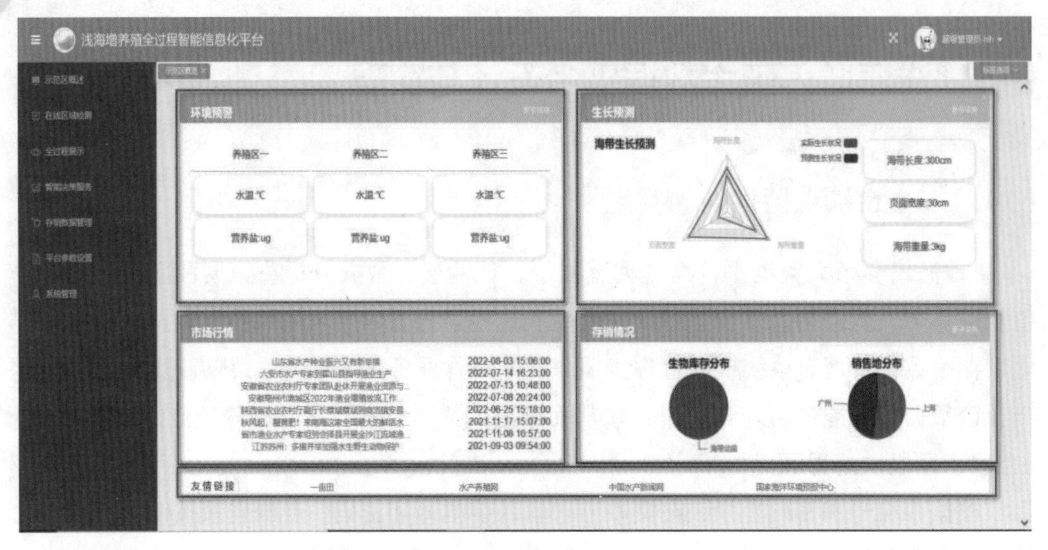

图 6-11 概述界面

（1）展示增养殖环境参数预警。

（2）展示生物生长过程参数，如海带的长度、宽度和重量的预测。

（3）发布资讯信息，采用网络爬虫技术爬取养殖生物的市场行情、水产资讯等信息，帮助及时了解行业最新动态信息。

（4）展示增养殖生物的存销管理情况，如库存和销量统计图。

（5）提供水产养殖行业内官方网站的入口链接。

3. 在线区域监测

如图 6-12 所示，在示范区地图上展示监测点分布，点击监测点查看详情内容，包含水质监测、视频监测、气象监测、专家在线 4 个子模块。

默认显示最近 1 h 所有参数汇总表格，综合信息查询如图 6-13 所示。水质监测参数包含溶解氧、叶绿素、温度、盐度、磷酸盐、硝酸、pH、氨氮、亚硝酸。在时间选择框输入开始时间和截止时间，点击查询按钮即可查询历史参数汇总数据。

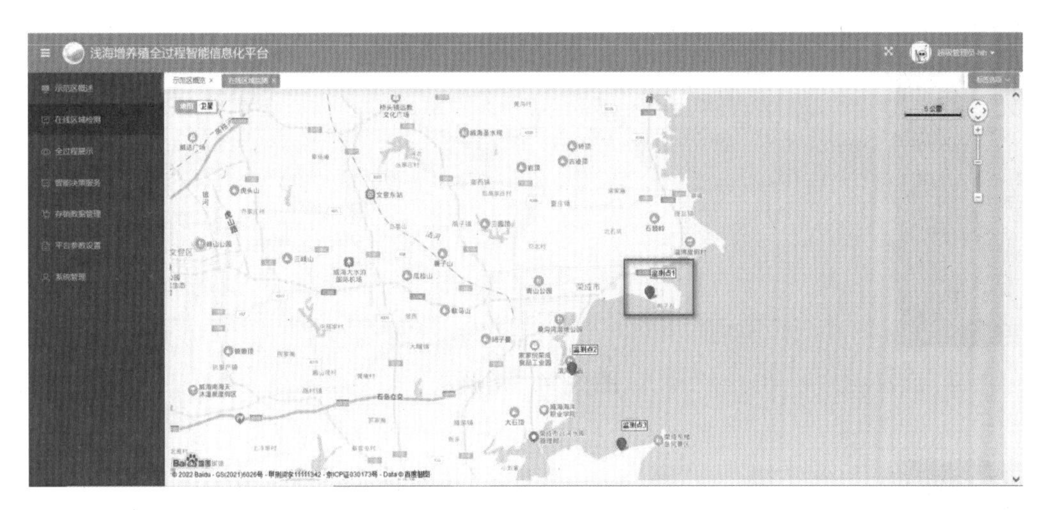

图 6-12　监测点地图分布

时间	溶解氧	叶绿素	温度	盐度	磷酸盐	硝氮	PH	氨氮	亚硝氮
2022-10-14 11:19	7.23041	86.36091	17.87035	25.99222	0.00000	0.00000	8.28924	0.00000	0.00000
2022-10-14 11:24	7.21335	88.54601	17.89400	26.00706	0.00000	0.00000	8.28970	0.00000	0.00000
2022-10-14 11:29	7.20623	83.94067	17.91917	25.98656	0.00000	0.00000	8.28964	0.00000	0.00000
2022-10-14 11:34	7.17914	88.92044	17.95137	26.06499	0.00000	0.00000	8.28907	0.00000	0.00000
2022-10-14 11:39	7.16659	87.94593	17.96794	26.04625	0.00000	0.00000	8.28826	0.00000	0.00000
2022-10-14 11:44	7.12857	82.45509	17.99381	26.08851	0.00000	0.00000	8.28763	0.00000	0.00000
2022-10-14 11:49	7.09737	60.02674	18.02022	26.19280	0.00000	0.00000	8.28710	0.00000	0.00000
2022-10-14 11:54	7.07106	57.12581	18.05607	26.24766	0.00000	0.00000	8.28582	0.00000	0.00000
2022-10-14 11:59	7.03485	59.21950	18.07645	26.28070	0.00000	0.00000	8.28630	0.00000	0.00000
2022-10-14 12:04	7.00105	57.66212	18.12254	26.30662	0.00000	0.00000	8.28654	0.00000	0.00000
2022-10-14 12:09	6.99169	57.59356	18.15578	26.29658	0.00000	0.00000	8.28590	0.00000	0.00000
2022-10-14 12:14	6.97453	58.35755	18.17374	26.32936	0.00000	0.00000	8.28691	0.00000	0.00000
2022-10-14 12:24	6.94246	60.46150	18.23811	26.38025	0.00000	0.00000	8.28784	0.00000	0.00000
2022-10-14 12:29	6.93974	59.74851	18.26088	26.38326	0.00000	0.00000	8.28961	0.00000	0.00000

图 6-13　水质参数汇总表格

默认查看最近 1 h 单个参数变化曲线。在时间选择框输入开始时间和截止时间，点击查询按钮即可查询单个水质参数的历史数据变化曲线。图 6-14 和图 6-15 展示了主要水质参数的变化曲线。

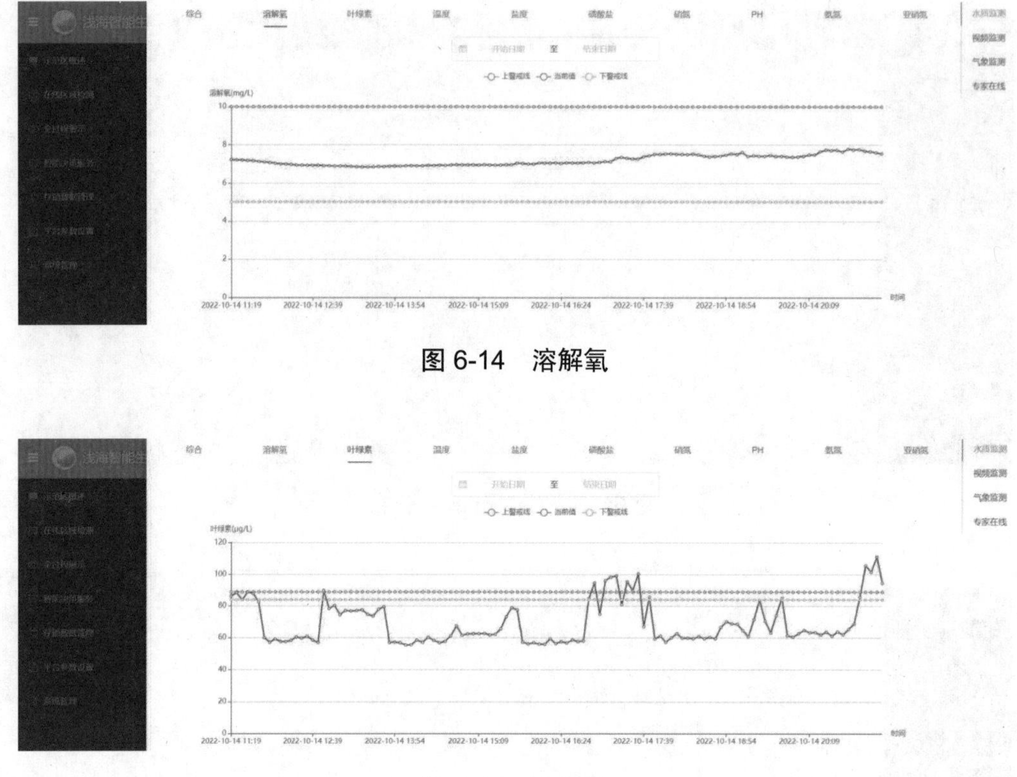

图 6-14 溶解氧

图 6-15 叶绿素

图 6-16 展示了视频监控信息，可以根据日期选择查看历史视频。系统中还可展示示范区当地温度、24 h 及周天气预报等。

图 6-16 视频监控

平台端专家在线与 App 专家在线联动，一线养殖人员可以使用专家在线功能联系相关专家，与专家在线交流，询求专家的建议。如图 6-17 所示为专家在线界面。

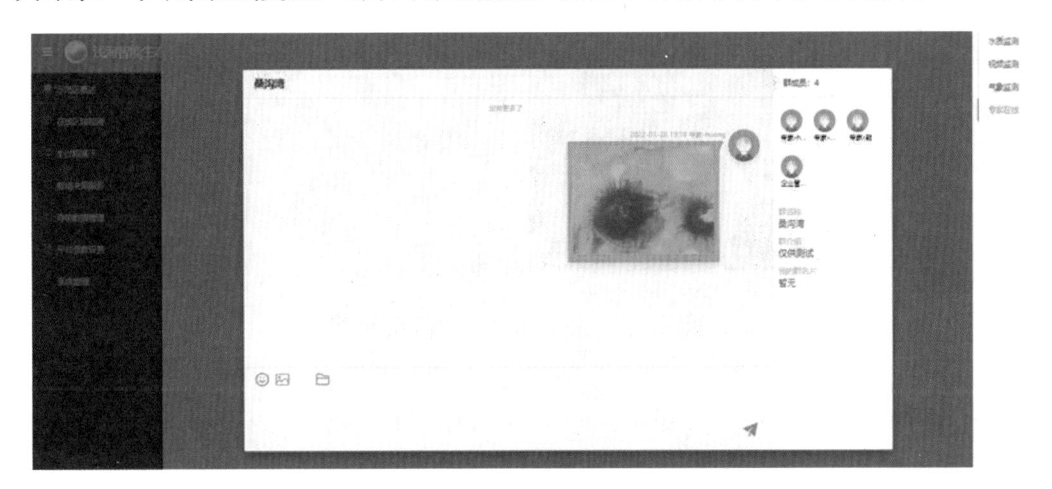

图 6-17　专家在线

4. 全过程展示

生长过程视频界面（图 6-18、图 6-19）主要是对生物生产的全周期过程进行描述和视频展示。以海带为例，将海带生产全过程分为 4 个阶段，分别是育苗阶段、生长阶段、采收阶段以及加工阶段。我们将展示海带生产不同阶段的若干采收及加工装备视频以及相关介绍，目的在于更全面、直观地展示浅海生态增养殖生物全周期信息化过程。管理人员可以定期通过更新按钮对每个阶段的视频及文字描述进行更新。

图 6-18　育苗和养殖阶段展示

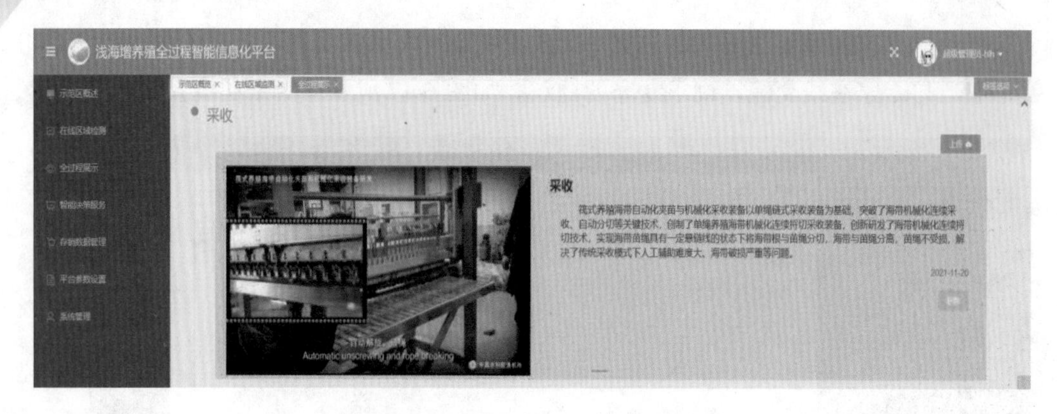

图 6-19 采收和加工阶段展示

5．存销数据管理

主要包括育苗管理、成品仓储、销售管理 3 个模块。幼苗管理：对海带、扇贝等幼苗进行基础数据维护（图 6-20）；成品仓储：对海带、扇贝等养殖对象的捕捞信息进行基础数据维护（图 6-21）；销售管理：对养殖生物的销量、收入和客户等信息进行维护（图 6-22）。

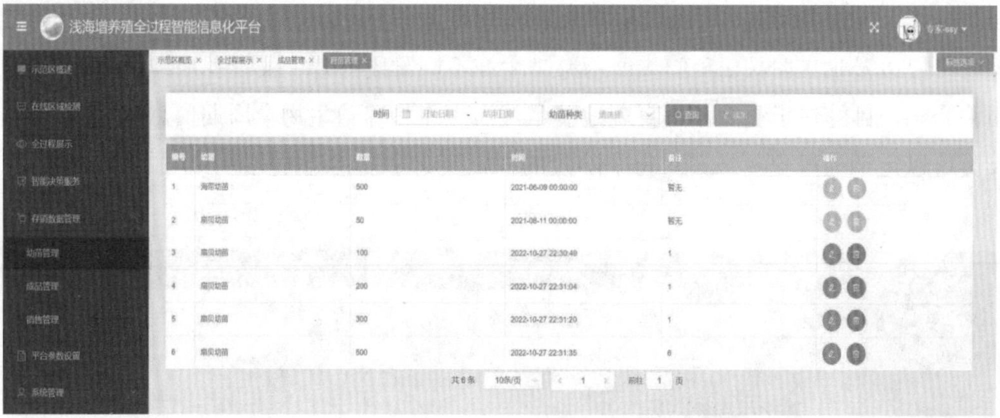

编号	幼苗	数量	时间	备注	操作
1	海带幼苗	500	2021-06-09 00:00:00	暂无	
2	扇贝幼苗	50	2021-08-11 00:00:00	暂无	
3	扇贝幼苗	100	2022-10-27 22:30:49	1	
4	扇贝幼苗	200	2022-10-27 22:31:04	1	
5	扇贝幼苗	300	2022-10-27 22:31:20	1	
6	扇贝幼苗	500	2022-10-27 22:31:35	6	

图 6-20 育苗管理

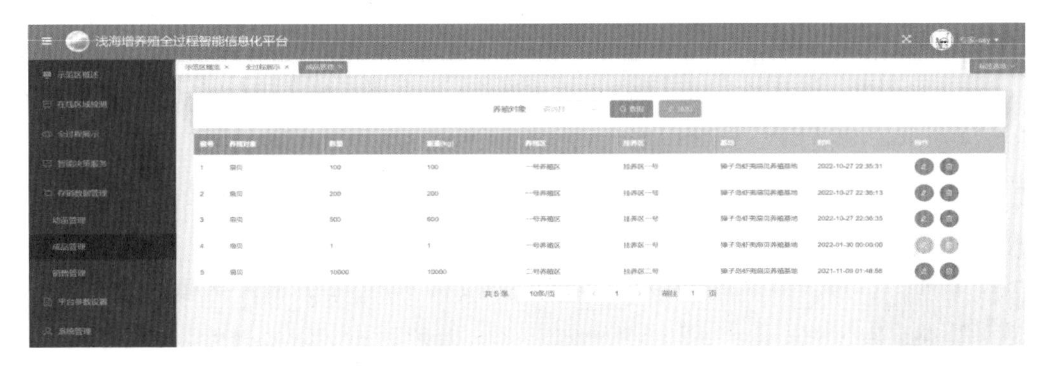

图 6-21 成品仓储

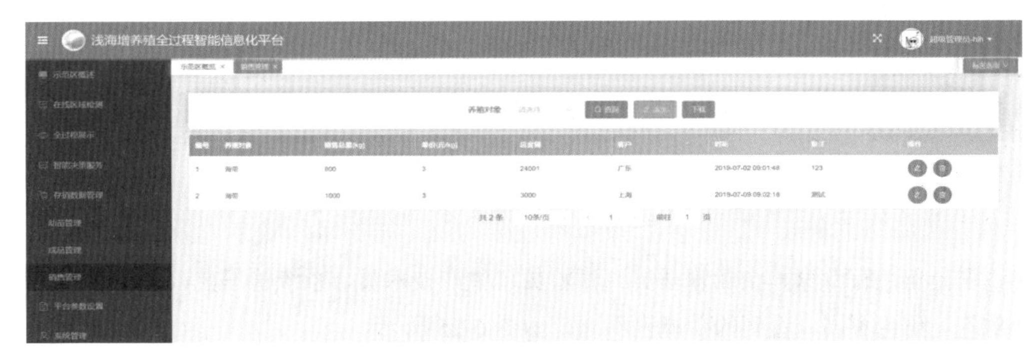

图 6-22 销售管理

6. 平台参数设置

对平台的基础数据表进行维护，主要包括增养殖区、增养殖对象、设备、参数、参数阈值、客户信息等（图 6-23）。

图 6-23 平台参数设置

7. 系统管理

日志管理可以清楚地追踪对系统进行的操作，并且可以快速排查定位一些问题，如图 6-24 所示。

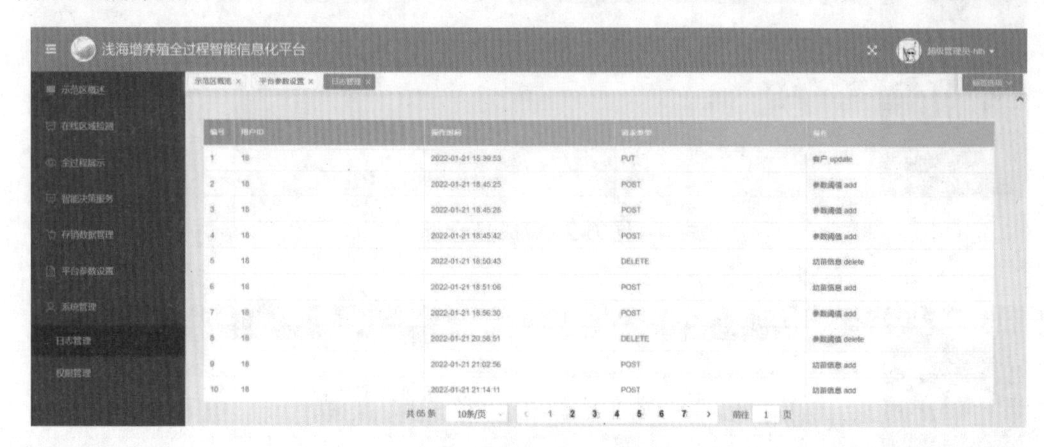

图 6-24　日志管理

平台角色有专家、企业管理员、养殖员、生产技术员、系统管理员、超级管理员 6 个角色。角色不同，看到的功能也不同，如图 6-25 所示。

图 6-25　角色查看

每个角色拥有的功能如表 6-1 所示。

表 6-1　角色分配

菜单名称	专家	企业管理员	养殖员	生产技术员	系统管理员	超级管理员
示范区概述	√	√	√	√		√
在线区域监测	√	√	√	√		√
全过程展示	√	√	√	√		√
智能决策服务	√	√	√	√		√
存销数据管理	√	√	√	√		√
平台参数设置	√				√	√
日志管理					√	√
权限管理	√				√	√

点击添加按钮为用户分配权限，点击“角色”下拉框选择角色，点击“用户”下拉框选择用户，点击“添加”按钮则权限分配成功，如图 6-26 所示。

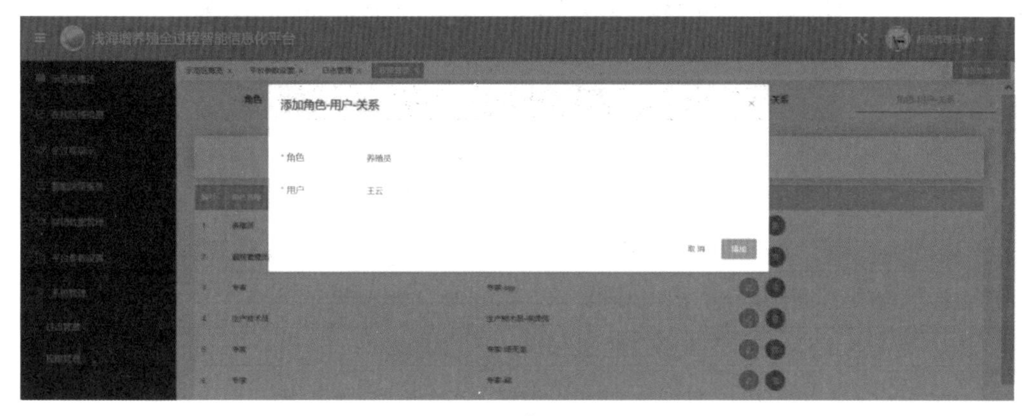

图 6-26　权限分配

6.4.2　移动端功能设计与实现

移动端服务功能是一款为养殖人员提供各项信息服务的移动应用，贯彻“实时监控、绿色发展”的理念，为渔民提供与养殖相关的水质环境、基地气象以及养殖生物的生长情况。其主要功能包括：

（1）用户管理：包括用户注册、用户登录、权限管理。用户注册后会有相应的权限等级，用户登录后系统根据用户的权限来显示相关的功能页面。App 用户输入相应的账户密码后进入移动端服务。

（2）在线视频监控：养殖监测点监控用来实时监控养殖基地的现场情况。点击某个具体的监测点可以看到养殖监测点的实时视频监控（图 6-27）。

图 6-27 现场视频监控

（3）水质环境监测：主要用来监测增养殖基地的水质情况，包括溶解氧、pH、水温、叶绿素、磷酸盐、硝酸盐氮、亚硝酸盐氮、氨氮等各类信息。

每一个水质模块中包括了该养殖基地各类水质环境要素的实时信息，以折线图的形式展现给用户，让用户可以直观地观察各类要素的实时变化趋势；水质环境监测功能中包含了历史数据查询功能，系统数据库会将各类水质要素的数据保存下来，在历史查询界面中用户可以根据时间以及要素名称查询历史数据，用户能够直观地看到一周内数据的变化趋势，方便用户对环境变化做出相应的分析和处理。

（4）生长巡检：通过定期巡检监测各个养殖基地的养殖生物的生长情况（图 6-28）。

图 6-28　生长巡检

生长巡检功能主要是用户在监测养殖生物的生长情况后，记录养殖生物生长的体长、体宽、湿重等生长状况数据并上传至数据库，从而及时掌握生物的生长变化，并根据生长情况为后续养殖过程提供分析和指导依据（图 6-29）。

图 6-29　增加巡检

（5）基地气象：显示养殖基地所在地的实时天气以及预测近几天的天气状况，出现特殊天气时及时提醒渔民，避免损失。

天气功能可以显示养殖基地所在地一周内的天气状况以及 24 h 天气的详细信息。当未来几天会出现特殊天气时，天气预报模块会向用户推送天气异常警报，提醒用户及时对天气变化采取相应的措施。

（6）专家在线：养殖基地人员可以通过实时专家系统与行业专家进行在线交流，可以通过文字、图片等形式向专家在线咨询养殖生物异常生长状况，获得专家建议，提高养殖生产效率（图 6-30）。

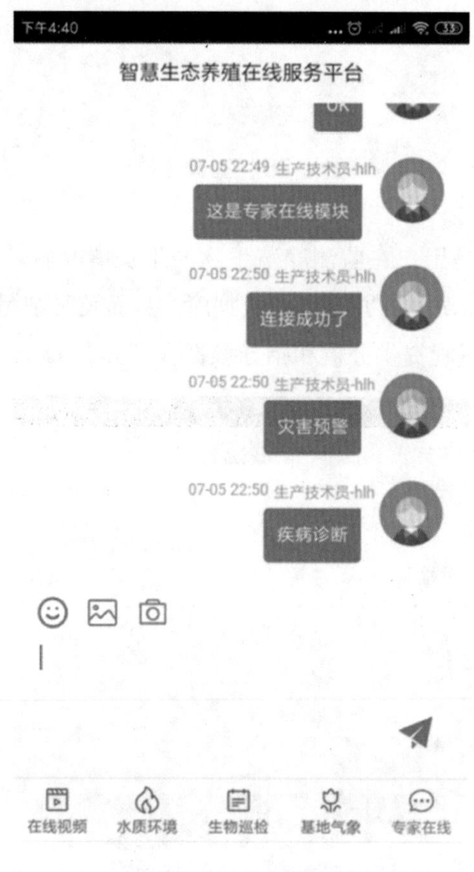

图 6-30　专家在线

浅海增养殖智能化大数据平台主要包括平台端管理功能和移动端在线监测功能。大数据平台利用物联网感知和计算机网络技术，实现了浅海增养殖全产业链的各环节数据和信息的全过程监管，提高了水产养殖信息化水平，完善了过程管理环节，对增养殖行业中的在线环境监测、水质参数分析与可视化、生产数据管理、环境预测预警等重要领域问题进行了分析和决策，最终向政府、行业相关企业、科研人员以及一线从业人员等提供所需的信息化服务。

参考文献

[1] 杨毅宇，周威，赵尚儒，等. 物联网安全研究综述：威胁、检测与防御[J]. 通信学报，2021，42（8）：188-205.

[2] 杨蓓蓓. 水产养殖信息化关键技术研究现状与趋势[J]. 农业工程技术，2021，41（36）：84-85.

[3] 谢小平. 智能水产养殖监控系统构建分析[J]. 南方农业，2021，15（29）：218-219.

[4] 于英涛. 校园营养餐与卫生健康综合管理信息平台设计[J]. 电子技术与软件工程，2022（12）：234-237.

[5] 原羿，苏鸿根. 基于 ZigBee 技术的无线网络应用研究[J]. 计算机应用与软件，2004，21（6）：89-91.

[6] 刘晗. 基于 Z-wave 技术的智能家居系统设计[D]. 上海：复旦大学，2012.

[7] Jiasong Mu，Liang Han. Performance analysis of the ZigBee networks in 5G environment and the nearest access routing for improvement[J]. Ad Hoc Networks，2017，56（3）：1-12.

[8] 肖在昌，杨文晖，刘兵. 基于 WebSocket 的实时技术[J]. 电脑与电信，2012（12）：40-42.

[9] 祝瑞，车敏. 基于 HTTP 协议的服务器程序分析[J]. 现代电子技术，2012（4）：117-119.

[10] 高锐，闫光辉，罗浩，等. 基于 WebSocket 技术无线频谱大数据实时监测系统设计与实现[J]. 兰州交通大学学报，2022，1：52-60.

[11] M. El Ouadghiri，B. Aghoutane，N. ElFarissia. Communication model in the Internet of things[J]. Procedia Computer Science，2020，177（11）：72-77.

[12] 李晓辉. 基于流媒体技术的无线通信网络视频传输技术[J]. 计算机与网络，2021，47（9）：45-46.

[13] 李游. 基于 P2P 技术的流媒体多源同步传输研究方案与设计[D]. 上海：复旦大学，2009.

[14] Wojciech Frączek，Wojciech Mazurczyk，Krzysztof Szczypiorski. Hiding information in a Stream Control Transmission Protocol[J]. Computer Communications，2012，35（1）：159-169.

[15] 刘丽萍. 浅谈 5G 通信系统中流媒体的技术原理[J]. 数字传媒研究，2021，38（11）：22-29.

[16] 霍龙社，甘震. 移动流媒体协议综述[J]. 信息通信技术，2010，4（4）：6-13.

[17] 刘智慧，张泉灵. 大数据技术研究综述[J]. 浙江大学学报（工学版），2014，48（6）：957-972.
[18] 宫夏屹，李伯虎，柴旭东，等. 大数据平台技术综述[J]. 系统仿真学报，2014，26（3）：489-496.
[19] Ghemawat S，Gobioff H，Leung S-T. The Google file system[C]. Bolton Landing，USA，2003：29-43.
[20] Dean J，Ghemawat S. MapReduce：simplified data processing on large clusters[J]. Communications of the ACM，ACM New York，NY，USA，2008，51（1）：107-113.
[21] Chang F，Dean J，Ghemawat S，et al. Bigtable：A distributed storage system for structured data[J]. ACM Transactions on Computer Systems（TOCS），ACM New York，NY，USA，2008，26（2）：1-26.
[22] Zaharia M，Chowdhury M，Franklin M J，et al. Spark：Cluster computing with working sets[J]. HotCloud，2010，10（2）：10.
[23] Carbone P，Katsifodimos A，Ewen S，et al. Apache flink：Stream and batch processing in a single engine[J]. Bulletin of the IEEE Computer Society Technical Committee on Data Engineering，IEEE Computer Society，2015，36（4）.
[24] 冀潇，李杨. 采用 ECharts 可视化技术实现的数据体系监控系统[J]. 计算机系统应用，2017，26（6）：72-76.
[25] 刘仁义，朱焱. WebGIS 技术信息查询系统开发及实现[J]. 计算机应用研究，2001，18(3)：102-104.
[26] 温丽梅，梁国豪. 数据可视化研究[J]. 信息技术与信息化，2022（5）：164-167.
[27] Jingfa Liu，Xin Li，Qiansheng Zhang，et al. A novel focused crawler combining Web space evolution and domain ontology[J]. Knowledge-Based Systems，2022，243（5）.
[28] 周毅，宁亮，王鸥，等. 基于 Python 的网络爬虫和反爬虫技术研究[J]. 现代信息科技，2021，21：149-151.
[29] 刘晓魁. 网络爬虫技术与策略分析[J]. 网络安全技术与应用，2022（5）：17-19.
[30] 孙恩斯. Spring Security 安全框架应用研究[J]. 信息系统工程，2019，3：72.
[31] 王建东. Web 应用开源软件安全漏洞风险应急研究[J]. 电子技术与软件工程，2022（12）：66-69.

第7章　浅海增养殖区环境综合评价方法研究

我国浅海增养殖区的开发利用主要表现为用海面积广、开发强度大、养殖品种多、增养殖方式多样等，建立增养殖区环境质量评价及环境风险评价方法体系等技术标准体系，客观评价增养殖活动对海洋环境质量的影响，准确评估增养殖区可持续利用的生态环境风险，是依法管理和规范海水增养殖活动、保障增养殖区合理开发和持续利用的重要基础。虽然我国是海水增养殖大国，增养殖开发强度居世界首位，但海水增养殖环境影响评价方法研究相对落后，目前尚无海水增养殖环境质量影响和生态环境风险综合评价的标准及方法体系。

7.1　增养殖区环境质量评价方法研究进展

构建浅海增养殖区环境质量综合评价方法首先应选取能够准确、灵敏反映浅海增养殖区环境质量的评价指标，建立浅海增养殖区环境质量评价指标体系；其次是系统研究环境质量综合评价方法，根据浅海增养殖区及邻近海域环境质量要求，确立环境质量评价标准；再次是通过对浅海增养殖区历史监测数据的筛选以及补充监测，获得浅海增养殖区环境质量数据；最后是在此基础上，研究建立浅海增养殖区环境质量评价模型，并根据评价结果对增养殖区环境质量进行等级划分。本节将对国内外浅海增养殖区环境质量现有评价标准及相关评价方法进行介绍。

7.1.1　国外评价方法现状

7.1.1.1　评价标准

国外浅海增养殖活动的行业准入严格、增养殖开发利用强度较低，因此对浅海增养殖区环境质量的关注程度不高，专门用于增养殖区环境质量的评价方法研究和实践较少。但很多国家对海水增养殖的污水排放及环境影响评价极为重视，国际上关于浅海养殖环境影响的标准主要包括养殖污水排放限制标准和养殖环境质量标准，对浅海增养殖行业准入限制以及评价浅海增养殖的环境影响起到了重要作用。

斯里兰卡颁布实施了《地表水及近岸海域养殖污水排放限制标准》（表 7-1），规定了近岸海域养殖污水中 25 项指标排放限制标准。苏格兰环境保护部发布实施的《鱼类养殖区沉积物质量标准》（表 7-2），对鱼类养殖区及邻近海域沉积物质量标准进行了规定。2019 年 10 月，澳大利发布了《昆士兰州海虾养殖场废水排放许可》（表 7-3）[1]，该标准为昆士兰州海虾养殖场废水排放制定了标准，从而提高和保护水环境的环境价值，实现生态可持续发展。2019 年，日本海洋生态标签委员会颁布了《水产养殖管理标准》（表 7-4）[2]，该标准适用于所有水产养殖种类和养殖系统，要求最大限度地减少水产养殖对环境的影响，包括对养殖场内及周围生境和脆弱生境的影响。2014 年，泰国发布了《沿海水产养殖废水排放标准》（表 7-5）[3]。2000 年，全球水产养殖联盟（GAA）也提出了《虾养殖场排放废水的初始和目标水质标准》建议（表 7-6）[4]，对 6 项与养殖有关的水质指标给出了初始标准和目标标准。

表 7-1 斯里兰卡《地表水及近岸海域养殖污水排放限制标准》

指标	限制标准	
	地表水域	近岸水域
BOD（20℃时 5 d）/（mg/L）	30	50
COD/（mg/L）	250	250
pH	6.0～8.5	6.0～8.5
固体悬浮物/（mg/L）	50	100
温度/℃	30	35
油脂类/（mg/L）	10	20
总氮/（mg/L）	2.0	2.0
磷酸盐/（mg/L）	2.0	2.0
酚类化合物/（mg/L）	1.0	5.0

指标	限制标准	
	地表水域	近岸水域
氰化物/（mg/L）	0.2	0.2
硫化物/（mg/L）	2.0	5.0
氟化物/（mg/L）	1.0	1.0
总余氯/（mg/L）	1.0	1.0
砷/（mg/L）	0.2、	0.2
镉/（mg/L）	0.1	2.0
铬/（mg/L）	0.1	1.0
铜/（mg/L）	3.0	3.0
铅/（mg/L）	0.1	1.0
汞/（mg/L）	0.000 5	0.01
镍/（mg/L）	3.0	5.0
硒/（mg/L）	0.05	0.05
锌/（mg/L）	5.0	5.0
杀虫剂	无	无
放射性物质		
α 射线/（μg/mL）	10^{-7}	10^{-8}
β 射线/（μg/mL）	10^{-6}	10^{-7}

表 7-2　苏格兰《鱼类养殖区沉积物质量标准》

指标	养殖区内	养殖区邻近区域
生物种类	不少于两种多毛类群存在	必须高于对照站位的 50%
密度	耐污多毛类在不正常低密度下存在	耐污多毛类必须不超过对照站位的 200%

指标	养殖区内	养殖区邻近区域
生物多样性指数	NA	不低于对照站位的 60%
底栖生物营养级指数（ITI）	NA	不低于对照站位的 50%
伏虫隆	1.0 mg/kg 干重/5 cm 孔	2.0 μg/kg 干重/5 cm 孔
铜	108～270 mg/kg 干沉积物	34 mg/kg 干沉积物
锌	270～410 mg/kg 干沉积物	150 mg/kg 干沉积物
硫化物	4 800 mg/kg（干重）	3 200 mg/kg（干重）
有机碳	9%	
氧化还原电位	低于−150 mV（平均深度剖面）或低于−125 mV（表层 0～3 cm）	

表 7-3　澳大利亚《昆士兰州海虾养殖场废水排放许可》

控制指标	限值	应用范围
氯	＜0.1 mg/L	A 类、B 类和 C 类许可证
溶解氧	最低浓度应不低于背景值的 90%或 4 mg/L，以较大值为准	A 类、B 类和 C 类许可证
pH	6.5～9	A 类、B 类和 C 类许可证
总悬浮物	平均 40 mg/L；＜75 mg/L；同时在生长季节平均为 12 kg/（hm^{2}·d）	A 类和 B 类许可证
氮	＜3.0 mg/L，同时在生长季节平均为 1.0 kg/（hm^{2}·d）	A 类许可证
	＜3.0 mg/L，同时在整个养殖场生长季节平均为 0.80 kg/（hm^{2}·d）	B 类许可证
磷	＜0.40 mg/L，同时在生长季节平均为 0.15 kg/（hm^{2}·d）	A 类、B 类和 C 类许可证

注：①平均值：生长季节中 6 个连续样本的平均值。

②氮和磷的最低含量必须反映 ANZECC 准则。

③A 类：对当前处理设施没有改进建议的现有养殖场；B 类：为提高废水处理能力，被提议改善处理设施的现有养殖场；C 类：执行标准比本要求严格的现有养殖场。

表 7-4　日本《水产养殖管理标准》

序号	控制指标	限值
1	生化需氧量（BOD_5）	＜10 mg/L（河流）
2	化学需氧量（COD）	＜8 mg/L（海洋）
3	悬浮物（SS）	＜50 mg/L

表 7-5　泰国《沿海水产养殖废水排放标准》

序号	控制指标	水质限值
1	pH	6.5～9
2	生化需氧量（BOD_5）	＜20 mg/L
3	悬浮物（SS）	＜70 mg/L
4	氨氮（NH_3-N）	＜1.1 mg-N/L
5	总磷（TP）	＜0.4 mg-P/L
6	硫化氢（H_2S）	＜0.01 mg/L
7	总氮（TN）	＜4.0 mg-N/L

注：①用于废水标准检验控制的水采样方法必须是从沿海水产养殖区的排放点取样。

②检测方法参考依据：废水水质检测方法（APHA，AWWA 和 WEF）和海水水质分析方法（Koroleff，Grasshoff K）。

表 7-6　全球水产养殖联盟《虾养殖场排放废水的初始和目标水质标准》

序号	控制指标	初始标准	目标标准
1	pH	6.0～9.5	6.0～9.0
2	总悬浮物（SS）	＜100 mg/L	＜50 mg/L
3	总磷（TP）	＜0.5 mg/L	＜0.3 mg/L
4	总氮（TN）	＜5 mg/L	＜3 mg/L
5	生化需氧量（BOD_5）	＜50 mg/L	＜30 mg/L
6	溶解氧（DO）	＞4 mg/L	＞5 mg/L

7.1.1.2 评价方法

1. MOM 评价系统

近年来，国际上发展了一些浅海增养殖区环境影响评价的评价模型和方法，如挪威科学家 Ervik 等[5]提出的 MOM 评价系统（Modelling-On-growing fish farms-Monitoring），重点评价鱼类养殖活动对底栖环境的影响。该系统根据养殖区的环境容量，对鱼类网箱养殖环境产生的影响进行监测与评估管理系统。MOM 系统共分为 3 个子系统（A、B、C）：A 系统为调查养殖场下面有机质沉积速率；B 系统为对养殖区沉积环境压力进行评估，包括生物参数、化学参数和感官参数 3 类子集参数；C 系统为对底栖生物群落结构进行的调查[6]。

MOM-B 系统因为调查方便、容易操作应用最为广泛。MOM-B 系统需要布设 10 个以上的调查站位开展养殖区沉积物参数调查，每个站位需采集 2 个平行样，但无须对照站位，根据 10 个站位的平均值确定该区域的底质状况。调查参数包括生物参数（是否有底栖动物）、化学参数（pH 和 Eh）、感官参数（气泡、颜色、气味、淤泥厚度等）。3 种调查参数各有一个评分规则，得分越低沉积物越健康（表 7-7）。调查结束后，根据一定的评分标准对 MOM-B 系统中生物参数、化学参数、感官参数 3 种参数赋予分值，并根据分值将每种参数的状况划分为 4 个等级，养殖区沉积物环境质量最终根据 3 组参数的等级结果进行综合评价[6,7]。

表 7-7 MOM-B 系统 3 种参数评分规则[7]

MOM-B 系统	评分标准		分值
生物参数	大型底栖动物	有	0
		无	1
化学参数	pH	pH 和 Eh 双因素坐标图	0，1，2，3，5
	Eh		
感官参数	气泡	无	0
		有	1
	颜色	灰色，灰白	0
		棕色，黑色	2

MOM-B 系统	评分标准		分值
感官参数	气味	无	0
		中等	2
		强烈	4
	淤泥厚度	小于 2 cm	0
		2～8 cm	1
		大于 8 cm	2
	坚固性	坚固	0
		软	2
		疏松	4
	泥量	小于 1/4	0
		1/4～3/4	1
		大于 3/4	2

2．DEPOMOD 评价模型

英国学者 Cromey 等[8]构建了 DEPOMOD 模型，用于鱼类养殖环境影响评价。该模型的输入是养殖活动产生的颗粒有机污染物，其输出产品是颗粒有机污染物对底栖生物影响指数以及颗粒有机污染物影响的范围及浓度场，据此评价网箱养殖对环境、生态影响的程度和范围。在这一模型的基础上，Weise 等[9]构建了 Shellfish-DEPOMOD 模型用于海洋贝类养殖活动对海洋生态环境影响的评估。Shellfish-DEPOMOD 模型对 DEPOMOD 模型中涉及的养殖区结构、养殖产生的颗粒物数值及生物沉降 3 个参数进行改进，使其适用于贝类颗粒态污染物扩散评估。Shellfish-DEPOMOD 模型在加拿大魁北克 3 个沿海贻贝养殖区的应用表明，DEPOMOD 模型经过改进后适用于贝类养殖区，Shellfish-DEPOMOD 模型可以在米级精度下预测贝类生物沉积物扩散范围，是研究贝类养殖对邻近海域环境影响的较好方法。

7.1.2 国内评价方法现状

1. 评价标准

我国现行的海水增养殖区环境质量评价标准主要包括《海水水质标准》(GB 3097—1997)[10]、《海洋沉积物质量》(GB 18668—2002)[11]、《海洋生物质量》(GB 18421—2001)[12]和《渔业水质标准》(GB 11607—1989)[13]。当前海水增养殖区水质、沉积物质量和生物质量通常按照实际需求选择以上4种标准之一进行评价。

2. 评价方法

现行的海洋国家标准《海洋监测规范 第7部分：近海污染生态调查和生物监测》(GB 17378.7—2007)[14]中规定了海水增养殖区水质和沉积物质量单因子评价方法以及水体营养指数(E)法、有机污染物评价指数(A)法和营养状态质量指数(NQI)法。《中国海洋环境状况公报》(生态环境部，2008—2017年)[15]中，依据《海水水质标准》(GB 3097—1997)、《海洋沉积物质量》(GB 18668—2002)和《海洋生物质量》(GB 18421—2001)，利用单因子评价方法对开展监测的海水增养殖区水质、沉积物质量和贝类生物质量进行了评价。农业农村部在《中国渔业生态环境状况公报》[16]中也依据《渔业水质标准》(GB 11607—1989)，利用单因子评价方法分析了我国部分海水养殖区的水环境质量状况，但未涉及其他环境介质，且未使用任何综合评价方法。山东省制定了《海水增养殖区环境综合评价方法》(DB 37/T 2298—2013)[17]，这是我国第一个省级海水增养殖区环境评价的综合方法，近年来在山东省海水增养殖区环境质量评价工作中发挥了重要作用。但该标准仅考虑了山东省海水增养殖区的环境状况，不适用于全国海水增养殖区环境质量评价。

单因子评价不能完全反映增养殖区的环境质量状况，尤其是生态环境质量状况。2008年，我们在加拿大国家水质质量评价模型的基础上构建了环境质量综合指数，在《中国海洋环境状况公报》以及各地方公报(2008—2017年)中应用[18]。2015年，国家海洋局以环境质量综合指数为基础，编制了《海水增养殖区环境监测与评价技术规程(试行)》(海环字〔2015〕32号)，以技术文件的形式印发。另外，根据海水增养殖区评价工作的实际需求，基于“养殖生物能不能被养成”和“养殖产品能否安全食用”的理念，综合增养殖区环境质量风险、养殖产品食用安全风险、病害发生风险和赤潮发生风险4个方面，构建了海水增养殖区生态环境风险指数评价方法[19]，将海水增养殖区评价从环境质量角度上升至生态环境角度，该方法评价结论可为我国增养殖区生态风险管控提供管理建议。

本书将对增养殖区环境质量综合指数和生态环境风险指数两种评价方法的构建过程及应用情况进行介绍。

7.2　增养殖区环境综合评价方法构建

7.2.1　环境质量综合评价方法

7.2.1.1　评价方法构建的意义

1. 加强增养殖区环境质量监管的需求

当前，海水增养殖污染及增养殖区环境质量状况日益受到关注，受陆源污染输入及海水养殖自身污染的影响，增养殖区环境质量呈动态变化的趋势。环境质量综合指数的构建与应用，可利用获取的大量监测数据客观评价我国海水增养殖区环境质量，从而及时掌握增养殖区综合环境质量现状和变化趋势，为增养殖区环境质量的有效监管提供技术支撑。

2. 完善相关评价方法体系的实际需求

目前，对增养殖区环境质量评价方法的研究和实践较少。《海洋监测规范　第 7 部分：近海污染生态调查和生物监测》（GB 17378.7—2007）中涉及的海水增养殖区环境质量评价方法比较单一，更未充分考虑综合性评价。《中国渔业生态环境状况公报》中也仅利用单因子评价方法对我国部分海水养殖区的水环境质量状况进行了评价。山东省制定的《海水增养殖区环境综合评价方法》（DB 37/T 2298—2013）仅适用于山东省管辖范围内的海水增养殖区环境质量评价。因此，环境质量综合指数评价方法的制定可以作为单因子评价的重要补充，从而完善我国增养殖区环境质量评价相关评价方法体系。

3. 促进海水养殖业绿色发展的需求

由于我国海水养殖规模巨大、历史上的无序发展等因素，导致海水养殖本身污染物排放成为养殖环境及邻近海域的重要污染来源之一。环境质量综合指数评价结果对环境质量等级的划分，可充分反映各海水增养殖区综合环境质量现状，为控制养殖密度、养殖规模及改变养殖模式等有针对性防控养殖自身污染措施的制定提供技术依据，从而保障海水养殖活动的开展与环境保护相协调，促进海水养殖业绿色发展。

7.2.1.2 评价方法构建思路

增养殖区环境质量综合指数的构建主要参考加拿大的国家水质质量评价模型（Water Quality Index，WQI）[18]，该方法不但在加拿大得到广泛使用，联合国环境规划署（UNEP）也应用该方法评价世界不同国家的水质状况。WQI是综合了多个水质参数的归一化无量纲数，其选取评价的参数主要取决于水体的用途，然后将选取评价参数的复杂科学信息通过公式转化为一个综合的分值，并根据分值对水质进行等级划分。我们构建的环境质量综合指数（Environmental Quality Index，EQI）是在对WQI进行改进的基础上制定的评价方法，同时考虑了增养殖区水体、沉积物和生物体三大介质，强调了其科学性和实用性，较好地表达了环境和服务功能两个方面的状况。

利用环境质量综合指数进行海水增养殖区环境质量评价时，首先对水质、沉积物质量和生物质量进行单因子评价，评判监测结果是否满足养殖区环境质量要求，其中水体采用现行国家标准GB 3097第二类海水水质标准，沉积物采用现行国家标准GB 18668第一类海洋沉积物质量标准，生物体采用现行国家标准GB 18421第一类海洋生物质量标准进行评价；其次对单因素评价结果采用数理统计方法，通过归一化消除监测数据中不同量纲、不同量级的差别，并综合超标指标、超标频次和超标程度3个因子，得出以综合指数表征的评价结果；最后根据评价结果对养殖区环境质量进行等级划分。

7.2.1.3 评价指标选择原则

基于对我国增养殖区环境压力的分析，评价指标的选择原则如下：

1．必选指标

（1）对增养殖区环境质量及养殖生物能否顺利养成相对重要的指标；

（2）对海洋生物质量影响较大的指标；

（3）评价指标在环境中的含量年际变化较大、不稳定的指标。

2．可选指标

不符合必选指标选择原则但在国家标准和国际标准中有标准限值的指标作为可选指标，相关部门可根据养殖区实际监测情况进行选择。

7.2.1.4 评价指标确定

根据评价指标的选择原则，本评价方法选定增养殖区不同介质中评价指标如下：

1．水质

（1）必选指标：pH、化学需氧量、溶解氧、无机氮、活性磷酸盐、粪大肠菌群、石油类；

（2）可选指标：汞、铅、镉、铬、铜、锌、砷、六六六、滴滴涕。

2．沉积物质量

（1）必选指标：汞、铅、镉、铬、铜、锌、砷、粪大肠菌群、有机碳、硫化物、石油类；

（2）可选指标：六六六、滴滴涕、多氯联苯。

3．生物质量

（1）必选指标：总汞、铅、镉、铬、铜、锌、砷、粪大肠菌群、麻痹性贝毒、石油烃；

（2）可选指标：六六六、滴滴涕。

另外，在进行养殖区环境质量评价时应遵循以下要求：对多个增养殖区综合环境质量进行比较时，应选择相同的评价指标；可选指标应根据养殖区实际监测情况进行选择。

7.2.1.5　评价标准选择

各介质中评价指标的基准采用我国现行海洋国家标准的规定值。

《海水水质标准》（GB 3097—1997）中按照海域的不同使用功能和保护目标，将海水水质划分为四类，其中第二类水质标准适用于水产养殖区，因此，本方法中涉及的pH、化学需氧量、溶解氧、无机氮、活性磷酸盐、粪大肠菌群、石油类、汞、铅、镉、铬、铜、锌、砷、六六六、滴滴涕等水质指标采用GB 3097第二类海水水质标准进行评价。各项评价指标标准限值如表7-8所示。

表7-8　增养殖区水质评价标准限值

指标	单位	限值
pH	—	7.8～8.5
化学需氧量	mg/L	3
溶解氧	mg/L	5
无机氮	mg/L	0.30
活性磷酸盐	mg/L	0.030
六六六	mg/L	0.02

指标	单位	限值
滴滴涕	mg/L	0.000 1
石油类	mg/L	0.05
粪大肠菌群	个/L	2 000
铅	mg/L	0.005
镉	mg/L	0.005
汞	mg/L	0.000 2
砷	mg/L	0.030
铜	mg/L	0.010
锌	mg/L	0.050
铬	mg/L	0.10

《渔业水质标准》也是评价渔业水质的重要依据。本方法采用《海水水质标准》进行评价的原因主要包括以下 3 个方面：一是《渔业水质标准》中环境质量评价指标限值缺失。《渔业水质标准》中未包含化学需氧量、无机氮、活性磷酸盐及粪大肠菌群等 4 项表征水质状况重要指标的标准限值。二是《渔业水质标准》偏重于行业发展，《海水水质标准》偏重于环境保护。本标准中涉及的水质指标《渔业水质标准》和《海水水质标准》同时包含的共计 12 项。其中 6 项指标《渔业水质标准》和《海水水质标准》标准限值相同，另外 6 项指标《海水水质标准》标准限值均严于《渔业水质标准》，从环境保护角度出发应选择《海水水质标准》作为标准进行评价。三是《渔业水质标准》制定时间相对较早。《渔业水质标准》于 1989 年颁布实施，而《海水水质标准》于 1998 年正式实施。基于以上原因，本评价方法中水质评价采用《海水水质标准》。

《海洋沉积物质量》(GB 18668—2002)中按照海域的不同使用功能和环境保护目标，将海洋沉积物质量划分为三类，其中，第一类水质标准适用于海水养殖区，因此，本书中涉及的汞、铅、镉、铬、铜、锌、砷、粪大肠菌群、有机碳、硫化物、石油类、六六六、滴滴涕、多氯联苯等沉积物质量指标采用 GB 18668 第一类海洋沉积物质量标准进行评价。各项评价指标标准限值如表 7-9 所示。

表 7-9 增养殖区沉积物评价标准限值

指标	单位	限值
有机碳	$\times 10^{-2}$	2.0
硫化物	$\times 10^{-6}$	300.0
石油烃	10^{-6}	500.0
粪大肠菌群	个/g 湿重	40
铅	$\times 10^{-6}$	60.0
镉	$\times 10^{-6}$	0.50
汞	$\times 10^{-6}$	0.20
砷	$\times 10^{-6}$	20.0
铜	$\times 10^{-6}$	35.0
锌	$\times 10^{-6}$	150.0
铬	$\times 10^{-6}$	80.0
六六六	$\times 10^{-6}$	0.50
滴滴涕	$\times 10^{-6}$	0.02
多氯联苯	$\times 10^{-6}$	0.02

《海洋生物质量》（GB 18421—2001）中按照海域的不同使用功能和环境保护目标，将海洋贝类（双壳类）生物质量划分为三类，其中第一类水质标准适用于海水养殖区，因此，本方法中涉及的总汞、铅、镉、铬、铜、锌、砷、粪大肠菌群、麻痹性贝毒、石油烃、六六六、滴滴涕等生物质量指标采用 GB 18421 第一类海洋生物质量标准进行评价。各项评价指标标准限值如表 7-10 所示。

表 7-10 增养殖区生物质量评价标准限值

指标	单位	限值
粪大肠菌群	个/kg 湿重	3 000
麻痹性贝毒	mg/kg	0.8

指标	单位	限值
铅	mg/kg	0.1
镉	mg/kg	0.2
汞	mg/kg	0.05
砷	mg/kg	1.0
铜	mg/kg	10
锌	mg/kg	20
铬	mg/kg	0.5
石油烃	mg/kg	15
六六六	mg/kg	0.02
滴滴涕	mg/kg	0.01

7.2.1.6 评价方法构建

根据水质、沉积物质量和生物质量的监测结果是否满足增养殖区环境质量要求为评价标准，采用数理统计方法，通过归一化消除监测数据中不同量纲、不同量级的差别，并综合超标指标、超标频次和超标程度3个因子，得出以综合指数表征的评价结果，并对增养殖区环境质量进行等级划分。

环境综合质量评价介质包括水体、沉积物和生物体；评价指标、评价标准及选择依据如前所述。该评价方法体系是一个开放式的评价体系，评价指标可根据各地增养殖区实际监测情况进行选取，具体计算过程如下：

$$\mathrm{EQI} = 100 - \left[\frac{\sqrt{F_1^2 + F_2^2 + F_3^2}}{1.732} \right] \tag{7-1}$$

式中，EQI ——环境质量综合指数；

F_1 ——所评价时间段内，监测海域不符合水体、沉积物和生物质量标准的环境指标与总监测环境指标的比例；

F_2 ——各环境指标不符合质量标准要求的测定数据个数与测定总数的比例；

F_3 ——不符合环境质量标准的测定结果偏离标准的程度。

另外，式（7-1）中 100 的使用是为了保证 EQI 计算分值越大，增养殖区环境质量等级越高；系数 1.732 的使用是因为 F_1、F_2 和 F_3 最大值可达到 100，即

$$\sqrt{100^2+100^2+100^2}=\sqrt{30\,000}=173.2$$

除以 1.732 可以使其最大值为 100。

F_1 的计算方法见式（7-2）：

$$F_1=\left[\frac{N_V'}{N_V}\right]\times 100 \tag{7-2}$$

式中，N_V——拟评价环境指标的总数；

N_V'——未达到质量标准要求的环境指标数量。

F_2 的计算方法见式（7-3）：

$$F_2=\left[\frac{N_T'}{N_T}\right]\times 100 \tag{7-3}$$

式中，N_T——所有拟评价环境指标的测定总数；

N_T'——未达到质量标准要求的测定数据个数。

F_3 利用一个渐进函数进行计算，该函数可对 nse 归一化之和进行调整，从而使 F_3 计算分值介于 0～100。计算方法见式（7-4）：

$$F_3=\left[\frac{nse}{0.01nse+0.01}\right] \tag{7-4}$$

式中，nse——不符合环境质量标准的测定结果偏离标准的程度。

nse 的计算方法见式（7-5）：

$$nse=\frac{\sum_{i=1}^{N_T'}P_i}{N_T} \tag{7-5}$$

式中，P_i——第 i 个超标测定值的污染指数值。

当环境质量标准为不得大于标准值时：

$$P_i=\frac{NM_i}{M_{Si}}-1 \tag{7-6}$$

式中，NM_i ——超标指标的测定值；

M_{Si} ——该超标指标的环境质量标准值。

当环境质量标准为不得小于标准值时：

$$P_i=\frac{M_{Si}}{NM_i}-1 \tag{7-7}$$

7.2.1.7 环境质量等级划分

增养殖区环境质量等级的划分参考加拿大的 WQI。根据 EQI 计算分值结果对水质进行等级划分，并赋予一定含义。增养殖区环境质量分级及其含义如表 7-11 所示。

表 7-11 增养殖区环境质量等级划分

EQI 分值	环境质量等级	含义
95≤EQI≤100	优	增养殖环境质量优良，完全满足功能区环境质量要求
80≤EQI＜95	良	增养殖环境质量良好，满足功能区环境质量要求
65≤EQI＜80	中	增养殖环境质量较好，较满足功能区环境质量要求
45≤EQI＜65	合格	增养殖环境质量一般，基本满足功能区环境质量要求
0≤EQI＜45	不合格	增养殖环境质量较差，不能满足功能区环境质量要求

7.2.2 生态环境风险综合评价方法

7.2.2.1 评价方法构建的意义

海水增养殖过程中除产生营养物质、农药等污染物影响海洋环境质量外，高密度、大规模的浅海浮筏养殖、底播增殖以及浅海网箱养殖等因养殖设施的存在也会显著改变海流方向和流速，降低半封闭海区海水交换速率，进而与污染物协同作用对养殖区及其海域生态环境产生负面影响[20-24]。因此，全面、客观地评价生态环境现状和风险是海水增养殖区存在问题有效解决的前提。但是，当前我国关于增养殖区评价方法仅涉及环境质量方面。如《海洋监测规范 第 7 部分：近海污染生态调查和生物监测》（GB 17378.7—2007）中规定的增养殖区水质和沉积物质量评价方法、《中国海洋环境状况公报》中使用的单因子或环境质量综合指数评价方法、《中国渔业生态环境状况公报》中采用的单因子评价方法均仅对增养殖区环境质量进行评价，未涉及生态环境风险。生态环境风险指数评价方法体系中，除包含环境质量指标外还关注了赤潮风险、病害发生风险等生态指标，将增养殖区评价从环境单一角度拓展至生态和环境多角度，评价结论可为我国增养殖区生态环境风险管控提供更有效的管理建议。

7.2.2.2　评价方法构建思路

生态环境风险指数评价方法基于“养殖生物能不能被养成”和“养殖产品能否安全食用”的理念而构建。采用水体和沉积物质量状况反映养殖环境质量风险；采用养殖生物体中污染物、生物毒素和微生物含量等指标反映养殖产品食用安全风险；采用水体中病原微生物含量和养殖区年病害发生次数反映病害发生风险；采用水体富营养化程度和养殖区年赤潮发生次数反映赤潮发生风险。在此基础上，对环境质量风险、养殖产品食用安全风险、病害发生风险和赤潮发生风险进行综合评价，得出综合指数表征海水增养殖区生态环境风险，根据综合指数分值对海水增养殖区生态环境风险进行等级划分，赋予每个等级一定的含义，并提出管理建议。

7.2.2.3　生态环境风险指数构建

1．评价指标体系构建

增养殖区功能正常发挥主要包括两个方面：一是增养殖区环境质量满足增养殖需求，且在增养殖期间无生态灾害发生，从而保障增养殖生物正常生长。当前增养殖区生态灾害主要包括赤潮和养殖生物病害。二是养殖产品可安全食用。在当前食品安全日益受到重视的情况下，养殖产品相关指标含量超过标准即不可食用。因此，本书构建的增养殖区生态环境风险指数（SRI）主要由环境质量状况指数（E）、养殖产品食用安全风险指数（F）、病害发生风险指数（D）和赤潮发生风险指数（R）四部分构成。其中，环境质量状况指数由水质状况（E_w）和沉积物质量状况（E_s）组成；养殖产品食用安全风险指数由养殖产品中重金属含量状况（F_m）、有机污染物含量状况（F_o）、微生物和生物毒素含量状况（F_b）组成；病害发生风险指数由水体中病原微生物含量状况（D_d）和养殖生物年发病次数（D_t）组成；赤潮发生风险指数由水体富营养化程度（R_n）和增养殖区年赤潮发生频次（R_t）组成。

利用层次分析法（Analytic Hierarchy Process，AHP）将增养殖区生态环境风险综合评价指标体系分为目标层、准则层和指标层 3 个层次[25]，具体如表 7-12 所示。

表 7-12　生态环境风险综合评价指标体系

目标层	准则层	指标层
生态环境风险指数 A	环境质量风险 B_1	水质状况 C_1
		沉积物质量状况 C_2
	养殖产品食用安全风险 B_2	生物体重金属含量 C_3
		生物体有机污染物含量 C_4
		生物体微生物和毒素含量 C_5
	病害发生风险 B_3	水体中病原微生物含量 C_6
		增养殖区年病害发生频次 C_7
	赤潮发生风险 B_4	水体富营养化程度 C_8
		增养殖区赤潮发生频次 C_9

2．指标权重确定

在评价方法体系中，尽管每一项指标均相当重要，但就增养殖区生态环境风险来说，各项指标的重要程度仍有一定差异，所以必须综合考虑各项指标之间的相对权重。本书通过专家问卷调查法，利用层次分析法确定各指标权重[26]。调查对象为水产养殖学、海洋生态学和海洋化学等方面的专家（表 7-13），来自国内 14 家科研院所、高校及各级海洋环境监测部门（表 7-14）。共发放调查问卷 50 份，收到有效回复 41 份。

表 7-13　专家专业领域

专业领域	人数
水产养殖学	8
海洋生物学	10
海洋环境科学	5
海洋化学	10
海洋生态学	6
其他	2
合计	41

表 7-14　专家单位

专家单位	人数
科研院所/高校	11
国家级海洋环境监测中心	16
海区和省市海洋环境监测中心	14
合计	41

根据 41 位相关专家评分均值，利用层次分析法确定了各指标的权重，各指标权重结果如表 7-15 所示。为减少统计方差，对统计结果进行了一致性检验。第一轮调查结束后，将统计分析和一致性检验统计结果反馈给专家，开展第二次调查，最终通过一致性检验。

表 7-15　评价指标权重值

准则层	指标层	指标	权重
环境质量风险（B_1）	C_1	水质状况（E_w）	0.234
	C_2	沉积物质量状况（E_s）	0.078
养殖产品食用安全风险（B_2）	C_3	生物体重金属含量（F_m）	0.164
	C_4	生物体有机污染物含量（F_o）	0.164
	C_5	生物体微生物和生物毒素含量（F_b）	0.082
病害发生风险（B_3）	C_6	水体中病原微生物含量（D_d）	0.112
	C_7	增养殖区年病害发生频次（D_t）	0.056
赤潮发生风险（B_4）	C_8	水体富营养化程度（R_n）	0.055
	C_9	增养殖区年赤潮发生频次（R_t）	0.055

3．生态环境风险指数计算公式

基于各指标权重统计结果，确定生态环境风险指数计算公式如下：

$$\begin{aligned}\mathrm{SRI} = {} & 0.234E_w + 0.078E_s + 0.164F_m + 0.164F_o + 0.082F_b + \\ & 0.084D_d + 0.084D_t + 0.055R_n + 0.055R_t \end{aligned} \tag{7-8}$$

7.2.2.4 评价指标选择

1. 选择原则

评价指标的选择遵循以下原则:

——全面性。全面关注陆源污染、突发性污染事故、养殖自身污染及增养殖区生态灾害等方面，将对养殖活动和养殖产品质量影响较大的指标纳入评价体系。

——先进性。国内外相关部门推荐的优先控制污染物进行优先选择。

——可行性。立足我国当前海洋环境监测基本能力，对所选择的评价指标监测机构应该具有相应的监测设备和监测能力。

——开放性。评价方法体系不仅针对本次所筛选的评价指标，也可将今后海水增养殖区中出现的新兴污染物纳入评价体系，保持评价体系的开放性。

2）指标确定

根据指标选择原则，所选择的评价指标如表 7-16 所示。

表 7-16 评价指标

指标层	评价指标
水质状况（E_w）	pH、溶解氧、无机氮、活性磷酸盐、化学需氧量、石油烃、多环芳烃、多氯联苯、滴滴涕、六六六、镉、铅、汞、砷
沉积物质量状况（E_s）	有机碳、硫化物、石油烃、多环芳烃、多氯联苯、滴滴涕、六六六、镉、铅、汞、砷
生物体重金属含量（F_m）	镉、铅、汞、砷
生物体有机污染物含量（F_o）	石油烃、多环芳烃、多氯联苯、滴滴涕、六六六、磺胺类
生物体微生物和生物毒素含量(F_b)	细菌总数、粪大肠菌群、麻痹性贝毒、腹泻性贝毒
水体中病原微生物含量（D_d）	粪大肠菌群、弧菌总数
增养殖区年病害发生频次（D_t）	病害发生次数
水体富营养化程度（R_n）	叶绿素 a 和营养指数
增养殖区年赤潮发生频次（R_t）	赤潮发生次数

7.2.2.5　生态环境风险指数计算

1．评分原则

对各项指标进行评分是计算生态环境风险指数的基础。制定各指标评分标准与构建评价指标体系密切相关，必须对各项指标划分相应的等级，以便赋予其相应的分值。在确定评分标准等级时应遵循以下原则：

——指标内涵概念清楚，等级划分合理；

——拉开档次，使各等级所代表的重要性程度有较明显的区别；

——尽可能使指标量化。

2．评分准则

（1）环境质量风险（C_1 和 C_2）

采用国际上广泛应用的 WQI 对水质状况进行评价，评价结果等级作为水质状况的评分标准。水质等级具体划分方式为：90≤WQI 分值为“优良”；80≤WQI 分值<90 为“较好”；60≤WQI 分值<80 为“及格”；WQI 分值<60 为“较差”。我国现行海洋国家标准《海水水质标准》中规定第二类海水适用于水产养殖区，因此海水增养殖区 WQI 计算时采用第二类海水水质标准对各指标是否超标进行评价。

区域沉积物质量评价方法可将沉积物质量分为“良好”“一般”和“较差”3 个等级。多年来，此方法一直应用于《中国海洋环境状况公报》的编制。因此，采用区域沉积物质量评价方法对沉积物质量进行评价，评价结果等级作为沉积物质量状况的评分标准，具体评分标准如表 7-17 所示。《海洋沉积物质量》中规定第一类海洋沉积物适用于海水养殖区，因此采用第一类沉积物质量标准对各指标是否超标进行评价。

表 7-17　环境质量风险评分标准

水质（E_w）评分准则	质量等级为较好以上	质量等级为及格	质量等级为较差
沉积物质量（E_s）评分准则	低于5%的站位沉积物质量等级为较差，且70%以上的站位沉积物质量等级为良好	5%～15%的站位沉积物质量等级为较差；或低于5%的站位沉积物质量等级为较差，且30%以上的站位沉积物质量等级为一般和较差	15%以上的站位沉积物质量等级为较差
得分	1	2	3

（2）养殖产品食用安全风险（C_3、C_4和 C_5）

《海洋经济生物质量风险评价指南》中按照体重为 60 kg 的成年人，食用量为 40 g/d 时，规定了海产品中各指标标准限值[27]。因此，采用《海洋经济生物质量风险评价指南》（HY/T 128—2010）中相关限值作为生物体重金属、有机污染物、微生物和生物毒素含量状况的评分标准。同时，该标准中规定海产品中生物毒素和微生物指标超过其标准限值时则不宜食用，所以此类指标不存在中间分值。具体评分标准如表 7-18 所示。

表 7-18　养殖产品食用安全风险评分标准

评分准则	指标	含量		
养殖产品重金属含量（F_m）评分准则	镉	$C_i \leqslant 0.5$	$0.5 < C_i < 1.0$	$C_i \geqslant 1.0$
	总汞	$C_i \leqslant 1.0$	$1.0 < C_i < 2.0$	$C_i \geqslant 2.0$
	铅	$C_i \leqslant 0.3$	$0.3 < C_i < 0.6$	$C_i \geqslant 0.6$
	铬	$C_i \leqslant 2.0$	$2.0 < C_i < 4.0$	$C_i \geqslant 4.0$
养殖产品有机污染物含量（F_o）评分准则	多环芳烃	$C_i \leqslant 2.0\times10^{-3}$	$2.0\times10^{-3} < C_i < 4.0\times10^{-3}$	$C_i \geqslant 4.0\times10^{-3}$
	石油烃	$C_i \leqslant 15$	$15 < C_i < 30$	$C_i \geqslant 30$
	多氯联苯	$C_i \leqslant 0.2$	$0.2 < C_i < 0.4$	$C_i \geqslant 0.4$
	磺胺类（单种）	$C_i \leqslant 0.01$	—	$C_i > 0.01$
养殖产品微生物和生物毒素含量（F_b）评分准则	细菌总数	$C_i \leqslant 10^6$ 个/g 湿重	—	$C_i > 10^6$ 个/g 湿重
	大肠菌群	$C_i \leqslant 10$ 个/g 湿重	—	$C_i > 10$ 个/g 湿重
	麻痹性贝毒	$C_i \leqslant 0.8$ mg/kg 湿重	—	$C_i > 0.8$ mg/kg 湿重
	腹泻性贝毒	$C_i \leqslant 0.20$ mg/kg 湿重	—	$C_i > 0.20$ mg/kg 湿重
得分		1	2	3

注：C_i 为各指标含量，除特别标识外，单位均为 mg/kg 湿重；对于不同监测指标取较大的指数值进行评价；对于监测生物种类相同的取各样品指数均值进行评价；对于监测生物种类不同的取较大的指数值进行评价。

（3）病害发生风险（C_6和 C_7）

增养殖区水体中病原微生物含量可作为评价养殖生物病害发生风险的主要依据。粪大肠菌群和弧菌为重要病原微生物[28]，且检测技术相对成熟，所以选择二者作为指示性病原生物。参考编制《赤潮监控区养殖环境质量通报》[29]相关限值对水体中粪大肠菌群和弧菌含量状况进行评分。

增养殖区养殖生物年发病频次可以表征养殖区自身对病害的免疫状况，可作为评价病害发生风险的依据，因此选择其为病害发生风险的评价指标。增养殖区年发病频次的评分依据全国历年监测养殖区病害发生次数比例。2007—2017 年，全国监测的增养殖区中，未发生病害养殖区的年均比例为 74%，发生 1 次的年均比例为 16%，发生 2 次以上的年均比例为 10%，因此选择病害发生 2 次以上的状况赋予最高分值。具体评分标准如表 7-19 所示。

表 7-19　病害发生风险评分标准

评分准则	指标	数值		
水体病原微生物含量（D_d）评分准则	粪大肠菌群/（个/L）	$C_i<2\,000$	$2\,000\leqslant C_i<3.0\times10^5$	$C_i\geqslant3.0\times10^5$
	弧菌/（个/mL）	$C_i<2\,000$	$2\,000\leqslant C_i<1.0\times10^6$	$C_i\geqslant1.0\times10^6$
增养殖区年病害发生频次（D_t）评分准则		未发生	发生 1 次	发生 2 次以上
得分		1	2	3

注：C_i为粪大肠菌群和弧菌含量，如二者所得指数值不一致，则取较大的指数值进行评价。

（4）赤潮发生风险（C_8和 C_9）

水体富营养化程度为水体发生赤潮风险的重要依据，且水体营养指数和叶绿素 a 含量可以表征水体富营养化程度[30]。营养指数评分参考《海洋监测规范　第 7 部分：近海污染生态调查和生物监测》中规定的限值；叶绿素 a 含量评分标准参考用编制《赤潮监控区养殖环境质量通报》[29]用于赤潮风险评估的相关限值。

与增养殖区养殖生物年发病频次类似，历年赤潮发生次数在一定程度上可表征增养殖区赤潮发生风险，因此将其选择为赤潮发生风险的评价指标。增养殖区年赤潮发生频次的评分参考全国各增养殖区年赤潮发生次数比例。2003—2017 年全国监测的增养殖区中，未发生赤潮的增养殖区数量的年均比例为 67%，发生 1 次赤潮的年均比例为 22%，发生 2 次以上赤潮的年均比例为 11%，因此选择发生 2 次以上的状况赋予最高分。具体评分标准如表 7-20 所示。

表 7-20 赤潮发生风险评分标准

评分准则	指标	数值		
水体富营养化程度（R_n）评分准则	营养指数	营养指数≤3	3＜营养指数≤9	营养指数＞9
	Chl a 含量/（μg/L）	Chl a≤5	5＜Chl a≤10	Chl a＞10
增养殖区年赤潮发生频次（R_t）评分准则		未发生	发生 1 次	发生 2 次以上
得分		1	2	3

注：如营养指数和叶绿素 a 含量所得指数值不一致，则取两者中较大的指数值进行评价。

7.2.2.6 生态环境风险等级划分

利用生态环境风险指数评价方法，对全国 2012—2017 年开展监测的增养殖区生态环境风险进行了评价，并根据评价结果将我国增养殖区生态环境风险划分为“低”“中”和“高”3 个等级，三者在评价结果中所占比例分别为低风险 35%、中风险 50%、高风险 15%。根据评价结果，“低”“中”和“高”风险等级所对应的生态环境风险指数数值区间分别为 1.00≤SRI≤1.30、1.30＜SRI≤1.80 和 SRI＞1.80，并赋予了每个风险等级不同的含义（表 7-21）。

表 7-21 生态环境风险等级划分

生态环境风险指数分值	风险等级	含义
1.00≤SRI≤1.30	低	增养殖区功能发挥正常，可持续利用风险低，可适度增加增养殖规模
1.30＜SRI≤1.80	中	增养殖区功能发挥受到一定影响，可持续利用风险中，可维持增养殖规模
SRI＞1.80	高	增养殖区功能发挥受到影响，可持续利用风险高，应减少增养殖区污染物的输入，缩减增养殖规模

7.3 增养殖区环境综合评价方法业务化应用

7.3.1 我国浅海增养殖区环境质量现状

利用 EQI，在《中国海洋环境状况公报》（2008—2017）中进行了我国增养殖区环境质量综合评价。评价结果显示，2008—2017 年，我国增养殖区环境质量状况总体较为稳定，等级为“优”“良”的增养殖区所占比例在 55.9%以上，“优”“良”比例总体呈增加趋势，2015 年等级为“优”“良”的海水增养殖区所占比例达到 91.3%。2010—2012 年个别增养殖区环境质量等级“不合格”；2008 年、2009 年、2013 年和 2014 年未出现环境质量等级为“不合格”的增养殖区；2015 年之后增养殖区环境质量等级未出现“合格”及以下的情况。基于以上分析，近年来我国增养殖区环境质量状况基本满足增养殖活动要求（图 7-1、表 7-22）。

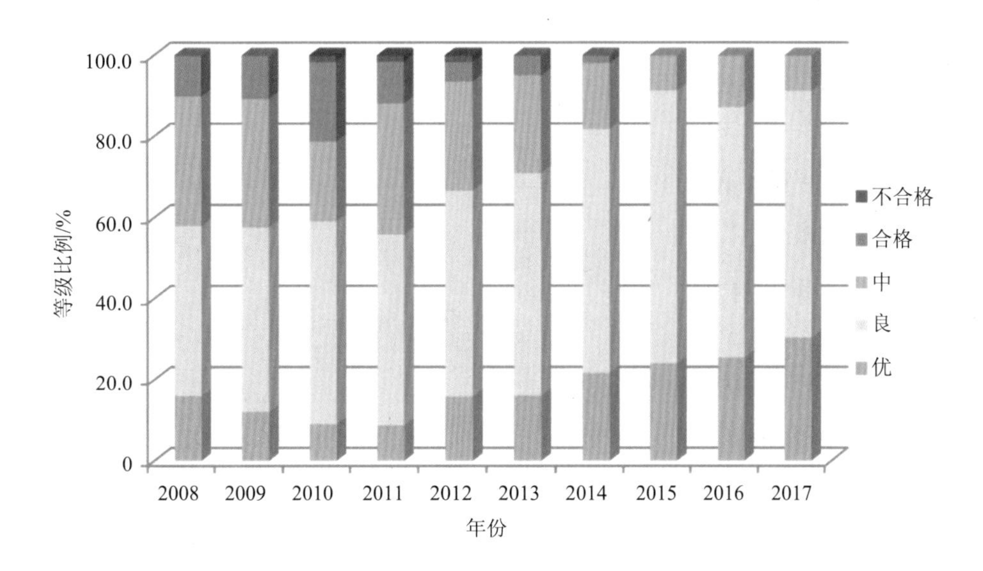

图 7-1　2008—2017 年增养殖区综合环境质量等级比例

表 7-22　2008—2017 年全国增养殖区综合环境质量等级

增养殖区名称	环境质量等级									
	2008年	2009年	2010年	2011年	2012年	2013年	2014年	2015年	2016年	2017年
辽宁丹东海水增养殖区	—	良	合格	良	优	中	优	优	优	优
辽宁东港海水增养殖区	良	良	中	中	中	中	—	—	—	—
辽宁大连庄河滩涂贝类增养殖区	良	合格	良	良	良	良	良	良	优	良
辽宁黄海北部海水增养殖区	良	良	良	良	—	—	—	—	—	—
辽宁大连长海海水增养殖区	—	—	—	良	—	—	—	优	良	良
辽宁大连獐子岛海水增养殖区	—	良	良	良	中	良	—	—	—	—
辽宁大连金石滩海水增养殖区	—	—	—	优	—	—	—	—	—	—
大连金州海水增养殖区	—	—	中	—	—	—	—	—	—	—
大连交流岛滩涂及池塘增养殖区	中	合格	—	—	—	—	—	—	—	—
辽宁大连大李家浮筏养殖区	良	中	良	中	良	良	良	良	良	良
辽宁营口近海养殖区	—	—	良	中	良	良	中	良	良	良
辽宁盘锦大洼蛤蜊岗海水增养殖区	中	中	良	合格	中	合格	中	中	中	良
辽宁辽东湾海水增养殖区	中	良	中	中	—	—	—	—	—	—
辽宁锦州湾海水增养殖区	中	良	良	中	—	—	—	—	—	—
辽宁锦州市海水增养殖区	—	—	合格	合格	不合格	中	中	优	良	优
辽宁葫芦岛海水增养殖区	—	良	良	不合格	中	良	良	良	良	优
辽宁葫芦岛兴城海水增养殖区	—	—	—	—	中	中	良	良	良	良

增养殖区名称	环境质量等级									
	2008年	2009年	2010年	2011年	2012年	2013年	2014年	2015年	2016年	2017年
辽宁葫芦岛止锚湾海水增养殖区	—	—	良	良	良	良	良	—	—	优
辽宁绥中海水增养殖区	—	—	—	—	—	—	—	良	优	—
河北北戴河海水增养殖区	—	良	中	良	良	良	—	—	—	—
河北昌黎新开口浅海扇贝养殖区	优	良	中	良	优	优	优	优	优	优
河北乐亭捞鱼尖海水增养殖区	良	中	—	—	—	—	—	—	—	—
河北乐亭滦河口贝类养殖区	—	中	良	优	优	良	良	优	良	优
河北黄骅李家堡海水增养殖区	良	中	合格	良	良	良	良	良	良	良
天津汉沽海水增养殖区	—	中	中	中	中	良	良	良	良	良
天津汉沽杨家泊镇卫庄养虾池	—	—	—	合格	合格	中	合格	—	—	—
天津大港池塘养殖区	—	—	—	合格	中	中	中	—	—	—
天津驴驹河贝类增养殖区	良	—	—	—	—	—	—	—	—	—
山东滨州无棣浅海贝类增养殖区	合格	优	优	良	良	优	优	—	—	—
山东滨州沾化浅海贝类增养殖区	合格	优	优	良	优	良	优	—	—	—
山东东营新户浅海养殖样板园	—	—	良	中	良	良	良	—	—	—
山东潍坊滨海区滩涂贝类增养殖区	—	—	不合格	合格	良	中	良	—	—	—
山东烟台莱州虎头崖海水增养殖区	良	良	良	优	良	良	良	—	—	—
山东烟台莱州金城海水增养殖区	良	良	中	良	良	—	—	—	—	—

增养殖区名称	环境质量等级									
	2008年	2009年	2010年	2011年	2012年	2013年	2014年	2015年	2016年	2017年
山东烟台海水增养殖区	—	中	中	良	—	—	—	—	—	—
山东烟台长岛海域网箱鱼类养殖区	—	—	—	良	—	优	良	—	—	—
山东牟平养马岛扇贝养殖区	良	良	中	—	—	—	—	—	—	—
山东威海威海湾海水增养殖区	优	优	优	良	良	—	—	—	—	—
山东威海乳山腰岛海水增养殖区	良	良	良	良	—	—	—	—	—	—
山东威海北海海水增养殖区	—	—	—	—	—	—	优	—	—	—
山东威海桑沟湾海水增养殖区	优	优	—	—	—	优	优	—	—	—
山东荣成俚岛海水增养殖区	—	—	—	—	良	优	良	—	—	—
山东乳山浅海贝类增养殖区	优	优	—	—	—	—	良	—	—	—
山东海阳丁字湾浅海增养殖区	—	—	—	—	—	—	良	—	—	—
山东青岛灵山湾海水增养殖区	—	—	—	优	优	优	良	良	优	优
山东青岛鳌山湾海水增养殖区	—	—	—	优	良	优	优	良	优	优
山东日照岚山海水增养殖区	—	—	—	—	—	—	优	—	—	—
山东日照两城海水增养殖区	—	—	良	优	优	优	优	—	—	—
山东荣成湾海水增养殖区	优	优	—	—	—	—	—	—	—	—
山东双岛湾海水增养殖区	优	—	—	—	—	—	—	—	—	—
山东五垒岛海水增养殖区	优	优	—	—	—	—	—	—	—	—
山东小石岛海水增养殖区	优	—	—	—	—	—	—	—	—	—
山东滨州滨城区片近海贝类养殖区	—	—	—	—	—	—	—	良	良	良
山东东营河口区片近海养殖区	—	—	—	—	—	—	—	良	良	良

增养殖区名称	环境质量等级									
	2008年	2009年	2010年	2011年	2012年	2013年	2014年	2015年	2016年	2017年
山东垦利广饶区片近海养殖区	—	—	—	—	—	—	—	良	—	—
山东潍坊区片近海养殖区	—	—	—	—	—	—	—	良	良	—
山东莱州招远区片近海养殖区	—	—	—	—	—	—	—	良	—	—
山东龙口区片近海养殖区	—	—	—	—	—	—	—	优	—	—
山东长岛区片近海养殖区	—	—	—	—	—	—	—	良	—	—
山东蓬莱区片近海养殖区	—	—	—	—	—	—	—	优	—	—
山东牟平区片近海养殖区	—	—	—	—	—	—	—	优	良	—
山东威海区片近海养殖区	—	—	—	—	—	—	—	优	良	—
山东荣成区片近海养殖区	—	—	—	—	—	—	—	优	—	优
山东文登区片近海养殖区	—	—	—	—	—	—	—	优	—	—
山东乳山区片近海养殖区	—	—	—	—	—	—	—	良	良	—
山东海阳莱阳区片近海养殖区	—	—	—	—	—	—	—	优	—	—
山东日照区片近海养殖区	—	—	—	—	—	—	—	优	优	良
江苏海州湾海水增养殖区	中	良	中	良	中	良	良	良	良	良
江苏启东贝类增养殖区	良	中	良	—	优	良	良	良	优	优
江苏如东紫菜增养殖区	良	良	良	良	良	良	优	良	优	优
浙江普陀海水增养殖区	—	良	—	—	—	—	—	—	—	—
浙江普陀中街山海水增养殖区	—	良	良	良	良	良	—	中	良	良
浙江象山港海水增养殖区	—	中	合格	合格	中	中	中	良	良	中
浙江三门湾海水增养殖区	中	中	中	良	良	良	良	良	良	良
浙江三门浦坝港海水增养殖区	—	—	—	—	良	良	—	良	中	良
浙江临海洞港海水增养殖区	—	—	—	—	良	良	—	—	—	—

增养殖区名称	环境质量等级									
	2008年	2009年	2010年	2011年	2012年	2013年	2014年	2015年	2016年	2017年
浙江温岭大港湾海水增养殖区	中	中	合格	—	—	—	—	—	—	—
浙江乐清湾海水增养殖区	中	中	良	良	良	良	—	—	—	—
浙江洞头海水增养殖区	—	良	良	中	良	良	—	—	—	良
浙江大渔湾海水增养殖区	良	良	良	良	良	良	—	—	—	—
浙江嵊泗海水增养殖区	中	中	良	中	良	良	良	良	良	良
浙江舟山嵊山海水增养殖区	—	良	良	良	合格	良	—	—	—	—
浙江岱山海水增养殖区	—	中	良	中	中	中	—	—	—	—
福建三沙湾海水增养殖区	—	中	合格	合格	合格	中	良	良	良	良
福建三都澳海水增养殖区	中	合格	—	—	—	—	—	—	—	—
福建罗源湾海水增养殖区	良	合格	良	良	中	良	中	良	—	—
福建黄岐半岛海水增养殖区	—	—	—	—	—	—	良	良	良	良
福建南日岛海水增养殖区	—	—	—	—	—	—	良	优	优	优
福建闽江口海水增养殖区	—	良	合格	中	中	合格	—	—	—	—
福建平潭沿海海水增养殖区	—	良	合格	良	良	合格	—	—	—	—
厦门沿岸海水增养殖区	合格	合格	合格	—	—	—	—	—	—	—
厦门大小嶝海域海水增养殖区	—	良	—	—	—	—	—	—	—	—
福建东山湾海水增养殖区	中	中	良	中	良	良	优	良	—	—
福建诏安湾海水增养殖区	—	—	—	—	—	—	—	良	—	—
广东深圳东山海水增养殖区	合格	良	优	中	良	良	良	良	良	良
广东深圳南澳海水增养殖区	—	良	良	中	良	良	良	良	中	良
广东桂山港网箱养殖区	中	—	良	中	中	中	中	中	中	中
广东茂名水东湾网箱养殖区	合格	合格	合格	中	中	中	—	—	—	—

增养殖区名称	环境质量等级									
	2008年	2009年	2010年	2011年	2012年	2013年	2014年	2015年	2016年	2017年
广东雷州湾经济鱼类养殖区	良	良	良	中	—	良	—	—	—	—
广东流沙湾经济鱼类养殖区	良	良	良	中	—	中	良	良	良	中
广东柘林湾海水增养殖区	中	中	中	中	中	中	良	良	良	良
广西北海廉州湾对虾养殖区	良	中	良	良	良	中	良	中	良	良
广西钦州茅尾海大蚝养殖区	中	合格	合格	良	中	优	中	良	中	良
广西防城港红沙大蚝养殖区	良	良	合格	良	良	优	中	中	中	中
广西防城港珍珠湾海水增养殖区	良	优	良	良	良	—	良	良	良	良
广西涠洲岛海水增养殖区	—	良	优	良	优	—	良	—	—	—
海南海口东寨港海水增养殖区	中	中	中	中	良	良	良	良	良	良
海南临高后水湾海水增养殖区	中	良	良	良	良	良	优	良	优	优
海南澄迈花场湾海水增养殖区	良	中	良	中	优	—	—	—	—	—
海南陵水新村海水增养殖区	—	—	合格	中	中	良	良	良	良	良
海南陵水黎安港海水增养殖区	—	良	优	良	优	良	良	良	优	良
海南文昌海水增养殖区	—	—	—	—	—	—	—	—	—	优

注："—"表示当年未开展监测。

7.3.2　生态环境风险评价方法试点应用

本书利用生态环境风险指数评价方法对 2012—2013 年监测数据满足该方法评价要求的增养殖区以及国家海洋环境监测中心开展试点监测的秦皇岛市和大连市的 6 个增养殖区进行了试点评价。评价结果显示，生态环境风险等级为"低"的增养殖区数量为 17 个，生态环境风险等级为"中"的增养殖区数量为 27 个，生态环境风险等级为"高"的增养殖区数量为 8 个。"低""中""高"生态环境风险等级增养殖区所占比例分别为

33%、52%和15%，基本符合生态环境风险等级划分原则（表7-23）。

表7-23 我国增养殖区生态环境风险评价试评价

增养殖区名称	SRI	生态环境风险等级
辽宁丹东海水增养殖区	1.38	中
辽宁锦州市海水增养殖区	1.47	中
辽宁盘锦大洼蛤蜊岗海水增养殖区	1.33	中
辽宁大连庄河滩涂贝类增养殖区	1.25	低
辽宁大连大李家浮筏养殖区	1.30	低
辽宁营口近海增养殖区	1.47	中
辽宁葫芦岛市兴城邴家湾海水增养区	1.55	中
辽宁葫芦岛止锚湾海水增养殖区	1.14	低
河北昌黎新开口浅海扇贝养殖区	1.06	低
河北乐亭滦河口海水增养殖区	1.14	低
天津汉沽海水增养殖区	1.41	中
山东东营新户浅海养殖样板园	1.14	低
山东烟台莱州虎头崖海水增养殖区	1.47	中
山东烟台莱州金城海水增养殖区	1.47	中
山东威海威海湾海水增养殖区	1.06	低
山东青岛鳌山湾海水增养殖区	1.63	中
山东青岛灵山湾海水增养殖区	1.36	中
山东滨州无棣浅海贝类增养殖区	1.19	低
山东沾化浅海贝类增养殖区	1.36	中
山东长岛海水养殖区	1.47	中
山东日照两城海水增养殖区	1.06	低

增养殖区名称	SRI	生态环境风险等级
山东荣成俚岛海水增养殖区	1.06	低
山东荣成桑沟湾海水增养殖区	1.06	低
江苏启东贝类增养殖区	1.30	低
江苏海州湾海水增养殖区	1.33	中
江苏如东紫菜增养殖区	1.30	低
浙江大渔湾海水增养殖区	1.06	低
浙江临海洞港海水增养殖区	1.27	低
浙江三门浦坝港海水增养殖区	1.55	中
浙江嵊泗海水增养殖区	2.07	高
浙江三门湾海水增养殖区	1.55	中
浙江普陀中街山海水增养殖区	1.88	高
福建罗源湾海水增养殖区	2.01	高
福建三都澳海水增养殖区	2.06	高
福建东山湾海水增养殖区	1.63	中
福建三沙湾海水增养殖区	1.41	中
广东深圳东山海水增养殖区	1.47	中
广东深圳南澳海水增养殖区	1.41	中
广东柘林湾海水增养殖区	1.40	中
广西钦州茅尾海大蚝养殖区	1.55	中
广西涠洲岛海水增养殖区	1.50	中
海南海口东寨港海水增养殖区	1.52	中
海南临高后水湾海水增养殖区	1.22	低
海南澄迈花场湾海水增养殖区	1.22	低

增养殖区名称	SRI	生态环境风险等级
海南陵水新村海水增养殖区	1.57	中
海南陵水黎安港海水增养殖区	1.55	中
辽宁大连大长山岛贝类养殖区*	1.82	高
辽宁大连大李家浮筏养殖区*	1.66	中
辽宁大连金石滩海水增养殖区*	1.82	高
辽宁庄河青堆子池塘养殖区*	1.49	中
河北北戴河海水增养殖区*	1.92	高
河北昌黎新开口浅海扇贝养殖区*	1.97	高

注：*数据来源于国家海洋环境监测中心试点监测数据，其余增养殖区数据均来源于国家海洋局全国业务化监测数据。

从评价结果可以看出，由于数据来源不同，辽宁大连大李家浮筏养殖区和河北昌黎新开口浅海扇贝养殖区生态环境风险等级评价结果不同。利用原国家海洋局全国业务化监测数据评价，辽宁大连大李家浮筏养殖区和河北昌黎新开口浅海扇贝养殖区生态环境风险等级均为“低”，而利用国家海洋环境监测中心试点监测数据评价结果，二者生态环境风险等级分别为“中”和“高”。导致出现差异的原因为国家海洋环境监测中心开展的试点监测工作监测频次高于全国业务化监测，监测养殖生物数量也多于全国业务化监测，且评价过程中取污染较为严重的监测结果进行评价，从而导致养殖产品食用风险指数部分分值较高，进而推高了生态环境风险指数值。鉴于以上因素，在今后开展增养殖区生态环境风险评价时，应保持评价指标的一致性，从而使不同增养殖区生态环境风险评价结果具有可比性。

另外，增养殖区生态环境风险评价方法在今后的实践过程中需要逐步完善。主要从以下几方面考虑：①在大部分监测机构具备监测能力的情况下，应将当前典型的指标纳入评价体系，如养殖产品中的无机砷、甲基汞等指标；②增养殖区环境中出现的对养殖活动和养殖产品质量影响较大的新污染物应纳入评价体系；③如有新研究发现与病害发生风险和赤潮发生风险相关性更大的环境指标应纳入评价体系，或替换本方法中选择的相关评价指标；④生态环境风险等级划分的合理性需在实践过程中进行进一步验证和完善。

参考文献

[1] Queensland DES. Licensing wastewater releases from existing marine prawn farms in Queensland：ESR/2015/1683[Z]. Queensland：Department of Environment and Science，2013.

[2] Marine Eco-Label Japan Council. Aquaculture Management Standard Guidelines for Auditors-Indicators of Conformity-Version. 1.1[R]. Tokyo：Marine Eco-Label Japan Council，2019.

[3] Sahavacharin，Songchai. Coastal Aquaculture in Thailand. Edited by Teodora Bagarinao U. and Efren Ed C. Flores，Aquaculture Department，Southeast Asian Fisheries Development Center[R]. Bangkok：SEAFDECIAODINSTITUTIONAL Repository，1995.

[4] Boyd C E，Gautier D. Effluent composition and water quality standards[J]. Global Aquaculture Advocate，2000，3（5）：61-66.

[5] Ervik A，Hansen P K，Aure J，et al. Regulating the local environmental impact of intensive marine fish farming Ⅰ. The concept of the MOM system（Modelling-Ongrowing Fish Farms-Monitoring）[J]. Aquaculture，1997，158（1）：85-94.

[6] Hansen P K，Ervik A，Schaanning M，et al. Regulating the local environmental impact of intensive，marine fish farming Ⅱ. The monitoring programme of the MOM system（Modelling-Ongrowing Fish Farms-Monitoring）[J]. Aquaculture，2001，194：75-92.

[7] 杨艳云. 桑沟湾规模化养殖对底质环境的影响评价[D]. 大连：大连海洋大学，2018.

[8] Cromey C J，Nickell T D，Black K D. DEPOMOD—modelling the deposition and biological effects of waste solids from marine cage farms[J]. Aquaculture，2002，214（1-4）：211-239.

[9] Weise A M，Cromey C J，Mdcallier，et al. Shellfish-DEPOMOD：Modelling the biodeposition from suspended shellfish aquaculture and assessing benthic effects[J]. Aquaculture，2009，288（3-4）：239-253.

[10] 国家环境保护局. 海水水质标准[M]. 北京：中国标准出版社，1997.

[11] 国家质量监督检验检疫总局. 海洋沉积物质量[M]. 北京：中国标准出版社，2002.

[12] 国家质量监督检验检疫总局. 海洋生物质量[M]. 北京：中国标准出版社，2001.

[13] 国家环境保护局. 渔业水质标准[M]. 北京：中国标准出版社，1989.

[14] 国家质量技术监督局. 海洋监测规范　第 7 部分：近海污染生态调查和生物监测[M]. 北京：中国标准出版社，1999.

[15] 国家海洋局. 中国海洋环境状况公报[R]. 北京：2008—2017.

[16] 农业农村部和生态环境. 中国渔业生态环境状况公报[R]. 北京：2018.

[17] 山东省质量技术监督局. 海水增养殖区环境综合评价方法[S]. 2013.

[18] CCME. Canadian Water Quality Guidelines for the Protection of Aquatic Life CCME WATER QUALITY INDEX 1.0 Technical Report[R]. Winnipeg：Canadian Council of Ministers of the Environment，2001.

[19] 宗虎民，许秀娥，崔立新，等. 海水增养殖区生态风险评价方法研究[J]. 海洋环境科学，2022，41（6）：915-920.

[20] Faez-Osuna F，Saul R，Ruia A C. Discharge of nutrients from shrimp farming to coastal waters of the Gulf of California[J]. Marine Pollution Bulletin，1999，38（7）：585-592.

[21] Tovar A，Moreno C，Manuel M P，et al. Environmental impacts of intensive aquaculture in marine waters[J]. Water Research，2000，34（1）：334-342.

[22] Cao L，Wang W，Yang Y，et al. Environmental impact of aquaculture and countermeasures to aquaculture pollution in China[J]. Environmental Science and Pollution Research，2007，14（7）：452-462.

[23] Yuan X T，Zhang M J，Liang Y B，et al. Self-pollutant loading from a suspension aquaculture system of Japanese scallop（*Patinopecten yessoensis*）in the Changhai sea area，Northern Yellow Sea，China[J]. Aquaculture，2010，304：79-87.

[24] 宗虎民，袁秀堂，王立军，等. 我国海水养殖业氮、磷产出量的初步评估[J]. 海洋环境科学，2017，36（3）：336-342.

[25] Ramanathan R. A note on the use of the analytic hierarchy[J]. Journal of Environmental Management，2001，6（3）：27-35.

[26] 王莲芬，许树柏. 层次分析法引论[M]. 北京：中国人民大学出版社，1999.

[27] 国家海洋局. 海洋经济生物质量风险评价指南[M]. 北京：中国标准出版社，2010.

[28] Rodgers C J. Bacterial fish pathogens，disease in farmed and wild fish，2nd ed.[J]. Aquaculture，1995，133（3-4）：347-349.

[29] 国家海洋环境监测中心. 赤潮监控区养殖环境质量通报[R]. 大连：2016.

[30] Mccarthy M J，James R T，Chen Y，et al. Nutrient ratios and phytoplankton community structure in the large，shallow，eutrophic，subtropical Lakes Okeechobee（Florida，USA）and Taihu（China）[J]. Limnology，2009，10（3）：215-227.

第 8 章　基于大数据的浅海增养殖全过程示范应用

我国浅海增养殖面临智能化和信息化程度低、大数据挖掘与分析技术薄弱等问题。如何加快浅海增养殖业数据集成和信息化建设，从浅海增养殖全过程提高浅海增养殖业信息化程度和促进智能化进程，改变劳动密集型的产业模式，是关乎浅海增养殖业高质量发展的关键问题之一。

本章以长海海域和桑沟湾两个典型浅海增养殖区的主要增养殖生物——虾夷扇贝和海带为例，面向增养殖全产业链，开展增养殖及生物生长全过程的深入分析和研究。一方面利用物联网感知和互联网技术，实现增养殖全产业链的各环节数据和信息的全过程监管，在浅海增养殖育苗、养殖、采收、管理、生产、销售等各个环节完善全过程管理；另一方面利用海量存储的增养殖环境和过程等相关数据，通过大数据相关技术、数据挖掘算法对数据进行分析，对增养殖生物生长过程中的正常生长模式、异常环境报警、疾病诊断等重要领域问题进行分析和预测，为一线从业人员、企业及政府部门等提供信息服务、决策支持和监管服务等。

8.1　长海海域虾夷扇贝增养殖全过程大数据示范应用

8.1.1　长海海域地理环境及增养殖概况

8.1.1.1　地理环境

长海海域位于辽东半岛东侧黄海北部海域，东经 122°13′18″～123°17′38″，北纬 38°55′48″～39°18′26″，隶属于辽宁省大连市长海县。长海县陆域面积 142 km^2，海域面积 10 324 km^2，海岸线长 359 km[1,2]。全县由 195 个海岛组成（其中有人居住海岛 18 个），这些海岛统称为长山群岛[3]。长海海域属暖温带半湿润季风性气候，四季分明，冬暖夏凉，日照充足，温差较小，年平均气温10℃左右。长海海域自然环境条件得天独厚，岛礁众多，水流畅通，海水理化环境要素稳定，水质大多属于一类，水温年均温度12.1℃，盐度为29‰～33‰，pH为7.9～8.4。长海海域地处著名的海洋岛渔场之中，海水中营养物质丰富，水深流急，底质为岩礁底或细砂底，海草茂盛，尤其是适宜虾夷扇贝、海参和鲍鱼生长的浮游植物、大叶藻和海带极为丰富。另外，由于长海海域具有水深流急、水流交换自净能力强、温度适宜等特性，且不受大陆沿岸江河径流和厂矿污染影响，饵料资源丰富，水体理化指标适中等特性造就了长海海域出产的海参、鲍鱼、海胆、虾夷扇贝等海珍品享誉海内外[3]。

8.1.1.2 海水增养殖概况

长海海域增养殖品种主要有贝类、藻类、鱼类和棘皮类等20余种，是全国最大的海珍品增养殖基地[4]。养殖方式包括底播增殖、筏式养殖、网箱养殖和工厂化养殖等。目前，长海海域多品种增养殖的局面正在形成，但以贝类为主导的产业格局仍未改变。长海海域贝类增养殖历史可追溯到20世纪70年代，由当初的紫贻贝养殖拓展到栉孔扇贝、海湾扇贝、虾夷扇贝等多个种类。经过多年增养殖实践，虾夷扇贝为当前长海海域主要的增养殖品种，产量占全国产量的90%以上[5]。

8.1.1.3 主要增养殖种类

1. 虾夷扇贝

虾夷扇贝（*Patinopecten yessoensis*）属软体动物门，瓣鳃纲，珍珠贝目，扇贝科，扇贝属。虾夷扇贝原产于日本北海道及本州岛北部和俄罗斯千岛群岛南部水域。20世纪80年代初，虾夷扇贝由辽宁省海洋水产研究所从日本引进我国[6]。经过多年的驯化、培育，长海海域现有虾夷扇贝底播增殖面积600多万亩① [5]。虾夷扇贝贝壳扇形，右壳较突出，黄白色；左壳稍平，较右壳稍小，呈紫褐色，近圆形。两壳放射肋条数相同，通常为20～25条。成贝壳高12～16 cm，最高可达20 cm。虾夷扇贝为冷水贝类，生长温度适宜范围为5～23℃，最适水温为15～18℃，盐度适应范围为32‰～34‰。虾夷扇贝通常栖息于水深10～30 m的浅海，以左壳平潜于潮下带的海底，滤食海水中的单胞藻类和有机碎屑以及微生物。虾夷扇贝通常雌雄异体，因此繁殖期可用肉眼根据生殖腺颜色辨其性别，而在非繁殖期不易分辨[7,10]。

① 1亩=1/15 hm^2。

2．刺参

刺参（*Apostichopus japonicus*）又名仿刺参，属楯手目，刺参科，仿刺参属，自然分布于太平洋西北沿岸的中国北部、韩国、日本和俄罗斯东部[8-10]。刺参体形呈圆筒状，背面稍隆起，腹面略扁平，成年刺参背面一般为黄褐色或栗褐色，腹面为黄褐色或灰褐色[11,12]。刺参栖息于潮间带至水深 20～30 m 的浅海岩礁底，摄食沉积物中的藻类碎屑、原生动物及细菌等有机物[12,13]。

3．皱纹盘鲍

皱纹盘鲍（*Haliotis discus*），属于软体动物门，腹足纲，鲍科，鲍属，主要分布于西北太平洋的日本北部、朝鲜半岛和辽东与山东半岛水域。皱纹盘鲍吸附在岩礁上生活，一般成鲍壳长约 12.5 cm，螺层 3 层，缝合不深，螺旋部极小[14]。皱纹盘鲍一般栖息于海藻丰富的岩礁区，以褐藻（如马尾藻、鼠尾藻、海带、裙带菜等）为主要食物。皱纹盘鲍适宜生活的水温为 3～28℃，最适生长水温为 15～24℃。皱纹盘鲍雌雄异体，黄渤海的皱纹盘鲍通常在三龄开始性腺成熟，7—8 月为产卵期。

8.1.2　虾夷扇贝增养殖大数据应用需求分析

传统的浅海增养殖主要依靠经验，其粗放的管理方式缺乏准确性和可靠性，同时生产效率低、环境压力大也给增养殖业带来风险，亟待朝信息化、智能化转变。大数据、人工智能技术等现代化技术手段的发展，可以将增养殖过程中产生的大量数据加以分析和利用，并把有用的结果以直观的形式呈现给生产者与决策者，为实现智能化模式提供解决方案。虾夷扇贝由于对生长环境要求高、影响因素多，实现高效、精准的智能化增养殖需要依赖现代先进的技术手段。虾夷扇贝增养殖大数据应用存在以下问题：

（1）目前浅海增养殖监测数据普遍存在数据碎片化、积累少、量化程度低等问题，需要构建成套完整的多来源在线监测体系，通过在线环境监测、生产过程管理、生长过程监控、互联网集成等多种技术手段获取虾夷扇贝整个生命周期的结构化及非结构数据（视频、图像等），为大数据应用提供数据保障。

（2）浅海增养殖数据具有来源丰富、结构复杂、数据存储分散、难以综合利用等特性，需要采用合理的方式进行标识、存储和管理，并将大数据分析技术与浅海增养殖业相结合，依据数据处理的任务层次、分析目的和数据特征建立不同的架构层次和数据分析模型，实现虾夷扇贝增养殖区环境预测与预警、病害诊治与预警、异常行为检测与分析、市场分析与挖掘，为大数据应用提供技术支撑。

（3）虾夷扇贝增养殖业的健康发展依赖于信息化和智能化管理水平的提高。目前构建的信息化平台的主要问题是职能相对单一，信息孤岛现象比较严重，缺乏对增养殖生物全过程信息化管理的整体解决方案，需要构建面向浅海增养殖全过程的综合服务平台，整合生物各生长阶段的数据，实现养殖环境的在线监测、智能决策辅助支持和增养殖全过程信息服务。

8.1.3 虾夷扇贝增养殖全过程大数据库构建

8.1.3.1 长海海域实时在线监测系统建设

1. 在线监测设备集成

在长海海域虾夷扇贝增养殖区构建了载体平台，集成安装了多参数水质仪、原位水质营养盐分析仪、溶解氧在线监测传感器、水下摄像机、全景摄像头等在线监测设备，用于相关参数的实时在线监测（图 8-1）。

图 8-1 长海海域增养殖区在线监测平台

2．在线监测传输网络构建

根据长海海域的安装环境，匹配了相应的在线监测数据传输方案。对长海海域开发配套嵌入式数据采集模块以及硬件驱动代码，实现了在线监测数据的实时传输。针对长海海域的视频传输，采用了 5G 频段 867 MB 速率的定向 AP，在保证分辨率以及帧数的情况下，稳定高效地将水上/下视频传输至控制室。采用萤石云、远程中继等方式实现远程实时在线监测视频图像传输与存储。

3．在线监测数据与视频获取

在线监测平台获取的水质参数包括温度、溶解氧、盐度、pH、叶绿素、营养盐等。其中温度、溶解氧、盐度、pH、叶绿素每 5 min 测定 1 次，营养盐（无机氮和活性磷酸盐）每 4 h 测定 1 次。截至 2022 年年底，共获取长海海域浅海生态增养殖示范区水质在线监测数据 50 万余条，获取虾夷扇贝视频图像 500 GB（图 8-2）。

图 8-2　虾夷扇贝水下视频

8.1.3.2　虾夷扇贝增养殖大数据库

1．MySQL+MongoDB 存储模式

虾夷扇贝增养殖全过程大数据库的设计过程中，考虑到数据库需要存储大量虾夷扇贝非结构化数据（如虾夷扇贝养殖过程中的视频、图像等），使用关系数据库和非关系

数据库相结合，充分利用两者的优点，通过 MySQL 及 MongoDB 来实现。其中 MySQL 支持事务性操作，MongoDB 是基于分布式文件存储的开源数据库系统，在高负载的情况下通过建立集群，添加更多的节点，保证服务器性能。视频、图片以及其他非结构化数据将存储在 MongoDB 中，通过主键关联 MySQL（图 8-3）。

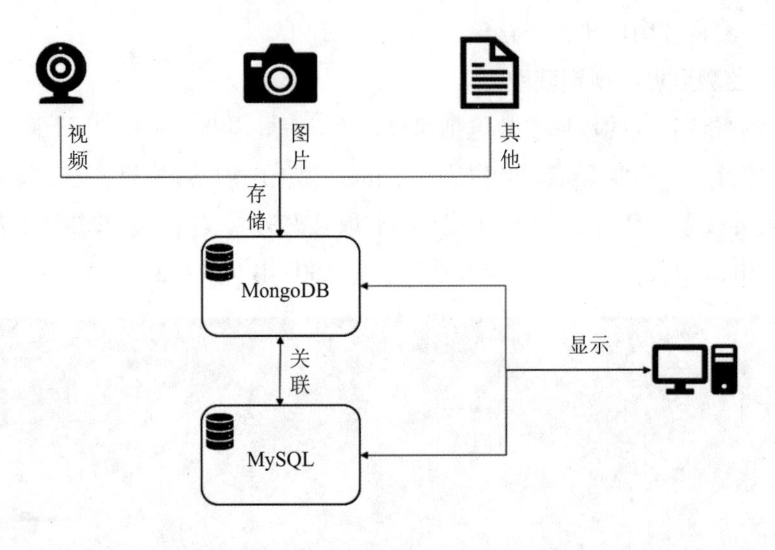

图 8-3　储存模式的设计

MongoDB 集群节点分为三类，路由节点（mongos）、配置节点（config）、分片节点（replset），各自作用如下（图 8-4）：

路由节点：处理客户端的连接，扮演存取路由器的角色，将请求分发到正确的数据节点上，对客户端屏蔽分布式的概念。

配置节点：配置服务，保存数据结构的元数据，例如每个分片上的数据范围、数据块列表等。配置节点也是 mongod 进程，只是它存储的数据是集群相关的元数据。

分片节点：数据存储节点，分片节点由若干个副本集组成，每个副本集存储部分数据，所有副本集的数据组成全体数据，而副本集内部节点存放相同的数据，以实现数据备份和高可用。

本地模拟 MongoDB 集群如图 8-5 所示，结构与非结构数据融合展示如图 8-6 所示。

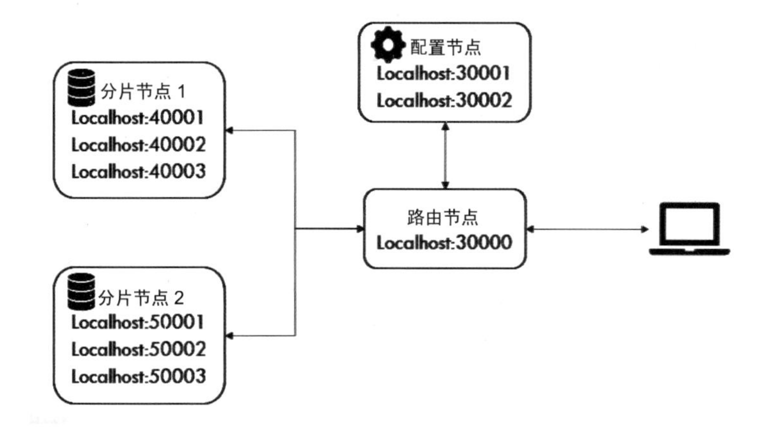

图 8-4　MongoDB 集群节点分类

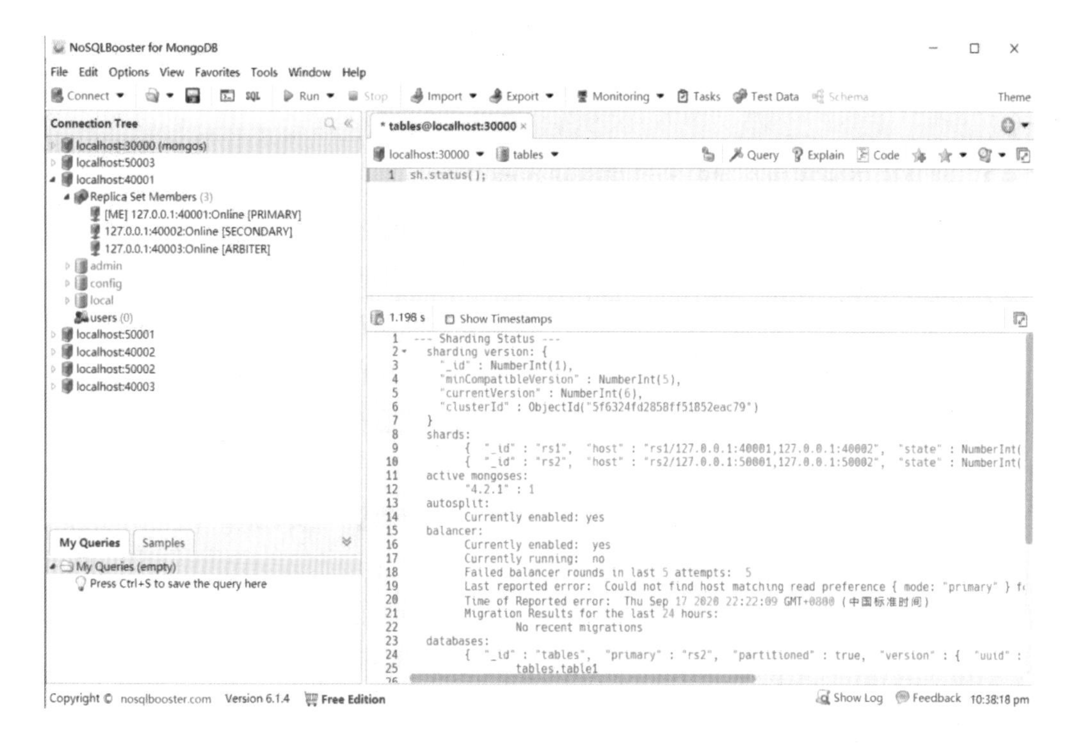

图 8-5　本地模拟 MongoDB 集群

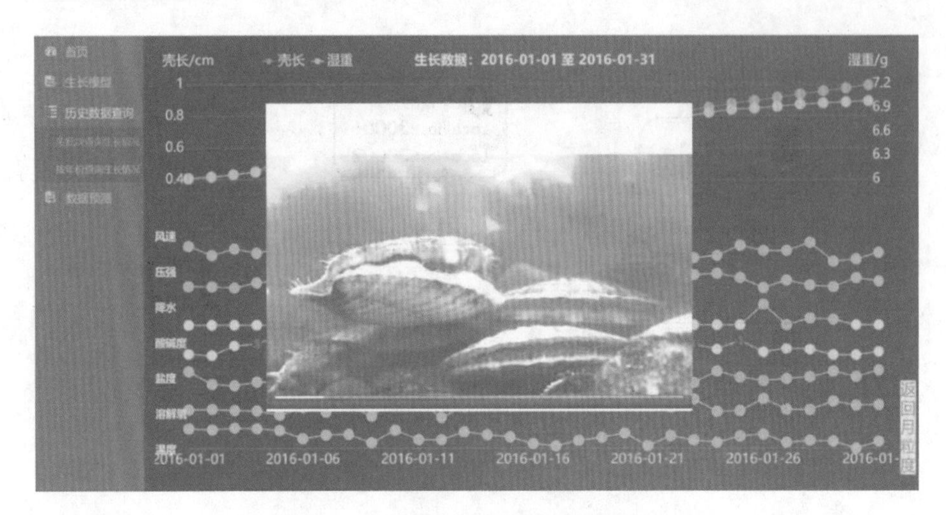

图 8-6 结构与非结构数据融合展示

2．虾夷扇贝增养殖全过程数据库概念结构设计

收集、准备好虾夷扇贝增养殖相关数据后，其数据库概念结构设计 E-R 图如图 8-7 所示。

3．虾夷扇贝增养殖全过程数据库逻辑结构

（1）采投人员（工号，姓名，联系方式）；

（2）投喂（工号，育苗区编号，投喂物品编号，投喂时间，投喂数量）；

（3）育苗区（幼苗区编号，培苗时间，培苗数量，幼苗品相）；

（4）幼苗（幼苗编号，幼苗来源，幼苗品相，幼苗品种）；

（5）采获（育苗区编号，工号，采获时间，采获数量，采获品种）；

（6）采投人员（工号，姓名，联系方式）；

（7）投放（增养殖区编号，工号，投放时间，投放数量，投放品种）；

（8）增养殖区（增养殖区编号，海域名称，经纬度）；

（9）成体（成体编号，成体品种，增养殖时长，出笼时间，出笼数量，质量溯源码）；

（10）增养殖（增养殖区编号，增养殖生物编号，增养殖时长，增养殖编号）；

（11）增养殖生物（增养殖生物编号，增养殖方式，养殖生物品种）；

（12）设备（设备编号，设备状态，设备类型，监测数据类型，监测数据数值，监测时间）。

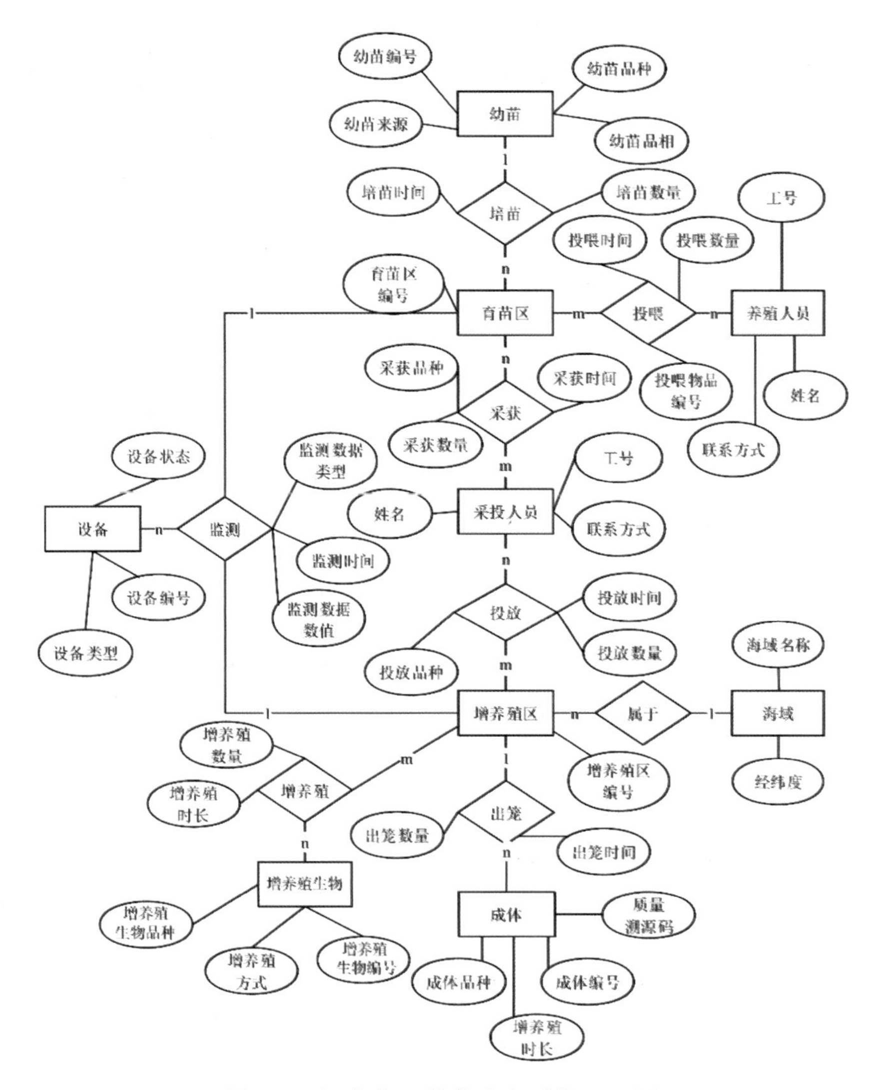

图 8-7　虾夷扇贝增养殖全过程 E-R 图

4．虾夷扇贝增养殖全过程数据收集及入库

通过文献检索、网络爬虫、在线监测、企业提供等手段收集了长海海域虾夷扇贝增养殖全过程的历史数据，主要包含增养殖环境指标数据、生物生长数据、历史视频影像等数据，并组织入库。截至 2022 年年底，已收集到虾夷扇贝增养殖的结构化数据约 103 万条，其中在线监测数据约 80 万条，非结构化数据（视频图片）约 1.5 TB。

8.1.4 虾夷扇贝增养殖全过程信息化

虾夷扇贝增养殖全过程主要包括育苗、养殖、采收、加工和销售 5 个阶段。本书构建了浅海增养殖大数据服务平台。通过生长参数和环境参数的监测，实现从育苗阶段的稚贝、三级苗，到增养殖阶段的半成品和新贝，再到采收阶段整个虾夷扇贝成长全过程的数据采集、数据存储、分析挖掘与可视化展示，进而提高虾夷扇贝养殖的全过程信息化和智能化水平。虾夷扇贝增养殖全过程如图 8-8 所示。

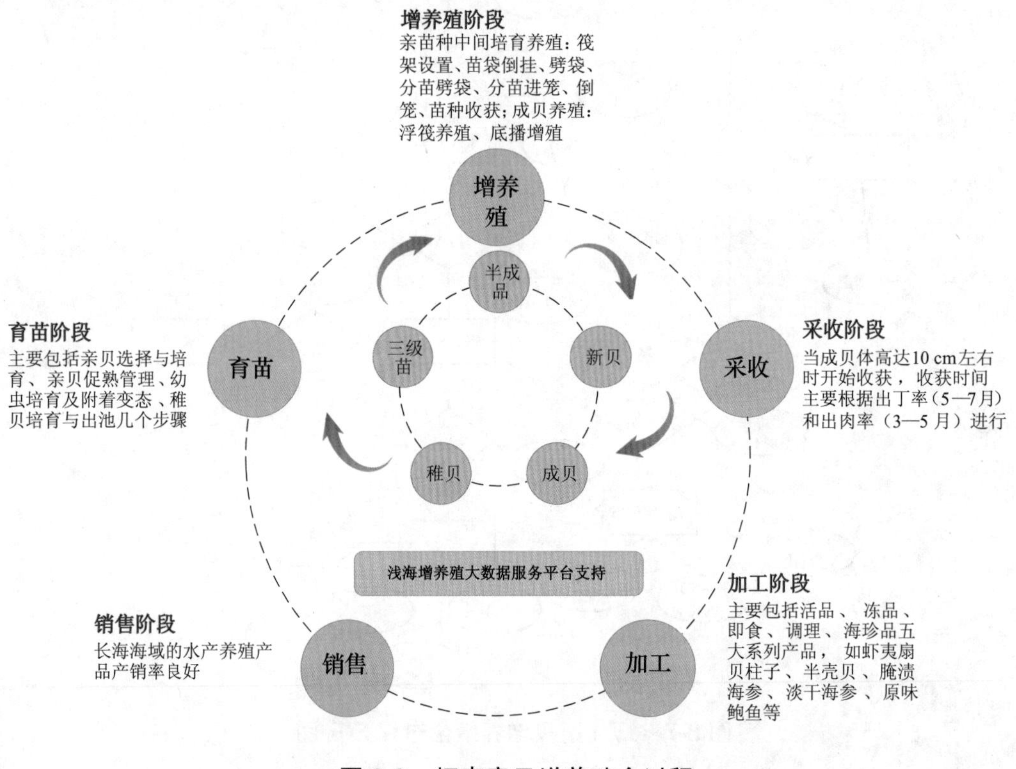

图 8-8 虾夷扇贝增养殖全过程

1. 育苗阶段

在浅海增养殖智能服务平台的后台管理系统中，对增养殖基地培育的幼苗进行管理和统计。如图 8-9 所示，幼苗的数量、品类、采购时间等信息被记录到幼苗管理模块，为后续分析幼苗生长情况以及统计成活率等指标提供数据支持。

图 8-9 平台幼苗管理模块

2. 增养殖阶段

虾夷扇贝的增养殖过程分为两大阶段，分别是苗种中间培育阶段和成贝增养殖阶段。苗种中间培育是苗种出库后中间育成的阶段；而成贝增养殖是将虾夷扇贝养成为商品贝的阶段，包括浮筏养殖和底播增殖两种方式。

在浅海增养殖智能服务平台中的生长过程展示模块，记录了虾夷扇贝的增养殖阶段的介绍和视频展示，包括增养殖阶段过程中的养殖笼养苗、底播增殖过程等，如图 8-10～图 8-12 所示。管理人员还可以定期通过更新按钮对增养殖阶段的描述进行更新。

图 8-10 底播播苗过程

图 8-11 全过程视频展示虾夷扇贝苗种繁育

图 8-12　全过程视频展示虾夷扇贝底播增殖

3．采收阶段

当虾夷扇贝壳高达 10 cm 左右的规格标准时，便可开始收获。底播增殖产品的采收一般有两种方式：一种是潜水员人工采捕，适宜于 15 m 水深以内的浅海海域；另一种是用采捕网具拖网采捕，适宜于底质平坦的海域。

在后台管理系统中对养殖基地的成品进行统计和管理。如图 8-13 所示，采收增养殖生物种类、采收数量、采收重量、采收时间、增养殖区位置等信息被记录到成品管理模块，为后续统计和分析采收养殖生物的收获情况提供数据支撑。

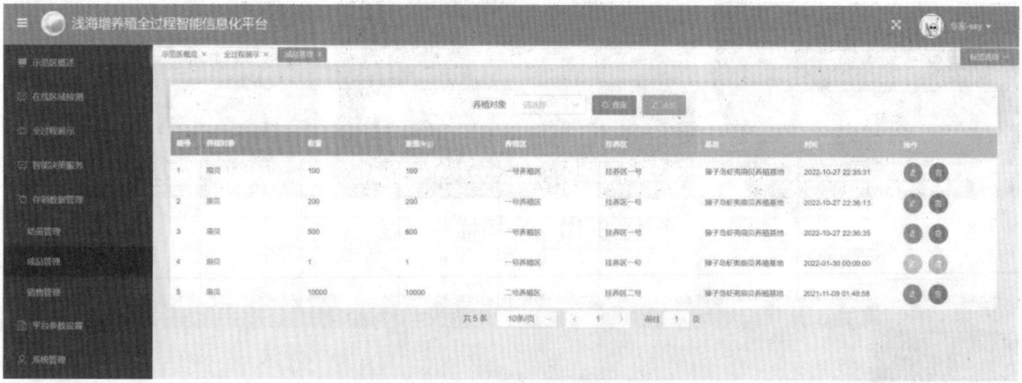

图 8-13　平台成品管理模块

4．加工阶段

在浅海增养殖智能服务平台中的生长过程展示模块，记录了虾夷扇贝加工阶段，包括分拣扇贝、破壳取贝肉，进行柱连籽或半壳贝的冷冻等的相关介绍。管理人员可以定期通过“更新”按钮对加工阶段的相关描述进行更新，如图 8-14 所示。

图 8-14　全过程视频展示虾夷扇贝加工过程

5. 产销阶段

为了更方便地管理长海海域虾夷扇贝以及其他增养殖生物的产销情况，设计研发了养殖和产销管理一体化的增养殖智能服务平台，如图 8-15 所示。平台会实时更新包括各个增养殖区的产销情况，各地区当日价格以及价格走势等多种产销信息，使得生产者和用户可以更好地把握市场趋势，从而及时对生产和销售情况做出决策调整。

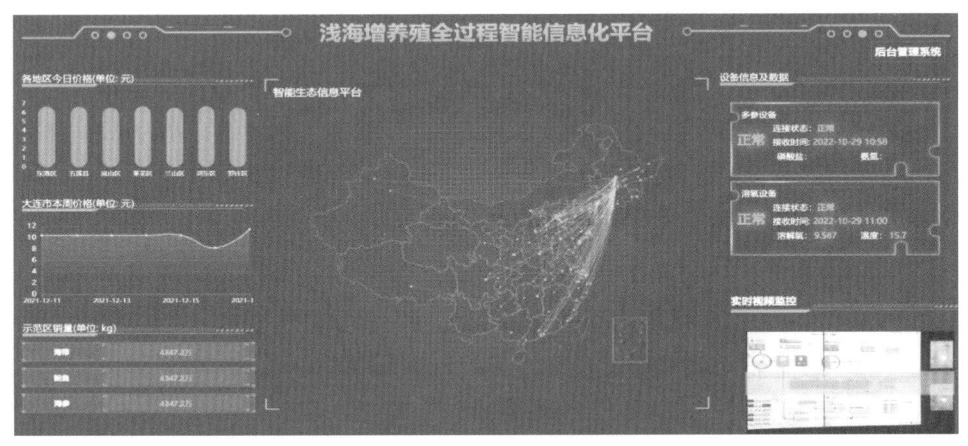

图 8-15　长海海域浅海增养殖智能服务平台大屏展示

除展示产销信息之外，在后台管理系统中也会对当年当月的成品产量和销售情况进行记录和统计（图 8-16）。每一批收获的虾夷扇贝的产量、收获区域、收获时间等信息都会被记录到成品管理模块，每一批产品的销售量、销售时间、销售地区也会被同步至销售管理模块，清晰明了、可追溯的产销管理也有助于生产管理者分析长海海域虾夷扇贝的产销趋势，做出决策判断。

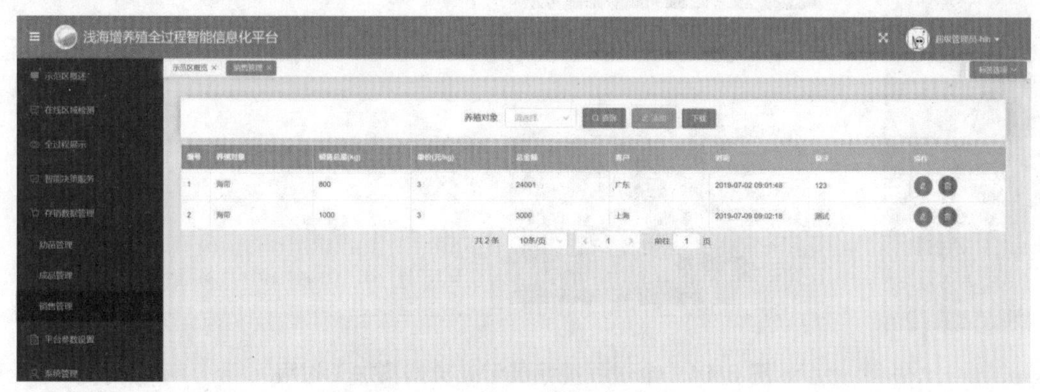

图 8-16　平台销售管理模块

8.1.5　虾夷扇贝增养殖全过程大数据挖掘与分析

8.1.5.1　虾夷扇贝生命周期全过程

长海海域底播虾夷扇贝生长周期约为 3 年，增养殖全过程如图 8-17 所示。虾夷扇贝的生命周期过程中，温度、溶解氧、饵料、盐度等海水中的关键因素均会对虾夷扇贝的生长速度造成影响。研究虾夷扇贝底播增养殖生命周期全过程，即希望利用监测数据，通过数据挖掘的手段关联汇总环境和扇贝生物体的生长机理耦合的关系，建立起描述长海海域底播虾夷扇贝生长过程及估计外部环境影响的局域数据模型。

8.1.5.2　长海海域虾夷扇贝生长生物解析模型

长海海域底播虾夷扇贝先在海面进行中期育苗，该阶段大约需要半年；随后的底播增殖阶段大约需要两年半。虾夷扇贝在底播增殖阶段处于较深的水层，且具有一定的移动能力。因此通过传感器等设备采集环境和生长数据困难较大。

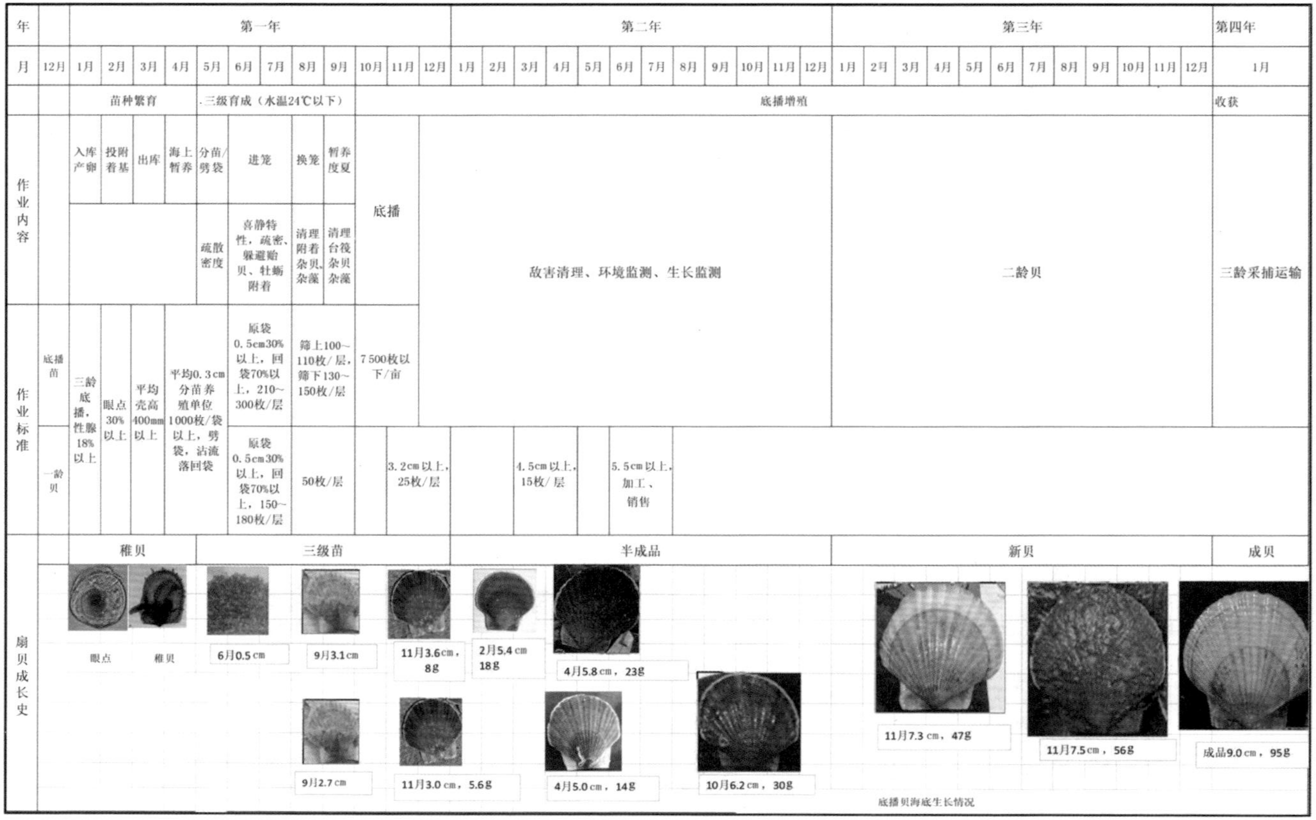

年		第一年												第二年	第三年	第四年
月	12月	1月	2月	3月	4月	5月	6月	7月	8月	9月	10月	11月	12月	1月 2月 3月 4月 5月 6月 7月 8月 9月 10月 11月 12月	1月 2月 3月 4月 5月 6月 7月 8月 9月 10月 11月 12月	1月
作业内容		苗种繁育				三级育成（水温24℃以下）					底播增殖					收获
		入库产卵	投附着基	出库	海上暂养	分苗/劈袋	进笼		换笼	暂养度夏	底播			敌害清理、环境监测、生长监测	二龄贝	三龄采捕运输
						疏散密度	喜静特性，疏密、躲避贻贝、牡蛎附着		清理附着杂贝、杂藻	清理台筏杂贝杂藻						
作业标准	底播苗	三龄底播，性腺18%以上	眼点30%以上	平均壳高400mm以上	平均0.3cm分苗养殖单位1000枚/袋以上，劈袋，沾流落回袋		原袋0.5cm30%以上，回袋70%以上，210~300枚/层		筛上100~110枚/层，筛下130~150枚/层		7 500枚以下/亩					
	一龄贝						原袋0.5cm30%以上，回袋70%以上，150~180枚/层		50枚/层			3.2cm以上，25枚/层		4.5cm以上，15枚/层；5.5cm以上，加工、销售		
扇贝成长史		稚贝				三级苗							半成品		新贝	成贝

扇贝成长史：

眼点　稚贝

6月0.5cm　9月3.1cm　11月3.6cm，8g　2月5.4cm 18g　4月5.8cm，23g

9月2.7cm　11月3.0cm，5.6g　4月5.0cm，14g　10月6.2cm，30g

11月7.3cm，47g　11月7.5cm，56g　成品9.0cm，95g

底播贝海底生长情况

图 8-17　虾夷扇贝苗种养成图

1．数据采集

从增养殖大数据库中抽取的长海海域底播虾夷扇贝的增养殖数据如表 8-1～表 8-4 所示。一批虾夷扇贝有 3 年左右的增养殖生长周期，企业对虾夷扇贝的生物体数据测量通常间隔数个月一次，频率也相对较低。

表 8-1　2018—2020 年虾夷扇贝体长（当年贝、一龄贝、二龄贝）

养殖地编号	编号	参数	测量日期	值/cm
1001	11	当年贝体长	2018-1-1	0.06
1001	11	当年贝体长	2018-1-2	0.06
1001	11	当年贝体长	2018-1-3	0.08
1001	11	当年贝体长	2018-1-4	0.08

表 8-2　2018—2020 年育苗池中虾夷一龄贝苗种数量

投苗编号	育苗池编号	数量	种类	日期
1011	1101	810	虾夷一龄贝苗种	2018-12-25
1011	1102	625	虾夷一龄贝苗种	2018-12-25
1011	2101	792	虾夷一龄贝苗种	2018-12-25
1011	2102	850	虾夷一龄贝苗种	2018-12-25
1011	2201	760	虾夷一龄贝苗种	2018-12-25

表 8-3　育苗池信息

编号	育苗池编号	区域
1	1101	一场一队坝外一排
2	1102	一场一队坝外二排
3	1201	一场二队马砣八排
4	1301	一场三队鸭石三排
5	2101	二场一队砣后三排

表 8-4　2017—2020 年降水量信息

养殖地编号	探头编号	参数类型	值	测量时间
10001	4	降水	0	2017-1-1 0：00：00
10001	4	降水	0	2017-1-1 1：00：00
10001	4	降水	0	2017-1-1 2：00：00
10001	4	降水	0	2017-1-1 3：00：00
10001	4	降水	0	2017-1-1 4：00：00

2. 长海海域虾夷扇贝生长生物解析模型构建

虾夷扇贝的增养殖过程涉及复杂多变的海水环境，水深较大，测量难度较高，测量频率较低，数据采集空间和时间分布稀疏，覆盖率不足。此外，虾夷扇贝的养殖周期长达 3 年，数据观测和积累周期也相当漫长。这些问题限制了企业搜集数据量的积累速度，缺少大量、密集和准确的数据，使得底播扇贝的大数据挖掘具有很大挑战性。在这种情况下，数据挖掘前先构建底播虾夷扇贝生长的生物解析模型。

生物解析模型通常是通过数学函数关联增养殖的环境测量参数和生物生长状况参数的函数集合。这些函数形式及其相关性通常由前人的大量试验研究工作得出[15]，例如，长海海域虾夷扇贝养殖解析函数中的系数可以由采集的数据约束已知方程组形式拟合产生。本书在获取部分长海海域底播虾夷扇贝的历史养殖数据后，首先通过查找文献等方式对其进行分析和构造生物生长的解析模型，然后以测量数据为约束进行拟合，进一步获得细节粒度数据。通过咨询长海海域的增养殖企业和文献调研获取合理的预备知识后，本节将构建以水温、溶解氧、pH、盐度为核心影响因素的壳长生长模型和湿重生长解析模型。因长海海域底层饵料富余量大，模型暂不考虑饵料富余量影响。本解析模型关联环境数据之间复杂的非线性关系和增养殖测量之间的潜在联系，可用于分析、预测长海海域底播虾夷扇贝的生物生长目标。

构建解析模型时以日粒度作为主要呈现的时间单位，模型涵盖了虾夷扇贝生长过程中的中间育成和底播增殖两个阶段。长海海域养殖虾夷扇贝的中间育成阶段为从第一年 6 月进笼开始至 9 月的 4 个月共 122 d，被称为“三级育成”。自第 123 天起至第 1 095 天约两年半的时间为底播增殖阶段。由于两个阶段所处海水水层具有差异、扇贝生命周期具有差异，因此需要分段构造生长解析模型。解析模型包含海水环境因子的模式、扇贝生长模式和两者之间的关联。

（1）水温模式

长海海域表层和底层水温数据由文献中获取[16,17]。以测量数据为约束，在 MATLAB 中拟合数据点的波动规律，可获得表层和底层水温波动的粗糙函数规律。在中间育成阶段和底播阶段，水温随着时间变化的函数关系如式（8-1）和式（8-2）所示，式中增加噪声以贴近实际的测量情况，并增加模型的鲁棒性。

$$T_{\text{surface}} = 10.85 - 7.3 \times \sin\left(\frac{2\pi D + 250}{365}\right) + rand \tag{8-1}$$

$$T_{\text{buttom}} = 10.9 - 7.68 \times \sin\left(\frac{2\pi D + 161}{365}\right) + rand \tag{8-2}$$

式中，T_{surface}——表层水温；

D——虾夷扇贝自增养殖起始日起所经历的天数；

$rand$——为了使模型接近真实所添加的随机噪声；

T_{buttom}——底层水温。

由式（8-1）、式（8-2）所得中间育成挂养和底播阶段水温随时间变化的趋势图，如图 8-18 所示。

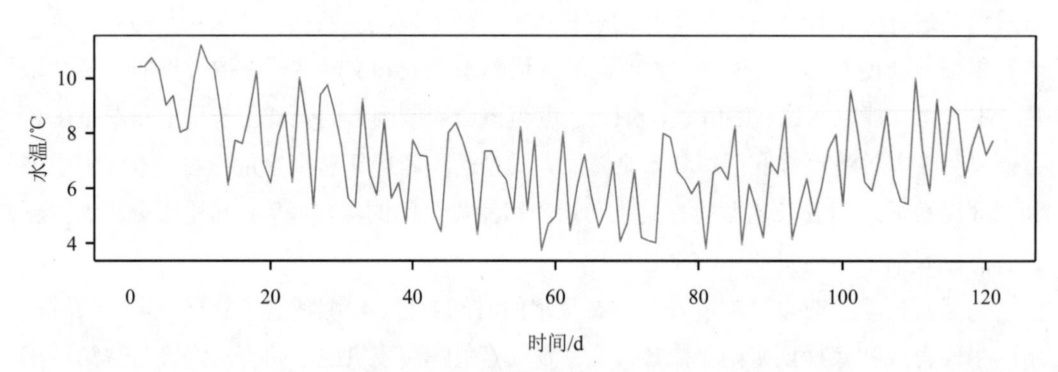

（a）表层水温随时间的变化

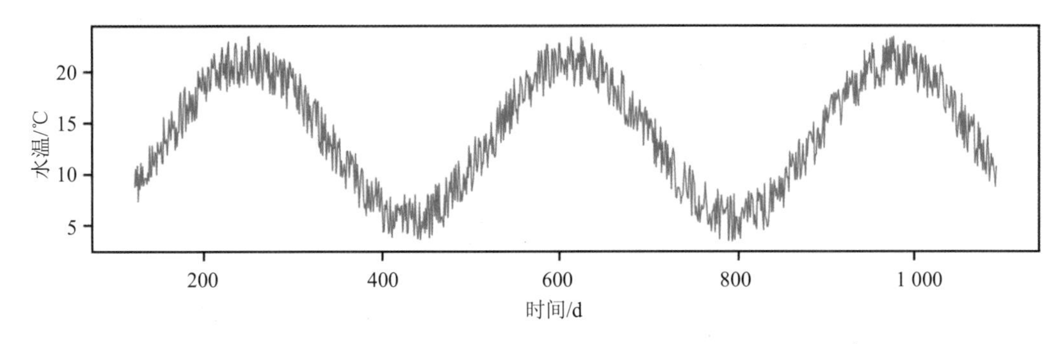

（b）底层水温随时间的变化

图 8-18　长海海域海水温度变化趋势

另外，虾夷扇贝生长过程中对水温的响应存在舒适区和不适区，当处在舒适区域中生长速度较快，当处在不适区域中生长速度较慢。水温的舒适区可以用高斯函数予以表达，如式（8-3）所示，本章称为“抑制函数”。由文献得虾夷扇贝最适合的水温在 15℃左右[18]，低于 5℃生长缓慢。水温对虾夷扇贝生长的抑制函数如图 8-19 所示，其中正的函数值代表水温对虾夷扇贝生长有促进作用，此时生长速度快于平均速度。反之负的抑制函数值则代表生长过程缓慢，此时虾夷扇贝的生长速度慢于平均速度。

$$f\left(T;\mu,\sigma\right)=\frac{1}{\sigma\sqrt{2\pi}}\mathrm{e}^{-\frac{(T-\mu)^2}{2\sigma^2}}-0.05\left(\mu=15,\sigma=5\right) \tag{8-3}$$

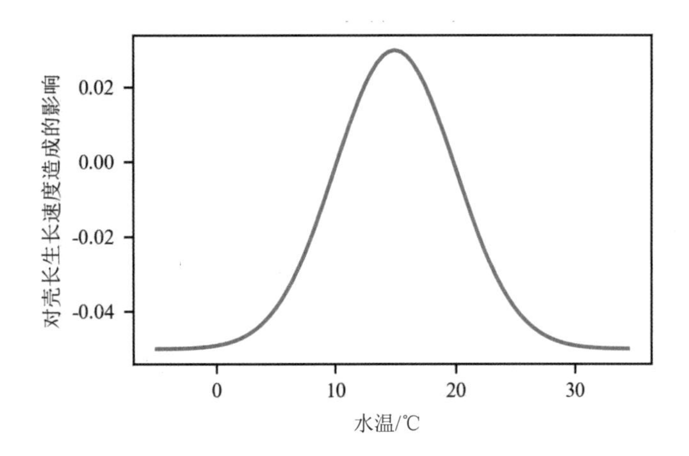

图 8-19　水温对虾夷扇贝生长的抑制曲线

（2）盐度模式

长海海域海水盐度常年稳定，波动较小，在底播阶段即便海面暴雨对较深海水的盐度影响也较小。与对水温的拟合一样，将通过文献获得的盐度的测量值[16,17]进行MATLAB 曲线拟合后可以得到平稳波动的光滑曲线，并增加噪声。盐度随时间的变化趋势可以用式（8-4）表示：

$$S = 33.24 + 0.1901 \times \cos(0.5228D) + 0.798 \times \sin(0.5228D) + rand \tag{8-4}$$

式中，S——海水盐度；

D——养殖天数；

$rand$——加入的随机噪声。

海水盐度随时间变化的趋势如图 8-20 所示。图 8-20 中，盐度的波动稳定在 32.5‰～35‰。

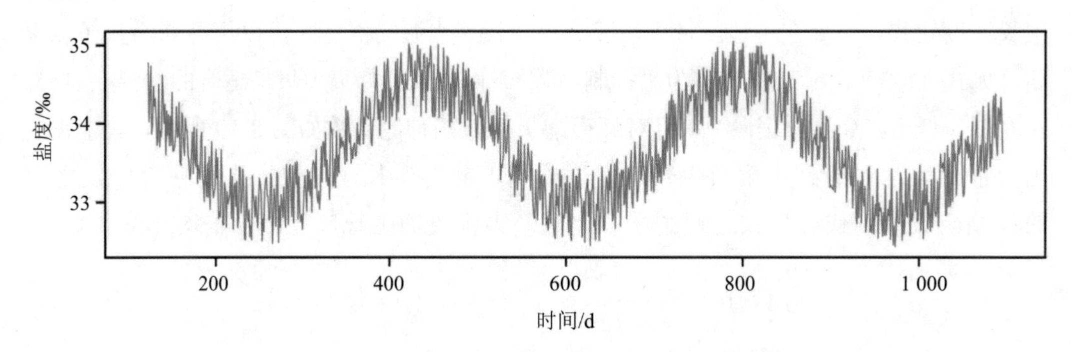

图 8-20 长海海域盐度随时间变化趋势

虾夷扇贝对不同盐度的海水也存在舒适区间。盐度对虾夷扇贝生长的抑制函数可以用高斯函数如式（8-5）表示：

$$g(S;\mu,\sigma) = \frac{1}{\sigma\sqrt{2\pi}} e^{-\frac{(S-\mu)^2}{2\sigma^2}} - 0.05\,(\mu = 33.2, \sigma = 1.5) \tag{8-5}$$

式中，S——盐度；

μ、σ^2——分别为均值与方差。

盐度限制虾夷扇贝生长的关系如图 8-21 所示。盐度在 33‰左右最适合虾夷扇贝生长。

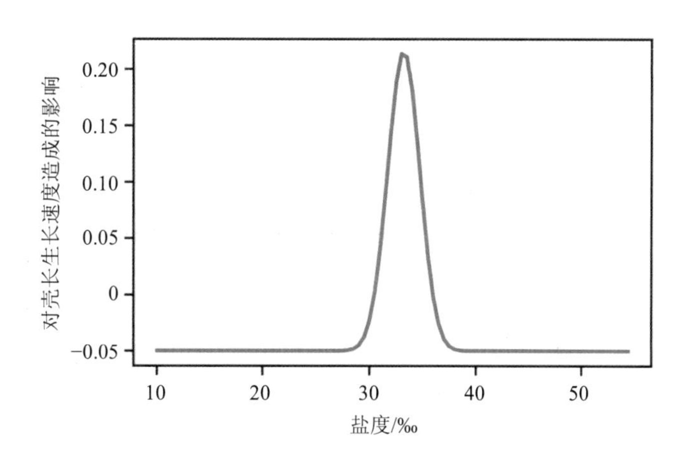

图 8-21 盐度对虾夷扇贝生长的抑制曲线

（3）pH 模式

长海海域海水 pH[19]的波动关系拟合结果如式（8-6）所示：

$$pH = 8.295 - 0.002\,206 \times \cos(0.531\,8D) - 0.002\,456 \times \sin(0.531\,8D) + 0.2 \times rand \tag{8-6}$$

式中，D——养殖天数；

S——盐度；

$rand$——随机值。

pH 随时间变化的曲线如图 8-22 所示。

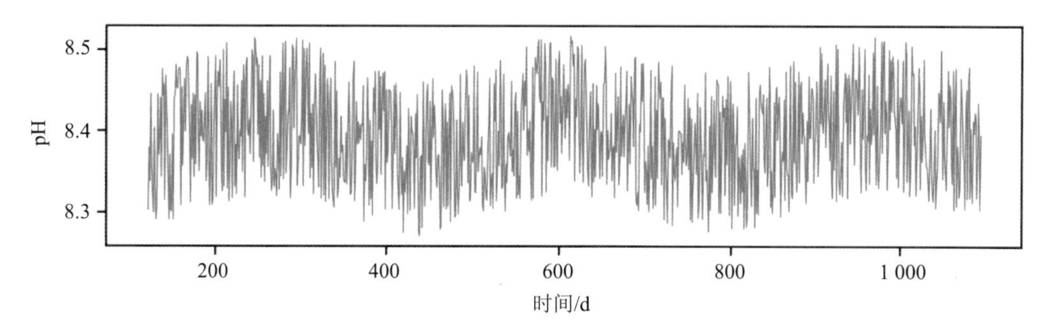

图 8-22 pH 随时间的变化曲线

pH 对虾夷扇贝的生长的抑制关系如式（8-7）所示。pH 对生长的抑制曲线如图 8-23 所示。

$$h(S;\mu,\sigma)=\frac{1}{\sigma\sqrt{2\pi}}\mathrm{e}^{-\frac{(S-\mu)^2}{2\sigma^2}}-0.2\ (\mu=8.1,\sigma=0.3) \tag{8-7}$$

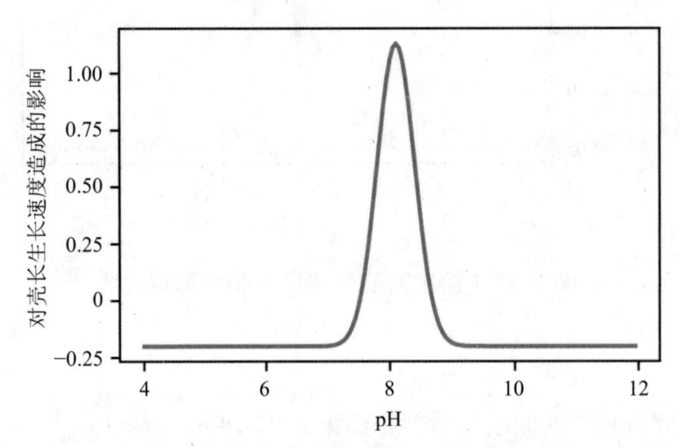

图 8-23 pH 对虾夷扇贝生长的抑制曲线

（4）溶解氧（DO）模式

通过文献调研[20]，海水溶解氧与水温呈显著负相关。数据拟合后溶解氧可以用式（8-8）表示。

$$\mathrm{DO}=10.44\mathrm{e}^{-0.03677T}+4.078+rand \tag{8-8}$$

式中，DO —— 海水溶解氧浓度；

T —— 海水温度。

溶解氧随水温变化的仿真趋势如图 8-24 所示。海水溶解氧含量对虾夷扇贝生长的抑制函数如式（8-9）所示：

$$I(\mathrm{DO};\mu,\sigma)=\frac{1}{\sigma\sqrt{2\pi}}\mathrm{e}^{-\frac{(\mathrm{DO}-\mu)^2}{2\sigma^2}}-0.12\ (\mu=8.5,\sigma=1.7) \tag{8-9}$$

式中，DO ——溶解氧浓度；

μ、σ^2 ——分别为抑制函数曲线的均值和方差。

溶解氧对虾夷扇贝生长的抑制曲线如图 8-25 所示。

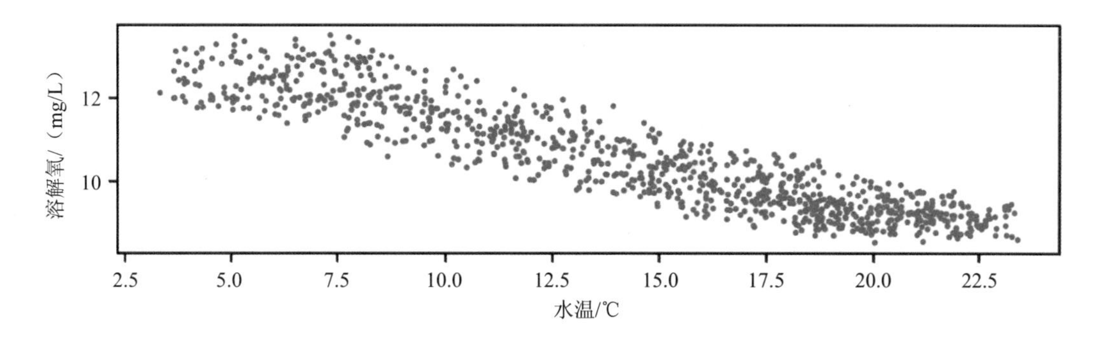

图 8-24　溶解氧随水温变化趋势

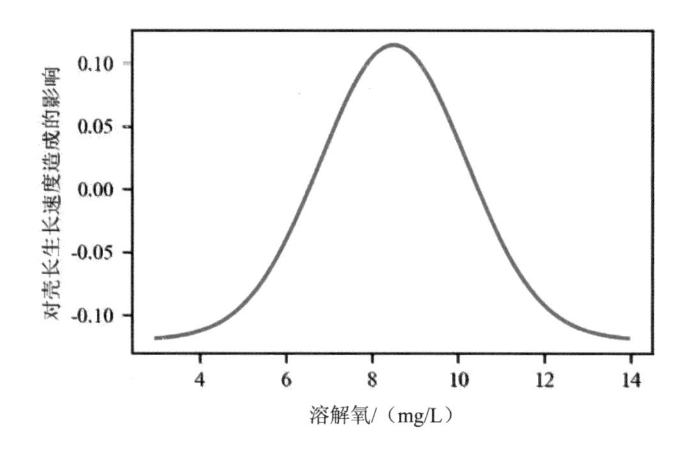

图 8-25　溶解氧对虾夷扇贝生长的抑制曲线

（5）虾夷扇贝壳长生长解析模型

虾夷扇贝是一种具有较长寿命和较强的环境耐受能力的海洋生物。它的生长有一定的阶段特征，并形成独有的趋势，例如幼年期体长发育生长较快，成年发育停滞生长缓慢，老年期体重会有所下降。在各阶段中不同环境状况会对动物的生长发育带来一定程度的影响。虾夷扇贝增养殖活动中，企业通常关注虾夷扇贝体长和湿重 2 个指标。我们分别对它们的解析模型进行描述。

假设扇贝生长速度为基础生长速度与各抑制函数影响的一阶加权组合，长海海域虾夷扇贝在中间育成挂养阶段和底播阶段壳长生长模型的拟合函数表达解析式分别如式（8-10）和式（8-11）所示。

$$L_{D\in[1,122]}=0.484\,74\times\left(\frac{D}{30}\right)^{1.182}+\sum_{i=1}^{D}[0.05\times f\left(T_i\right)+0.000\,01\times g\left(S_i\right)+0.001\times h\left(\mathrm{pH}_i\right)+0.02\times I\left(\mathrm{DO}_i\right)]+0.4 \quad (8\text{-}10)$$

$$L_{D\in[122,1\,095]}=1.844\,9\times\left(\frac{D}{30}\right)^{0.365\,2}+\sum_{i=122}^{D}[0.05\times f\left(T_i\right)+0.001\times h\left(\mathrm{pH}_i\right)+0.000\,01\times g\left(S_i\right)+0.02\times I\left(\mathrm{DO}_i\right)]+2 \quad (8\text{-}11)$$

式中，L——虾夷扇贝的壳长；

D——虾夷扇贝自养殖第一日起的日期数；

T_i——第 i 天的水温；

S_i——第 i 天的盐度；

pH_i——第 i 天的 pH；

DO_i——第 i 天的溶解氧。

解析表达式在虾夷扇贝生长趋势的基础上，通过相应抑制函数计算出生长因子并乘以系数，最后求和累计得出生长曲线。壳长的生长过程如图 8-26 所示。其中红色部分为中间育成挂养阶段壳长增长过程，蓝色部分为底播增殖阶段壳长增长过程。虾夷扇贝壳长生长随养殖日期增加呈现减速的整体趋势，生长速度围绕整体趋势呈现出波动特征。

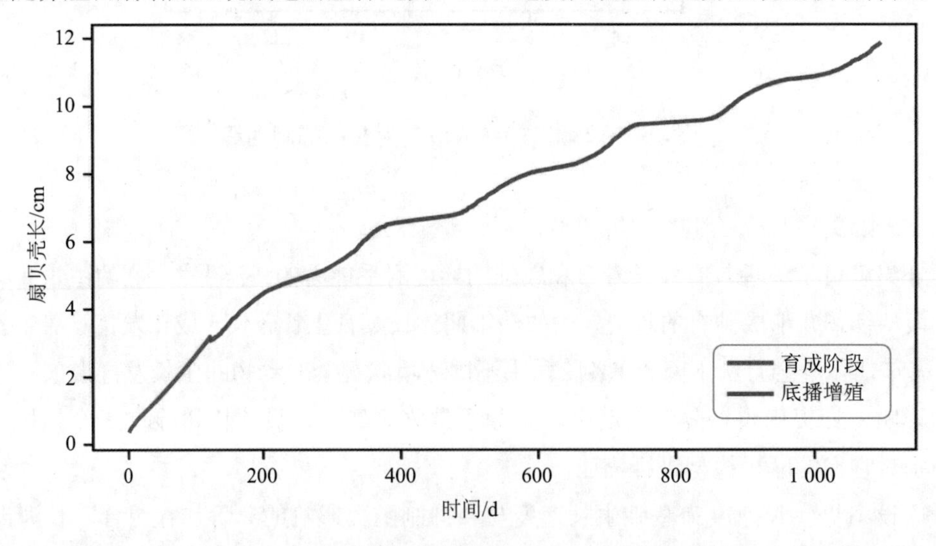

图 8-26　长海海域虾夷扇贝壳长生长趋势

（6）长海海域虾夷扇贝湿重生长解析模型

同理，在中间育成挂养和底播增殖阶段，湿重的生长解析函数可以分别由式（8-12）和式（8-13）表示：

$$W_{D\in[1,122]}=0.335\,65\times\left(\frac{D}{30}\right)^{1.191\,7}+\sum_{i=1}^{D}[0.05\times f\left(T_i\right)+0.000\,01\times g\left(S_i\right)+0.001\times h\left(\mathrm{pH}_i\right)+0.02\times I\left(\mathrm{DO}_i\right)]+6 \tag{8-12}$$

$$W_{D\in[122,1\,095]}=2.347\,3\times\left(\frac{D}{30}\right)^{0.914\,5}+\sum_{i=122}^{D}[0.05\times f\left(T_i\right)+0.001\times h\left(\mathrm{pH}_i\right)+0.000\,1\times g\left(S_i\right)+\times0.01\times I\left(\mathrm{DO}_i\right)]+2 \tag{8-13}$$

式中，W——虾夷扇贝的湿重；

D——虾夷扇贝自养殖第一日起的日期数；

T_i——第 i 天的水温；

S_i——第 i 天的盐度；

pH_i——第 i 天的 pH；

DO_i——第 i 天的溶解氧。

虾夷扇贝 3 年的养殖期内，虾夷扇贝重量增长呈现近似线性趋势。重量增长趋势可由系数修正的生长函数和生长因子计算得出。虾夷扇贝湿重增长曲线如图 8-27 所示。红色部分为中间育成挂养阶段，蓝色部分为底播增殖阶段，重量的增长围绕着主要趋势发生波动。

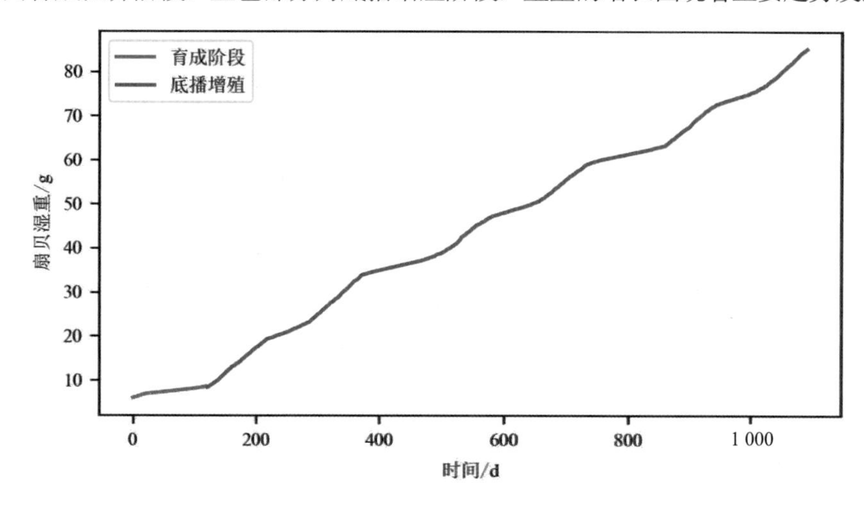

图 8-27　长海海域虾夷扇贝湿重增长曲线

综上所述，我们以长海海域虾夷扇贝生长的实际测量值为约束建立了一个方程组。该方程组各个函数成员分别描述了虾夷扇贝不同增养殖阶段中壳长、湿重的主要生长趋势，海水温度、溶解氧、pH、盐度的变化情况，以及在这些参数影响下虾夷扇贝生长速度的波动。这个方程组作为长海海域虾夷扇贝生长的解析模型，之后将被作为大数据挖掘模型的对照模型进行比较。

8.1.5.3 长海海域虾夷扇贝生长的数据模型和预测

长海海域虾夷扇贝的正常生长模式可以通过数据回归模型来描述。建立可参考数据模型的基础是对生物自然生长规律进行建模。数据模型的准确性在很大程度上依赖于数据的质量。一般情况下，数据的积累量越大、数据的粒度越密集，越准确，覆盖的时间、空间范围越广泛，数据采集过程中涉及的生长、病害情况越多，则建立的数据模型越准确和丰富。

本节将在假定虾夷扇贝生长解析模式未知的情况下，通过少量数据构建数据生长模型，并与本节的“长海海域虾夷扇贝生长生物解析模型”相对照。目的在于观察可利用数据较少时模型预测效果的好坏，以及探索缩短大数据智能化部署耗时的方法。本节先通过回归模型获取长海海域虾夷扇贝的基本生长趋势（基线）。“长海海域虾夷扇贝生长的环境影响阈值”通过比较扇贝生长的测量值和基线，尝试获取环境因子对促进扇贝生长速度的优势范围。本节“SARIMAX 预测模型”在前两节的基础上做特征变换，并通过 SARIMAX 模型建立外源环境因子影响和预测虾夷扇贝生长指标的模型；最后基于 “SARIMAX 预测模型”提出基于预测生长状况的环境预警标准。

观察虾夷扇贝生长数据，发现在育成挂养阶段，其长度和重量呈近似线性增加。而在底播阶段，随着增殖时间的推移，生长速度逐渐减缓。有趣的是，在 3 年的增养殖期内，虾夷扇贝长度的生长曲率明显大于重量的生长曲率，这表明在底播后，重量增加更趋向于线性过程。

中间育成挂养和底播过程中虾夷扇贝的生长有明显区别，在开始养殖的第 120 天左右存在一个突变点。在突变点的两侧需要满足边界连续性条件约束。按照虾夷扇贝生长过程的时间顺序，首先对中间育成挂养阶段建立线性回归模型。线性回归模型的参数采用最小二乘法获得，虾夷扇贝中间育成挂养阶段长度随养殖时间生长的线性模型线性回归的表达式如式（8-14）所示。

$$L_{\text{surface}} = 0.345 + 0.023 \times D \tag{8-14}$$

式中，L_{surface}——中间育成阶段虾夷扇贝在海面的长度；

D ——增养殖的天数。

将式（8-14）和式（8-10）相比有一些差距。线性回归和观察值的比较如图 8-28 所示，可以观察到两者之间的误差并不大，模型回归计算值的决定系数为 R^2-score = 0.998。

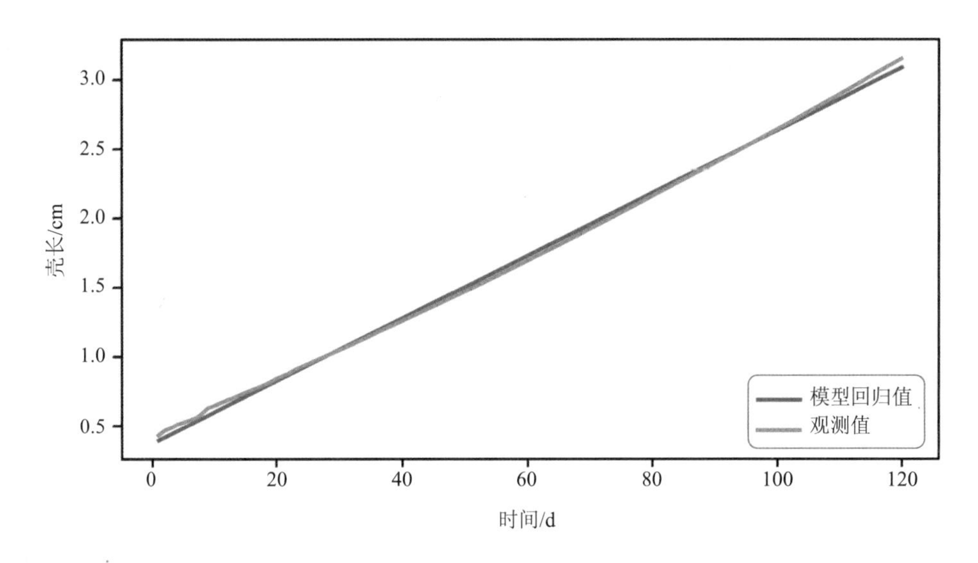

图 8-28 虾夷扇贝中间育成阶段壳长生长线性回归

中间育成挂养阶段虾夷扇贝重量生长线性回归的表达式如式（8-15）所示：

$$W_{\text{surface}} = 6.375 + 0.024 \times D \tag{8-15}$$

式中，W_{surface}——中间育成阶段虾夷扇贝的湿重；

D——虾夷扇贝的增养殖天数。

将式（8-15）的参数与式（8-16）的参数进行比较，发现二者有较大区别。回归曲线和观察值的比较如图 8-29 所示。图中回归曲线在虾夷扇贝生长初期存在比较明显的误差。重量回归模型计算值的决定系数低于长度的回归模型，为 R^2-score = 0.987。

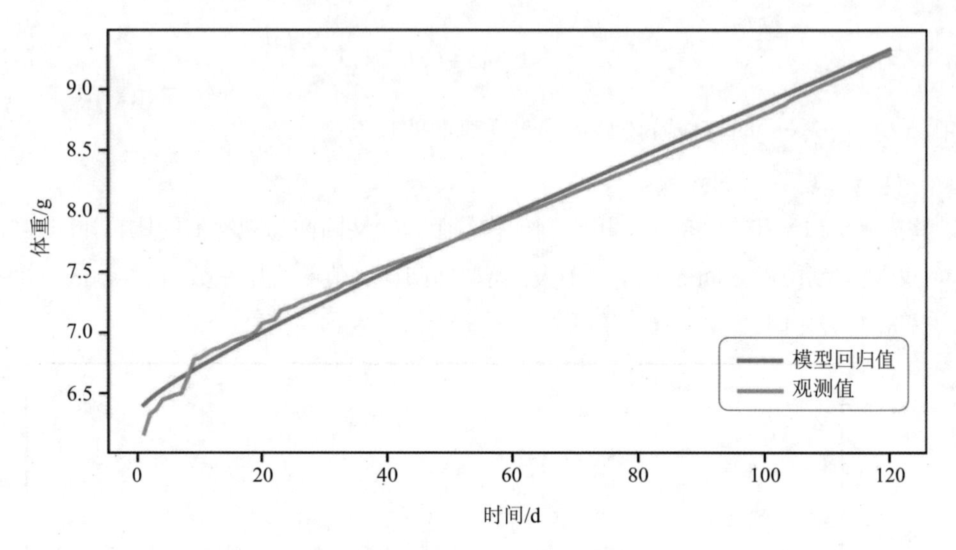

图 8-29　虾夷扇贝中间育成挂养阶段重量线性回归和观察值比较

在虾夷扇贝底播阶段观察到生长速度减缓的非线性趋势。因此选用模型进行回归时，需要在线性拟合基础上增加养殖天数的非线性函数关系。经测试比较，表现较好的函数形式为：

$$f(x)=a+bx+c\sqrt{x}$$

在训练数据模型时需要注意对特征进行归一化变换。由于生物生长过程的连续性，需要对回归模型施加边界条件约束：底播模型回归曲线的第一个点（第 122 天）必须经过中间育成挂养模型预测的最后一个点（第 122 天），即方程组形式为式（8-16）：

$$\begin{aligned} Y_{\text{bottom}} &= a+b\times D+c\times\sqrt{D} \\ Y_{\text{bottom}}(D=122) &= Y_{\text{surface}}(D=122) \end{aligned} \tag{8-16}$$

式中，Y ——虾夷扇贝的壳长 L 或湿重 W；

Y_{surface}、Y_{bottom} ——分别代表中间育成或底播过程的测量值；

D ——增养殖天数；

a、b、c ——分别为待确定的系数。

在底播阶段，虾夷扇贝生长的壳长回归结果如图 8-30 所示。回归曲线的参数如表 8-5 所示，回归的决定系数为 R^2-score=0.988。

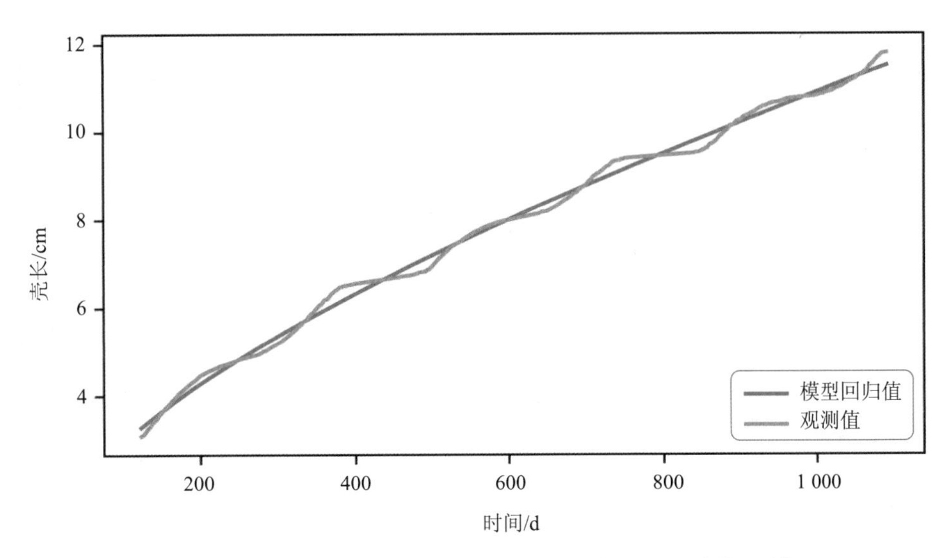

图 8-30　底播阶段虾夷扇贝壳长回归结果与观察值比较

表 8-5　底播阶段壳长回归参数

参数	回归函数形式：$a+bx+c\sqrt{x}$		
	值	精度	约束
a	0.100	±0.007 13（7.13%）	$a=3.149-b\times123-c\times11.09$ $a>0$
b	0.025	$\pm3.92\times10^{-5}$（1.55%）	
c	0.263	±0.001 06（0.40%）	

虽然部分参数值与式（8-11）中主要趋势有较明显差值，但从图 8-30 可以看出，这条回归曲线仍旧较好地描述了虾夷扇贝生长的主要趋势。表 8-5 中参数值的差别主要是由于所用函数形式的不同。回归函数形式中增加的非线性项为 $\sqrt{x}$，不选择 x^d 作为拟合函数的非线性项的原因主要是：①实际假设中并不知道虾夷扇贝生长的解析函数；②当使用复杂的高幂非线性项构造模型时，模型倾向于获得过拟合结果。因此使用简单的非线性项更加容易获得鲁棒性好的模型结果，抓住整体的趋势。

同理，可以获得重量的回归模型。虾夷扇贝重量生长回归结果如图 8-31 所示，其回归参数如表 8-6 所示，回归的决定系数为 R^2-score=0.997。

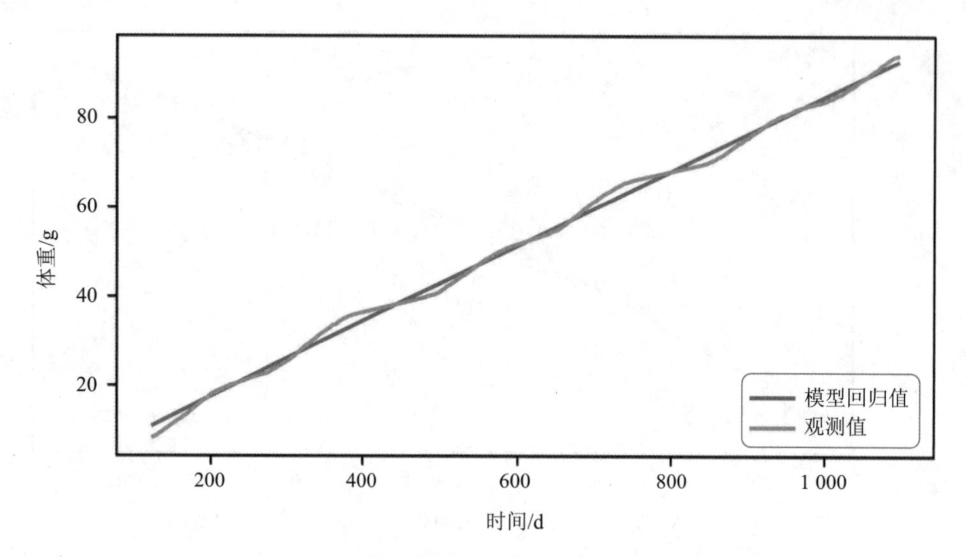

图 8-31 底播阶段虾夷扇贝湿重回归结果与观察值比较

表 8-6 底播阶段湿重回归参数

参数	回归函数形式：$a+bx+c\sqrt{x}$		
	值	精度	约束
a	0.100	±0.056 4（56.41%）	$a=9.40-b\times123-c\times11.09$ $a>0$
b	0.080	$\pm3.10\times10^{-4}$（0.39%）	
c	0.130	±0.008 43（6.48%）	

上述模型回归获得的曲线较好地描述了长海海域虾夷扇贝生长的主要趋势，因此可以作为正常生长模式的“基线”使用。这些基线反映了虾夷扇贝在不同的年龄时期的生长发育速率。虾夷扇贝壳长、湿重在中间育成挂养和底播阶段基线模型的准确性指标如表 8-7 所示。表 8-6 所列的误差或准确性指标值相对偏高。

随着虾夷扇贝生长监测数据逐步丰富，可以不断应用新数据和正常模式数据模型计算新的参数，并评估其准确率。当数据集扩充后，需要先添加离群值剔除步骤，目的在于去除异常生长情况，比较常见的方式有高斯统计、百分位、RCF 等。在更丰富的数据集上应用此模型时有可能发现基线模型的准确性指标恶化。这种变化可能是正常现象，最终会随着数据集的不断扩充稳定在某个值附近波动。在未来丰富数据集上建立的基线模型将更加准确和更具说服力。

表 8-7 基线模型的准确性指标

指标	中间育成挂养		底播	
	壳长	湿重	壳长	湿重
MAE	0.030	0.075	0.128	0.943
MAPE	2.36%	0.990%	1.81%	2.72%
R^2-score	0.998	0.987	0.996	0.998

8.1.5.4 长海海域虾夷扇贝生长的环境影响阈值——基于环境统计和限制函数假设

虽然基线模型已经可以反映虾夷扇贝随养殖时间生长变化的主要趋势，但比较实际测量的数据和回归模型计算的趋势可以发现（图 8-32、图 8-33），实际测量的观察值曲线在基线附近似乎有规律地波动。这种规律波动不太可能是随机的误差导致的，且带有一些周期性质。结合水温等环境因子随季节周期波动的特点可以猜测，环境因子会影响虾夷扇贝的生长速度，并造成促进或阻碍作用。在估计增养殖生物时，必须考虑环境因子的影响。

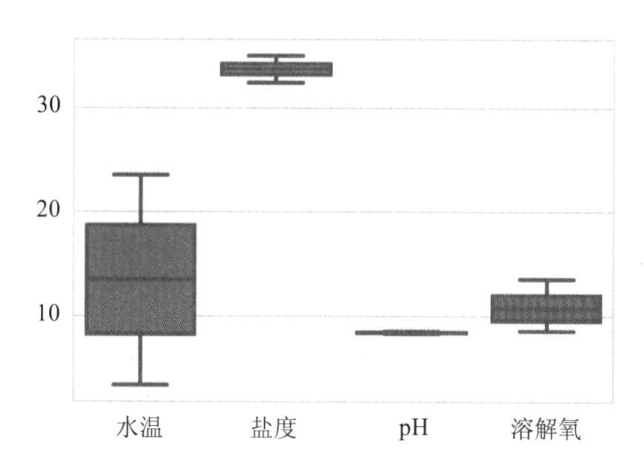

图 8-32 水温、盐度、pH、溶解氧的四分位数分布

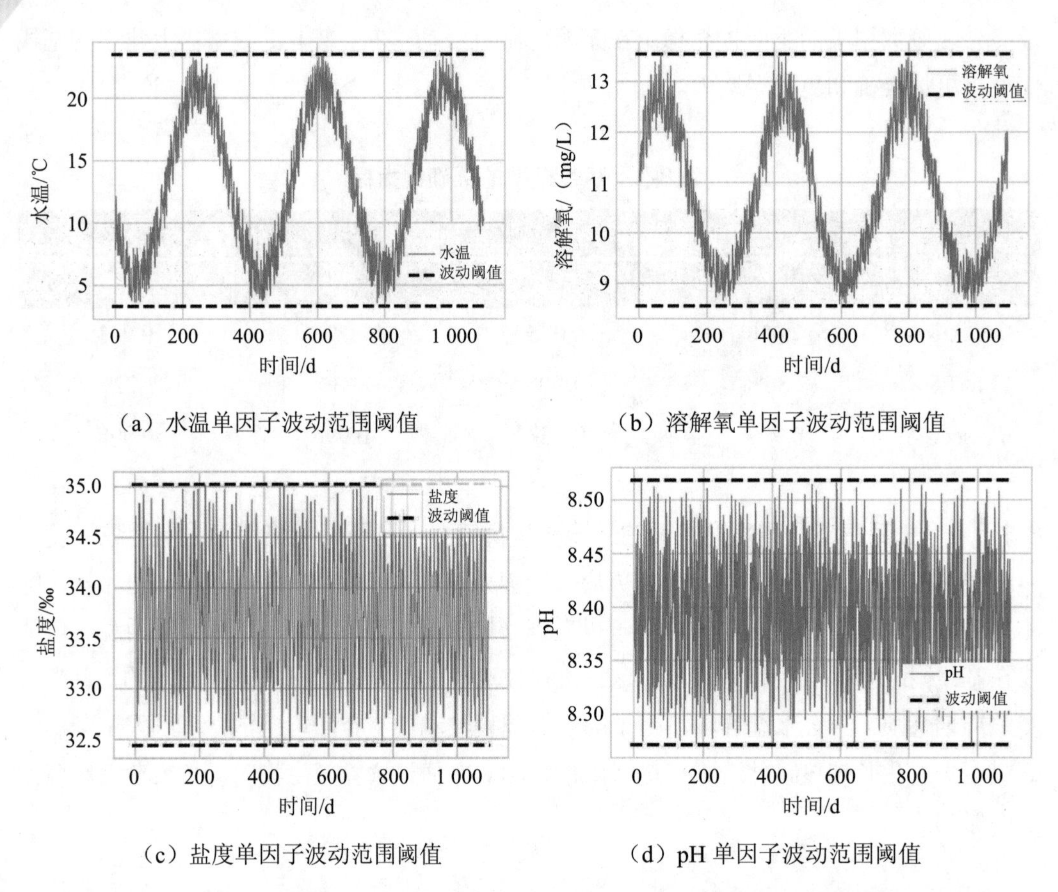

（a）水温单因子波动范围阈值

（b）溶解氧单因子波动范围阈值

（c）盐度单因子波动范围阈值

（d）pH 单因子波动范围阈值

图 8-33　水温、溶解氧、盐度、pH 历史波动及四分位法获得的正常区间上下限阈值

增养殖应用场景下，需要重点关注的环境变化有两种。一是增养殖海域遭遇异常气候和水文变化，二是环境因子作用域增养殖生物导致的生长衰退。因此，本书将以这两个角度为出发点，研究长海海域虾夷扇贝正常生长的环境因子范围，并得出阈值。

1．单环境因子异常

在长海海域环境因子通常存在年度波动的均值和范围，当有超出该正常范围的变化时，表明有可能存在异常的气候侵袭。异常的气候可能对虾夷扇贝生长造成损害。我们选用水温、溶解氧、盐度、pH 共 4 项环境因子统计单环境因子异常的判定边界。

通过四分位数方法［式（4-1）～式（4-3）］对各单一环境因子进行统计，并取离群值的分界线 UQ［式（4-2）］与 LQ［式（4-3）］作为环境因子波动的范围阈值。水温、溶解氧、盐度、pH 的阈值如图 8-32 所示。四分位法可视化如图 8-33 所示。

由图 8-33 可得，长海海域水温常年波动大致为 3.5～23.5℃，溶解氧波动大致为 8.6～13.6 mg/L，水温和溶解氧具有较为明显的季节波动周期；盐度波动范围为 32.5‰～35.0‰，pH 波动范围为 8.3～8.5，盐度和 pH 常年稳定在一个小范围内，不存在明显的季节特性。统计得到的波动范围边界即可认为是单因子波动的阈值。

2．各环境因子对长海海域虾夷扇贝生长的影响

由生物生长的常识可以合理地猜测，虾夷扇贝的生长对环境有类似“舒适区”的情况：在舒适区范围内，虾夷扇贝生长快速；当超出舒适区时，虾夷扇贝生长速度减缓或发生停滞。在假设没有预先研究经验指导的情况下，通常以高斯函数曲线描述舒适区间大概是合理的，本节称该高斯函数曲线为“限制函数”。

以虾夷扇贝壳长生长为例。首先，分别作观察值和回归基线的差分，获得的值可以视为虾夷扇贝生长的速度，如方程组（8-17）所示：

$$\begin{aligned} V_{\text{observed}} &= Y_{\text{observed}}(D=d) - Y_{\text{observed}}(D=d-1) \\ V_{\text{base\_line}} &= Y_{\text{base\_line}}(D=d) - Y_{\text{base\_line}}(D=d-1) \end{aligned} \tag{8-17}$$

式中，V——差分结果；

Y——虾夷扇贝的测量值，如长度 L、重量 W；

observed ——实际观察值；

base_line ——模型基线。

其次，将观察值差分减去基线差分，所得结果即实际生长速度相对模型基线生长速度的差值，如式（8-18）所示：

$$\text{delta\_V} = V_{\text{observed}} - V_{\text{base\_line}} \tag{8-18}$$

式中，delta_V ——观察值生长速度和基线值生长速度的差值，以下简称差值。

差值随增养殖时间变化的趋势如图 8-34 所示。图中反映了在不同的环境作用下，虾夷扇贝生长速度偏离基线生长速度的程度。从图 8-34 可以观察出，虾夷扇贝随着养殖时间点的不同，生长速度存在加快或减慢；加快和减慢的节奏似乎有一个接近 180～200 d 的不稳定周期。这样的波动似乎可以归因为长海海域海洋环境的周期变化对虾夷扇贝生长的影响。

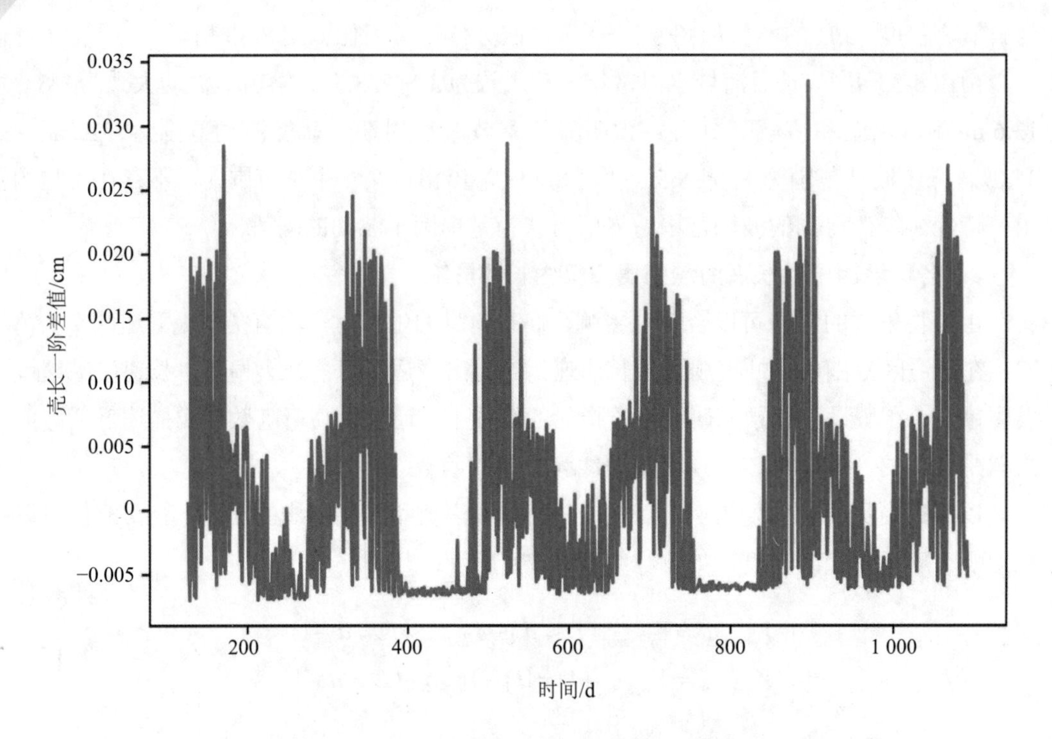

图 8-34 观察值生长速度和基线值生长速度的差值随时间变化趋势

在进一步叙述如何获得环境限制函数时，需要先申明我们默认进行了两项假设：①各环境因素作用下对虾夷扇贝生长影响的大小与多维正态分布非常接近；②不同环境因素对虾夷扇贝生长的影响作用之间相互独立。

（1）水温限制函数

引入海水水温的历史测量数据，将水温作为横坐标，差值为纵坐标作图可得如图 8-35 所示的水温—差值散点分布。从散点分布图上，观察到一个似乎是正态分布的图形。图 8-35 可视为按水温不均匀地对差值进行采样获得的结果。在独立性假设作用下，温度影响的边缘分布应当是其他环境因素影响的积分。对横坐标温度采用均匀分段后求差值平均，获得如图 8-36 所示的温度对差值的影响曲线。从图 8-36 可以看出，在一定的温度范围内差值为正，超出该温度范围则差值为负。

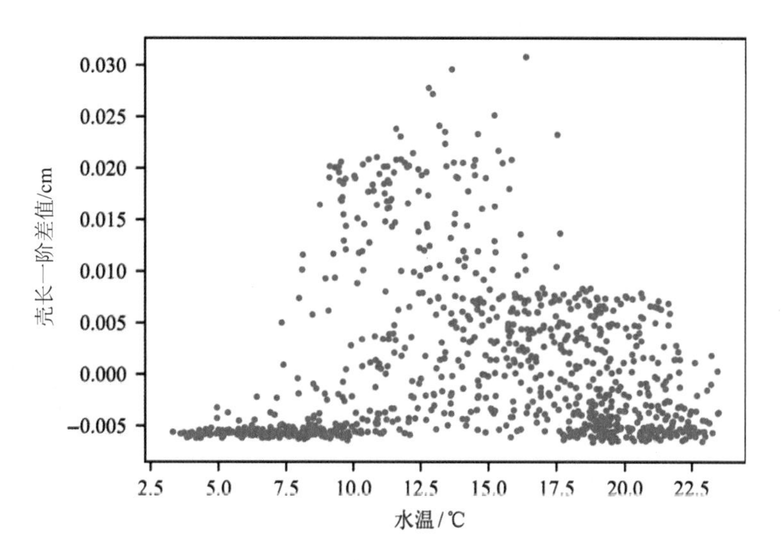

图 8-35　水温—差值散点分布

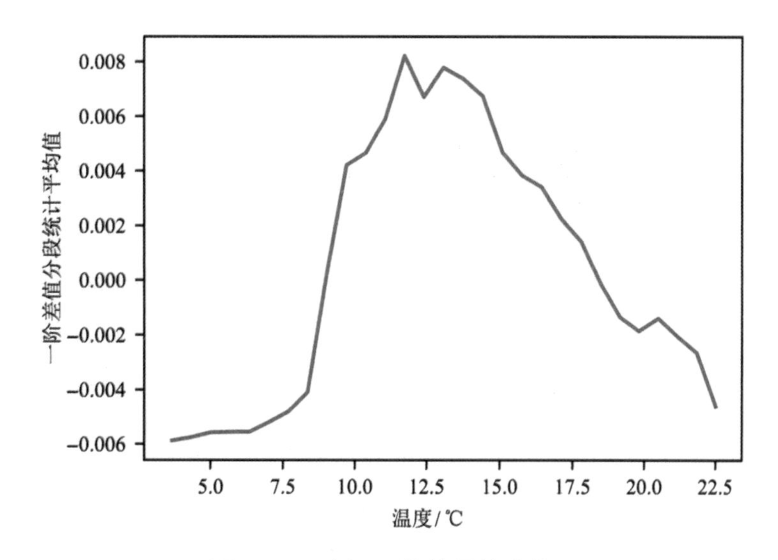

图 8-36　水温—差值平均曲线

对图 8-36 中的曲线用变化后的高斯函数式（8-19）进行拟合：

$$\text{delta\_V} = \frac{a}{\sigma\sqrt{2\pi}} e^{-\frac{(T-\mu)^2}{2\sigma^2}} + b \tag{8-19}$$

式中，T ——海水温度；

a、b ——分别为待定的参数；

μ ——待定的高斯函数均值；

σ ——待定的标准差。

拟合参数后可获得如图 8-37 所示的高斯函数曲线。在本节中为区别于解析模型，称这样的高斯函数曲线为“限制函数”。其拟合的参数如表 8-8 所示。

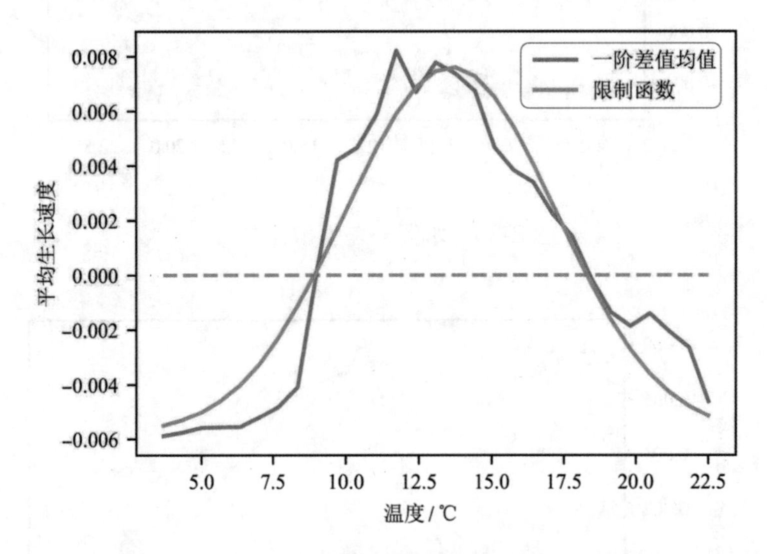

图 8-37　水温对虾夷扇贝生长限制的高斯函数拟合

表 8-8　水温限制函数参数

参数	限制函数形式：$\text{delta\_V}=\frac{a}{\sigma\sqrt{2\pi}}\text{e}^{\frac{(T-\mu)^2}{2\sigma^2}}+b$			
	μ	σ	a	b
值	14.6	4.13	0.998	−0.047
精度	±0.141（0.96%）	±0.311（7.54%）	±0.119（11.89%）	±0.005 66（11.96%）

比较解析模型温度抑制函数式（8-3）的系数，$a\approx1$，$b\approx0.05$，$\mu\approx15$，$\sigma<5$，系

数相差不大，较好地重构了适宜虾夷扇贝生长的温度。温度限制函数在水温低于 9℃和高于 19℃时转为负值，此时虾夷扇贝生长速度慢于基线，该边界近似于解析模型中（10℃，20℃）的边界。数据挖掘获得的限制函数较解析模型抑制函数的σ偏小，这种偏差与对点状分布图进行平均处理有关。

以同样的方法可以获得按重量生长的温度限制曲线，结果如图 8-38 和表 8-9 所示。可以观察到所得限制函数的参数差别不大。

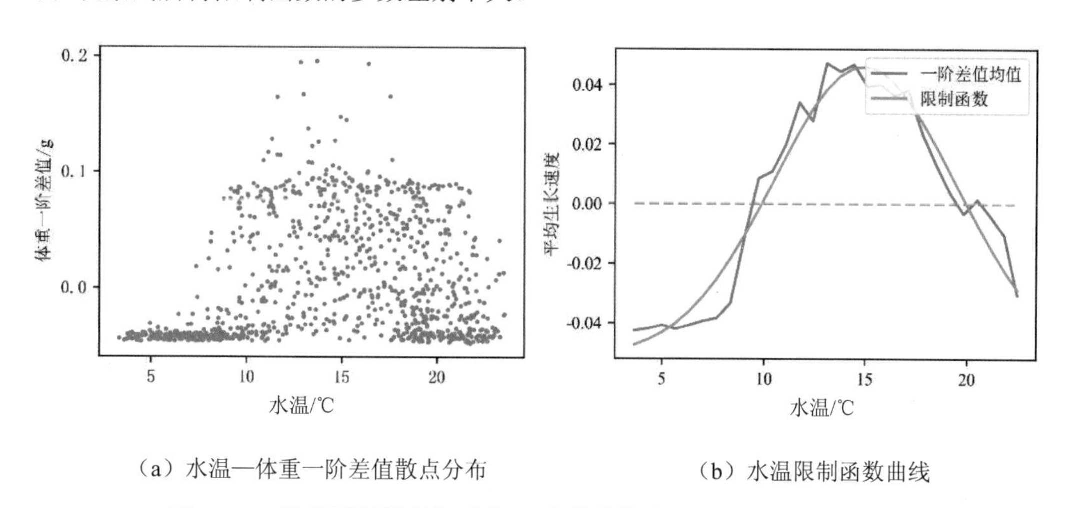

（a）水温—体重一阶差值散点分布　　（b）水温限制函数曲线

图 8-38　按重量计算的温度与一阶差值散点分布和水温限制函数

表 8-9　水温限制函数参数（虾夷扇贝重量计算）

参数	限制函数形式：$\text{delta\_V}=\dfrac{a}{\sigma\sqrt{2\pi}}e^{-\frac{(T-\mu)^2}{2\sigma^2}}+b$			
	μ	σ	a	b
值	14.6	4.13	0.994	−0.047 2
精度	±0.142（0.97%）	±0.315（7.64%）	±0.120（12.04%）	±0.005 71（12.08%）

（2）溶解氧限制函数曲线

同理，假设溶解氧对虾夷扇贝生长的限制函数具有如式（8-20）所示的形式：

$$\text{delta\_V}=\frac{a}{\sigma\sqrt{2\pi}}e^{-\frac{(\text{DO}-\mu)^2}{2\sigma^2}}+b \tag{8-20}$$

式中，DO——海水溶解氧浓度；

a、b——分别为待定的参数；

μ——待定的高斯函数均值；

σ——待定的标准差。

可获得溶解氧的散点分布以及限制函数曲线如图 8-39 所示。高斯函数拟合的参数如表 8-10 所示。

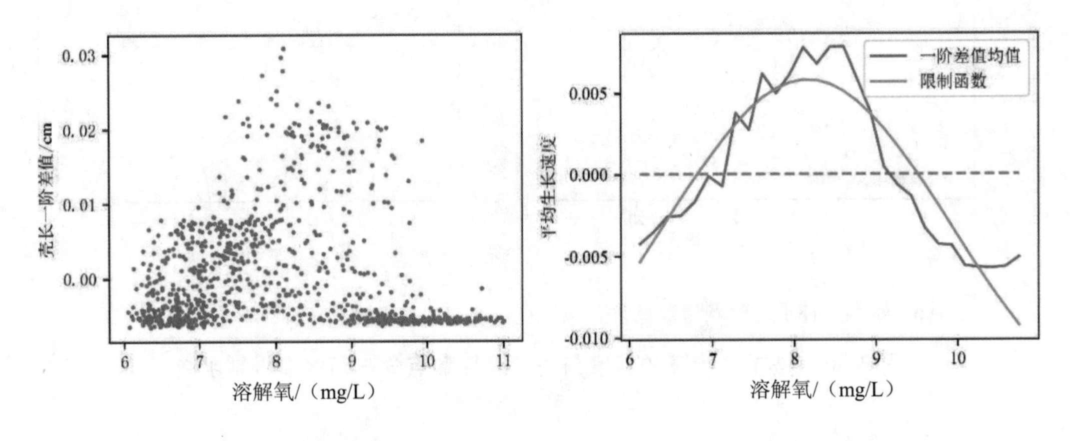

（a）溶解氧与壳长一阶差值散点分布　　（b）溶解氧限制函数拟合曲线

图 8-39　溶解氧限制函数拟合曲线

表 8-10　溶解氧限制函数参数

参数	限制函数形式：$\text{delta\_V}=\frac{a}{\sigma\sqrt{2\pi}}e^{-\frac{(T-\mu)^2}{2\sigma^2}}+b$			
	μ	σ	a	b
值	8.2	1.06	0.243	−0.049 3
精度	±0.073 8（0.9%）	±0.069 5（6.59%）	±0.024 2（9.98%）	±0.004 47（9.06%）

比较表 8-10 与式（8-9），溶解氧限制函数的μ=8.2，和溶解氧抑制函数式（8-9）中的μ=8.5 相近。然而，表 8-11 中参数σ=1.05 明显小于式（8-9）中的σ=1.7，参数 a=0.241 明显小于式（8-9）中的 a=1，b = −0.049 1 也明显小于−0.12。这些参数的偏差有可能来自限制和抑制函数公式因函数形式导致的基线偏差。如果在模型拟合中限制参数 a 恒为 1，则所得 b=−0.15，显著靠近−0.2。

通过观察溶解氧限制函数曲线，得到溶解氧抑制虾夷扇贝生长的边界大约为（7，9.5），边界范围小于式（8-9）可得解析模型中溶解氧抑制的边界大约为（7，11）。按虾夷扇贝重量计算的溶解氧限制函数如图 8-40 所示，参数如表 8-11 所示。其中由重量计算的参数与由壳长计算所得相差无几。

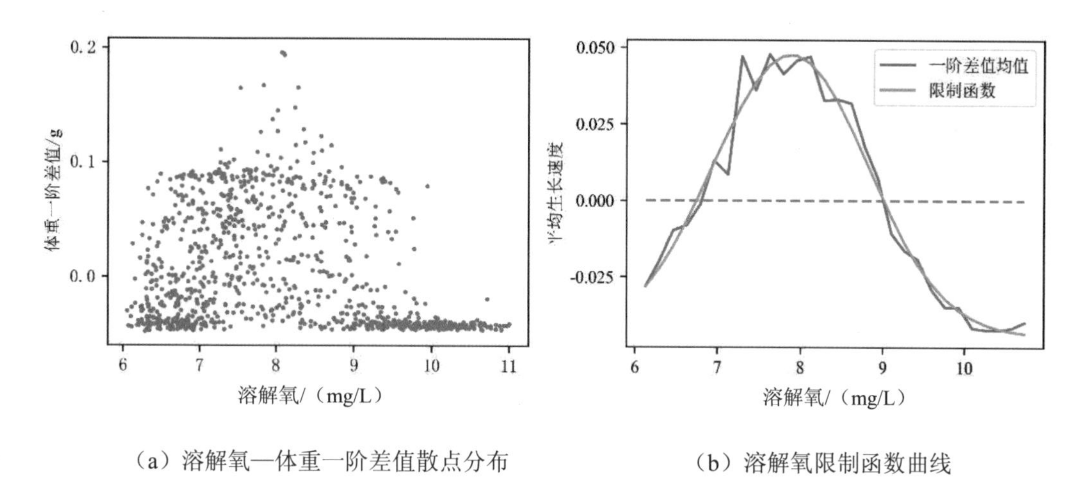

（a）溶解氧—体重一阶差值散点分布　（b）溶解氧限制函数曲线

图 8-40　按重量计算的溶解氧—差值散点分布和溶解氧限制函数曲线

表 8-11　溶解氧限制函数参数（虾夷扇贝重量计算）

参数	限制函数形式：$\text{delta\_V}=\frac{a}{\sigma\sqrt{2\pi}}e^{-\frac{(DO-\mu)^2}{2\sigma^2}}+b$			
	μ	σ	a	b
值	8.0	1.05	0.241	−0.049 1
精度	±0.035 9（0.45%）	±0.069 3（6.58%）	±0.024 0（9.96%）	±0.004 44（9.04%）

相对解析模型以控制变量实验获取生物的生长机理和函数的研究方法，数据模型则从观察值出发做出合理假设并将参数的设置交由机器学习。这两种模型所得参数的差异便是由解析模型与大数据挖掘模型出发点和角度不同所导致的。

（3）pH 限制函数和盐度限制函数

在进行获取 pH 限制函数的工作中，可发现生长速度的变化对 pH 的分布类似均匀分布，模型对 pH 限制函数曲线的拟合也接近一条直线，如图 8-41 所示。

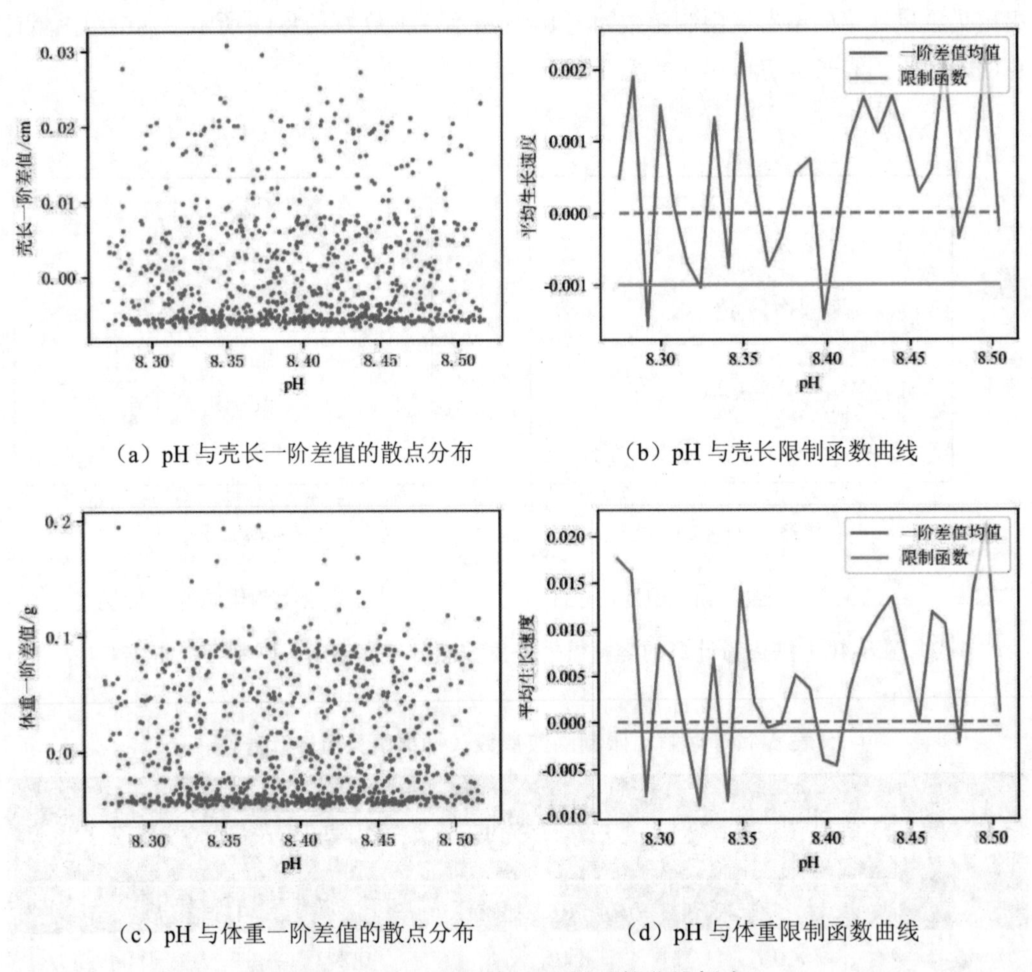

（a）pH 与壳长一阶差值的散点分布　　（b）pH 与壳长限制函数曲线

（c）pH 与体重一阶差值的散点分布　　（d）pH 与体重限制函数曲线

图 8-41　pH 的分布和限制函数曲线拟合

从图 8-41 观察的结论似乎正表明 pH 与虾夷扇贝的生长速度没有太大的关系。进一步观察图 8-22 和图 8-23 可以发现，pH 的波动仅存在于 8.3～8.5 的小范围内，而这个范围 pH 抑制函数曲线上计算得到的值相差不大。另外，pH 在正常生长模型自身的系数也较小，与数据测量误差量级相近。因此，本节观察到 pH 的影响接近均匀分布，或许是因为挂插值数据中不包含足够显著的信息。

与 pH 存在同样观察结果的是盐度影响。在盐度维度下观察差值的分布和限制函数，如图 8-42 所示。同样长海海域的盐度也常年稳定在 32‰～35‰的小范围内，数据模型无法统计出盐度的限制函数曲线。

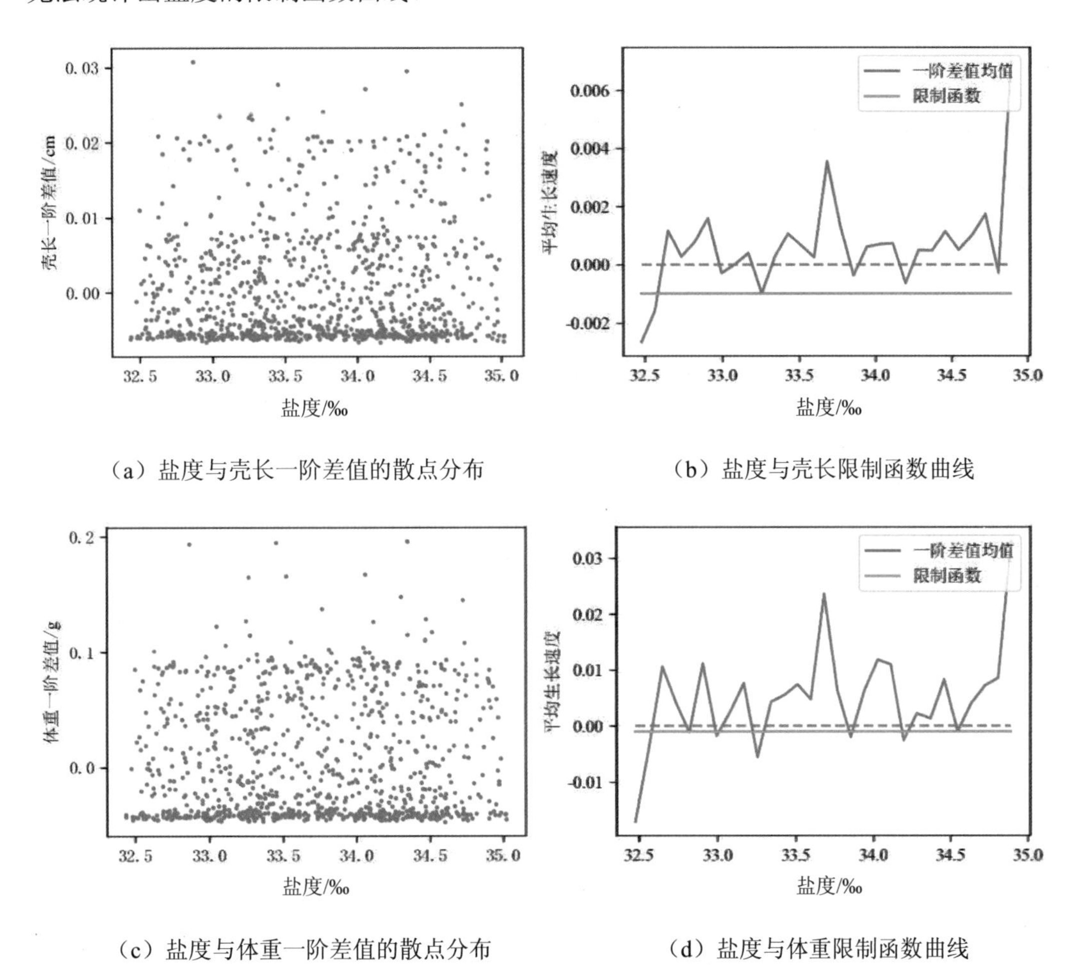

（a）盐度与壳长一阶差值的散点分布　（b）盐度与壳长限制函数曲线

（c）盐度与体重一阶差值的散点分布　（d）盐度与体重限制函数曲线

图 8-42　盐度的分布和限制函数拟合情况

因此，目前所搜集的数据并不支撑数据挖掘获取类似的pH、盐度值对虾夷扇贝生长的限制函数。它们的合理阈值应当参考单环境因子的阈值。

3．环境因子范围的上下界阈值选取

在长海海域虾夷扇贝浅海增养殖的大数据应用中，我们基于两个角度进行分析：①气候和水质环境是否出现异常；②虾夷扇贝的生长速度是否减缓。结合了单环境因子和环境因子限制函数的考虑，可得长海海域底播虾夷扇贝增养殖的环境正常范围的阈值如表8-12所示。环境因子限制虾夷扇贝生长的阈值选取为限制函数取值为0的临界点，精确到0.5。

表8-12 长海海域底播虾夷扇贝增养殖的环境正常范围的阈值

环境参数	单因子		限制函数	
	正常	异常	生长快	生长慢
水温/℃	3.5～23.5	≤3.5或≥23.5	9.0～19.0	≤9.0或≥19.0
溶解氧/（mg/L）	5.5～15.5	≤5.5或≥15.5	>7.0（修）	≤7.0（修）
pH	7.8（修）～8.5	≤7.8（修）或≥8.5	—	—
盐度/‰	32.5～35.0	≤32.5或≥35.0	—	—

表8-12反映了长海海域养殖虾夷扇贝的典型水质情况，其中单因子划分采用百分位法，表示各水质参数的常规分布范围。当观察到水质参数超出单因子正常范围时，表示水质发生显著变化，出现影响虾夷扇贝生长的可能性。但是，由于pH的观测结果长期优良稳定，导致统计得到的pH单因子范围较严格。pH单因子统计下限8.1与《海水水质标准》（GB 3097—1997）中规定的适用于水产养殖区pH下限值7.8不符，在实际应用中需要进行修正。因此，表8-12中pH标准下限值以标准值替代。

另一方面，表中限制函数按环境参数与虾夷扇贝生长速度的快慢关系划分了阈值。当参数进入限制函数时，代表虾夷扇贝生长速度低于平均水平。此时或为虾夷扇贝生长的风险较高的时间段，需要养殖企业提高警惕。同样由于pH和盐度长期稳定优质导致数据波动小，导致缺乏pH、盐度与生长速度的相关性观察。因此在划分阈值时不得不采用单因子统计区间作为阈值，并以此提供预警。限制函数栏中，使用“—”表示该阈值未获得。另一方面，在长海海域，海水中的溶解氧饱和浓度为9 mg/L，并且对虾夷扇贝的生长来说，它们受到低氧条件的限制，而对高溶解氧浓度不敏感。因此，在这种情况下，我们需要进行人工修正，去除限制函数的溶解氧的阈值（7.0，9.5）上限。最终长海海域虾夷扇贝增养殖环境阈值如图 8-43 所示。

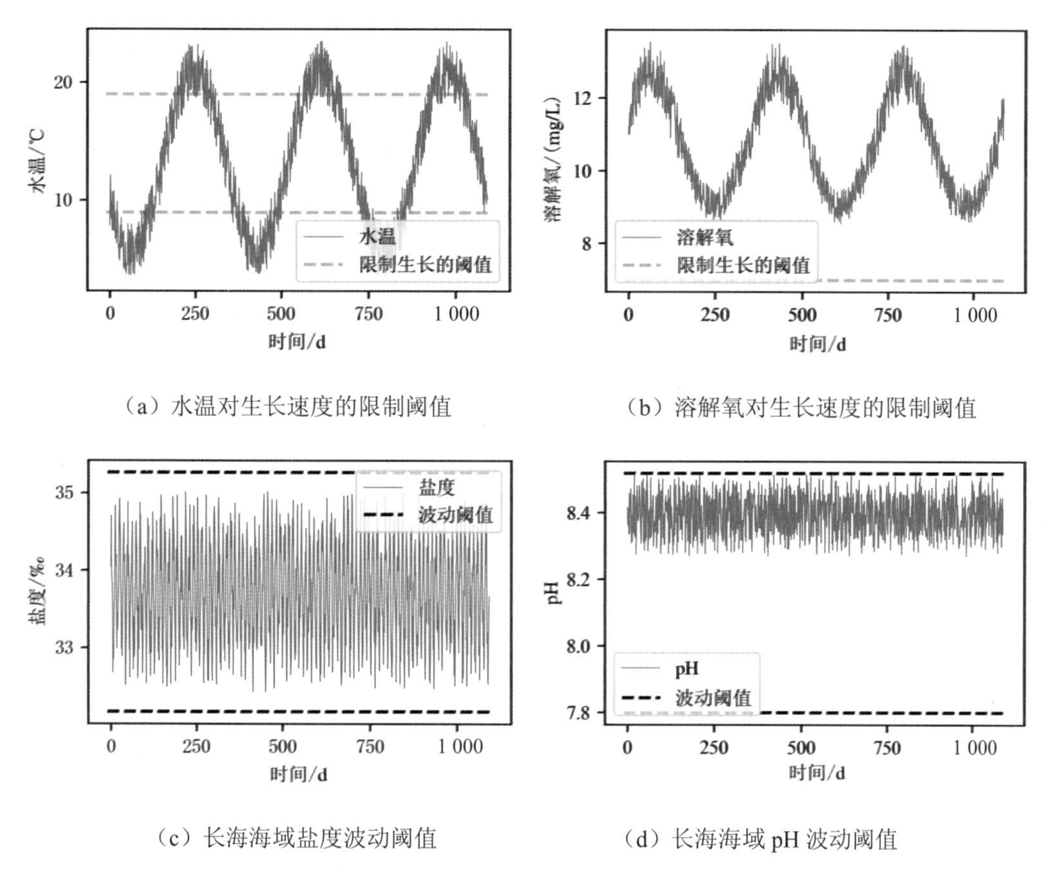

（a）水温对生长速度的限制阈值　　（b）溶解氧对生长速度的限制阈值

（c）长海海域盐度波动阈值　　（d）长海海域 pH 波动阈值

图 8-43　结合单环境因子和限制函数对长海海域底播虾夷扇贝正常生长环境阈值的确定

图 8-43（a）中，橘色虚线代表水温限制虾夷扇贝生长速度的阈值。水温在阈值范围外并不代表会导致虾夷扇贝的生长衰退，而是代表此时虾夷扇贝的生长速度显著慢于基线，需要引起足够重视。溶解氧与温度相关性较高，较高的溶解氧代表较低的水温。据此考虑，图 8-43（b）中标记溶解氧对虾夷扇贝生长速度的限制作用也与温度有关。图 8-43（c）（d）中的阈值则来源于盐度和 pH 的单因子波动统计，当它们超出阈值的边界范围时，代表少见的异常盐度和 pH 现象发生，此时可能会影响虾夷扇贝的生长。

8.1.5.5 SARIMAX 预测模型

在企业的经营计划中，获得生物的生长状况是估计盈利、编制计划的基础。具体而言，在长海海域底播虾夷扇贝的养殖过程中，掌握虾夷扇贝的生长状况至关重要，这决定了养殖和销售计划的评估、指定和决策。然而底播的水域较深，捕捞和测量成本较高，导致以耗费人工的方式频繁打捞测量的方法具有天然困难。为实现这一目标，企业可以考虑合理使用数据挖掘模型预测虾夷扇贝生长状况。虾夷扇贝生长过程中受到复杂因素影响，其中适宜的环境是最重要的，在构建模型时必须考虑海水环境的作用。这要求获得虾夷扇贝 3 年养殖周期的生长数据，除了生物测量的序列数据外，还可能涉及监测海水温度、盐度、水质和其他环境因素的观察值。通过纳入这些观察值，有可能实现较为准确地预测虾夷扇贝生长呈现出趋势性和周期性。

虾夷扇贝生长有自己固定的趋势，同时会受到环境因素的影响，所以需要外源性输入环境特征 X 进行预测。综合考虑水温、pH、盐度、溶解氧、营养物质等的影响，可以对虾夷扇贝生长情况建立模型。由图 8-32～图 8-43 可以观察到，各项数据的离群值均不显著。通过相关性分析虾夷扇贝的体长或湿重与环境因子可以发现，pH、水温、溶解氧、盐度的相关性都不显著。这与动物生长周期较长，对环境适应能力较强有关。

同时，虾夷扇贝的生长速度与贝体自身所处的生命周期阶段高度相关，因此在研究虾夷扇贝生长速度有关的模型时，需考虑贝体大小的特殊相关关系。建模预测长海海域虾夷扇贝生长宜采用时间序列数据挖掘方法，我们采用的经典统计模型是 SARIMAX 系列模型，其表达式如式（4-42）所示[21]。

首先，虾夷扇贝的生长过程有内在趋势。其次，虾夷扇贝的生长在受外源环境影响下会发生规律性较小偏移。最后，自然环境普遍具有周期性的季节特征。因此，SARIMAX 模型的性质较适合用于预测长海海域虾夷扇贝的生长状况。

在长海海域虾夷扇贝养殖的中间育成挂养和底播阶段的生命阶段中，所处环境有较大区别，因此 SARIMAX 模型按中间育成挂养阶段和底播阶段两部分分别建模。考虑到 SRIMAX 存在通过线性叠加进行预测的特点，需对外源性环境因素水温、溶解氧、pH、盐度进行预处理。基于长海海域虾夷扇贝正常生长模式和环境限制函数的构造，分别按式（8-21）和式（8-22）对水温、溶解氧特征列进行特征重构处理。

$$f\left(T\right)=\frac{1}{4.13\times\sqrt{2\pi}}\mathrm{e}^{-\frac{(T-14.6)^2}{2\times4.13^2}}-0.047 \tag{8-21}$$

$$f\left(\mathrm{DO}\right)=\frac{0.243}{1.06\times\sqrt{2\pi}}\mathrm{e}^{-\frac{(\mathrm{DO}-10.8)^2}{2\times1.06^2}}-0.049\,3 \tag{8-22}$$

式中，f（T）——重构的水温特征列；

f（DO）——重构的溶解氧特征列。

1. 长海海域虾夷扇贝底播阶段模型

应用 SARIMAX 时要求输入的时间序列是平稳序列，而长海海域虾夷扇贝的生长趋势不具备平稳性，需要将其中的趋势剔除。本书未采用减去生长基线的方式剔除其趋势，因为在搜集的数据时空覆盖面较小的情况下，获得的基线精确性偏低。为了让预测模型更好地从逐点生长角度获取规律，仍沿用差分法获得平稳序列。

首先，对虾夷扇贝生长的长度序列作一阶差分（相当于日增长）后进行 ADF 验证，验证结果 p=0.000 194，远远小于 1%，可以极其显著地认为一阶差分后的虾夷扇贝生长数据为平稳序列。其次，对一阶差分数据进行白噪声检验，检验结果为 $p=6.15\times10^{-78}$，显著小于 1%，说明该一阶差分数据不是一个白噪声序列。

进一步观察虾夷扇贝长度的一阶差分数据，绘制自相关和偏自相关图，如图 8-44 所示。由图中可以观察到自相关呈现拖尾，偏自相关在 1 处显著截尾。这是明显的 AR（1）偏自相关模型特点。

为观察数据的季节性特点，对虾夷扇贝原始生长数据进行了季节性分解。然而，在对增长曲线进行季节性分解时，季节性分量总是小于残差，表明视觉上似乎有规律的起伏波动在季节周期在 ARIMA 模型中欠缺合理说明性。由于时间序列数据的平滑性会影响模型学习虾夷扇贝生长的最终效果误差，并影响季节参数，为避免模型从误差中学到无效模式，必须对原数据进行一定的平滑处理。

企业关心的是虾夷扇贝长度或者重量在一个时间范围内大致达到的水平，所以虾夷扇贝生长序列中的细节波动可以忽略。不同于传统的直接平滑，本书采用一种剥离离群值的方式进行。首先，对虾夷扇贝生长的长度、湿重数据的二阶差分使用孤立森林建模对离群程度打分，并划出所获分数异常的离群值。随后，替换原数据中对应离群值位置的长度和湿重，并重新用线性插值方式进行回填。

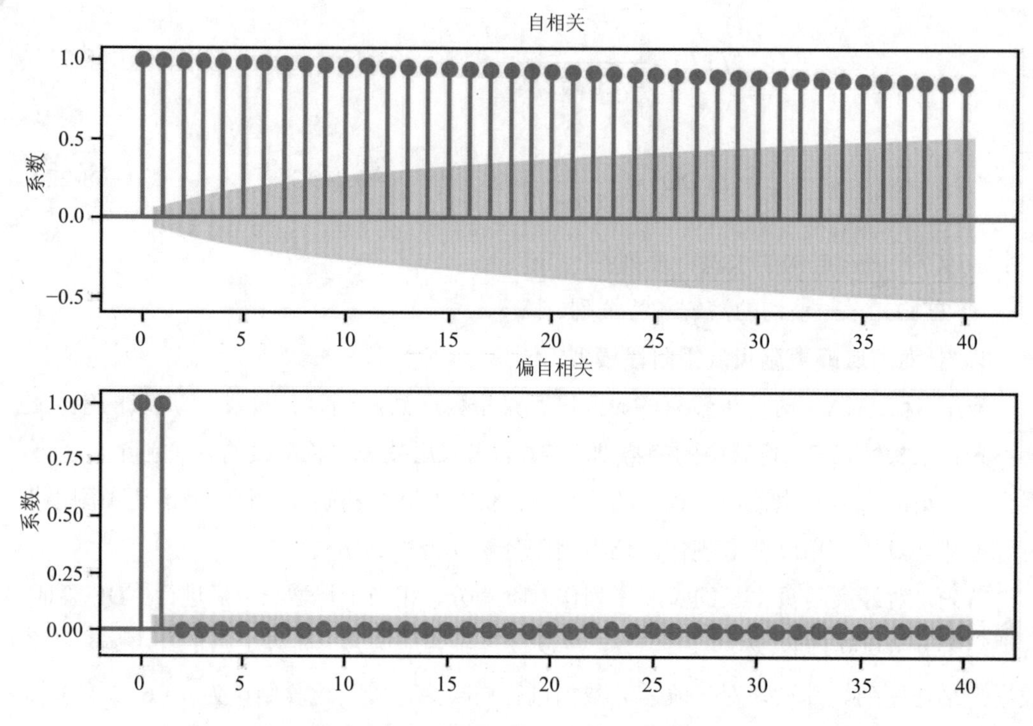

图 8-44 虾夷扇贝长度的自相关（Autocorrelation）与偏自相关（Partial Autocorrelation）

在这之后，需对 SARIMAX 完成定阶。出于降低耗费时间的考虑，采用人工经验方式、由模型表现为标准调整参数。经过训练和调参，所获表现较好的模型阶数为 SARIMAX（1，1，0）（0，1，0）$_{200}$。训练时选择了 600 天之前的数据作为训练集，600 天之后的数据作为测试集。

在测试集中，模型对长海海域虾夷扇贝底播养殖第 600 天、第 800 天、第 1 000 天后的虾夷扇贝长度预测结果如图 8-45 所示。图 8-45 中，长期预测结果大致体现了增长趋势。而短期（在 100 天内）的预测结果与实际观察值符合良好。在固定 100 步预测情况下，对第 600～700 天、800～900 天、1 000～1 100 天的预测结果如图 8-46 所示。从图 8-46 中可以看出，模型计算的预测值较好地符合虾夷扇贝底播时的生长过程。模型在 100 步内预测的任务中获得了较好的准确率。

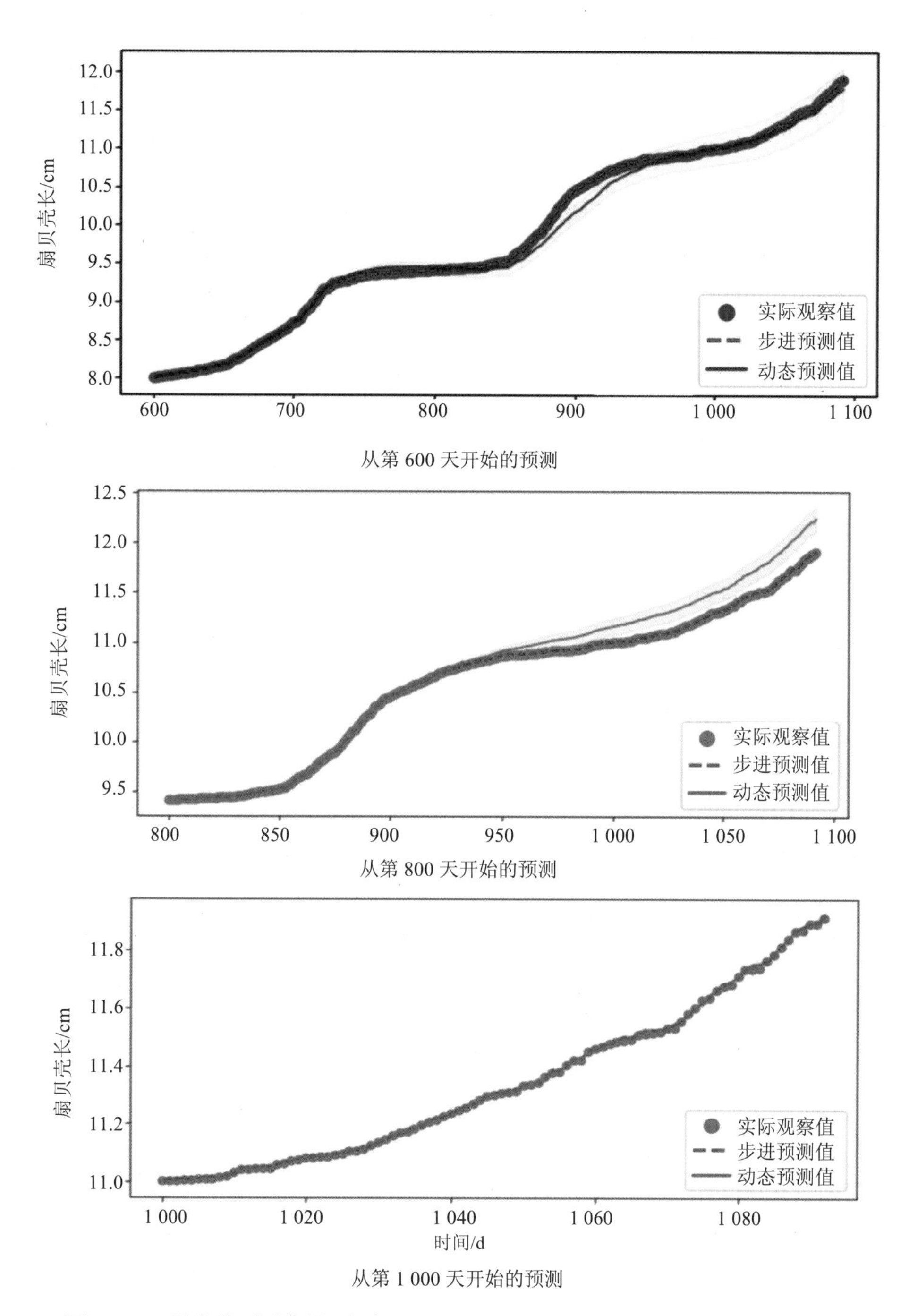

图 8-45　长海海域底播虾夷扇贝 600 天、800 天、1 000 天后的壳长预测

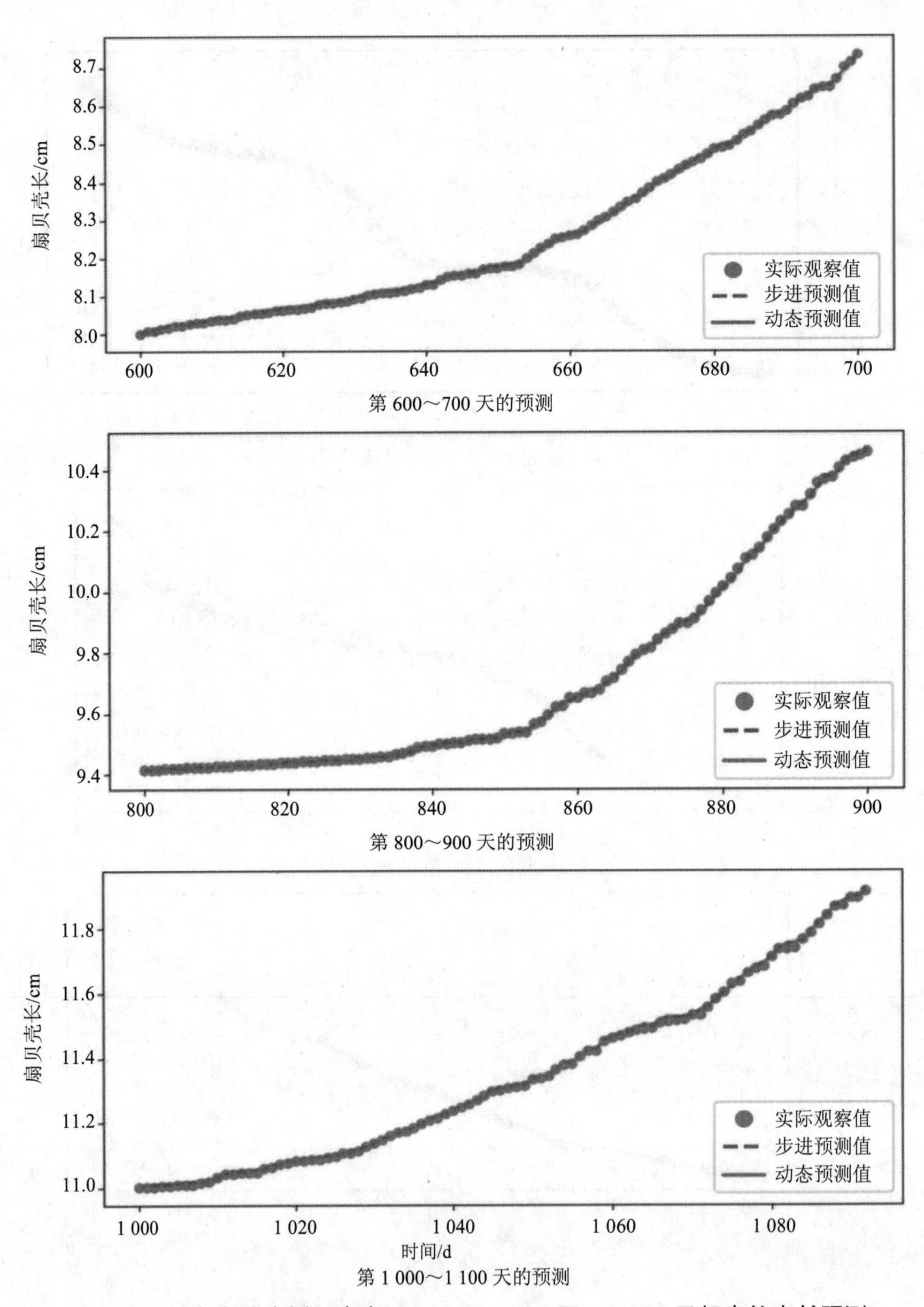

图 8-46 长海海域底播虾夷扇贝 600 天、800 天、1 000 天起步的壳长预测

对模型残差进行观察如图 8-47 所示。观察残差的时序图可以发现残差值稳定没有趋势，但似乎有部分波动的频率规律尚未被提取。残差分布的 Q-Q 图显示残差与正态分布有一定区别，根据分布图可以发现模型计算的残差分布体现出了肥尾性质，偏离正态分布图。因此，确实有一部分信息并未被模型合理获取。推测这部分信息应当是源于虾夷扇贝生长速度随生长逐渐放缓。在残差的自相关图中可以观察到，残差除 0 阶外没有明显的自相关系数，说明原始虾夷扇贝生长数据中自相关的规律已经由 SARIMAX 模型充分获得。因此，可以认为 SARIMAX（1，1，0）（0，1，0）$_{200}$ 模型比较准确地预测了虾夷扇贝的生长。

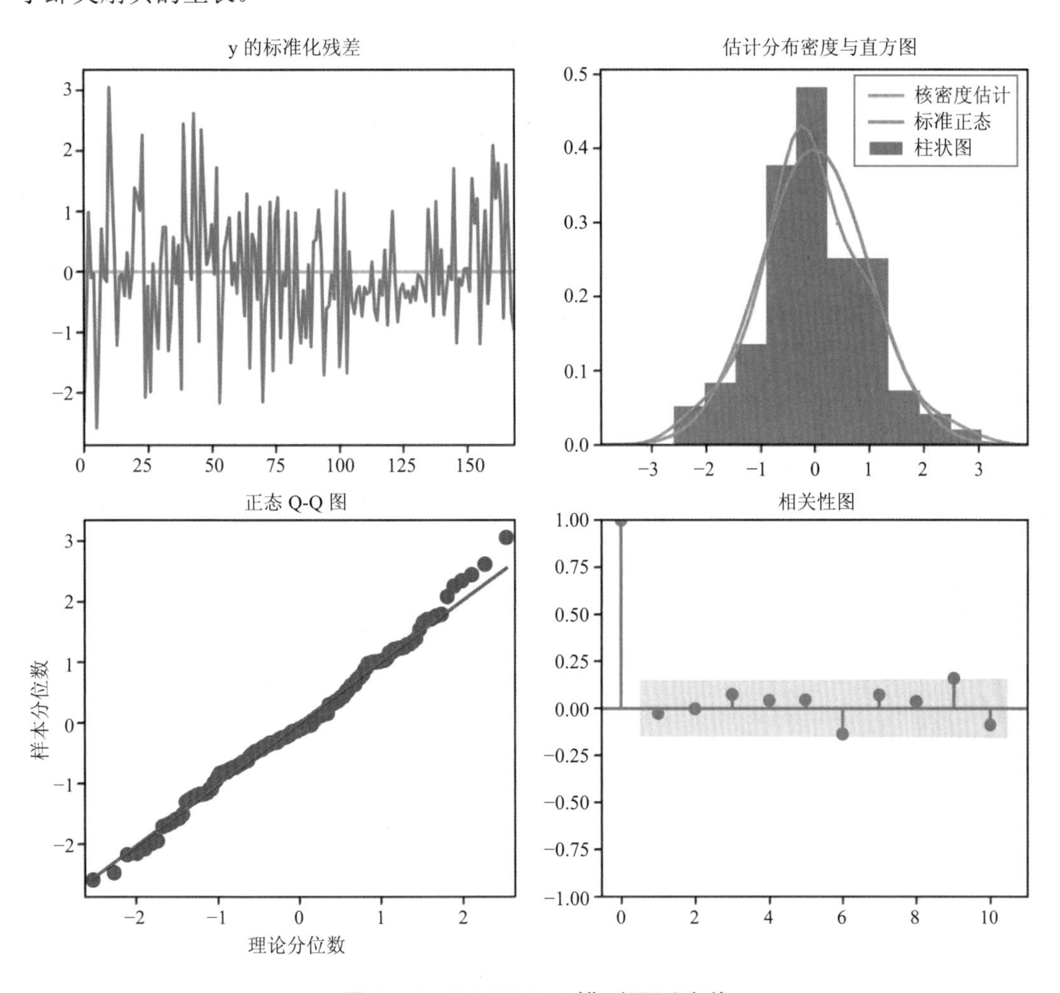

图 8-47　SARIMAX 模型预测残差

然而，SARIMAX（1，1，0）（0，1，0）$_{200}$ 模型却并不适用于实际的虾夷扇贝养殖工业中预测任务。原因是其季节性成分的 200 天周期过长，预测前需要基于底播后至少 400 天（接近 14 个月）数据集，导致出现相当长的预测空窗期。为填补这个空窗期，不得不删除季节性的阶数。此时模型将退化为 ARIMAX（1，1，0）。取第 122～508 天的数据为训练集，第 509～1 092 天为测试集，ARIMAX（1，1，0）测效果如图 8-48、图 8-49 所示。相较而言，在长期的预测中，ARIMAX（1，1，0）模型的误差明显大于 SARIMAX（1，1，0）（0，1，0）$_{200}$ 模型；当动态预测大约 120 步之后的长期情形时，模型预测的趋势都出现了显著偏差。而在动态预测 100 步范围内，模型仍旧保持了准确度较好的预测输出。ARIMAX（1，1，0）模型的准确率指标如表 8-13 所示，在较短的时间范围内（约 3 个月）可以给出不错的预测结果。

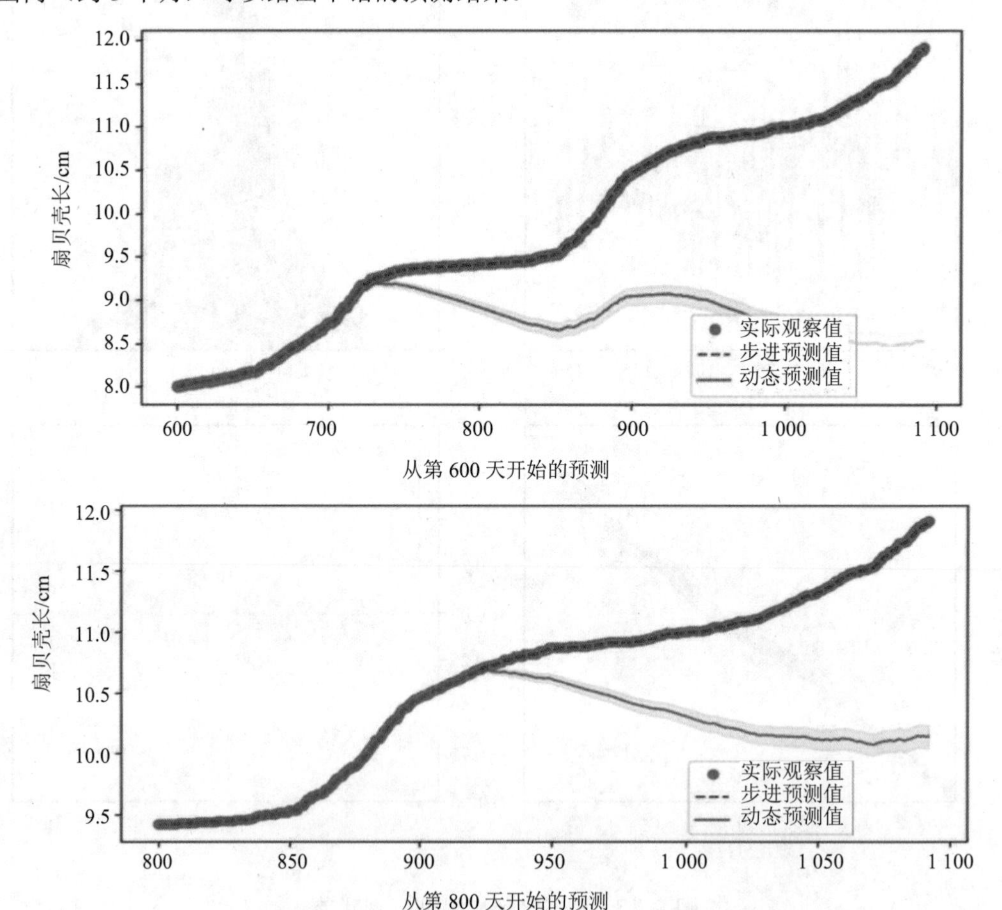

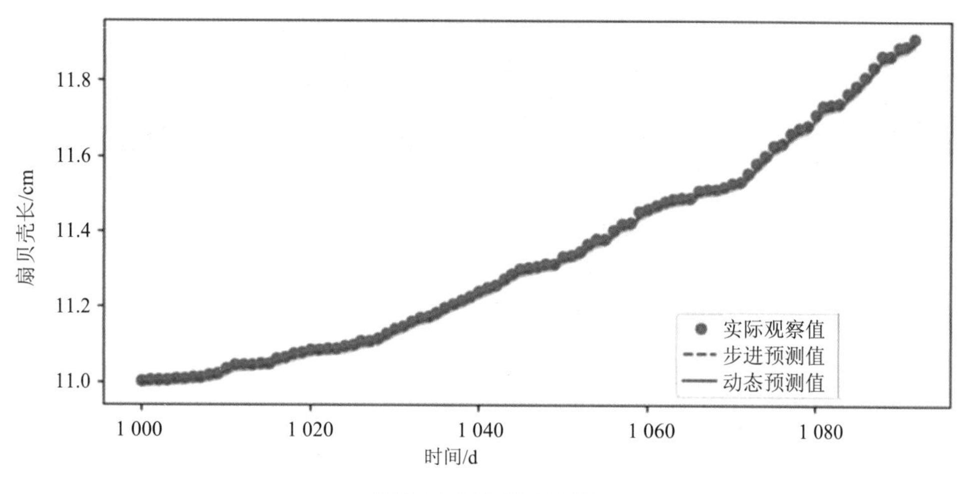

从第 1 000 天开始的预测

图 8-48　ARIMAX 预测效果

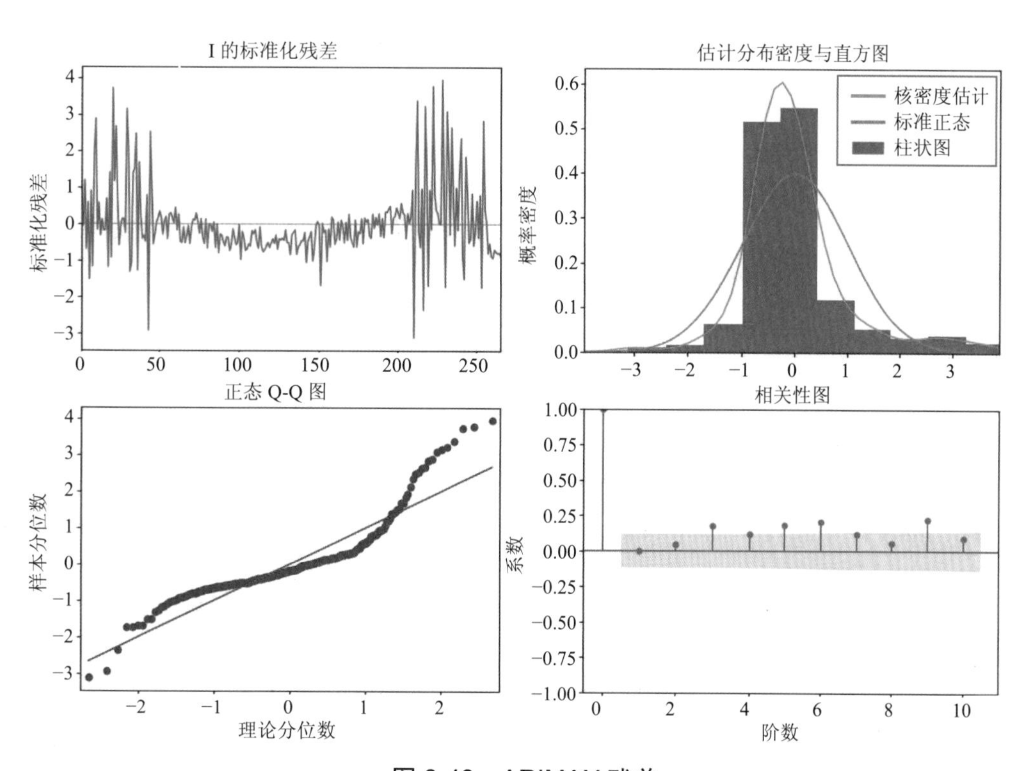

图 8-49　ARIMAX 残差

表 8-13 ARIMAX 模型准确率指标

指标	600 d		800 d		1 000 d	
	步进	动态	步进	动态	步进	动态
MAE	0.008 26	1.13	0.010 1	0.473	0.012 0	0.012 0
R^2-score	0.99	−0.92	0.99	0.019	0.99	0.99

2. 长海海域虾夷扇贝中间育成挂养阶段模型

以同样的方式，可以构建中间育成挂养阶段（约 120 d）的 ARIMAX 模型。中间育成挂养阶段虾夷扇贝生长的规律与底播增殖阶段不同，一阶滞后序列不平稳（ADF 验证 $p = 0.8$）。最终模型的构造为 ARIMAX（1，2，0）。模型预测结果如图 8-50、图 8-51 和表 8-14 所示。由于中间育成挂养阶段数据量较小，导致模型在预测时置信区间范围较大。

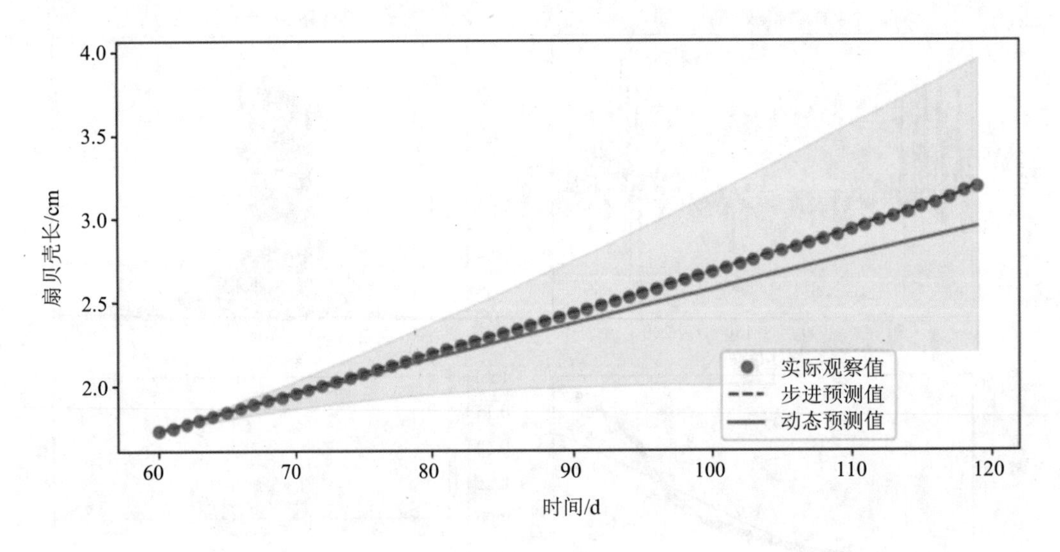

图 8-50 中间育成阶段虾夷扇贝壳长预测（阴影部分为动态预测的置信区间）

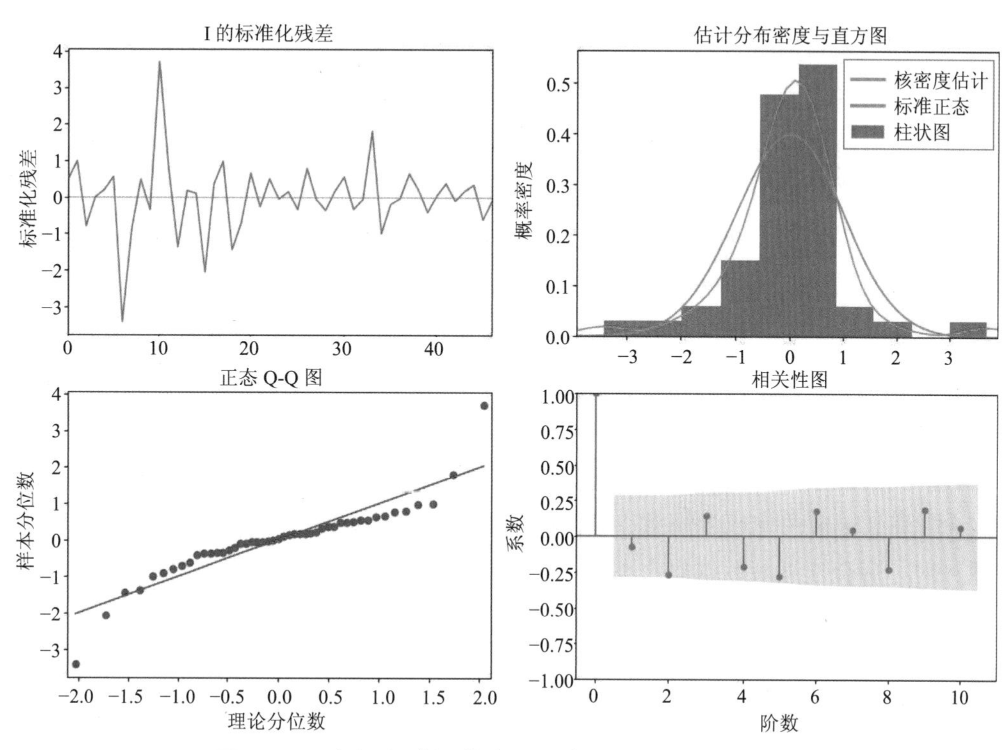

图 8-51 中间育成挂养阶段虾夷扇贝壳长预测残差

表 8-14 中间育成挂养阶段壳长预测准确率指标

指标	60 d	
	步进	动态
MAE	0.001 50	0.080 6
R^2-score	0.99	0.94

8.1.5.6 长海海域虾夷扇贝生长的环境影响阈值——基于环境和模型

阈值的作用是简单直观地提供参考标准，为警报和启动预案提供可信的边界。在数据模型进行预测和分析时，若仅提供一条中心曲线，则参考线过于绝对，容纳波动的能力过差，对实用而言有很大不足。阈值则可提供在一定置信度下可信任的区间，据此区分正常模式和非正常模式。

虾夷扇贝生长构造阈值的目标，是帮助观察虾夷扇贝偏离其基线的幅度大小，并判断是否需要引起警惕。基线代表了虾夷扇贝在长海海域平均的海水环境中稳定生长的情况，而虾夷扇贝生长的偏离则通常是由于所处不良的海水环境造成的，因此构造阈值的中心应以基线为准，而非加入了环境影响后的预测曲线。

一个合理的方法是，以虾夷扇贝生长基线为中心，将数据中观察值与极限的差值作偏离。偏离值的获取采用乘法模型。对偏离值进行统计分析，以“偏离基线的均值落在基线两侧 1 个标准差范围内”为原假设。采用随机位移方式对观察数据进行扰动，并对位移后的数据实施验证。当位移后的数据检验的 p 值低于 5%时即可认为该组数据已经偏离了虾夷扇贝生长的基线，将这些偏离数据的均值+标准差连接，即可构造置信度 95%的区间，该区间边界跨在虾夷扇贝生长基线两侧，可被视为虾夷扇贝生长状况的预警阈值。企业在实际应用中应当注意：①置信度可以由实际需要进行调整；②当使用的数据量过大时，应合理缩减数据集大小。在 95%置信度下，p 值和随机位移扰动均值的关系如图 8-52（a）所示，获得的阈值如图 8-52（b）所示。

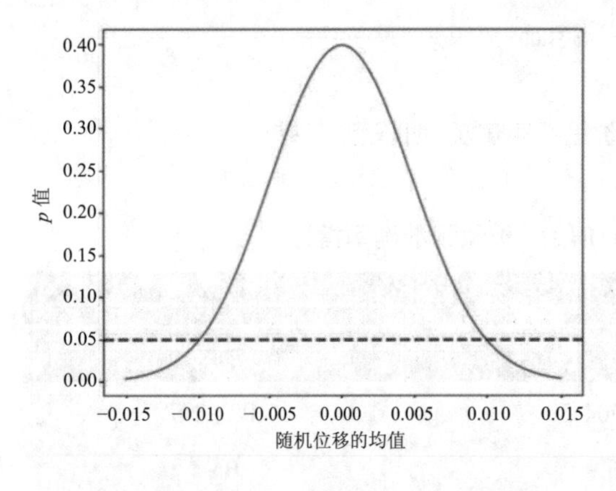

（a）不同随机位移均值下 t 检验的均值

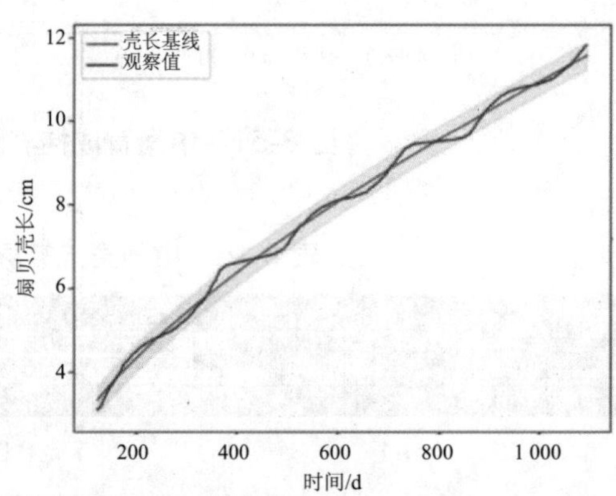

（b）扇贝生长壳阈值（阴影部分为阈值内范围）

图 8-52　虾夷扇贝壳长的阈值

环境的阈值由四分位方法获得。采用这种方式的缺点是无法将环境参数对虾夷扇贝生长的影响纳入阈值的考虑。但它的优点是当数据积累不够充足时是一种相对可靠、计算便捷的方式。四分位方法阈值可以提供环境参数是否异常的信息，观察到它们较往年是否发生异常。

以海水温度举例，统计的是忽略时序特征的、数据集中海水温度的中位数，并采用百分位法计算异常值的界限。水温的阈值结果如图 8-53 所示，内层阈值之外代表水温的偏移较小，外层阈值之外则代表水温相对往年环境出现极端异常。海水环境因子的阈值如表 8-15 所示。

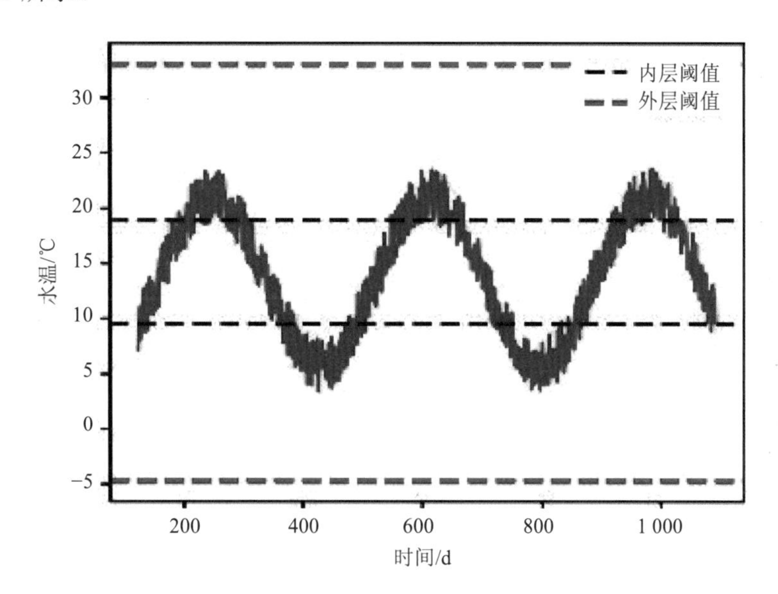

图 8-53　海水水温的百分位阈值展示

表 8-15　水温、溶解氧、pH、盐度的统计阈值

阈值		水温/℃	溶解氧	pH	盐度/‰
中位数		14.6	10.35	8.40	33.7
外层	上阈值	33.6	14.95	8.59	35.8
内层	上阈值	18.9	11.64	8.45	34.3
	下阈值	9.10	9.43	8.35	33.2
外层	下阈值	−5.59	6.12	8.20	31.6

8.1.6　虾夷扇贝增养殖过程环境风险预警

针对虾夷扇贝生命周期全过程，浅海增养殖大数据智能服务平台中提供了多种环境

指标的在线监测展示和综合查询，如图 8-54 所示。主要监测指标包括溶解氧、pH、水温、叶绿素 a、磷酸盐、硝酸盐、亚硝酸盐、铵盐等。同时结合前文给出的虾夷扇贝生长环境参数的阈值分析结果，当环境指标的监测值超出相应阈值范围时进行环境预警。

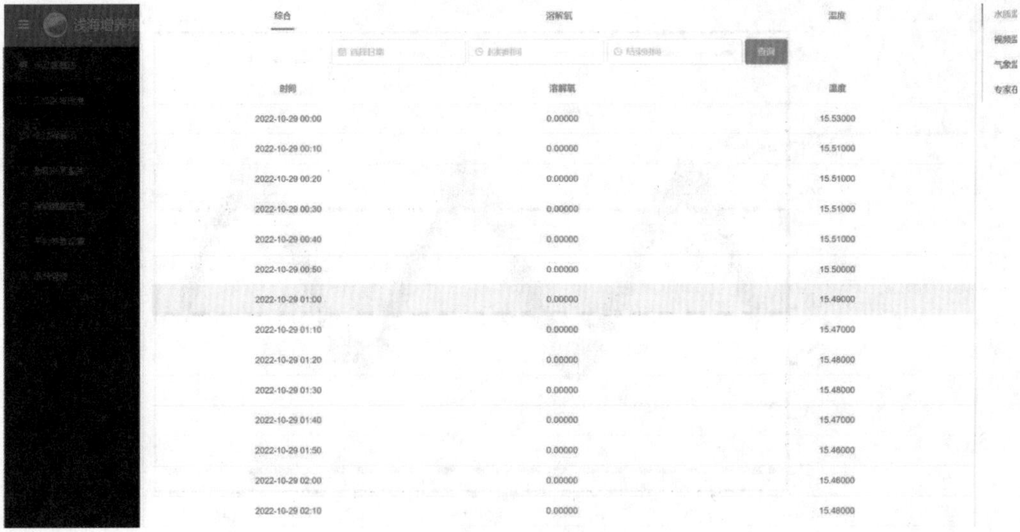

图 8-54　水质参数综合查询

水质环境详情模块中包括了基地各类水质环境要素的实时信息，以折线图的形式展现给用户，让用户可以直观地查看各类环境要素的实时变化趋势。水质环境监测功能中同时也包含了历史数据查询功能，系统数据库会将各类水质要素的数据保存下来，在历史查询界面中用户可以根据时间以及要素名称查询历史数据，使用户直观地看到历史时间区间内数据的变化趋势，方便用户对环境变化做出相应的分析和处理。

根据虾夷扇贝增养殖过程大数据挖掘与分析过程获得的环境参数阈值，当在线监测的环境参数超过警戒阈值时，平台会给相关授权用户进行短信报警，及时提醒相关人员关注环境要素变化，并采取相应干预措施。同时也可借助平台或移动端进行专家在线交流，咨询专家的建议，获得进一步的专业指导，如图 8-55 所示。

环境风险预警是虾夷扇贝病害预警的重要方面，是突破增养殖区环境控制、实现优化增养殖的关键环节，可以实时发现环境变化、提前进行预警预报并及时采取应对措施，以最佳应急方案或最快速度对风险进行控制。我们通过构建虾夷扇贝的环境风险预警模型，并利用平台实现实时环境因子在线监测、及时的预警和专家在线干预，能够有效地指导实际生产，规避或减少因病害发生导致的经济损失。

（a）短信预警　　（b）专家在线

图 8-55　环境预警与专家交流

8.2　桑沟湾海带养殖全过程示范应用

8.2.1　桑沟湾地理环境及养殖概况

8.2.1.1　地理环境

桑沟湾位于山东荣成，东经 122°24′～122°35′、北纬 37°01′～37°09′。桑沟湾内平均水深 7～8 m，最大水深位于湾口，约为 20 m；湾内水面面积约为 140 km^2，海岸线长 74.4 km[22]。桑沟湾潮汐为不规则半日潮，每个太阴日中两次高潮和两次低潮。大潮汛期大潮差平均为 1.5 m，小潮差为 1.1 m；小潮汛期大潮差平均为 1.2 m，小潮差为 0.75 m[23]。桑沟湾的底质以黏土质粉沙为主，主要分布在中部海域，面积约为 1.01 万 hm^2；西部和南部海域底质以中细沙为主，面积约为 0.12 万 hm^2；桑沟湾南北近岸海域约有 866.7 hm^2 的基岩分布；楮岛以北近岸等海域有少量沙砾石底质分布[22]。

8.2.1.2 海水增养殖概况

桑沟湾是我国北方著名的海水增养殖海湾。目前，桑沟湾增养殖区已延伸至湾口之外，湾口至湾顶分布着不同的养殖区，呈斑块状分布：水深较深的湾口适宜海带生长，以海带养殖为主；湾顶水交换能力较弱，适合滤食性贝类养殖，以贝类养殖为主；中部为贝藻混养区，但目前混养模式所占区域较小[24]。

桑沟湾开展海水增养殖活动的时间较早，从 20 世纪 50 年代开始，到 80 年代已经形成一定的养殖规模，约占总海区面积 2/3 的区域进行了大规模以海带为主的浮筏养殖[25]。20 世纪 90 年代，除海带养殖之外，栉孔扇贝也开始在桑沟湾大规模养殖。2000 年以来，桑沟湾大规模养殖品种更多样化，如长牡蛎、栉孔扇贝和海带，局部海区有少量鲍、海参、网箱养殖鱼类，还有少量池塘养虾。当前，桑沟湾养殖品种已经实现多样化、优质化，养殖模式也由单一的藻类养殖向虾类、贝类、鱼类和海珍品养殖逐步延伸，养殖方式呈现出多样化发展趋势[26]，设施渔业、深水网箱养殖以及多营养层次综合养殖（IMTA）技术等得到较快发展，已经形成了筏式养殖、网箱养殖、贝藻混养、底播增殖、区域放流、潮间带围堰养殖、滩涂养殖等多种养殖模式并存的新格局。如今桑沟湾已成为我国著名的海珍品、贝类与大型海藻养殖基地之一[22]。

8.2.1.3 主要养殖种类

1．海带

海带（*Laminaria japonica*）是多年生大型藻类，褐藻纲，海带目，海带科，海带属。孢子体大型，褐色，扁平带状。分叶片、柄部和固着器，固着器呈假根状。叶片由表皮、皮层和髓部组织所组成，叶片下部有孢子囊。具有黏液腔，可分泌滑性物质。固着器树状分支，用以附着海底岩石，生长于水温较低的海中[27]。海带藻体为长条扁平状，褐绿色，两条纵沟贯穿叶片中部，形成中部带。海带藻体通常长 1.5～3 m，宽 15～25 cm，最长可达 6 m，宽可达 50 cm。海带为亚寒带藻类，太平洋西北部是海带的主要分布区，海带生长主要受温度、光照强度、水体中营养盐等因素的影响[28]。

2．栉孔扇贝

栉孔扇贝（*Chlamys farreri*）属于软体动物门，瓣鳃纲，珍珠贝目，扇贝科，扇贝属。贝壳呈扇状，一般为紫褐色或黄褐色，壳高略大于壳长。两壳大小几乎相等。右壳较平，内面有一凹陷，形成栉孔。左壳主要放射肋 10 条左右，右壳 17～18 条。栉孔扇贝主要分布于我国黄渤海、东海海域以及朝鲜半岛和日本等区域。栉孔扇贝的适应性较广，适宜水温范围在 2～35℃，最适应温度为 15～25℃。栉孔扇贝在水温达到 14℃及以上时才可以繁殖，黄渤海海域的栉孔扇贝每年 5 月中旬至 8 月上旬进行繁殖，繁殖盛期为 5 月下旬至 6 月下旬[29]。栉孔扇贝生活在低潮线以下岩礁或砾石较多的硬质海底，以足丝附着生活，用鳃滤食海水中浮游生物和有机碎屑。栉孔扇贝适应在水流较急、盐度较高、透明度较大的海区生长，适宜水深为 10～30 m。

3. 长牡蛎

长牡蛎（*Crassostrea gigas*）属于软体动物门，双壳纲，牡蛎目，牡蛎科、牡蛎属。长牡蛎壳厚，壳面具有波纹状鳞片，壳长约为壳高的 3 倍。右壳较平，左壳具有数条较强的放射肋。壳面紫色或淡紫色，壳内面白色，闭壳肌痕呈紫色。长牡蛎为广温、广盐种类，对环境适应能力很强，通常分布于低潮线附近及浅海。其生长适应盐度范围为 10‰～37‰，最适盐度范围为 20‰～30‰；水温在−3～32℃范围可成活，最适水温为 5～28℃。在南方，每年 5 月开始进入繁殖期；北方繁殖期在 6—7 月。通常水温达到 16℃时，长牡蛎开始形成生殖腺，22℃时部分个体生殖腺开始成熟，在水温达到 23℃及以上时开始产卵[7]。长牡蛎营固着生活，以左壳固着于坚硬的物体上，主要滤食海水中的浮游生物和有机碎屑。长牡蛎原产于日本，先后被引种至世界各地，现已成为世界牡蛎养殖的主要品种[7]。

8.2.2　海带养殖大数据应用需求分析

我国海带养殖的机械化、自动化程度较低，生产过程中洗刷苗帘、养殖、采收等全过程操作主要依靠人工完成，劳动强度大、劳动效率低；同时，信息化程度的低下也影响了海带养殖全过程的预测和决策。因此，如何加快海带养殖设施设备的研发和信息化建设，促进海带养殖产业信息化、智能化进程，改变劳动密集型产业模式是关乎海带产业生存发展的关键问题。海带产业信息化、智能化发展进程中，数据是根本、分析是关键、平台是支撑，大数据技术的发展为解决上述难题提供了技术手段。目前，海带养殖大数据应用中主要存在以下问题。

（1）海带生长环境的复杂性对数据获取提出了挑战。目前海带养殖普遍存在大数据缺乏、数据碎片化、量化和共享程度偏低的问题，需要构建成套完整的多来源在线监测体系，利用在线环境监测、生产过程管理、生长过程监控、互联网集成等多种技术手段获取海带整个生命周期的结构化及非结构数据（视频、图像等），为海带养殖大数据应用提供数据保障。

（2）物联网和互联网技术的发展逐渐丰富了海带养殖的数据来源，然而多源异构数据结构复杂、分散存储、数据融合困难的问题限制了养殖数据的有效利用，还需要在关键的智能化技术上取得突破，如构建多源异构数据模型、研究机器学习方法和技术在海带养殖过程中的应用，揭示环境、生物及养殖过程的关联性规律，实现海带产业的智能化发展。

（3）目前水产养殖信息化平台存在职能相对单一、信息化孤岛等问题，缺乏面向全产业链的关联性分析和信息化平台管理，需要构建面向浅海增养殖全过程的综合服务平台，实现从育苗和海上养殖等生产环境的智能感知、预警、分析等，为海带养殖全过程构建可精准化、可视化管理的信息化平台。

8.2.3 海带养殖全过程大数据库构建

8.2.3.1 桑沟湾实时在线监测系统建设

在桑沟湾养殖区集成安装了在线监测设备，即多参数水质仪、原位水质营养盐分析仪、溶解氧在线监测传感器、水下摄像机、全景摄像头等，用于相关参数的在线监测（图8-56）。同时，构建了传输系统，用于在线监测数据及视频图像的传输。水质参数测定频率与长海海域虾夷扇贝增养殖区相同。截至2022年年底，共获取桑沟湾水质在线监测数据 20 万余条，获取海带视频图像 200 GB。

图 8-56 桑沟湾在线监测平台

8.2.3.2 海带养殖全过程大数据库

1. 多源信息融合的数据库存储模式

海带增养殖全过程大数据库的设计过程中，考虑到数据库需要存储大量海带非结构化数据（如海带养殖过程中的视频、图像等），所以，本着多源信息融合增养殖数据库使用关系数据库和非关系数据库的结合方式，来实现数据库的多源信息融合。结构化信息选择利用 MySQL 来存储，非结构化数据利用 MongoDB 来存储。

其中，MySQL 体积小，并且执行速度快，性能高，支持多种操作系统，可以处理拥有上千万条记录的大型数据库，同时支持事务性操作等，能够满足海带增养殖全过程大数据库的实现。而 MongoDB 是基于分布式文件存储的开源数据库系统，在高负载的情况下通过建立集群，添加更多的节点，保证服务器性能。视频、图片以及其他非结构化数据将存储在 MongoDB 中，通过主键关联 MySQL（图 8-57），是一种能够较好地处理非结构化数据的数据库。

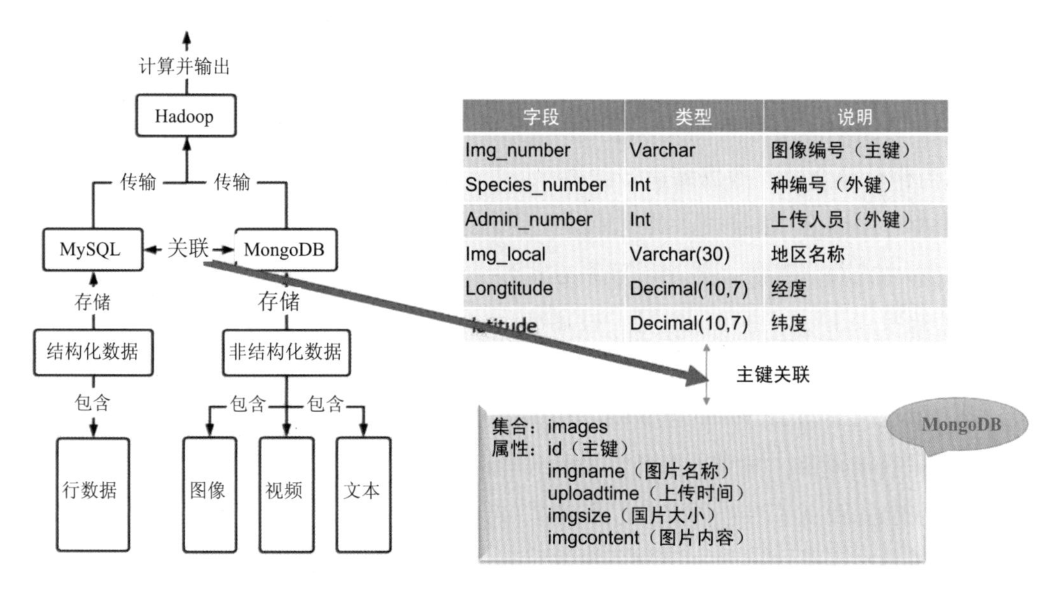

图 8-57 储存模式的设计

海带养殖全过程数据库结构与非结构数据融合展示如图 8-58 所示。

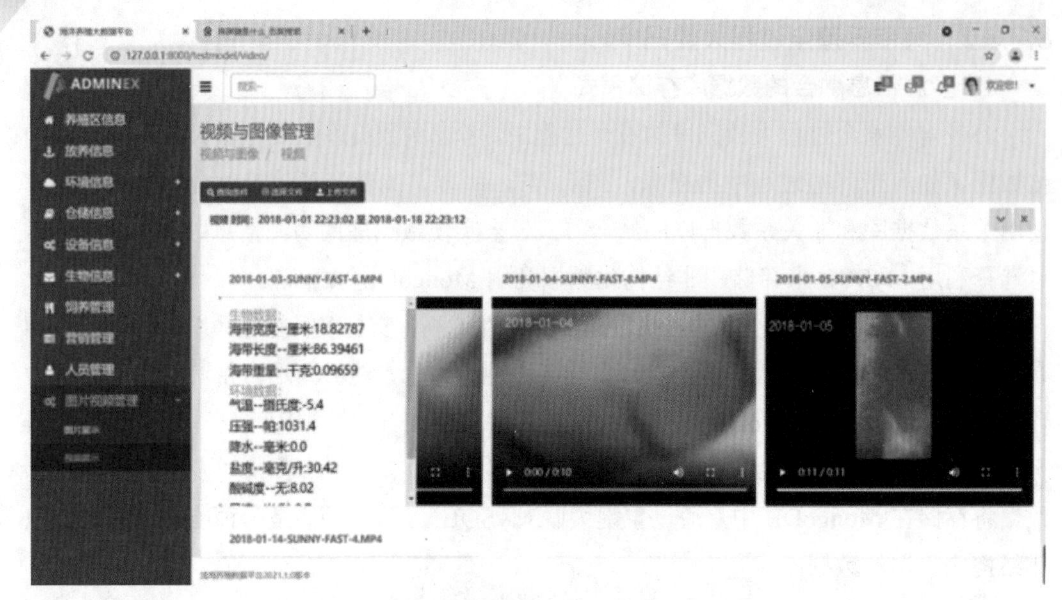

图 8-58　结构与非结构数据融合展示

2．海带养殖全过程数据库概念结构设计

收集、准备好海带养殖相关数据后，其数据库概念结构设计 E-R 图如图 8-59 所示。

3．海带养殖全过程数据库逻辑结构

大数据系统包含 12 张表，其逻辑结构如下。

（1）养殖人员（工号，姓名，联系方式）；

（2）投喂（工号，育苗区编号，投喂物品编号，投喂时间，投喂数量）；

（3）育苗区（育苗区编号，培苗时间，培苗数量）；

（4）幼苗（幼苗编号，幼苗来源，幼苗品相，幼苗品种）；

（5）采获（育苗区编号，工号，采获时间，采获数量，采获品种）；

（6）采投人员（工号，姓名，联系方式）；

（7）投放（养殖区编号，工号，投放时间，投放数量，投放品种）；

（8）养殖区（养殖区编号，海域名称，经纬度）；

（9）成体（成体编号，成体品种，养殖时长，出笼时间，出笼数量）；

（10）养殖（养殖区编号，养殖生物编号，养殖时长，养殖编号）；

（11）养殖生物（养殖生物编号，养殖方式，养殖生物品种）；

（12）设备（设备编号，设备状态，设备类型，监测数据类型，监测数据数值，监测时间）。

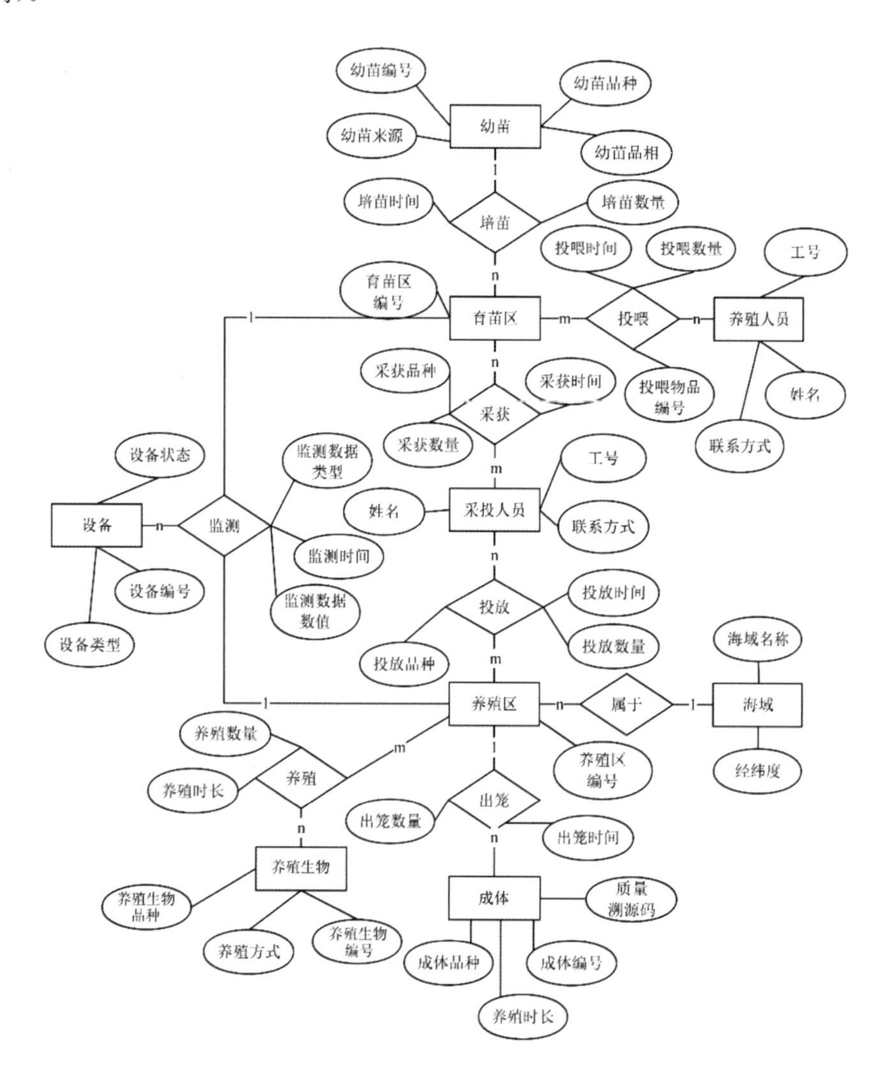

图 8-59 海带数据库 E-R 图

4．海带养殖全过程数据收集及入库

通过文献检索、网络爬虫、在线监测、企业提供等手段收集了桑沟湾海域海带养殖全过程的历史数据，主要包含环境信息、生物信息、设备信息、视频图片等数据，并组织入库。截至 2022 年年底，已收集到桑沟湾海带养殖区结构化数据约 127 万条，其中在线检查数据约 80 万条，非结构化数据（视频图片）约 1.8 TB。

8.2.4 海带养殖全过程信息化

海带的养殖全过程包括育苗、养殖、采收、加工和销售 5 个阶段[30,31]。为了实现海带育苗和海上养殖等生产环境的智能感知、预警、分析，提高海带养殖全过程的信息化、智能化水平，为浅海增养殖提供及时、精准及可视化管理，本书构建了浅海增养殖大数据服务平台。该平台通过海带生长参数和环境参数的监测，实现从海带育苗，到养殖阶段的不同生长周期，再到机械化采收、加工以及产销阶段的整个海带成长全过程的数据采集、数据存储、分析挖掘与可视化展示，进而提高海带养殖的全过程信息化和智能化水平，其流程如图 8-60 所示。

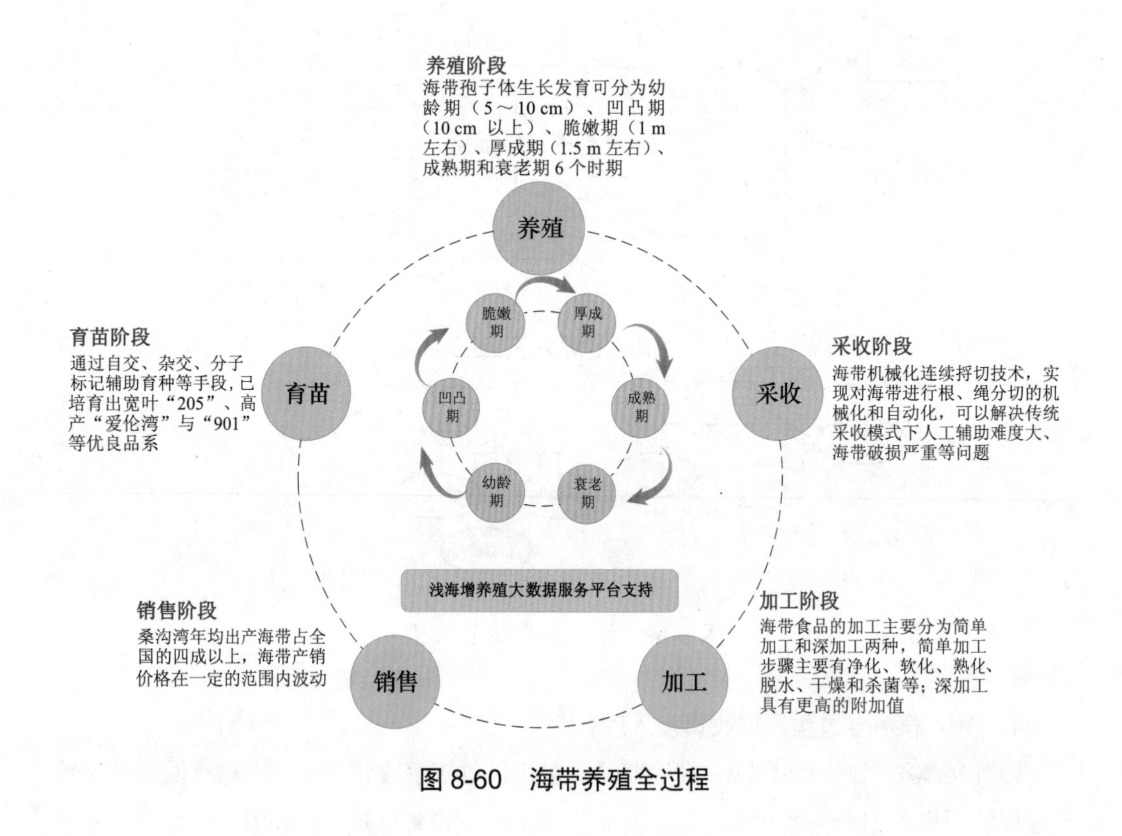

图 8-60 海带养殖全过程

1．育苗阶段

在后台管理系统中对养殖基地的养殖生物幼苗进行记录和统计。如图 8-61 所示，海带幼苗的数量、品类、时间等信息被记录到幼苗管理模块，以便后续观察记录养殖生物幼苗生长情况以及统计成活率等指标。

图 8-61　海带育苗管理

2．养殖阶段

目前，桑沟湾海带养殖方式为筏式养殖。筏式养殖海带普遍依赖人工夹苗，需要人工将苗绳逐段扭转解旋，形成容纳海带苗根系的空隙，通过手动将海带苗根系放入空隙内，然后将苗绳反向扭转，完成夹苗的过程，然后再解旋下一段苗绳，周而复始，劳动强度大，环境艰苦。中国水产科学研究院渔业机械研究所摒弃了模拟人工逐一解旋夹苗的方式，提出了 30 棵海带同步夹苗方式，并攻克了实际苗绳螺旋不等距的状态下实现自动夹苗的技术难题，创新了苗绳分段同时收缩解旋、多工位浮动旋转破绳器穿透苗绳缝隙、以破绳器为先导夹爪海带苗根系并返回释放的自动化作业模式，突破了海带高效夹苗方式、多工位自动插入苗绳及根系保护性夹苗等关键技术，研制了海带自动化夹苗机，实现了国内海带自动夹苗装备零的突破。后续将进一步完善该系统，降低脱苗率，并进行苗绳及海带苗自动输送技术及配套装备研发，如图 8-62 所示。

图 8-62 海带夹苗装备实现自动夹苗

我们通常所说的海带生长是指其孢子体生长发育。海带孢子体生长发育可分为 6 个时期，分别为幼龄期（5～10 cm）、凹凸期（10 cm 以上）、脆嫩期（1 m 左右）、厚成期（1.5 m 左右）、成熟期和衰老期[32]。在浅海增养殖智能服务平台中的生长过程视频模块，记录海带的养殖阶段介绍和视频展示。包括养殖阶段过程中的光照等因素调节，以及海上暂养、分苗、夹苗和挂苗等操作。管理人员可以定期通过“更新”按钮对养殖阶段的视频及文字描述进行更新，如图 8-63 所示。

图 8-63 全过程视频展示海带养殖各阶段

3．采收阶段

筏式养殖海带采收普遍依赖人工，劳动强度大，环境艰苦。在国家重点研发计划课题“筏式养殖海带自动化夹苗与机械化采收装备研究”的资助下，中国水产科学研究院渔业机械研究所以单绳链式采收装备为基础，突破了海带机械化连续采收、自动分切等关键技术，创制了单绳养殖海带机械化连续捋切采收装备，创新研发了海带机械化连续捋切技术，实现海带苗绳具有一定悬链线的状态下将海带根与苗绳分切，海带与苗绳分离，苗绳不受损。整个系统通过斜向动力辅助输送带将海带整体输送上船，由捋切系统对海带进行根、绳分切，并成功开展了海上近岸试验，解决了传统采收模式下人工辅助难度大、海带破损严重等问题。试验结果表明：捋切海带采收速度达 13 m/min，海带根、绳分切成功率 100%，按此推测机械装置平均 23 min 完成一个筏架的采收，相比人工采收作业效率提高 4～5 倍，采收过程及装置如图 8-64 所示。

（a）采收船

（b）采收过程

图 8-64　筏式养殖机械化捋切采收船及海上试验

在浅海增养殖智能服务平台中的生长过程展示模块，进行了海带采收阶段的介绍和视频展示，包括海带的采收装备及自动化夹苗、机械化连续采收、自动分切等过程展示，如图 8-65 所示。

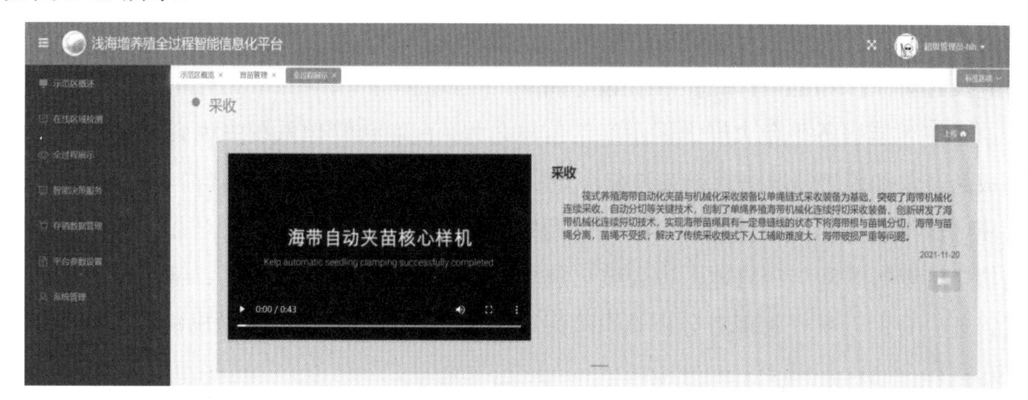

图 8-65　全过程视频展示海带采收过程

4. 加工阶段

在浅海增养殖智能服务平台中的生长过程展示模块，记录了海带加工阶段的介绍和视频展示，包括海带加工的步骤和过程等描述。管理人员也可以通过“更新”按钮对加工阶段的视频及文字描述进行更新维护，如图 8-66 所示。

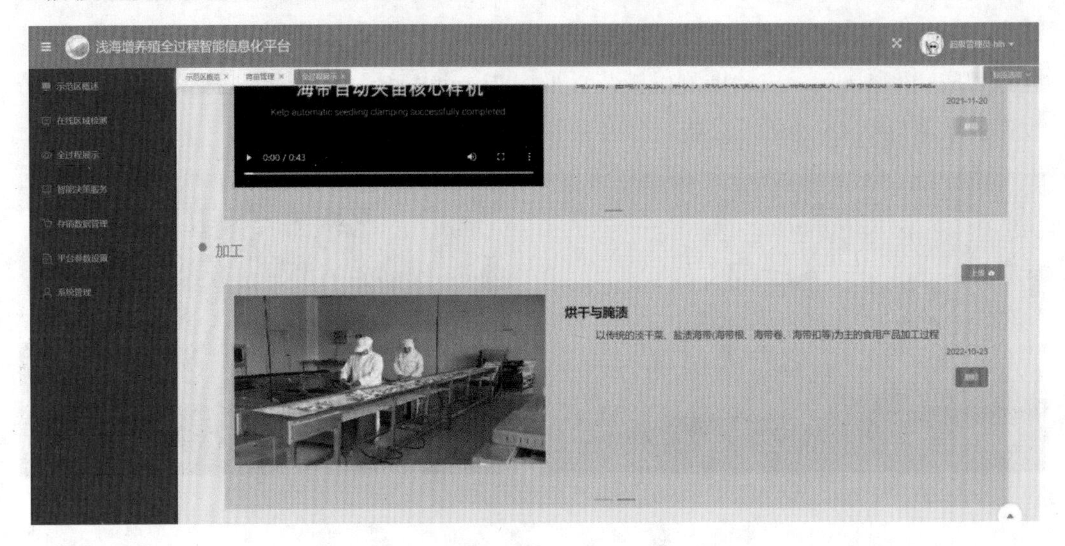

图 8-66 全过程视频展示海带加工过程

5. 产销阶段

桑沟湾是全国最大的海带产地，为方便管理桑沟湾海带产销情况，我们设计开发了集养殖与产销管理于一体的养殖智能服务平台（图 8-67）。可视化大屏会实时更新包括各个养殖示范区产销情况与价格走势信息，方便生产者和用户更好地把握市场趋势，从而做到及时对生产和销售情况做出决策与调整。

除在智能服务平台大屏上展示产销信息之外，在后台管理系统中也会对指定时间段的成品产量和销售情况进行记录和统计（图 8-68）。每一批收获的桑沟湾海带的收获重量、收获区域与收获时间等信息都会被记录到成品管理模块。每一批海带产品的销售量、销售价格、销售时间与销售地区也会被记录至销售管理模块，清晰明了、可追溯的存销数据管理也有助于生产管理者分析桑沟湾海域海带的产销趋势，以便做出决策判断。

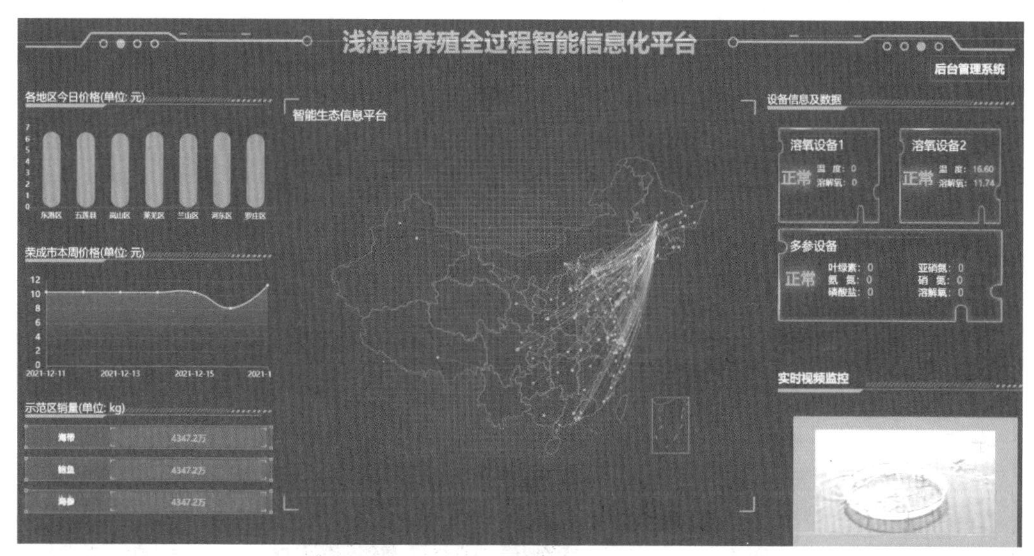

图 8-67 桑沟湾浅海养殖智能服务平台大屏展示

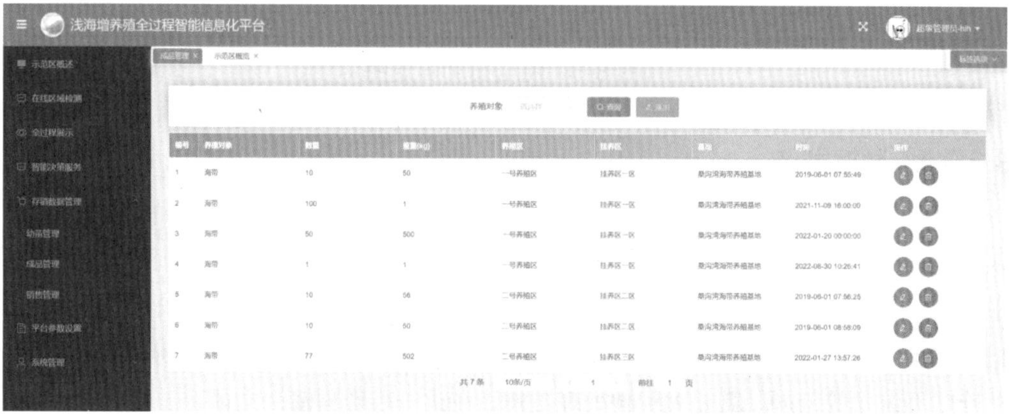

图 8-68 桑沟湾浅海增养殖智能服务平台成品管理模块功能展示

8.2.5 海带养殖全过程大数据挖掘与分析

桑沟湾海带生长周期约为 1 年，养殖全过程如图 8-69 所示。海带养殖全过程大数据分析的目标是整合不同来源的数据，了解桑沟湾海带生长的规律，获得海水和环境因子对海带生长带来的影响及范围。分析的基本步骤包括数据预处理、时序的分解、正常生长模型构建、正常环境因子范围的获取等。其中，数据预处理在少量人工干预下，主要由计算机算法自动完成，包括数据拼接、数据探索性分析、数据清理等过程。

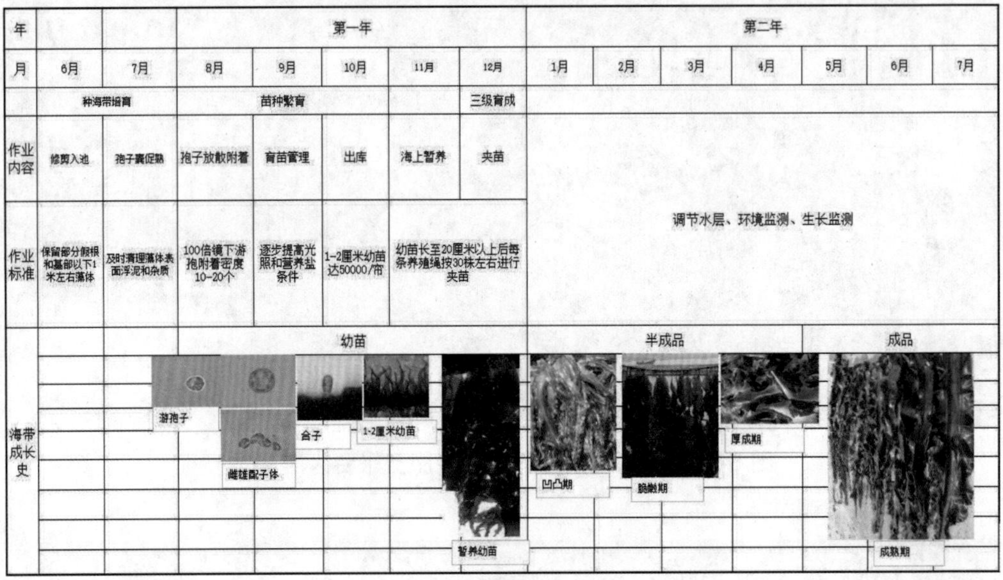

年			第一年					第二年						
月	6月	7月	8月	9月	10月	11月	12月	1月	2月	3月	4月	5月	6月	7月
	种海带培育		苗种繁育				三级育成							
作业内容	修剪入池	孢子囊促熟	孢子放散附着	育苗管理	出库	海上暂养	夹苗	调节水层、环境监测、生长监测						
作业标准	保留部分假根和基部以下1米左右藻体	及时清理藻体表面浮泥和杂质	100倍镜下游孢附着密度10-20个	逐步提高光照和营养盐条件	1-2厘米幼苗达50000/帘	幼苗长至20厘米以上后每条养殖绳按30株左右进行夹苗								
海带成长史			幼苗					半成品				成品		
			游孢子、雌雄配子体	合子	1-2厘米幼苗		暂养幼苗	凹凸期	脆嫩期		厚成期		成熟期	

图 8-69 海带苗种养成图

8.2.5.1 数据拼接

对海带生长周期的研究，其原始数据来源于桑沟湾威海长青的高、中、低排 3 个筏式海带养殖区。浅海增养殖大数据库对桑沟湾威海长青的海带养殖数据的收录来源包括平台传感器的实时测量数据、经整理的卫星数据、人工测量数据、人工校正数据、历史记录数据和文献调研数据等。这些不同来源的数据既可以相互印证，也可能存在矛盾、精确度不统一等问题，需要大量预处理工作。在进一步数据清洗之前，需要先对原始数据进行预览。经过初步整合后形成的数据集主要有 5 个：

（数据集 1）海带人工测量数据。该数据由研究人员在养殖区现场测量。桑沟湾高、中、低排 3 个养殖区域各有一张表格记录，海带生长数据另有一张表格单独记录。

（数据集 2）海水中营养盐含量监测数据。该数据由浅海增养殖大数据库和威海长青共同提供。相比于前述海带生长人工测量数据特征列缺少溶解氧、pH、海带生长数据，但增加了一项硅含量测量数据。

（数据集 3）在线监测平台监测数据。该数据由在线监测平台实时测量并回传至数据库，并经过人工校正。数据间隔大约 5 min 一条，包含主要的水质指标数据。因海上仪器运行环境相对恶劣，本数据有较多的缺失值（以−32 768 标注）和异常数据（异常偏离值）。

（数据集 4）卫星监控数据。该数据来源于气象卫星对海面、地面的监控数据，主要包含对应经纬度的海面光照情况、遥感叶绿素情况等。

（数据集 5）历史文献研究及数据。通过查询历史数据或统计年鉴，获得浅海增养殖相关的历史数据，包括海带养殖总量、历史病害记录等。

以上数据集经由多来源整理，或直接获得，或从数据库中读取，形成数张数据表格。在数据分析时将需要的数据拼接到一起。拼接时新表首先取特征列名作并集，然后逐表逐行将原始数据按列拼接进新表当中，拼接过程不可避免会出现缺失值。拼接时按数据获取的时间作为一个样本观察值：在不同的原始数据中有相同的特征列，如果两条原始数据不是同时测量得到的，则直接按行拼接；如果两条原始数据是同一时间测量的，则当特征值不矛盾时直接剔除其中之一，当特征值有矛盾时，视情况优先选择合理的特征值。当同一时间的同一个特征值有数据矛盾存在时，选择信任的优先顺序为经过校正后的数据、最新数据、信息量较多的数据。

当有数据空缺时，用校正后的测量数据和在线监测平台的监测数据进行补充。因数据粒度不同，选择值的时间固定在 14:00 之后的第一个数据。合并后的数据集需要先进行整理。第一步新建一个备注列，将数据集中人工标注的注释移动到备注列当中；第二步将时间列整理补全；第三步将“/”“−32 768”等转换为空值；第四步将时间列向前补齐；第五步把异词同义的采样点统一起来。

光照条件在海带生长过程中起到重要作用。选用卫星遥感日照强度时，主要采用净日照强度（去除反射光）作为特征列。由于日照强度粒度为 1 h，历史环境数据粒度为单日监测的月粒度，需要对一天的光照强度进行汇总。日照强度与太阳的起落和辐射角有关，因此在白天呈先增长后降低的趋势，夜晚持续为−9 999。由于日照强度相对其他环境因素具有明显的周期性，且周期短、日夜连续性差，因此日照数据单独列表处理。

8.2.5.2　数据探索性分析

首先快速浏览数据，很容易观察到拼接后的新数据集有较多的缺失值。先将环境数据和海带的生长数据分离开，再观察环境数据。环境数据总览如表 8-16 所示。

表 8-16 环境历史人工测量数据总览

	空值	非重	数据类型	总数	最大值	最小值	中位数	均值	标准差
叶绿素 a/（μg/L）	9	81	float64	235	52.363 24	0.02	2.744 1	3.227 489	5.050 215
总氮/（μmol/L）	12	231	float64	232	40.05	2.009 286	13.525	14.743 59	6.366 299
溶解氧/（mg/L）	63	116	float64	181	14.62	0.54	9.77	10.029 03	2.360 731
氮磷比	12	232	float64	232	637.711 9	3.074 627	35.998 75	58.289 76	80.466 19
氨氮/（μmol/L）	12	155	float64	232	7.69	0.39	2.38	2.546 376	1.294 628
亚硝酸盐氮/（μmol/L）	12	108	float64	232	4.33	0.02	0.811 071	0.945 753	0.699 707
硝酸盐氮/（μmol/L）	12	213	float64	232	38.45	0.104 286	10.739 35	11.255 8	5.968 928
磷酸盐/（μmol/L）	12	85	float64	232	4.5	0.02	0.42	0.598 507	0.726 417
盐度/‰	54	35	float64	190	35	10.04	32	31.002 84	3.604 229
硅酸盐/（mg/L）	183	38	float64	61	4.210 526	0.04	0.2	0.499 951	0.851 582
水温/℃	0	159	float64	244	25.3	2.8	14.755	14.123 89	7.264 763
透明度/cm	9	111	float64	235	550	28	120	144.806 4	101.733 8
pH	114	44	float64	130	8.5	7.735 763	8.075 426	8.060 284	0.130 753
注释	242	2	object						
日期	0	73	Datetime64						
采样点	0	3	object						

从表 8-16 可以观察到，经整理的数据表格共有 244 行，数据中均有部分缺失值，硅酸盐缺失比例最高达到 75%。N/P 的波动率最高，而盐度、pH 常年波动较小。从均值和中位数观察，叶绿素 a、氮磷比、硅酸盐浓度 3 项数值分布显著有偏。作图仔细观察各列数据并了解其分布和趋势。水温的分布如图 8-70 所示。

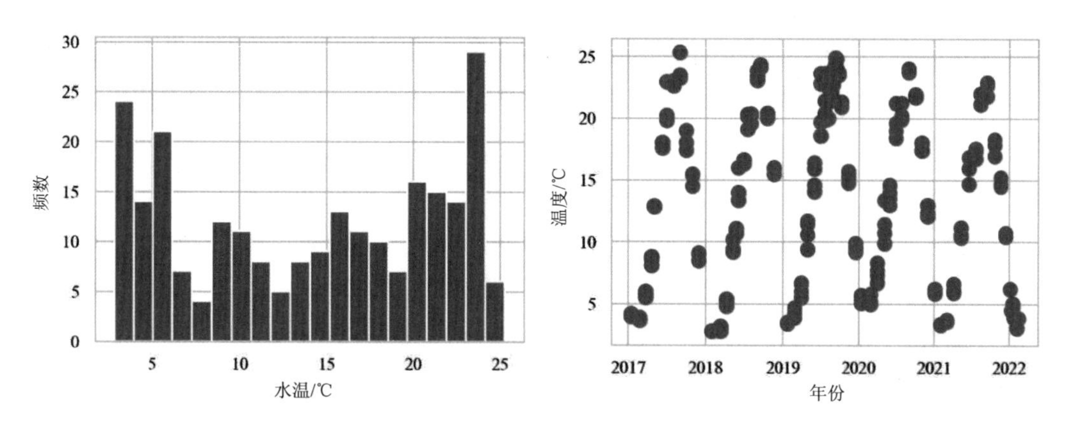

图 8-70　桑沟湾水温分布直方图（左）和散点图（右）趋势

海水水温分布直方图并未呈现类似正态分布的情形，相反在高温和低温区间分别各有一个峰值。从水温散点图展现的趋势观察，水温具有显著的季节性特征。桑沟湾的海水表层水温有明显的季节交替，呈现出冬季低温与夏季高温交替分布的现象。

桑沟湾海带养殖区的 pH 分布直方图和散点图如图 8-71 所示。桑沟湾的 pH 多年稳定在 8.1 左右，其分布近似正态分布，方差仅为 0.12。pH 并没有显著的周期性，也未观察到明显的趋势变化。

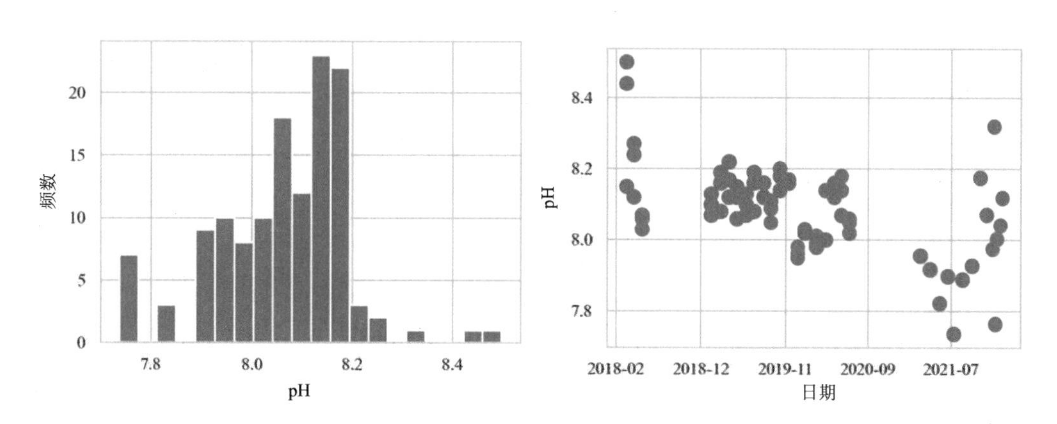

图 8-71　桑沟湾 pH 分布直方图（左）和散点图（右）

桑沟湾活性磷酸盐分布直方图与散点图如图 8-72 所示。桑沟湾海水中磷酸盐浓度多数分布在 0.42 μmol/L 附近，数据中观察到数倍的离群值。虽然离群值的频率较低，但出于对海水营养盐极端情况的考虑，不认为这些离群值属于该被忽略剔除的异常值。从图 8-72 可以看出，2017 年磷酸盐的含量偏高，其余年份稳定在 1 μmol/L 略低。

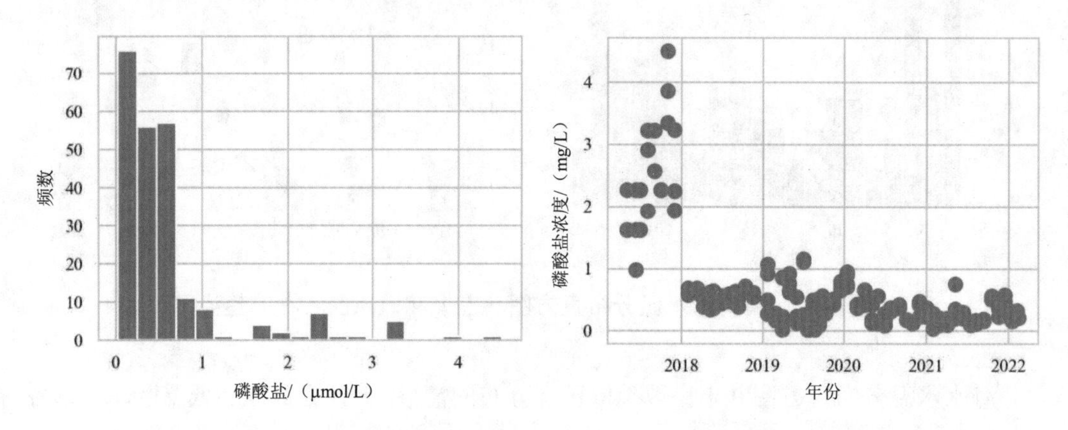

图 8-72 桑沟湾活性磷酸盐分布直方图（左）和散点图（右）

桑沟湾海水透明度直方图和散点图如图 8-73 所示，桑沟湾海水透明度通常在 2 m 以下。透明度明显是有偏分布，从其往年散点图可以发现波动范围从几十厘米到 5 m 左右，似乎有一个年级别的周期变化。在透明度分布上，透明度高的情况应当与浮游生物丰度减少有关。

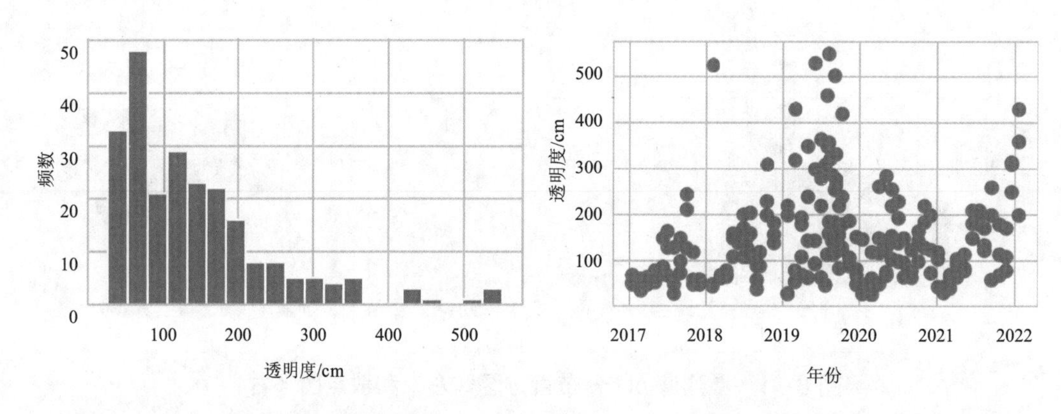

图 8-73 桑沟湾海水透明度直方图（左）和散点图（右）

桑沟湾海水盐度分布直方图和散点图如图 8-74 所示。桑沟湾海水的盐度也稳定在

32‰左右，有部分离群数据低于 20‰，可能是异常数据，应当予以妥善处理。从盐度历史趋势上看，桑沟湾历年的盐度数据自 2020 年后呈逐年缓慢下降的趋势。

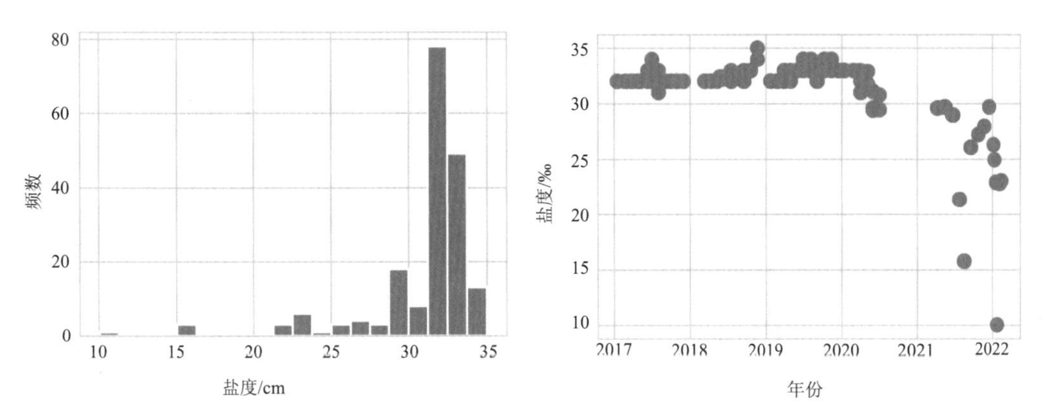

图 8-74　桑沟湾海水盐度分布直方图（左）和散点图（右）

桑沟湾叶绿素 a 浓度分布直方图和叶绿素 a 散点趋势如图 8-75 所示。桑沟湾的叶绿素浓度大致在 3 μg/L，鲜少出现 10 μg/L 以上的值。大于 10 μg/L 的叶绿素 a 浓度意味着可能暴发赤潮灾害。

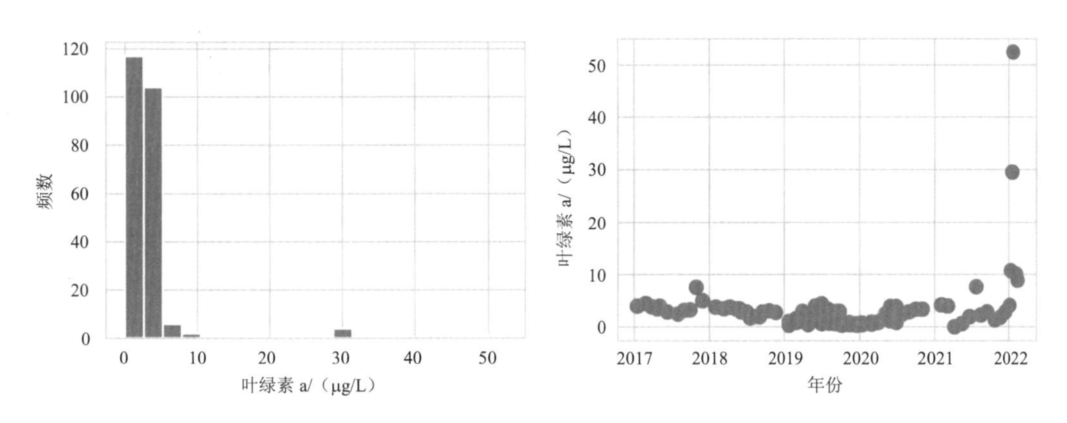

图 8-75　桑沟湾叶绿素 a 分布直方图（左）和散点图（右）

桑沟湾养殖区海水中无机氮浓度直方图和散点图如图 8-76 所示。无机氮浓度近似一个正态分布，平均浓度为 14 μg/L 左右，标准差 6 μg/L，波动较大。从散点图观察不到明显的趋势或周期特征，无机氮浓度自2020年后也整体呈下降趋势。

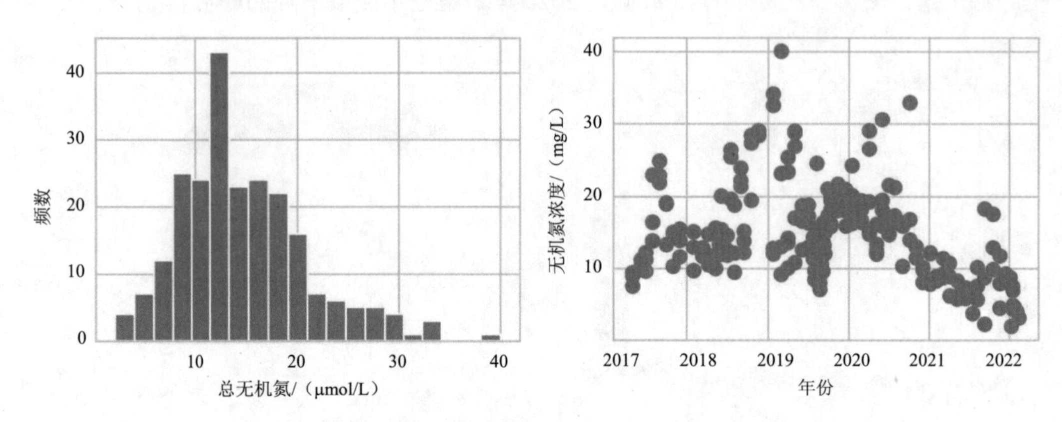

图 8-76 桑沟湾无机氮浓度直方图（左）和散点图（右）

桑沟湾海水溶解氧浓度直方图和散点图如图 8-77 所示。溶解氧的浓度大部分在9 mg/L以上，少量数据过低，应视为异常数据予以剔除。从趋势上看，溶解氧有明显的季节趋势。

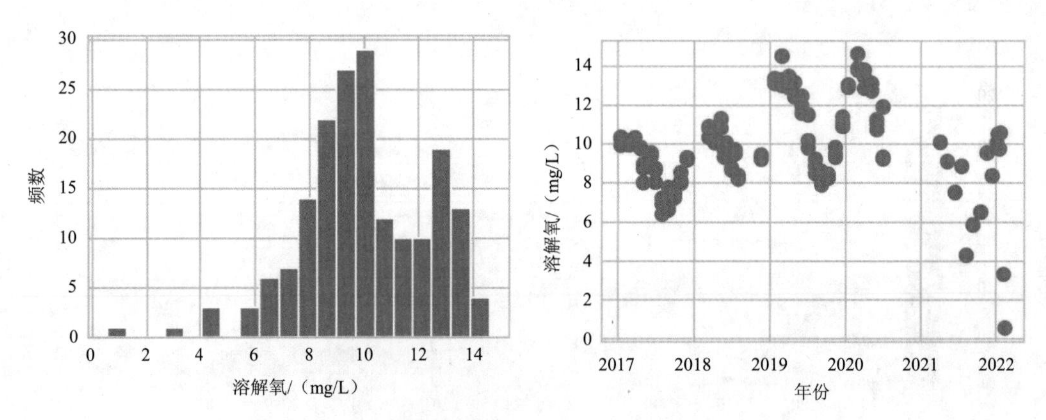

图 8-77 桑沟湾溶解氧浓度直方图（左）和散点图（右）

不同环境特征列之间的相关关系如图 8-78 所示，图中数字为皮尔逊相关系数。可以看到，数据中溶解氧和水温、叶绿素a和盐度呈比较明显的负相关关系；硅和溶解氧呈正相关关系。整体重要指标之间的线性相关性不是非常显著。这种相关性的情况体现了浅海养殖环境变化因素高度复杂的客观条件。

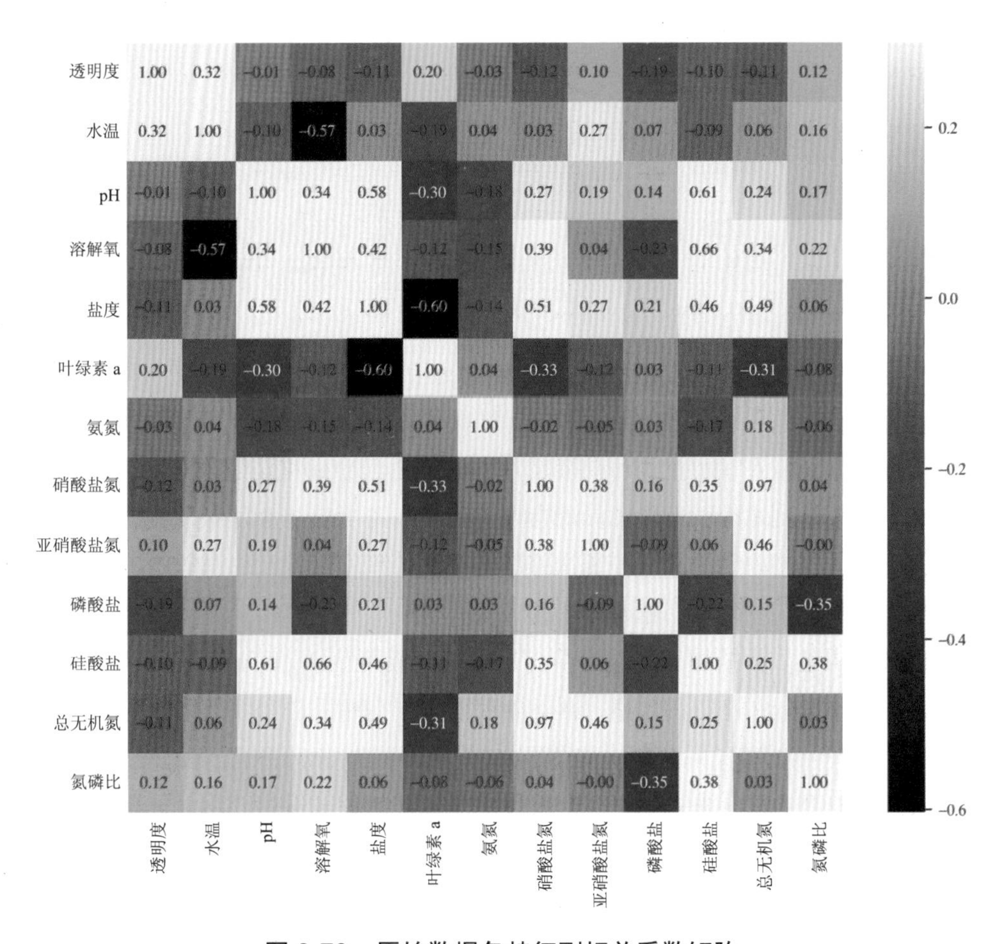

图 8-78　原始数据各特征列相关系数矩阵

海带长度逐月观察曲线如图 8-79 所示。海带的生长情况习惯用海带的长度、宽度和重量记录，其中长度是人们习惯首先使用的描述指标。海带长度、宽度、重量的测量时通常是测量一根绳上 25～30 棵海带藻体后，获得并记录下平均值和最大波动范围。因此，在数据挖掘中追求精确某个数值缺乏意义。

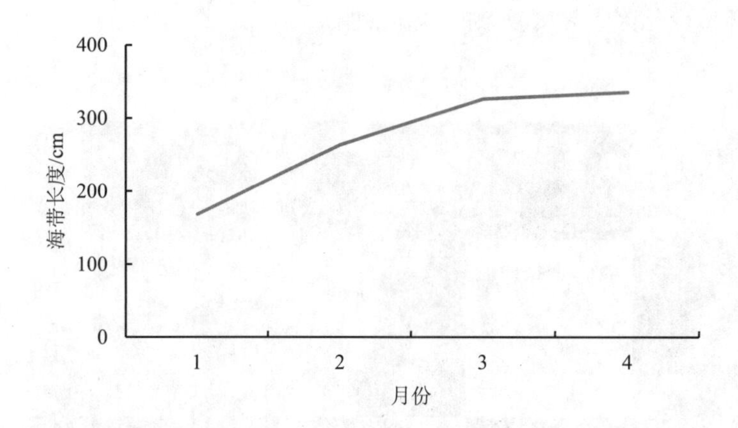

图 8-79 桑沟湾海带长度逐月生长趋势

桑沟湾海带通常在 11 月 20 日前后苗帘下海，12 月中旬夹苗进入养殖区，夹苗后两周左右基本全部达到 1 m 长度。可以观察到海带生长速度有一个逐渐放慢的趋势，曲线呈凸形。形成这样的曲线的原因在于：海带处在生长和腐烂并行的过程中，当水温上升后腐烂的速度加快，导致整个植株萎缩。

将全部历史生长数据和环境数据结合起来观察相关性，发现不存在显著线性关系的变量。如果按年份分别比较和观察，则可以观察到一些相关趋势。当单独观察一年的数据时，例如 2018 年的相关系数矩阵如图 8-80 所示。可以观察到水温和海带测量的长度、宽度、重量有较高的关联关系，盐度也表现出了较高的相关系数绝对值。然而，当比较不同年份的数据时将发现相关系数并不稳定，有时为正，有时为负。相对稳定的变量关系有水温与海带长、宽、重，水温与溶解氧（水温越高，氧气溶解度越低）。2020 年水温对长、宽、重的关系存在反常现象，进一步观察数据发现 2020 年 4 月 20 日后海带的长度有明显的降低（腐烂过程）。海带从苗到大片海带的生长周期恰好是冬季到春末夏初的一段时间——恰好也是水温上升的阶段，因此海带长度逐年与水温有一个较好的线性关系其实是来自海带随时间生长的过程。

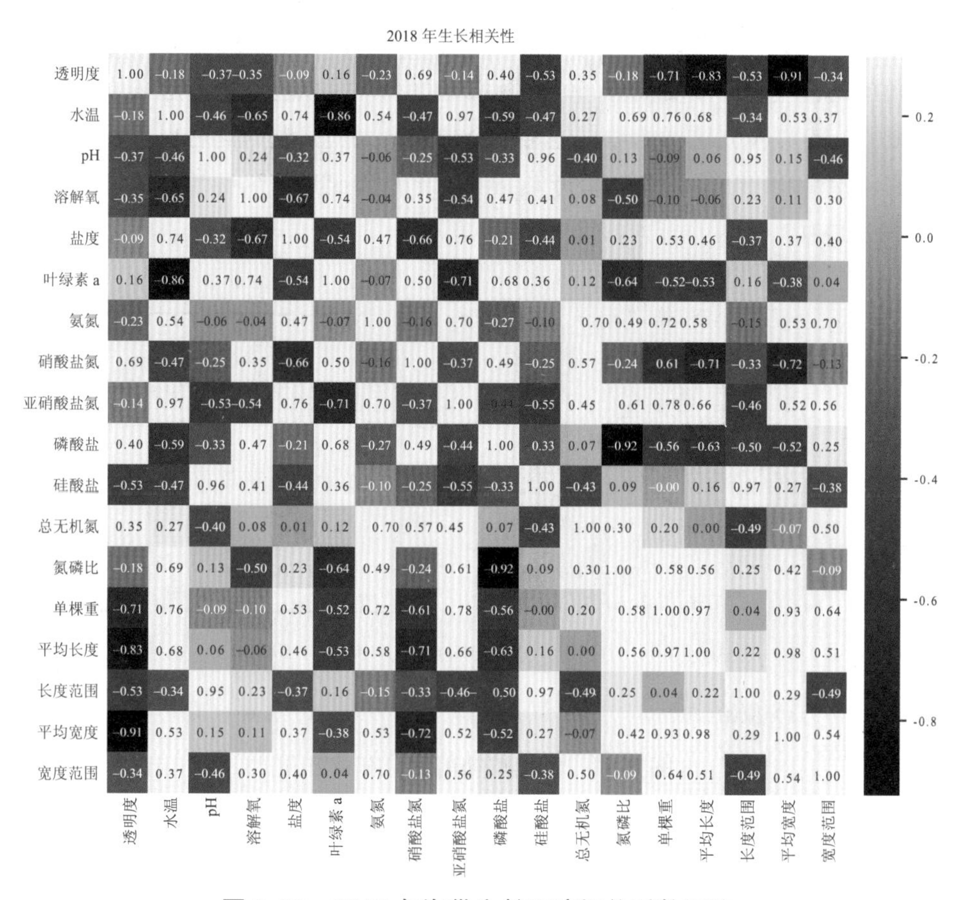

图 8-80　2018 年海带生长环境相关系数矩阵

由数据预观察大体得知，水温和海带生长的长、宽、高的平均速度存在显著且相对稳定的负相关系数。在数据覆盖的范围内，当水温上升时，桑沟湾海带的生长速度将减缓，甚至为负数。

8.2.5.3　数据清理

桑沟湾海带养殖的生长—环境各数据集中既有缺失值，又有异常值。在构建机器学习模型之前，需要对缺失值和异常值进行妥善处理。缺失值和异常值的处理没有先后顺序要求，本书采用先填充缺失值，再分辨和处理异常值的顺序。

1．缺失值填充

按照了解到的数据分布情况，可以对缺失值进行合理填充。

（1）对数据分布波动很小的特征列，可以直接使用中位数对缺失值进行填充。直接用中位数或均值填充会改变其分布，使标准差更小，所以也可以考虑按原始数据的分布进行采样，直接填充这样的数据通常不会带来太大的问题，同时也可以节省数据开销。由于桑沟湾海区历史上常年盐度和 pH 稳定，因此满足这种情况的特征列有盐度（图 8-81）和 pH。

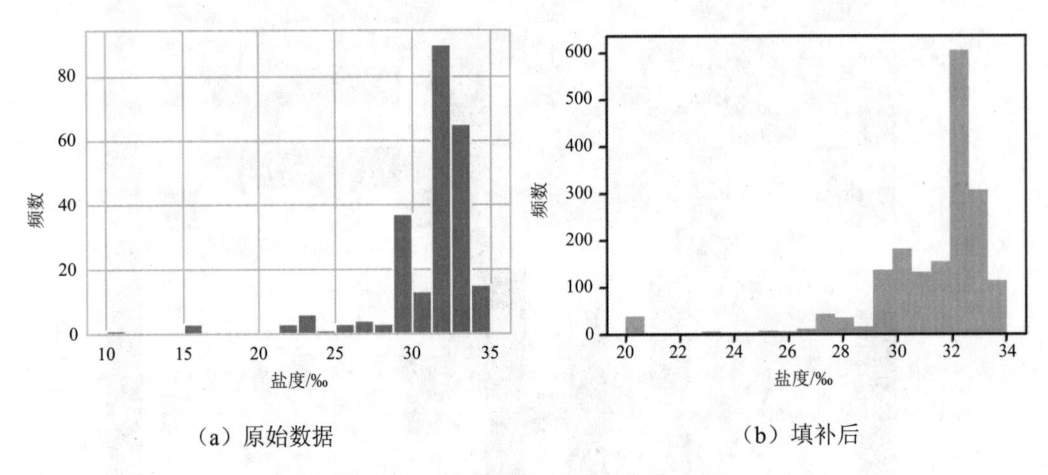

（a）原始数据　（b）填补后

图 8-81　盐度填补前后分布直方图

（2）插值填充。观察到桑沟湾近几年盐度呈缓慢下降趋势，且下降速度较为缓慢和稳定，因此填充盐度时利用海水盐度的连续性，分三个养殖区域、以缺失段落前后数据的平均值进行替代填充。填充后的盐度数据如图 8-81 所示，观察后没有发现分布的大幅度改变。同样，溶解氧的变化具有季节性，但仍旧表现为缓慢变化的趋势，因此采用线性插值的方式填充。

（3）对数据波动较大的列，采用模型估计的方法。模型估计的方法即先将没有缺失值的列作为特征数据，另将缺失列作为模型训练的目标。用没有缺失值的数据行进行训练模型和验证，然后估计缺失值。因为训练集的数据量不算非常大，这里采用常见的最近邻（KNN）模型。KNN 模型很简单，即通过数据间的距离来预测数据点：它有一个超参数 k，需要被预测的数据点的值应当是它周围最近的 k 个数据点的平均值。即认为浅海增养殖环境数据之间具有相关性，具有近似特征值的行的数值也应该是近似的。由于 KNN 采用距离远近作为分辨相似度标准，它输入的数据需要归一化，否则数字较大的特征将拥有过高的重要性。根据对桑沟湾海带增养殖收集的数据中观察到的分布、离群值、特殊值等存在的情况，适当选取标准化操作作为归一方法。

在使用 KNN 填充时，先用模型预测填充缺失较少的特征或历史波动范围不大的特征，在进行一次填充之后，再填充第二个特征。在桑沟湾海带养殖据集中，优先选择填充叶绿素 a 和透明度，再填充无机氮和磷酸盐数据，最后填充硅酸盐数据。填充前后如图 8-82 所示。KNN 填补方式没有导致显著的分布变化。

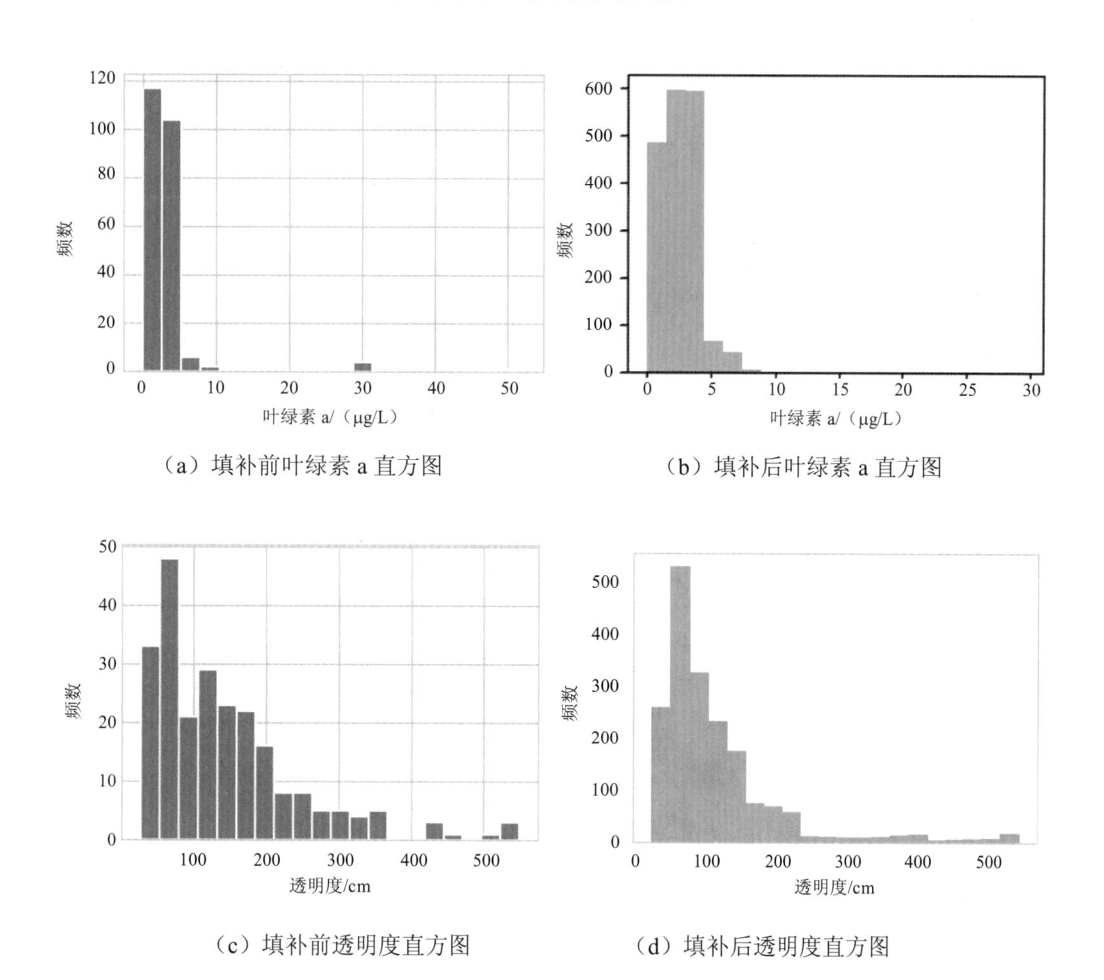

（a）填补前叶绿素 a 直方图　（b）填补后叶绿素 a 直方图

（c）填补前透明度直方图　（d）填补后透明度直方图

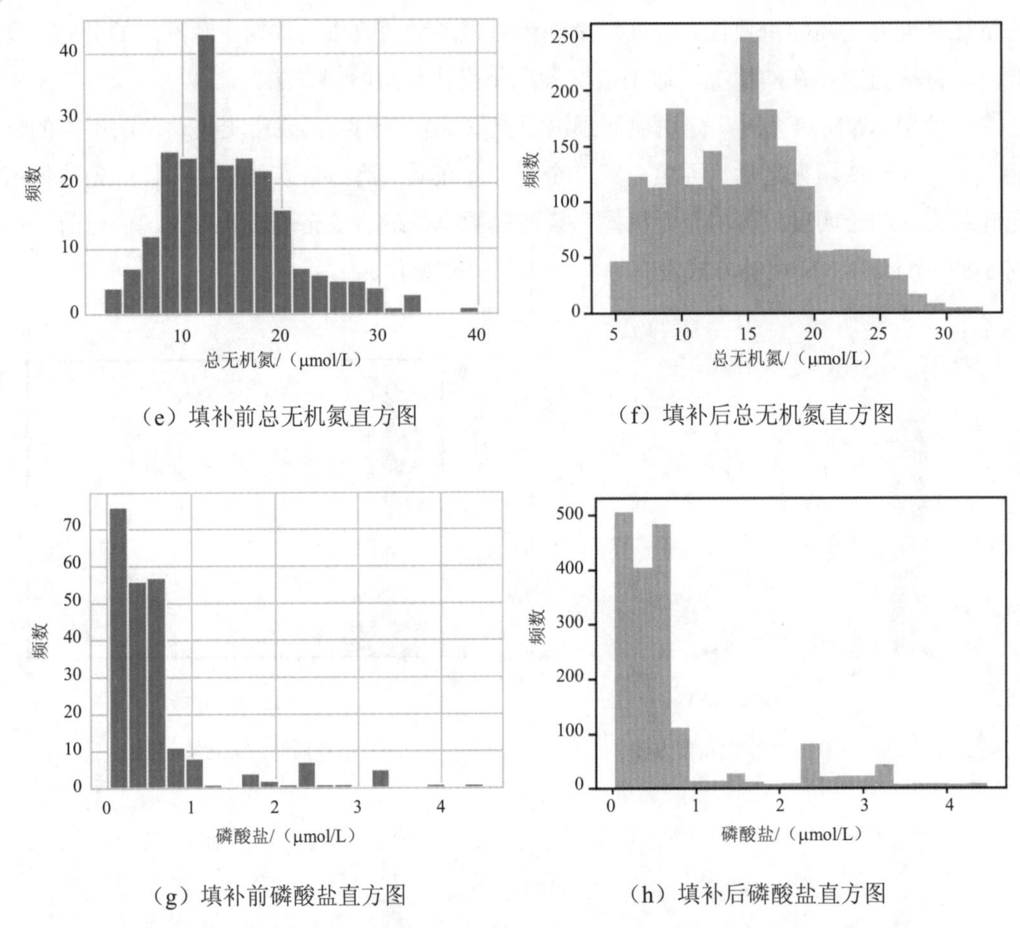

图 8-82 叶绿素 a、透明度、总无机氮、磷酸盐填补前和填补后的比较

2. 异常值辨识

桑沟湾海带养殖的原始数据异常值需要由历史数据和常识进行辨析。如溶解氧数据集中，可以发现部分小于 5 mg/L 的数值，明显低于开放浅海溶解氧下限。统一将低于 5 mg/L 的数据用 7.5 mg/L 替代。叶绿素 a 实时监测数据中存在大量毛刺。这些毛刺显著脱离叶绿素数值波动趋势，应当被判断为异常值，采用滤波方式去除。

3. 时间序列插值填充与构造

由于海带的测量数据是月粒度的数据，且测量的时间间隔并不统一。为扩大模型的训练数据集，提高模型输出的敏感性，需要对海带生长的环境和生物测量时间序列进行升采样。升采样需要插值，以连续性为主要依据，同时需要考虑数据的分布情况以及合理性。

插值的时间周期为海带的生长过程，从 11 月 20 日前后苗帘下海，12 月中旬开始夹苗，夹苗时大苗就能达到 1 m。这些时间点通常波动不大，海带如果正常生长其大小差距也不大，因此对海带的生长长度先补充 12 月 20 日 90 cm 的一条数据后，进行光滑升采样。

对海水环境监测值的升采样稍微复杂一些。因为环境特征的监测值有自己独特的变化周期和振幅，不宜采用固定的插值采样方法。当变量的变化缓慢和平稳时，可以采用样条插值的方式采样。在桑沟湾海带养殖数据特征列中有透明度、水温、pH、盐度、溶解氧。当变量变化周期快速而陡峭时，比较好的方式应该以线性插值方式进行。在桑沟湾海带养殖数据特征列中有叶绿素 a、硝酸盐、亚硝酸盐、铵盐、硅酸盐。这几列因为其值通常接近 0，且变化的速度和幅度均较大，当采用二次或三次样条插值重采样将出现负数的采样点，故直接采用线性插值完成时间序列的填补。

8.2.5.4　海带正常生长模式和阈值的获得

1．海带生长基线和阈值的获得

企业和消费者习惯使用长度作为描述海带生长情况的指标，其宽度、厚度、干重和长度存在一个近似的函数关系。因此，出于简化描述的目的，我们选择长度作为模型标识海带生长状况的指标。经过数据的预处理后，桑沟湾近几年的海带生长长度如图 8-82 所示，图中红色曲线大致描述了海带生长的趋势过程。

由图 8-83 观察可得，在桑沟湾的每一个养殖周期中，海带的长度均由一个快速增长的阶段和一个平缓的水平阶段组成。这种定性的描述很早就被认知，但作为大数据挖掘模型，计算机则希望从中找到某种固定的数值模式来描述海带的生长。如果从整理后的数据出发，每年海带长度都有数值上的明显差距，这种差距可能来源于下海夹苗时海带苗基本长度差异、环境因素影响、养殖种类比例变化影响等因素。大数据模型希望找到一个海带生长的数值模式，这个海带的长度模式在桑沟湾海每一个养殖年份都固定地、季节性的周期出现，而各年的海带长度在这个周期模式周围的样本 n 个方差范围内合理地波动。该模式称为“正常模式”。

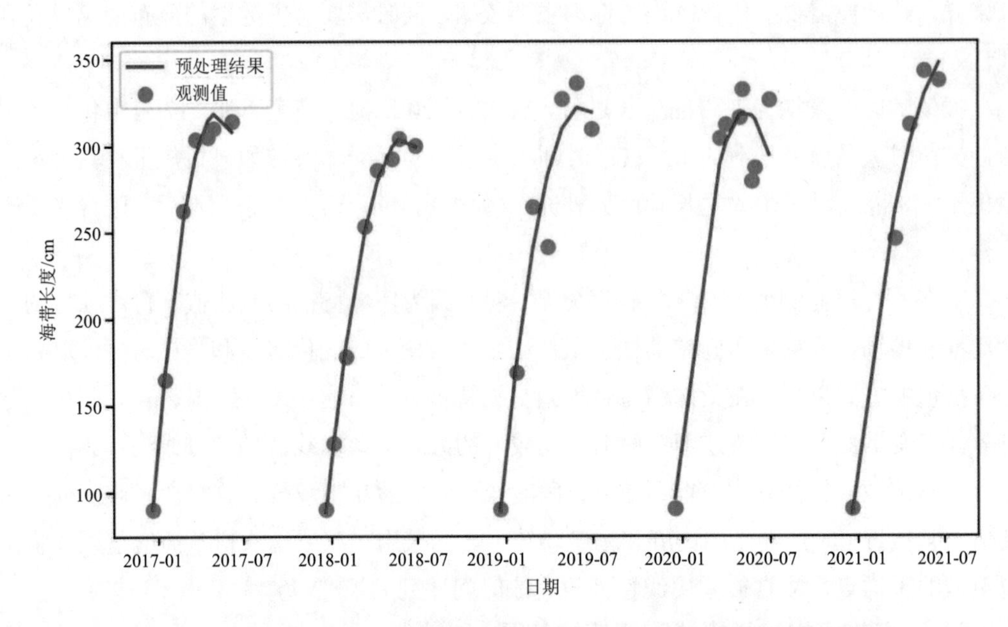

图 8-83 2017—2021 年桑沟湾海带长度生长记录及平滑预处理结果

在桑沟湾，海带养殖时间通常在上半年，这是因为海带是冷水藻类，水温较低时生长较快，水温偏高时生长减慢。桑沟湾历年气候水文条件相对稳定，可以认为海带的这种周期将非常明显地反复出现在每年的生长测量数据中。因此，以半年（161 d）为参考，暂不考虑环境数据，单独对海带的长度时间序列进行季节性时间序列分解[33]。

在季节性分析前，应当测试时间序列的随机与否。但从图 8-83 可以明显看出这不是随机序列。分解时采用了“趋势（trend）+季节（seasonal）+残差（resid）”的加法模式，季节性分解的结果如图 8-84 所示。从季节性周期分量图上可以观察到一个每年都固定出现的模式，这个模式很好地符合海带在桑沟湾养殖区 1—6 月生长由快速减速至平缓的性质。在趋势分量图上观察到一个以 250 cm 为中心的大致的波动，波动的频率接近 2 年。这个波动趋势远长于海带的生长季节性周期，且从目前的数据量大小、趋势波动的范围、曲线的规律性三方面考虑，先将这个趋势（trend）的波动认为是围绕中心值的水平波动。在残差分量图中，残差曲线并没有呈现出显著的规律，可以先将其视为逐年测量中的噪声。

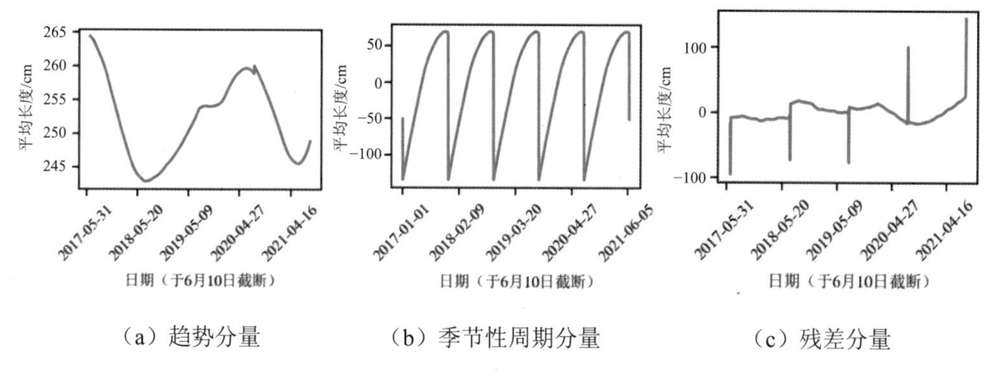

（a）趋势分量　（b）季节性周期分量　（c）残差分量

图 8-84　海带生长长度的季节性分解结果

由此，将 250 cm 加上季节（seasonal）的一个周期，就获得了海带生长数据中的一个“标准模式”：该模式体现了海带在桑沟湾养殖时，固定的某个日期应当生长到多长的数值模型，称为海带生长的“基线”。2017—2020 年桑沟湾海带的长度实际测量值与基线如图 8-85 所示。

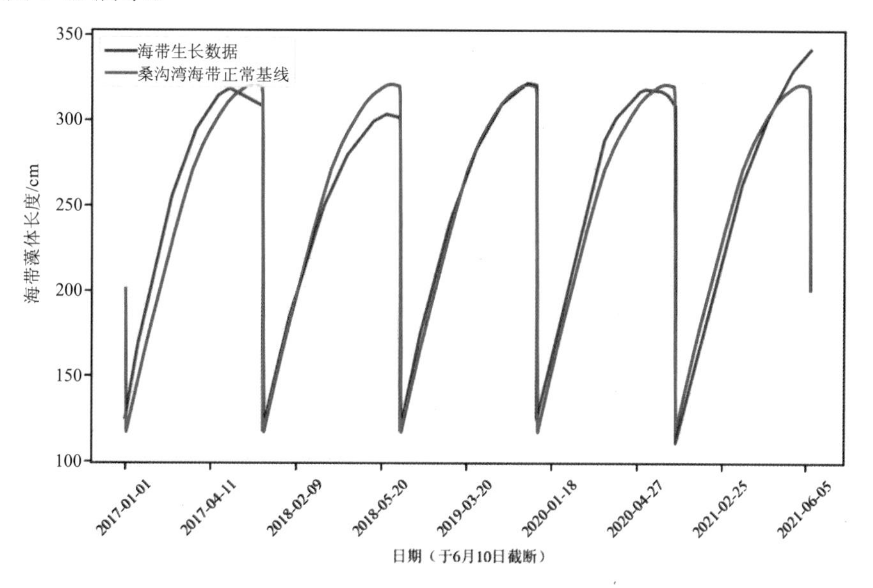

图 8-85　海带季节性生长模式：基线

由于海带养殖周期为半年，作图时有日期截断，需要将残差（resid）上的尖峰消除。随后，进一步将趋势中的波动部分和残差相加，得到新的残差如图 8-85 所示。此时的残差是实际海带生长的测量值与季节性周期曲线的差值，残差的来源有可能是夹苗时苗体平均大小差距、测量误差、生长过程中随机因素、额外环境特征随机影响等。观察图 8-86 可以发现：①残差分布的平均值大致为 0；②残差的波动范围为±20 cm，与原始数据记录中的测量样本波动范围大致相当。因此季节性周期曲线的残差波动可以忽略。过去几年，桑沟湾海带生长情况良好，连续数年的海带测量数据具有非常稳定、连续和显著的季节性特征。这一时段海带生长良好平稳、数据处理相对容易、分解结果比较显著，因此非常适合于构造海带生长的基线。海带生长的季节性周期曲线可以被视作海带生长典型"正常模式"的代表性基线。

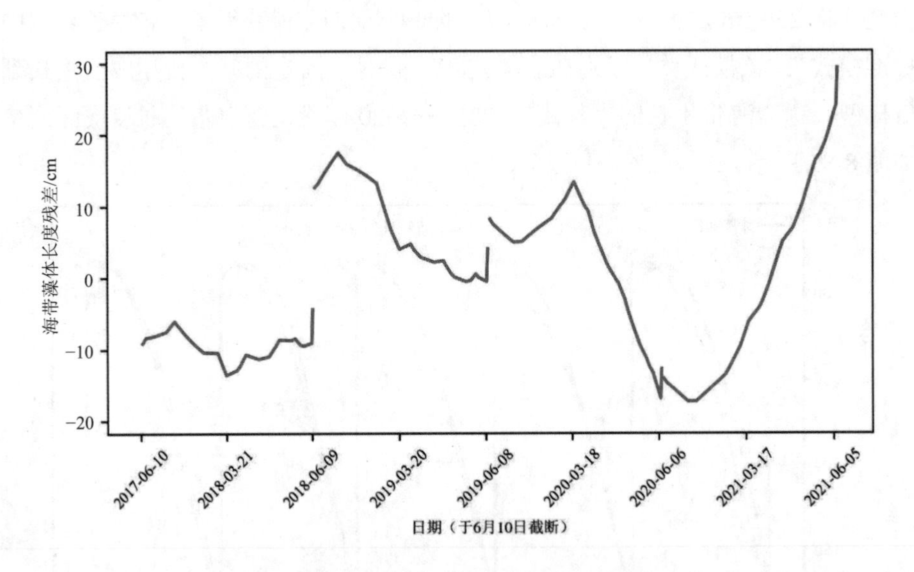

图 8-86　海带长度季节性分解残差

分离季节性周期曲线处理后如式（8-23）所示。采用求和模式：

$$len=seasonal+resid \tag{8-23}$$

式中，len——海带长度；

seasonal——季节性周期生长情况，即基线；

resid——分解后的残差。

似乎使用一条基线便足以对新的一年海带养殖目标做出足够的预期，但实际的企业应用中标定一个范围则更加实用。海带正常生长情况的范围划分通过统计方法计算，依据则是由桑沟湾养殖企业的控制目标决定。首先，将残差数据转换为偏离基线的百分比，然后对偏离的百分比数据计算标准差。通常，将采用基线上下 n 倍标准差作为分割正常生长模式边界。这里的倍数 n 是人为可调的超参数，n 的大小应依据海带养殖企业的经营者针对养殖进程控制的需要来决定。一般情况下，养殖企业并不觉得海带长得“太大”会带来什么问题，通常他们更关心海带生长不及预期的情况，因此下边界的实用性更加重要。通过以上方法，可以按企业预期对海带生长划定阈值边界。桑沟湾海带正常生长模式的上下范围如图 8-87 所示，图中采用 $n = 1.5$ 展示，在虚线之间的范围认为海带生长正常。当超出下阈值时，则表明海带的生长状况不如预期，可以给予企业反馈和信息，帮助企业调整生产计划和管理决策。

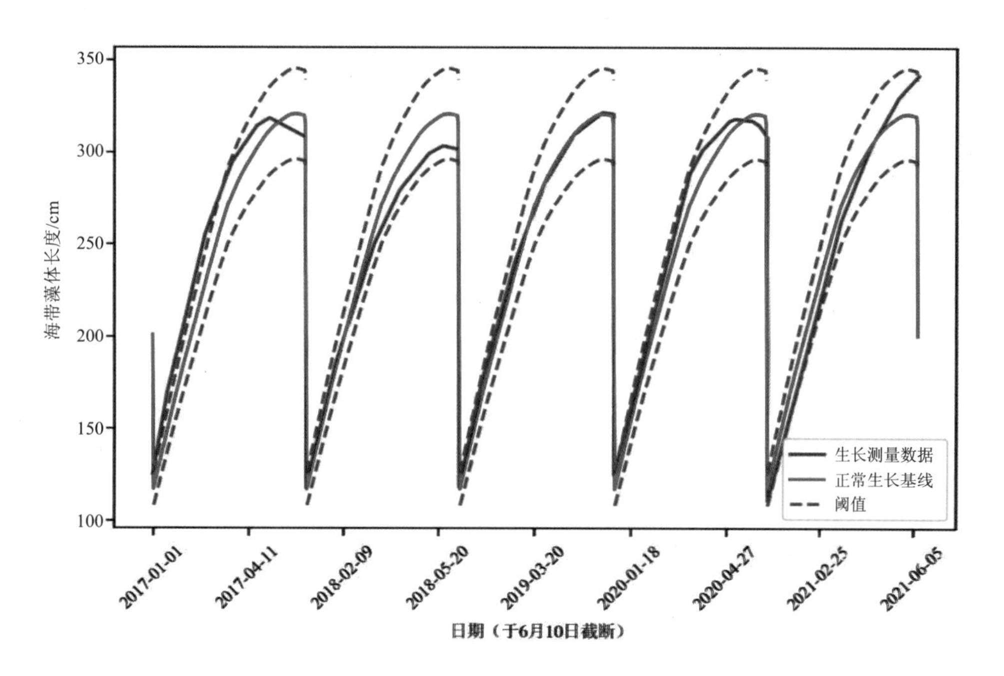

图 8-87　桑沟湾海带正常生长模式（海带长度，n=1.5）

2. 桑沟湾养殖海带正常生长环境基线和阈值的获得

在桑沟湾养殖海区，企业关心的环境参数包括水温、透明度、营养盐等，该环境的正常模式包括多个环境参数特征的基线和阈值。通过数据观察这些参数的分布和趋势可以发现：①特征具备明显的季节和周期性，如水温、净日照等。这些特征数据的表现为作图可以观察到明显的周期波动、波动时长、振幅范围相对稳定。②特征的分布持续相对稳定，如 pH、盐度、溶解氧等。这类特征数据表现为样本在相当长的时间段内观察不到长期趋势方向，且样本标准差显著小于样本均值。③特征的变化快速且不规律，如营养盐、叶绿素 a 等。这类特征有一定的周期性，但因为环境干扰大变动快速，表现出样本波动幅度大、作图后季节性趋势不明显、样本标准差接近或超过均值的特点。

在模型构建方法上存有多种合理方式去获得各环境参数的正常模式基线和阈值。对不同环境参数特征需要综合考虑数据分布、趋势、规律的特点，以及计算成本和企业分析需求做出取舍。本书采用的基线是按参数逐年按日期范围分组统计，对上述①、③的情况统一用固定日期的中位数平滑的方式，在降低计算负担的同时不会带来显著的信息损失。对上述②中的情况采用选取正常年份整体统计并去除离群值后，再进行百分位统计获得，从而避免将特征平稳的随机波动纳入模型的学习。经过处理后得到的曲线被作为桑沟湾海洋环境参数特征的基线。

如需要给出桑沟湾养殖海区海洋环境参数特征的正常范围阈值则需要进行多种划分。划分的主要依据为养殖区海洋环境的历史统计规律依据、环境对海带生长的影响依据。

应用历史统计规律时，参数特征的阈值描述了桑沟湾养殖区环境和生态参数的一般时空分布情况。对某一个参数特征采用对偏离值应用百分位分割方法统计：保留 1/4 和 3/4 分位点曲线作为“内层阈值”，当特征观察值在层阈值之内可以被认为是参数正常的波动。另外取 1/4 和 3/4 分位点向外扩展 1.5 倍后的曲线作为“外层阈值”，当特征观察值位于内外层阈值之间被认为参数偏离较大，需要引起警惕。当特征观察值位于外层阈值之外则被认为参数已经严重偏离桑沟湾海区往年的正常范围，需要企业生产运营人员引起足够的重视，并严密监控和反馈海带的生长状况、调研发生严重偏离的原因、做好形势预估和工作预案。在实际应用这些参数特征的阈值时它们的重要性并不相同：例如部分参数更担忧缺乏的状况（如营养盐），则其阈值下限更加重要；有部分参数更担忧异常暴发问题（如叶绿素 a），则其上限更受关注。因此实际应用中可按需要只取一侧的阈值进行简化展示或分析。此外，在参数分布的情况③中，由于这类参数的波动范围常常等于或大于其均值，时常会导致外层阈值在某一段区间出现负数或者数值很大的不合理状态，这时就需要人工验证清洗或直接放弃外层阈值。这种情况的参数如磷酸盐浓度、叶绿素 a 浓度等。内外层阈值反映的是海洋环境因素在桑沟湾养殖区的波动趋势和正常范围，有些随时间变化，有些为长期稳定的参考线。

应用海带生长影响依据时，则需要评估环境因素变化对海带生长的影响。生物生长过程中对各个环境参数特征的感受是动态关联和复杂相关的，在传统解析模型中通常是控制变量做试验研究参数的影响，再由实际观察值验证。在数据模型中，则需要由大数据挖掘算法先从观察值出发，智能学习构建一个桑沟湾海水环境影响海带生长速率的数据模型。这种数据模型包括描述正常生长的模型和异常状态下的模型。

对桑沟湾海带养殖正常模式的环境—生长速率模型构建的基本概念来自海带细胞分裂长大的速度受到海带藻体所处的环境是否适宜的影响。假设其生长速率 y 理应和所处海水环境参数 X 存在某种复杂的真实分布函数关系 $y = f_{\text{true}}(X)$。应用大数据挖掘模型构建，对桑沟湾养殖区海带养殖正常情况下的环境、海带生长速率数据综合统计分析，可以获得一个近似分布函数 $y_{\text{pred}}=f(X)$。在构建合理的近似分布函数 $f(X)$ 之后，即可通过 $f(X)$ 来推理环境参数 X 对海带生长速率的影响。

从企业养殖海带经营活动的需求出发思考通常有两个关键点：一是不希望海带的生长过程停滞或腐烂过程太严重；二是要及时发现海带生长可能低于生产计划预期的预警线。我们称会导致海带长度减少的环境特征阈值为“危害阈值”，由企业控制生产预期划定的阈值为“控制阈值”。

获得危害阈值的方法依托于近似函数 $f(X)$ 的模型。对其训练的环境参数 X 进行单独扰动（例如，人为设置水温为 18℃，随机扰动方法计算开支较大暂不采用），当扰动后的环境参数经过模型计算后的生长速率由正转负，则该参数值（18℃）即为危害阈值。

在对数据集中所有环境参数进行人为扰动后获得的部分危害阈值如表 8-17 所示，内外层阈值和部分危害阈值如图 8-88 所示。由于数据模型受限于原始数据隐含的规律，部分参数扰动后无法计算出危害阈值，用“—”记录。危害阈值反映的是桑沟湾养殖海带对环境的响应范围，对每个环境参数特征计算出的为一个固定值。应用中当观察到环境参数超过危害阈值时，则表示有较大可能产生海带养殖事故，需要企业密切记录和关注情况发展，并果断采取紧急措施。

表 8-17 由桑沟湾海带生长正常模型获得的部分危害阈值

参数	水温/℃	DIN/（μmol/L）	PO_4-P/（μmol/L）	盐度/‰	叶绿素 a/（μg/L）
平均值	13.00	14.83	0.778	31.00	2.86
中位数	13.44	15.00	0.48	32	2.75
危害上阈值	18	—	—	39	16
危害下阈值	—	5	—	24	—

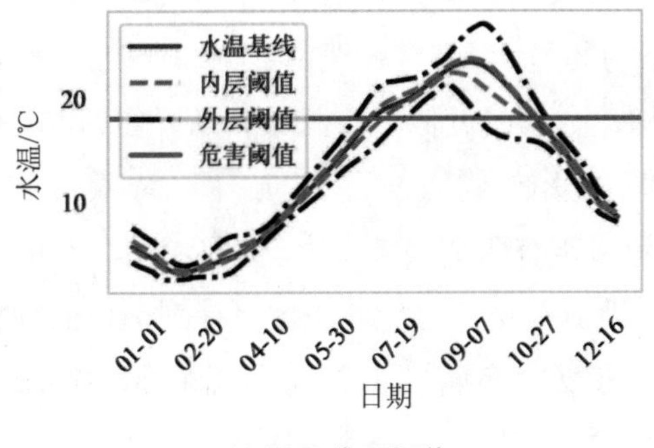

（a）水温基线和阈值

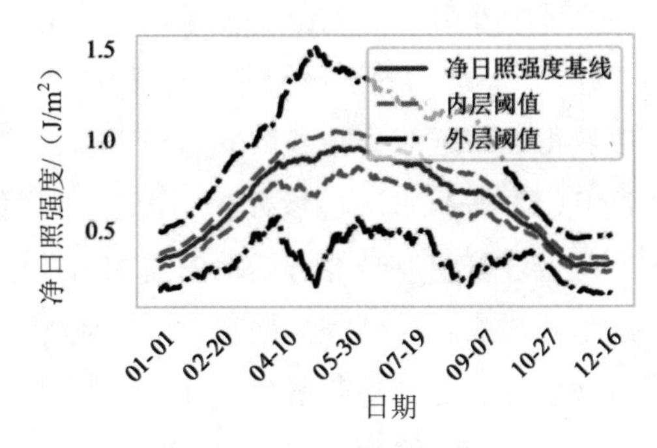

（b）净日照强度基线和阈值

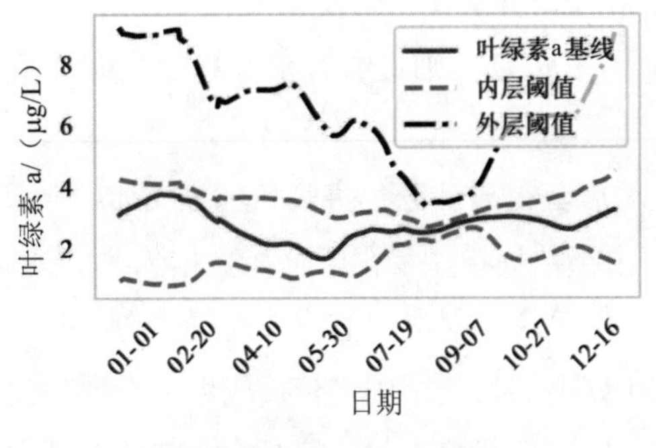

（c）叶绿素 a 基线和阈值

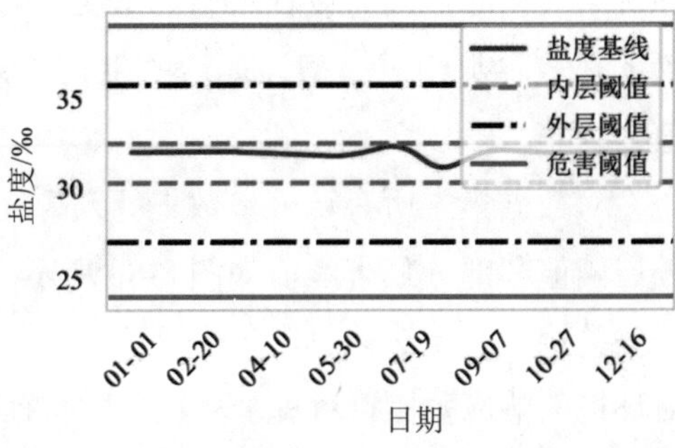

（d）盐度基线和阈值

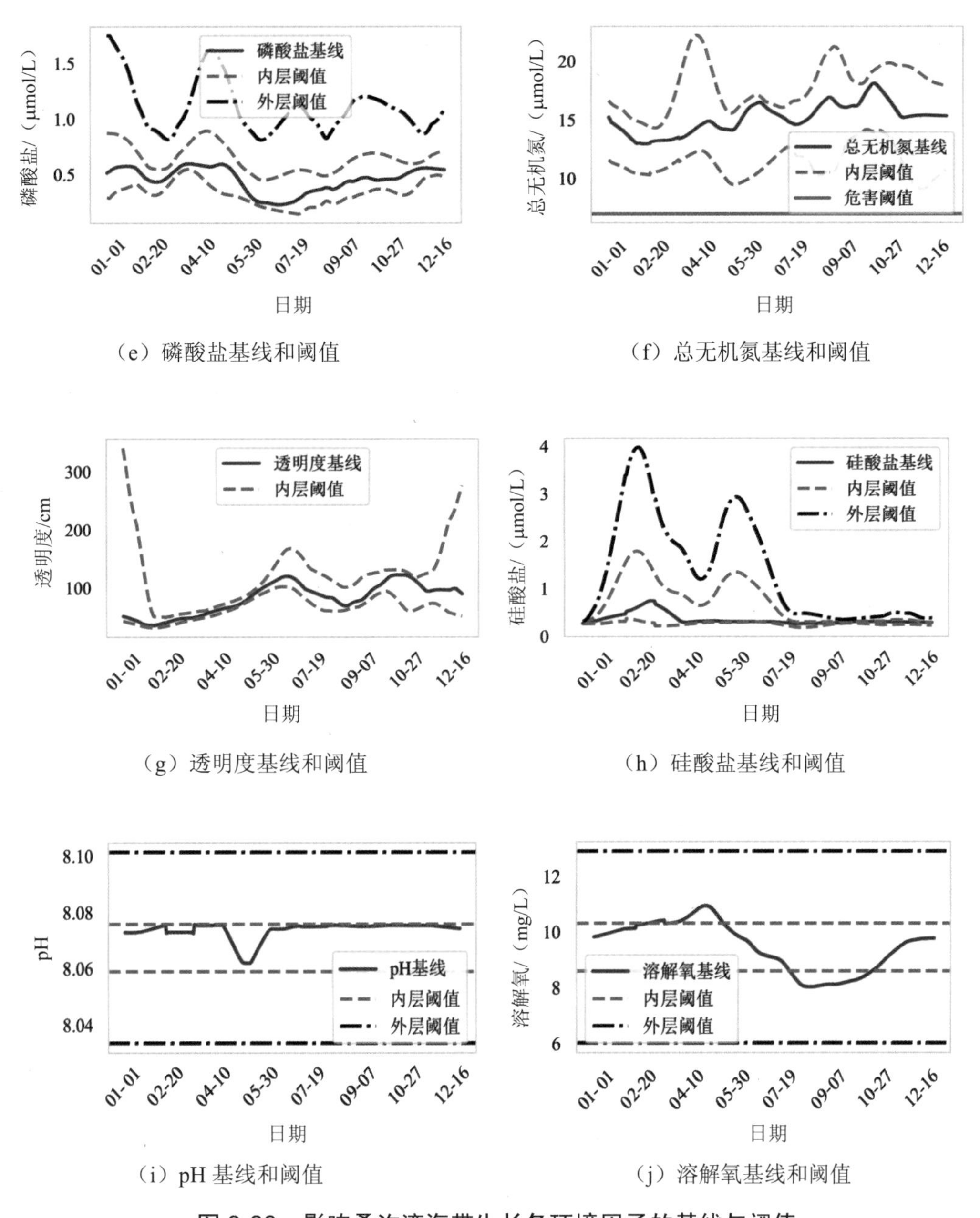

图 8-88　影响桑沟湾海带生长各环境因子的基线与阈值

同理，控制阈值也通过 X 的扰动后计算比较产生，有所区别的是模型预测的输入和目标不同。控制阈值依赖于企业在桑沟湾养殖海带的预期，借由海带正常生长模式阈值获得。此处需要构建一个序列预测模型，以过去一个时间窗口的海带生长情况加上环境特征在过去的记录、未来 15 天的预期值为输入特征 X，预测未来 15 天海带的生长情况。在危害阈值中，我们通过扰动历史观测到的数据并寻找规律，获得的阈值表现为一个固定的参考值；而在控制阈值的计算中，人为扰动的是正在被养殖的海带的生长环境数据而非历史数据集。因此对 15 天后的海带长度预测结果与当下海带的生长状况有关，采用的模型必须是序列化的，所获得的阈值也是动态变化的，需要驻日重新计算和更新，对计算资源消耗较大。如此，当 15 天后海带的预测值将海带正常生长的下阈值时，此时对 X 的扰动则被认为是控制阈值并记录下来，企业可以利用这 15 天的预测时间做出预防或者研究备案。

构建近似分布函数 $f(X)$ 的模型和方法需要由分析的目的进行恰当选择。在估计危害阈值的情形下，目标为获取环境参数对海带生长速率的改变大小，即构造一个回归模型。不少数据挖掘模型缺乏外推性能，但在使用学习范围外的数据值进行预测时会给出偏差巨大的结果。出于模型外推可解释性的考虑，此处采用 $L1$ 正则化的多项式回归方法。该方法通过一条多项式曲线拟合海带的生长速率，可以获得 $f(X)$ 相对显式的函数形式，因此在模型拟合效果较好的情况下可以进行一定程度的外推预测。经过实验和训练，此处构建了合适的桑沟湾海带养殖环境生长速率多项式回归模型，模型的 $R^2 \approx 0.87$。

在形成海带的环境—生长速度关系模型时，增强学习类似 XGBoost、DGBT、随机森林等模型有很好的表现。它们可以比较容易地获得对海带当下生长速度的良好预测，例如，用随机森林构造模型预测的情况下 R^2 可以超过 0.86。此外，借助于近些年对模型解释性的研究，通过这一类模型可以比较方便地获得支撑模型预测的各个特征的重要性程度，为企业决策带来帮助。

当需要逐步地预测海带的生长序列时，以累加速度的方式获得的结果往往表现不佳。此时需要采用专门用于序列预测的模型，传统的模型包括 ARIMA 系列、GDBT 等，这些模型可理解性较好，模型结果可解释；但如果对预测准确率要求较高，则可以使用深度学习的模型进行预测，例如 LSTM。当使用深度学习模型进行海带生长的序列预测时，R^2 可以很容易地超过 0.9，并对预测值自动给出预测的置信范围。

在使用数据挖掘模型获得海带生长的回归结果时，借助机器学习可解释性的研究，可以获得海带正常生长过程中环境因子影响的重要性排序。使用离散特征+随机森林模型下计算的重要性如图 8-89 所示。可以看出，桑沟湾海区影响海带正常生长速度最重要的因素分别是日照强度和温度，其次是氮磷营养盐浓度。桑沟湾海域常年 pH、盐度稳定，在模型中表现为对海带正常生长的影响几乎为 0。

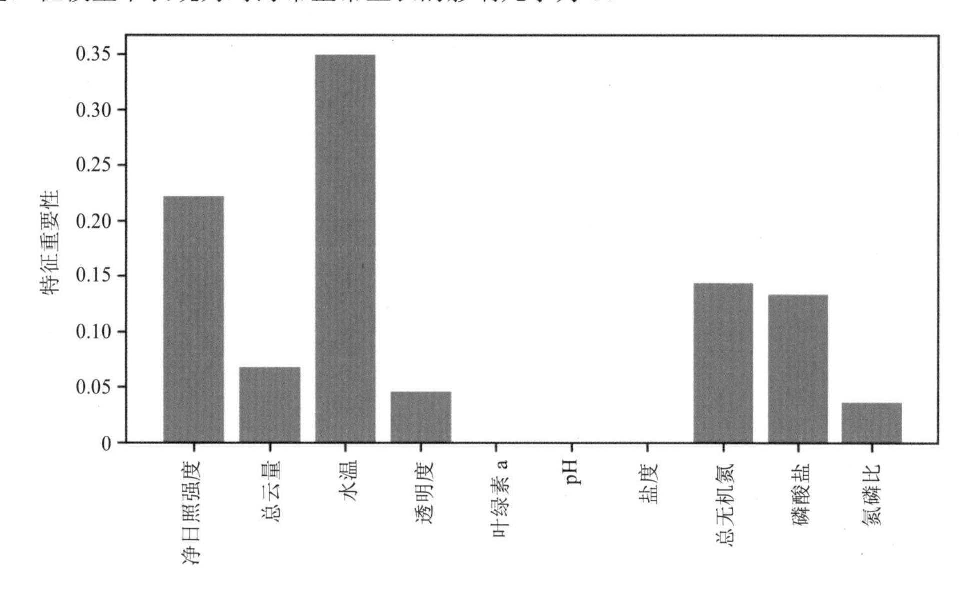

图 8-89　海带正常生长环境参数重要性分析

8.2.5.5　海带异常生长模式辨析——以 2022 年桑沟湾海带异常生长为例

借助桑沟湾海带正常生长模型，很容易对桑沟湾海域海带养殖状态进行估计。首先，海带正常生长的基线和范围直观地表示了海带养殖的典型过程。其次，环境的正常范围。当环境处在正常范围内时，海带易于出现良好的生长表现。依据对“良好”的不同程度定义标准，环境正常范围的含义可以包括：①环境因子在往常的范围内波动；②海带生长速度在该环境下处于正生长的范围区间；③海带的生长状况在养殖企业的预计范围内。在分析海带的正常生长过程中，基于应用的场景和分析的目标进行恰当选择。另外，正常生长模式的范围边界同时也区分了异常的范围。因此，借助正常生长模型的帮助能更加清楚地辨析生长过程中发生的风险情况。

海带发生异常生长原因有许多，除水温过高外，还包括营养盐缺乏、光照异常、盐度异常等因素引起的白烂病、绿烂病、泡烂病、病虫害等 20 多种情况[34]。与正常生长时不同，在海带异常和病害时的生理机制有着巨大的差异。海带的正常生长模型虽能辨析出海带的“不正常”状态，却不能直接回答导致异常的病因。

然而，在企业养殖海带活动中有一个明显的痛点：当观察到灾害发生时，却难以确定灾害为什么发生，与哪些环境因素的改变高度相关；当需要快速辨明最需要着重关注的因子时，往往找不到可以估计的依据。这个痛点卡住了企业将分析和改进养殖技术转换为实际经济效益的能力。因此我们希望大数据挖掘可以辨析异常状态是如何发生的。受助于模型解释性的研究，部分大数据挖掘模型在回归和分类任务中所使用特征参数对结果贡献的重要性可以被估计出来。在模型相对准确的情况下，这种环境因子特征贡献的重要性对判断异常原因有参考作用。相比于传统的试验研究方法，通过数据模型特征重要性方法的优势在于：可以直接由模型得出一个较好的估计值，且可移植性和可扩展性非常强。

进行异常分析的另一个困难是由于海带不同病害导致的生理过程均有不同，分析它们时，将不得不为各种病害分别建立数据挖掘模型表示。如此建立模型组需要各种海带病害产生过程的详尽、多维、丰富案例的数据，然而这在企业智能化转型中难以达成。关于桑沟湾海带病害发生的详尽记录在历史数据中非常罕见。虽然可以通过查阅文献报道来补充各种海带病害发生时的异常环境和生长信息，但难以达到大数据分析的数据量需求。

2022 年 1—2 月桑沟湾养殖海区发生了罕见的“白烂病”灾害，灾害发生时的海水参数被本研究海上在线监测平台获取。灾害发生过程中监测到脱离正常范围区间的环境参数主要有三个，如图 8-90～图 8-92 所示。第一，桑沟湾海带养殖区的海水盐度自 2020 年下半年以来已呈现逐年振荡下降趋势，振荡的中心已经接近、有时脱离正常区间的下边界。2022 年 1—2 月，盐度出现显著低于正常区间的现象。第二，2022 年 1—2 月桑沟湾养殖区的海水无机氮浓度明显未达到正常区间，而同期测量的海水有效磷酸盐浓度仅出现一定程度的降低，海水中氮磷比发生显著回落。第三，1—2 月桑沟湾养殖海区海水叶绿素 a 浓度显著超出其正常区间，其超出程度高达 1 个数量级并持续了相当长的时间。由 2022 年“白烂病”灾害中可以发现，当环境因子无法维持在正常区间范围时，将有可能导致海带生长出现异常状况。

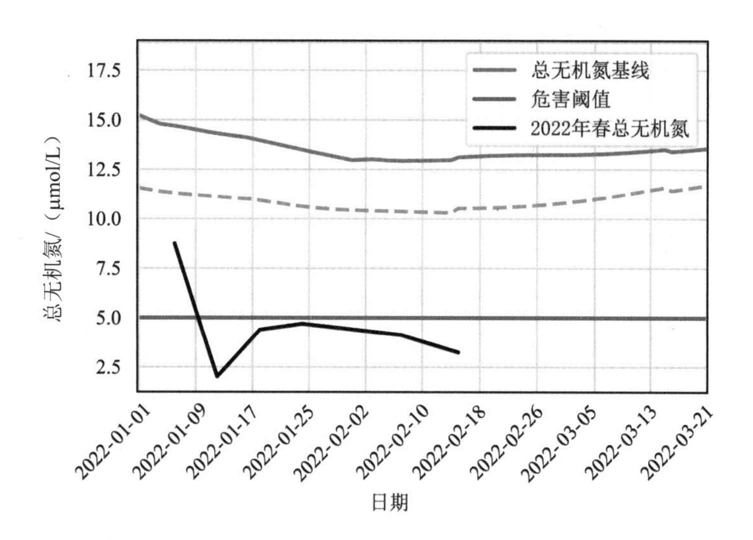

图 8-90 2022 年 1—2 月桑沟湾海区无机氮浓度与环境阈值比较

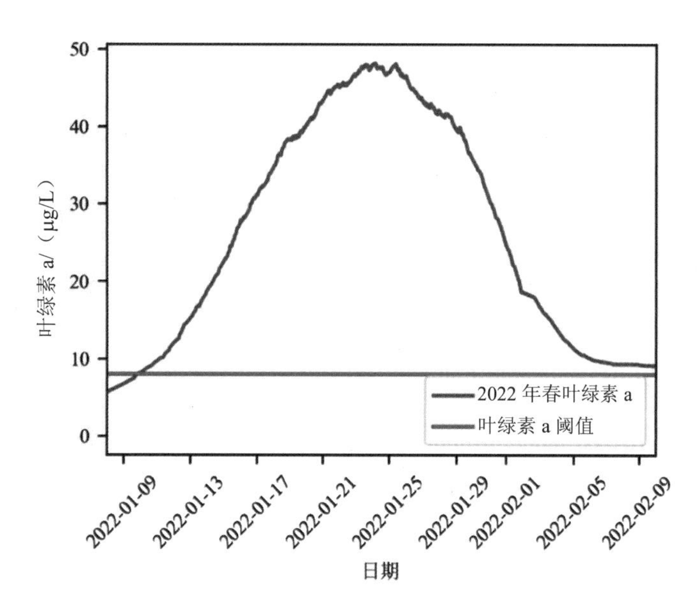

图 8-91 2022 年 1—2 月叶绿素 a 异常增大与叶绿素 a 阈值的比较

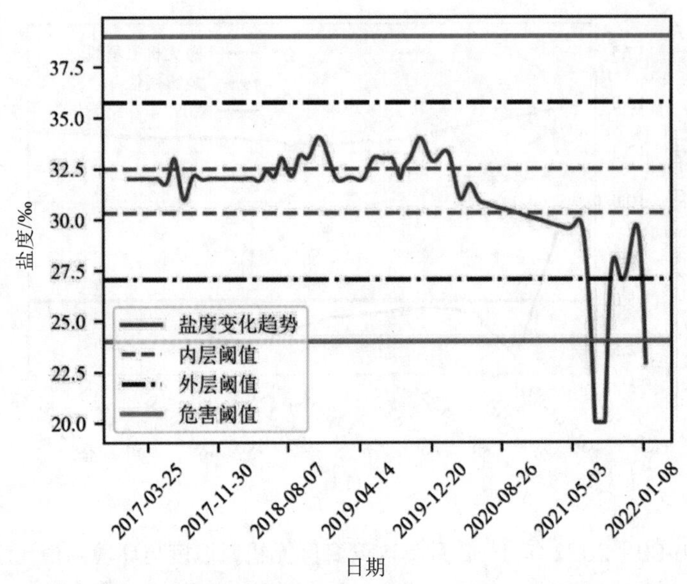

图 8-92 桑沟湾海区盐度逐年降低，并低于危险阈值下限

我们对海带的“白烂病”建立了数据挖掘分类模型。该模型选用为随机森林，在环境数据中划分出可能导致“白烂病”发生的异常区间。数据及准备首先从浅海增养殖大数据库中抽取 2022 年 1—2 月海带环境监测和生长数据、历史数据，然后清洗合并，最后由人工标注标签（出现白烂病，无白烂病）。环境监测指标包括叶绿素 a 浓度（mg/m^3）、海水水温（℃）、溶解氧（mg/L）、pH、盐度（‰）、活性磷酸盐（μmol/L）、无机氮（μmol/L）、氮磷比。2022 年海带“白烂病”随机森林模型（以下简称 2022 模型）由 1 000 棵二叉树桩组成。随机森林模型可以比较容易地估计参数特征重要性[35]，借助机器学习解释库的发展（Shapley Additive Explanations）[36]，对特征重要性可以给出一定的解释。在 2022 模型中特征重要性如图 8-93 所示。

与正常生长模型分析结果（图 8-89）相比，2022 模型环境参数的重要性发生了明显变化。重要性最大的环境参数不再是水温，而是氮磷比（贡献率 26%）和无机氮（贡献率 22%），这个重要性与无机氮浓度显著不及正常区间相吻合。从历史监测数据中可以看出，往年同期桑沟湾海带养殖水体中无机氮浓度远大于活性磷酸盐（N/P＞17），而海带发病过程中，无机氮浓度的大幅降低导致海水中的氮磷比降至 7.5 左右（表 8-18）。据此推测，该次时间中无机氮为海带生长的限制因子，海水中无机氮缺乏可能是导致海带发病的重要因素。

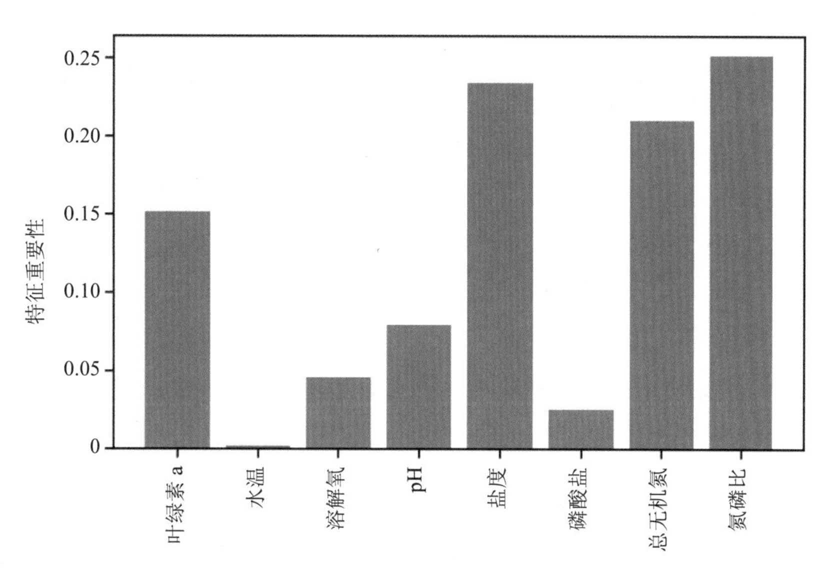

图 8-93　2022 模型区分白烂病时监测指标贡献的重要性直方图

表 8-18　往年 N/P 范围与 2022 年氮磷比异常

时间段	N/P 最小值	N/P 最大值	N/P 众数	备注
2017 年 5 月至 2017 年 12 月	3.8	8.6	6.5	不在生长期
2018 年 1 月至 2020 年 7 月	17.0	417.0	42.0	—
2022 年 1 月至 2022 年 2 月	7.5	39.0	15.0	—

重要性为第二的环境参数为盐度（贡献率 24%）。桑沟湾海域近 3 年盐度持续下降，并在海带发病前后持续低于盐度危害阈值。水体盐度的下降可能影响海带对营养盐的吸收，从而与无机氮浓度降低产生协同效应，加剧了水体无机氮缺乏的影响。

叶绿素 a 的重要性从海带正常模式时接近 0 提高至 18%，也与水体叶绿素 a 浓度异常相吻合。由于叶绿素 a 浓度的升高通常与水体中藻类的数量增加呈正相关，因此推测 2022 年 1—2 月桑沟湾海域可能有赤潮灾害发生，无机氮浓度的降低可能由于暴发增长的藻类消耗所导致。

活性磷酸盐、pH、溶解氧、水温、光照强度的重要性偏低，但也不能说明其与海带发病原因完全无关，仅代表 2022 年桑沟湾海带发病期间的监测数据中并不包含相关参数的影响规律。

本书在假设的因果关系下，采用大数据挖掘技术对 2022 年 1—2 月桑沟湾海带发病原因进行了分析。研究结果表明，对海带发病影响较大的因素分别为无机氮（含氮磷比）、盐度和叶绿素 a 浓度。与此相吻合，2022 年 1—2 月桑沟湾海域叶绿素 a 浓度、无机氮浓度及水体盐度出现异常，叶绿素 a 浓度出现一次异常升高的过程，无机氮浓度和水体盐度明显降低。

通过以上研究可以初步得到结论：2022 年海带发病前后，桑沟湾海域可能发生过一次赤潮灾害，赤潮过后水体中营养盐浓度降低，导致海带正常生长所需的营养盐缺乏。同期，桑沟湾水体盐度出现降低的情况，水体盐度的降低影响海带对营养盐的吸收，从而与无机氮浓度降低产生协同效应，加剧了海带营养盐代谢障碍。当海带持续处于这种不利的环境条件时，在某些因素诱发下产生了海带“白烂病”灾害。

随着平台运行和数据量的增大，数据中记录的海带“白烂病”的模式逐步完善，建立的模型也将更加准确和有说服力。大数据的价值体现在数据量的积累和模型对数据中模式和规律的持续挖掘、记录和丰满上，当大数据系统越是深入海带养殖业，其作用也将更强大。

8.2.6 海带养殖过程环境风险预警

针对海带的生命周期过程，浅海增养殖大数据智能服务平台中提供了多种环境指标的在线监测展示和综合查询。主要监测指标包括溶解氧、pH、水温、叶绿素 a、磷酸盐、硝酸盐、亚硝酸盐、铵盐等。同时结合上文中给出的海带生长环境参数的阈值分析结果，当环境指标的监测值超出相应阈值范围时进行环境预警，如图 8-94 所示。

水质环境详情模块中包括了养殖基地各类水质环境要素的实时信息，以折线图的形式展现给用户，让用户可以直观地查看各类环境要素的实时变化趋势。水质环境监测功能中同时也包含了历史数据查询功能，系统数据库会将各类水质要素的数据保存下来，在历史查询界面中用户可以根据时间以及要素名称查询历史数据，使用户直观地看到历史时间区间内数据的变化趋势，方便用户对环境变化做出相应的分析和处理。

图 8-94　水质参数综合查询

根据海带养殖过程大数据挖掘与分析过程获得的环境参数阈值，当在线监测的环境参数超过警戒阈值时，平台会对示范区相关授权用户进行短信报警，及时提醒相关人员关注示范区环境要素变化，并采取相应干预措施。同时也可借助平台或移动端进行专家在线交流，咨询专家的建议，获得进一步的专业指导。

海带的生长过程对环境的依赖性很强，培育环境不适宜会导致海带病害的产生，因此实时发现环境变化、提前进行预警预报并及时采取应对措施就显得非常重要。本章通过对海带生长全过程的大数据进行分析和挖掘，获得影响海带生长的主要环境因素，构建海带的环境风险预警模型，并利用平台实现环境因子实时监测、及时的预警和专家在线干预，能够有效地指导实际生产，尽量规避因病害发生导致的经济损失，确保海带养殖业的健康发展。

参考文献

[1]　中共长海县委党史研究室. 长海年鉴 2017[M]. 沈阳：辽宁民族出版社，2018.

[2]　刘思艺. 大连海岛信息变化监测遥感研究——以长海县为例[D]. 大连：辽宁师范大学，2022.

[3]　长海县人民政府. 长海县情简介（图文版）[EB/OL].（2020-03-17）. [2022-08-05]. https://www.dlch.gov.cn/ details/index/tid/514717.html.

[4]　长海县人民政府. 地标产品介绍——长海虾夷扇贝[EB/OL].（2022-06-01）. [2022-08-05].

https://www. dlch.gov.cn/details/index/tid/508907.html.

[5] 长海县人民政府. 地标产品介绍——长海海参[EB/OL].（2017-08-01）. [2022-08-05]. https://www.dlch. gov.cn/details/index/tid/508905.html.

[6] 张福绥，何义朝，马江虎，等. 虾夷扇贝的引种[J]. 育苗及试养海洋科学，1984，1（5）：38-45.

[7] 沈俊宝，张显良. 引进水产优良品种及养殖技术[M]. 北京：金盾出版社，2002.

[8] Hamel J F，Mercier A. Population Status，Fisheries and Trade of Sea Cucumbers in Temperate Areas of the Northern Hemisphere//Toral-Granda V，LovatelliA，Vasconcellos M，Eds. Sea Cucumbers. A Global Review of Fisheries and Trade[J]. FAO Fisheries and Aquaculture Technical，2008，516：257-291.

[9] Chang K J，Lin G，Men L C，et al. Redundancy of Non-AUG Initiators：A clever mechanism to enhance the efficiency of translation in yeast[J]. Journal of Biological Chemistry，2006，281（12）：7775-7783.

[10] 常亚青，高旭生，尉鹏，等. 辽宁贝类及经济种类增养殖[M]. 北京：中国农业出版社，2016.

[11] 隋锡林. 海参增养殖[M]. 北京：中国农业出版社，1990.

[12] 杨红生，周毅，张涛. 刺参生物学：理论与实践[M]. 北京：科学出版社，2014.

[13] 廖玉麟. 中国动物志：棘皮动物门　海参纲[M]. 北京：科学出版社，1997.

[14] 吕端华. 中国近海鲍科的研究[J]. 海洋科学集刊，1978，14：83-93.

[15] 贺建华. 动物生长模型研究进展（综述）[J]. 四川农业大学学报，1991（9）：656-662.

[16] 张明军. 浮筏养殖虾夷扇贝（*Patinopecten yessoensis*）生理生态特征的现场研究[D]. 大连：大连海洋大学，2008.

[17] 柳丹. 底播增殖虾夷扇贝（*Patinopecten yessoensis*）生理生态学的现场研究[D]. 大连：大连海洋大学，2008.

[18] 王庆成，寇宝增，刘永峰，等. 虾夷扇贝育苗适温问题的初步探讨[J]. 海洋科学，1986，10（2）：49-50

[19] 王震. 长海县（小长山）养殖区水质及虾夷扇贝饵料状况分析[D]. 大连：大连海洋大学，2015.

[20] 张竹琦. 渤海、黄海（34°N 以北）溶解氧年变化特征及与水温的关系[J]. 海洋通报，1992（5）：41-45.

[21] 毛国君. 数据挖掘原理与算法[M]. 2 版. 北京：清华大学出版社，2007.

[22] 庄平，张继红，任黎华，等. 桑沟湾生态环境与生物资源可持续利用[M]. 北京：中国农业出版社，2018.

[23] 孙耀，赵俊，周诗赉，等. 桑沟湾养殖海域的水环境特征[J]. 中国水产科学，1998，5（3）：69-75.

[24] 王一聪，凡仁福，聂红涛，等. 不同海带生长季的桑沟湾潮流特征变化分析[J]. 海洋科学进展，2021，39（4）：508-518.

[25] 赵俊，周诗赉. 桑沟湾增养殖水文环境研究[J]. 海洋水产研究，1996，17（2）：68-79.

[26] 高祥刚，于佐安，夏莹，等. 长海县渔业现状、问题及可持续发展对策[J]. 渔业信息与战略，2020，35（4）：257-260.

[27] 潘迎捷. 水产辞典[M]. 上海：上海辞书出版社，2007.

[28] 孙蓓蓓，韩龙江，潘玉龙，等. 温度胁迫对海带孢子体生长的影响[J]. 现代农业科技，2018，20：177-183.

[29] 曹善茂. 大连近海无脊椎动物[M]. 沈阳：辽宁科学技术出版社，2017.

[30] 常宗瑜，张扬，郑中强，等. 筏式养殖海带收获装置的发展现状[J]. 渔业现代化，2018，45（1）：40-48.

[31] 谭永明，谌志新，楚树坡，等. 自动拖拽转挂式海带采收船的设计[J]. 渔业现代化，2018，45（5）：69-74.

[32] 蔡碧莹. 海带个体生长模型构建与生长预测研究[D]. 上海：上海海洋大学，2018.

[33] 杜勇宏，王健. 季节时间序列理论与应用[M]. 天津：南开大学出版社，2008.

[34] 段德麟，缪国荣，王秀良. 海带养殖生物学[M]. 北京：科学出版社，2015.

[35] Genuer R，Poggi J，Tuleau-Malot C. Variable selection using Random Forests[J]. Pattern Recognition Letters，Elsevier，2010，31（14）：2225-2236.

[36] Lundberg S，Lee S. A Unified Approach to Interpreting Model Predictions[C]. NIPS'17：Proceedings of the 31st International Conference on Neural Information Processing Systems，2017：4768-4777.

第 9 章 浅海增养殖大数据技术与应用展望

9.1 多渠道、新方法促进大数据库建设

9.1.1 全国浅海增养殖实时在线监测网构建

1. 国内外海洋实时在线监测技术的发展

从国际发展趋势来看，海洋实时在线监测/观测技术已在全球范围得到广泛应用，目前建成运行的、具有全球影响力的海洋环境在线监测/观测系统包括全球海洋观测系统（GOOS）、美国的赤潮灾害监测系统（HABSOS）、欧盟的船载生态环境在线监测系统（FerryBox 计划）等[1,2]。综合国内外发展趋势，海洋监测与管控模式正逐步从“瞬时、静态监管和事后应急”向“实时、动态监管和事前预警”转变[3]。因此，综合运用在线监测、视频监控、遥感遥测、物联网等高新技术和信息化手段，实现浅海增养殖区监测的多手段和大数据，并与产业有效联动，不断提高实时监测、实时评价、即时预警等的支撑和保障能力。

2. 浅海增养殖实时在线监测网需求分析

增养殖区实时在线监测系统是对我国浅海增养殖开展实时、动态、全天候监视监测和全过程管控的必要手段[4]。目前，我国海水增养殖区环境质量及生态环境风险监测主要针对浅海开放式增养殖区，采用断面及船只监测的方式每年进行 3～4 次间断性监测，导致监测长期连续现场监测资料缺乏、不能准确掌握增养殖环境及增养殖规模变化等问题，进而导致相关管理部门无法采取相应措施有效应对海水增养殖区存在的环境问题[5,6]。因此，亟须建立完善海水增养殖区综合连续监测体系，从而提供及时充分的监测数据储备。

3. 浅海增养殖实时在线监测网构建策略与途径

（1）构建协调、开放、共享的浅海增养殖监测网络新格局。基于浮（潜）标、海上固定平台等在线监测设备和技术手段，初步建成布局合理、运行稳定、效能突出的浅海增养殖在线监测体系和全国监测网络。通过全国浅海增养殖监测网络体系建设，达到监测网络布局科学日趋完善、技术支撑体系不断成熟、信息集成共享和综合服务效能显著提升等目标；逐步实现监测方式由走航监测到走航监测与重点海域在线连续监测相结合的转变，监测目的由“海洋观测监测”向“监测观测海洋”转变；监测效果由“碎片化”向“集约化、系统化、网络化”转变。通过以上“三个转变”，基本形成协调、开放、共享的浅海增养殖监测网络新格局。

（2）优化浅海增养殖区监测布局。调整优化增养殖区监测布局，重点关注我国重要海水增养殖区域、水交换较差的海湾养殖区域以及赤潮等生态灾害易发增养殖区域等，按照“统一规划、分级实施”方针，采用点、线、面相结合的方式，兼顾增养殖规模、增养殖模式、增养殖种类及地域差别等方面，实现增养殖生物种类和增养殖模式的全覆盖。沿海各省市可根据区域海水增养殖特征（增养殖模式、增养殖种类）选择 2～3 个增养殖区进行长期连续监测（浮标和卫星遥感）。另外，考虑到我国海水增养殖区南北差异大，在线监测布局尽量做到均匀分布，实现即时在线数据的预警功能，及时了解增养殖生物在主要增养殖季节的生态环境风险。根据海洋功能区划农渔业区布局及我国当前海水增养殖区实际分布状况，可选择进行长期连续监测的重点增养殖区域包括黄海北部、长山群岛海域、辽东湾北部、冀东、黄河口至莱州湾、烟台威海近岸、海州湾、江苏辐射沙洲、舟山群岛、闽浙沿海、粤东、粤西、北部湾以及海南岛周边海域等。

（3）强化海水增养殖区监测手段和指标。监测手段由单一船载监测向多手段综合监测转变，监测手段扩展到实时在线监测和卫星遥感监测。加大对增养殖规模大、增养殖模式典型和环境问题突出的典型海水增养殖区的监测力度，除断面及船只监测外，采用浮标及卫星遥感进行实时在线综合监测，监测数据实时传输至智能信息化平台，实现预报预警功能，保障海水增养殖活动的正常开展。在现有常规监测指标基础上，全面关注陆源污染、养殖自身污染及生态灾害等方面，将对增养殖活动和产品质量影响较大的指标纳入监测体系；强化有毒有害物质和致病性微生物的监测，如激素类、抗生素类、生物毒素、致病性弧菌等。

9.1.2 利用“文化组学”和“电子生态学”促进浅海增养殖大数据获取

1. 文化组学和电子生态学

随着互联网技术和计算机科学的蓬勃发展，“大数据”正以前所未有的速度积累，这些数据包含了大量关于生态环境的信息[7]。基于在线数据资源分析的两个新兴研究领域文化组学（Culturmoics）和电子生态学（iEcology）可以为浅海增养殖生态学研究提供新的科学方法。

文化组学是指通过分析大量数字文本数据库中词语频率的变化来研究人类文化[8]。随着现在数字媒体的发展和大量历史书面资源的数字化，文化组学这一领域的研究受到了广泛的关注。Sherren 等[9]认为文化组学的概念应扩展到文本之外，特别是包括图像。公众在线拍摄和分发的图像和视频，其视觉信息一般多于图像标题或相关文字记录。Jarić 等[10]认为，公众在日常生活通过互联网、在线平台或者社交媒体上分享的照片、视频和音频等数字数据会涉及生态、环境、海洋和生物等信息，可为海洋生态学研究提供丰富的“大数据”资源。电子生态学是指使用各种在线数据（为其他目的而生成并以数字方式存储）和方法来研究生态模式和过程[7]。电子生态学使用的这些数据可在不同的时空尺度和背景下分析生态过程，为我们深入了解物种在空间和时间上的分布、生物体及其环境的相互作用和动态以及人为影响提供了新的方法。

文化组学和电子生态学使用相同的“大数据”，潜在的数据源包括各种社交媒体平台（如 Twitter 和 Flickr）、搜索引擎（如 Google、百度和 Bing）、在线百科全书（如 Wikipedia 和 Encyclopedia Britannica online）和其他在线存储库（如博客、论坛、流行文章、书籍等）[7]，但两者却有不同的关注点（图 9-1）。文化组学侧重于通过“大数据”分析人与自然的互动，以研究人类文化的发展[8]，例如，研究社会对不同生物和生态系统服务的兴趣、利益相关者和公众对环境影响的态度以及资源的分布、强度和时空动态等；电子生态学主要利用“大数据”解决生态问题，如种群动态和生活史，以及外来或受威胁物种的监测等[10]。

2. 文化组学和电子生态学在浅海增养殖的应用

当前，文化组学和电子生态学主要应用于陆地领域，Jarić 等[10]提出文化组学和电子生态学已扩展到水生生态系统保护领域，在受威胁和外来物种监测、评估生态系统状况和渔业管理等方面已有相关研究。由于海洋调查相对昂贵，利用物种分布的其他来源的在线数据至关重要，其在浅海增养殖的应用潜力巨大，具有重要的指导意义。

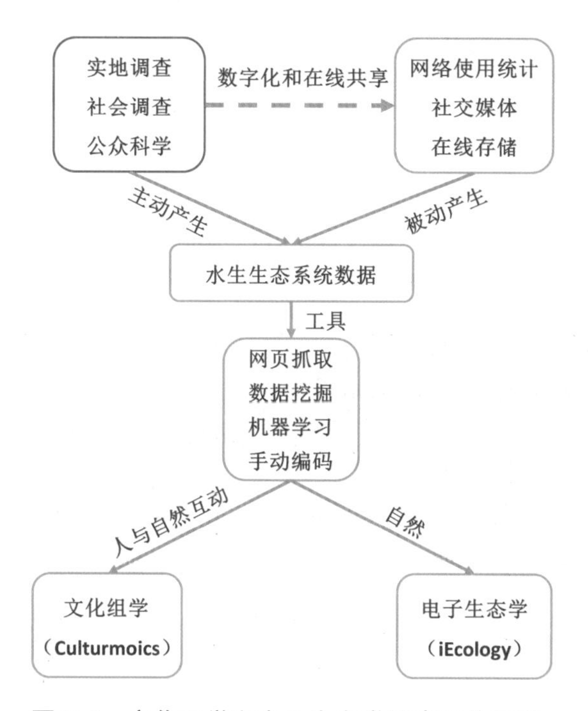

图 9-1　文化组学和电子生态学研究工作流程

注：红色方框区域代表了传统的水生生物研究途径，其基础数据被数字化和共享后，可为文化组学和电子生态学提供数据来源[10]。

浅海增养殖经济物种动态监测。Jarić 等[10]指出，Facebook、Instagram、YouTube 或新闻媒体等在线平台上的照片、视频和录音等数据，可用于识别和检测物种的存在，并绘制其分布、种群密度和种群大小图，以监测其时空动态。如 Pace 等[11]利用渔民和海事运营商在社交媒体（如 YouTube 和 Facebook）上发布的共享照片和视频，并结合研究人员收集的零散分布视觉/声学数据，研究了地中海中部的鲸类群落动态和保护方法。浅海增养殖过程中，可利用文化组学和电子生态学，构建基于在线平台上的照片、视频和录音的浅海增养殖大数据库，监测增养殖物种的分布、密度及其时空动态等。

浅海增养殖生态系统状况评估。文化组学和电子生态学可以补充传统方法，以检测并监测生物群落和种群的结构变化，明确物候及气候变化对生物的影响[10]。Frenne 等[12]

通过利用存档的电视视频片段，建立了植被响应气候变化的长期数据集（图 9-2），发现树木绿叶生长和开花的概率增加，这与当地温度和累积热量的变化密切相关。Haas 等[13]收集了不同地点的珊瑚礁随机摄影图像，对珊瑚礁生态系统的状况进行评估，发现这些地点均受到相当程度的人为干扰。当前，陆源污染、养殖药品滥用、未考虑浅海生态系统承受能力而进行高密度增养殖等人为影响，我国浅海增养殖生态系统正遭受着巨大威胁。利用文化组学和电子生态学，通过收集在线平台的相关图片和视频，获取增养殖经济生物群落和种群的特征大数据，用于评估浅海增养殖生态系统状况，可促进我国浅海增养殖业的持续、健康、稳定发展。

图 9-2 基于视频的树木物候评分系统

注：1988—2014 年该树木在视频片段中的特征，该树每年的物候学得分在括号内，所分析的树由白色虚线表示[12]。

浅海增养殖产品有效推广。Ladle 等[8]认为，文化组学可以量化并将当代公众对自然的兴趣与文化中的趋势问题联系起来，激发和扩大公众对自然和保护的讨论。越来越多的证据表明，互联网搜索量与人类行为之间存在显著关系，Wilde 和 Pope[14]使用在线工具 Google Insights for Search，研究了 2004—2011 年不同国家公众对休闲捕鱼的兴趣，说明互联网搜索量是衡量包括渔业在内的多个学科问题显著性或兴趣的可行指标。这对浅海增养殖产品有效推广提供了思路，利用文化组学，通过分析公众对不同海产品的搜索频率、实际生活中分享的相关照片和视频，获取公众对浅海增养殖不同产品的关注度和了解渠道，以此制定浅海增养殖不同产品的推广力度和渠道，使其得到快速、有效的推广。

浅海增养殖生态灾害监测与预警。随着浅海增养殖的不断发展扩大，其遭受各种生态灾害的风险也越来越高，如有害藻华的频繁发生、养殖生物的大规模死亡等。气候变化、海水富营养化、人类活动导致的外来有害物种的引入、浅海增养殖等都是引起有害藻华发生的重要原因[15]。过去 30 年来，中国近海频发赤潮等有害藻华，造成大量鱼类和贝类死亡，对旅游业产生负面影响，经济损失超过 59 亿元人民币[16]。我国浅海增养殖当前仍然面临着生态灾害监测与预警预报系统欠缺的问题，但是互联网正在产生大量与生态灾害相关的信息，文化组学方法可以捕获有用的数据，将现有方法扩展到浅海增养殖生态灾害监测与预警[17]。例如，在 2017—2019 年佛罗里达州极端赤潮事件期间，居民和游客通过社交媒体平台（如 Twitter）接收与灾害相关的信息，并交流自己的感受和经历，Skripnikov 等[18]评估了 Twitter 上赤潮主题活动的时空准确性，结果表明，Twitter 可靠地反映了赤潮随时间的发展及其对当地的影响，并有可能增强现有的工具，以进行有效评估和更协调地应对灾害。

浅海增养殖生物行为学。海洋生物的行为（如摄食、交配、躲避敌害等）与浅海增养殖的健康发展关系密切[19]。通过更多地使用具有视频录制功能的相机和手机，社交媒体（如 Twitter、Google、YouTube 等）代表了一种新颖的工具，可以促进从共享记录中快速积累数据，包括描绘动物行为的数据[20]。中国蛤蜊具有“跑滩”严重的独特的生态习性，但其“跑滩”行为缺乏相关研究，但是来自社交媒体（西瓜视频、千里梦 QLM）的“黄蛤的绝技”视频记录了中国蛤蜊的跳跃行为和选择适宜的潜沙行为，为我们研究中国蛤蜊“跑滩”行为提供了数据积累。

3. 文化组学和电子生态学应用于浅海增养殖的挑战

尽管目前文化组学和电子生态学具有令人兴奋的应用潜力，但将社交媒体等相关数字数据用于浅海增养殖仍然面临着重要挑战，主要与数据生成和数据提取相关，包括社会文化方面、可访问性、地理因素、数据源、数字数据用户和非用户之间的系统差异以及道德考虑[10]。

首先，社交媒体用户通常代表特定的人群阶层，数据可能偏向于更活跃的用户和特定的社会群体。例如，休闲渔民发布其渔获物并表达其意见可能会偏离随机样本，他们可能偏向更大、更引人注目的物种和个体[21]；农村、传统和土著社会在数字数据中的代表性通常不足，浅海渔业-旅游结合产生的数据可能会干扰对当地人的态度和行为的评估[8,10]。

其次，数据生产者对物种的错误识别和专家根据单个生物的有限数量的图像或视频识别物种时面临着挑战，这种错误也可能出现在其他类型的生态数据中，如生活史特征、行为和非生物变量[7]。但是，随着文化组学和电子生态学在浅海增养殖电子数据资源的增加以及验证的方法的改进，正确识别数据中增养殖物种分类的能力也会有所提高。

再次，互联网及其用户在浅海增养殖空间覆盖性高度不均匀，数字数据的覆盖范围随着距离海岸和水深的增加而减少，且主要集中在交通路线沿线、人口密度较高的地区和娱乐区[10]，这就导致了浅海增养殖数字数据的不均匀性分布，从而对其在浅海增养殖的应用产生一定的影响。

最后，文化组学和电子生态学应用于浅海增养殖可能会引发一些人和自然的伦理问题。例如，在社交媒体平台上共享的数据，有时包括明确的个人信息，而隐含的信息也可用于识别个人或提取敏感信息[22]，包含稀有或濒危物种位置和其他关键属性的精确信息的数据源可能会增加它们对偷猎者的曝光率[23]。因此，需要建立一套指导方针以确保符合道德的网络数据获取行为。

9.2 浅海增养殖大数据深度挖掘技术展望

9.2.1 多源异构数据融合技术

经由海洋测绘、水下探测、海洋科考、卫星遥感、海洋渔业等多种观察途径会获得海量多源异构数据，从不同角度观察和记录了海洋的重要变化。伴随浅海增养殖信息化、智能化水平的不断提高，浅海增养殖多源异构数据量也会爆发式增长。人们急需一些有效、有力的手段来对多源异构数据进行一定的融合，并希望能够从中发掘出有价值的信息。

传统信息融合研究主要是关注对多个物理传感器源（如雷达、声波、声呐、视频等）提供的结构化数据进行融合处理。融合这种结构化数据并不繁杂，首先，这些物理传感器大部分均为精心设计的，其误差特性使它能够进行较为严格的数学建模；另外，这些物理传感器所能够提供的结构化数据具有较为规范的表征，尤其是就同一实体/事件，同类传感器所给出的信息具有形式一致性和定量化的数字表征。在传统的融合研究时代，人工主要扮演分析和应用的研究角色；在大数据时代，人已经不可避免地成了信息的主要生产者和参与者。前面提及的各种网络媒体、意见领袖、专家学者，甚至任一普通人都可以公开提供信息（如自然语言、文本报告、电子邮件、手机语音视频、网络博客等），发达的人机交互界面技术使人们可以利用自身已有的能力去参与模式匹配、异常识别以及语义推理等任务。传统物理传感器主要提供了不同场景内各实体/事件的属性和特征结构化信息，而“以人为中心”所产生的信息可以让我们进一步判断场景中实体/事件之间的一系列关联关系，是对传统物理传感器如何获取数据的有力逻辑补充。在大数据时代的信息融合系统中，人不仅仅只是作为分析者和应用者，更重要的是作为其中的一个信息源去参与融合认知进程。所以这种融合活动称为“参与感知”（participatory sensing）。在目前最前沿的融合思路中，多源异构信息融合需要充分挖掘人们作为信息提供者提供的数据（H-空间）、各种开源网络提供的数据（I-空间）和传统物理传感器提供的数据（S-空间），从而实现对全局的了解。

多源异构信息融合的理论和方法方面已有很多研究成果。Rogova 等[24]研究了利用证据理论融合定性的人感知的非结构化信息和定量的传感器获取的结构信息；Rimland 等[25]用概率表征的信息融合算法进行了研究；Groen 等[26]从编程语言、系统架构、数据获取、数据存储和可视化等方面逐一进行了详细介绍，以期为信息融合类系统开发提供一个通用指南；Gross 等[27]就化学物质泄漏的快速检测与跟踪问题，采用了贝叶斯网络作为其理论工具，实现了网络媒体的非结构化信息与化学物质检测传感器探测的结构化信息的有效融合；Nassif 等[28]基于车载移动网络提供的传感器信息和驾驶员提供的感知信息，使用模糊贝叶斯网络实现有效的碰撞威胁评估。多信息融合的应用也从军事领域逐渐向危机预报和管理、实时情报分析、自然灾害预测等诸多领域广泛且快速地拓展。实现多源异构信息融合的关键在于非结构化信息的知识抽取、不确定信息的表示与推理。

多源异构信息融合的第一步是要实现对非结构化文本/语音信息的知识提取，为后续信息表征与推理打下坚实的基础。近年来，机器学习技术在以先进的深度神经网络为代表的推动下，非结构化语音识别得到飞速发展，逐渐成熟并取得丰硕成果。在语音识别过程中，输出通常是文本形式，因此基于非结构化文本的知识提取是限制多源异构信息融合的常用关键技术。随着人工智能和大数据分析技术发展，基于机器学习的方法已成为解决该问题的重要手段之一，其中非结构化文本数据先转换成通用文本风险表征（Common Textual Risk Representation，CTRR）。具体所涉及的典型自然语言加工任务跨越了词汇与句法分析两个层面，主要包括文本标注、词性标注和术语注释。在海洋环境风险评价中，最重要的步骤是抽取危险词语，并将危险词语量化地映射到危险特征值空间，并将实时信息和硬件传感器结合起来。Falcon 等利用专家协助构建了一个量化的风险特性映射[29]，随后又借助模糊逻辑对模糊信息表征与推理的优势对语义模糊风险值进行定量化评价[30]。为了解决从语料库中抽取语料库中的知识，Dakota 和 Kübler[31]首先使用了组合范畴语法（Combinatory Categorial Grammar，CCG）来解析自然语言，再把分析结果转换成话语表示结构（DRS）格式的语义，并将其转换成事件语义。文献使用 SYNOIN 数据集来说明每一步，最后指出上述步骤中可能存在的错误和不确定性。Levchuk 和 Shabarekh[32]采用自然语言解析方法完成非结构化文本数据的知识提取后，将提取结果与视频数据中所呈现的目标行为和表观模型进行相似度匹配，进而实现多数据的融合。需要说明的是，并非所有的多源异构信息数据融合结果都优于传统的传感器数据融合，融合性能的提升对人类感知数据有一定的先验约束。Dragos 等[33]与以上算法思路不同，提出了通过传感器所提供的信息构建整体态势，并对非结构化的知识进行分析，从而实现实体目标间的相互关系，并对其进行补充和充实。总之，要充分地利用人的知觉信息，就必须从无组织的信息中抽取出知识。为了实现这个目标，我们可以借鉴大量的自然语言处理技术，如语音识别和文本分析。但是，在传统的自然语言处理技术中，仍存在大量的技术问题，例如对各种数据的匹配与关联[34]、异质信息的描述与推理等。

浅海增养殖大数据，是大数据技术在海水增养殖领域的科学实践。收集与标准化管理浅海增养殖数据，有利于提高海水增养殖、海洋地形、海洋气候、海平面变化、海洋灾害、海洋生态系统、海洋生物等研究能力。多源、异质数据融合技术能够有效地提升浅海增养殖大数据的处理和使用效率，对海洋环境中存在的大量、高维、异构、多源数据进行了综合建模和多尺度分类，为以后的相关性分析、性能预测、优化决策等提供了数据源，从而极大地促进了该领域的发展。

9.2.2 自主学习技术

自主学习（Active Learning）就是在有监督学习中，从候选样本集中动态地选择样本进行训练[35]。自主学习的过程赋予学习器利用自身已学到的知识主动选择样本，估计、指导和搜索目标信息含量最大的样本的能力。

在浅海增养殖海量自然数据的背景环境下，自主学习具有巨大的生存优势。快速自然产生的巨量数据导致人工进行预处理和标注的工作量缺乏可行性，而数据的好坏会直接决定训练的模型结果。总体来说，大量的信息无疑会提升模型学习效果。但实际上并不是简单地训练集越大越好：太大的训练集需要消耗更多的训练时间，而且不经筛选的数据中通常包含冗余、噪声甚至错误信息，对学习器而言这些信息相当于多余和错误的训练，会影响模型的准确性。例如在神经网络的训练过程中，样本集的数据情况、大小和分布对于训练的效果和收敛时间有很大影响[36]。如果希望模型训练结果准确且泛化性强，就需要训练集具有代表性，即拥有合理的构造和分布。这种需求相当于在训练集中置入了预知的信息，实际应用中往往很困难。此时应用自主学习的优势，自行计算样本的不确定程度，并自动评估子数据集选取对模型带来的提升，可以最终获得非人工介入的选取策略。

自主学习是一个很大的范畴，涉及两个搜索空间：假设空间和事例空间，模型对假设空间的搜索结果能够影响到事例空间的搜索[37,38]。Simon 等讨论了如果下一个用来训练的样本能够依赖仅仅以很少的因素就能判定其区别于某一类，则该样本就是最恰当的[37,38]。恰当地选择一些样本用于训练，可以使训练集中样本的数量大幅减少[39]，训练时间也能够大幅缩短[40]。自主学习概念被正式提出以来，从候选样本集中选择最有价值的样本就成为重中之重[41]。但直到现在，自主学习算法依然并不丰富，部分研究者试图构造学习器发掘未标记样本中的隐含特征，但又难以保证学习器的精度。我国在自主学习领域仍需追赶，目前香港理工大学在这方面的研究做出了一些成绩[42]。

自主学习是浅海增养殖大数据进一步发展的重要方向。浅海增养殖产生数据的范围广，数据量大，且分布极不均匀。人工预处理和标记大量样本是非常困难和成本高昂的，难以具备大数据应用价值。搜集和构建浅海增养殖大数据的重要目标是减轻人的负担和压力，而非增加永远都无法完成的样本标记工作。实现人工智能替代人的脑力预处理样本，在自主学习领域似乎找到了可行的方向。我们希望将来浅海增养殖大数据项目具备一定的主动智能，可以从实时监测的数据流中主动地、合理地、直接地发掘规律，尽可能减少人的必要干预。

9.2.3　时空融合深度挖掘技术

浅海增养殖活动充分利用沿海的地理条件，增养殖区分布和地质水文规律高度重合。生物的生长、天气的变化、洋流、沉积物释放等过程天然具备时间特征，而海洋环境是开放、交换、实时变化的，海图上不同经纬度的点之间必然存在相互影响和前后时间的作用因果，过去累积、转化了形式的变量也有可能被输运并在未来表达。因此建立在单独一个观测点的数据挖掘模型必然视野狭小，难以利用周围时空的信息。

图像、自然语言、声音等均属欧几里得数据结构，这些数据构成了一个正方形，在平面上定义了上下和左右的相邻关系。欧几里得数据结构使得我们很容易定义卷积操作，并可以利用卷积提取这种数据结构的局部特征。但现实中，浅海增养殖的各要素空间联系并非平面欧几里得结构，而是形成了复杂的网状结构。

但是，图（graph）是一种非欧几里得数据结构（non-Euclidean data structure），它的特征是，相邻节点之间的关系没有任何规律性。传统 CNN 的卷积方法不能直接应用到图的关系结构中，利用图卷积神经网络（Graph Convolutional Networks，GCN）进行相关信息的抽取，并取得了很好的效果。GCN 在许多下游领域如节点分类、边分类、链接预测、聚类等方面都具有很好的应用前景[43]。沿着浅海增养殖的各变量指标进行溯源关联，可以发现一张广泛分布于经纬度、洋流活动、大气、潮汐风浪、海水深度、大陆架沉积物、陆地径流和冲击、人类活动、其他生物活动等的复杂关系网。这张关系网显然不太可能是欧几里得结构，但其复杂多变的相关关系更适合用图数据挖掘的方法进行建模。

实际上，所抽取的图具有很强的动态特性。图中的节点和边会随着时间的变化而不断地被插入或删除，并且在不同的时间，节点的属性也会发生变化。我们既要注意图中的当前时刻，又要对图中的历史时刻进行信息的分析。大部分基于 GCN 的图卷积神经网络都是建立在静态图的基础上，并且假定图结构不变。但浅海增养殖数据网络关联的动态特性要求数据中的结构信息（空间）和历史时间信息（时间）在图的变化场景中动态提取，获取具有丰富信息的节点表示。因此，在融合时空信息的浅海增养殖大数据技术开发的可行途径是构建动态的时空图学习方法和模型。

时空融合图的学习是将 GCN 和 RNN（如 LSTM）结合起来，利用 GCN 技术从图结构（空间）中抽取相关信息，而 RNN 用于在时间维度上进行动态演化（时间）的建模。Seo 等[44]提出了两种 GCRN 结构，它们的共同特点是通过 GCN 来学习节点间的相关性，并将一段时间内所学到的矢量序列输入 LSTM 模型中，从而获得节点的动态特性。这两种结构的不同之处是，其中一个模型是把欧几里得 2D 卷积操作转化为一种传统

LSTM 的卷积操作。同样，Manessi 等[45]提出了将 LSTM 变种与扩展图卷积操作相结合的 WD-GCN/CD-GCN 模型，建立了图结构的空间-时间相关关系。在 WD-GCN 网络中，以图为顺序输入，CD-GCN 为相应的节点特性。GCN-GAN 与生成对抗网络（GAN）结合，将权值动态图上的序列链路预测任务建立成 GCN 和 RNN 结构，并结合 GAN 思想进行了改进[46]。GCN-GAN 模型也利用 GCN 来学习各时区的拓扑特性，利用 LSTM 学习序列的改变，利用 GAN 的学习框架产生下一步的时间，以提高网络的效率。TAR 模型加入了两种注意力机制，以提高 GCN 和 RNN 体系结构的学习性能[47]。演化 GCN 模型从传统的学习节点表现的时间序列的角度，转向了基于时间序列的 GCN 参数的动态学习[48]。尽管 EvolveGCN 也将 GCN 与 RNN 相结合，但是这种结构的 RNN 是用来对 GCN 的权重参数在时间维度上的动态进行建模，从而学习动态图上的节点表示。随着海洋多点探头、多源探测技术逐渐形成一个更加完备的数据点网络，我们提出一种新的基于时空融合的分析方法，并在浅海增养殖中得到广泛应用。浅海养殖大数据是一种具有空间和时间特征的多维数据。随着观测技术的不断发展，资料的获取分辨率、频率和覆盖面不断提高，资料的覆盖面不断扩大，大数据系统更容易捕捉到数据之间的联系。因此，在建立一个指标演化进行建模的基础上，必须将时空轴与时间轴相结合。在时间与空间的维度上，分析的因素多种多样，而且具有较高的维度，这是一个非常具有挑战性的工作。

9.3　知识模型共享与应用场景扩展

展望未来，浅海增养殖大数据分析系统获得的知识、模型和思路可广泛共享，同时也不应只局限于贝、藻等浅海增养殖活动。

9.3.1　浅海增养殖大数据模型共享复用

目前，我们所构建的数据挖掘和深度学习模型均是针对某个特定目标需求的局域模型。这些模型内所包含的知识是相对细分的、缺少外部干扰的，同时假设模型间为相互独立的。暂时称这种知识模型为专精模型。专精模型的特点是在其自身特定的任务和条件下，它们将为生产人员给出相当准确的描述、判断和预测。然而，其缺点是会在不匹配的任务中给出错误的结果。为避免应用场景过于狭隘，我们希望浅海增养殖大数据项目产生的智能模型可以更加泛用、更加智能。浅海增养殖大数据分析需要向更加有全局视野、“一键即得”智能化进一步发展，知识模型也需要向更加通用发展。

每个知识模型都包含了科学家对自然规律的研究成果，但这些模型经常封闭在论文、专利或某个数据挖掘项目底层，难以直接利用，造成对知识、信息的开放流通不利。因此，我们提出浅海增养殖大数据的一个展望方向——模型共享复用。例如，针对天气、洋流的大数据研究成果可以借用并结合于浅海增养殖中，当执行生长预测或灾害预警任务时，可以获得气候研究的预测结果作为自身预测的辅助和修正，提高预测预警的准确性。不同专业之间的知识模型可以提供对将来某个海洋关键变量的可靠预测，模型间融合可以让浅海增养殖大数据挖掘具有不同专业知识模型的预测视野。因此，知识模型相互间的共享应是浅海增养殖大数据挖掘的一个深入研究方向，主要体现在以下4个方面。

1．模型去局域化

适合浅海增养殖的地理条件有一定限制，因此对增养殖生物生长全过程建模往往获得的是局域数据模型。局域数据模型具有精确易用且成型部署迅速的优势，但也因其局域性带来不可移植的麻烦。从数据挖掘的角度出发，模型的去局域化最直接的方法是采集更完备的数据进行更多的学习和训练。方式之一是将地理位置和条件纳入预分类特征中，在预测时将依据不同的地理环境自行选择模型进行应用。方式之二是进一步搜集数据，将覆盖范围更广的外源变量对不同阶段生物的影响数据记录下来，并据此建立更大更全面的数据挖掘模型。去局域化后模型的优势是它可以更容易地部署应用到各种新的增养殖环境中，当面对突发的环境变迁时，模型能给出的结果仍然是可信的。

2．模型信息的融合

专精的模型只能用于专门的任务中，但通常自然界的具体事务间存在较为紧密的联系。例如，单独应用海带的生长模型可以在环境中预测海带的生长状况，单独应用赤潮的预报模型可以在环境中报告发生赤潮的可能性。但当预测赤潮可能发生时，继续若无其事地去预测海带生长显然是不合逻辑的。各个单独的模型之间需要有联合和融合，以便做出一个综合的预测结果。这种模型信息的融合包括不同周期模型的嵌套，具备因果关系的模型的串联以及并联模型的协同融合。

3．参数预训练与共享

在执行数据模型的训练任务时，往往需要耗费较多的时间；尤其在深度神经网络学习情况下，计算资源和花费的时间的消耗成本是一个新模型建立的重要阻碍。例如，对鱼类、贝类等进行水底的机器视觉研究时，需要人工花费相当长的时间标注大量样本，因此可以预先学习典型特征，然后在典型特征基础上进一步挖掘，以减轻计算资源的消耗。

预训练即在特定任务开始之前，先尽可能多地使用训练数据训练，提取出典型的特征，从而使模型对特定任务的学习负担变轻[49]。此时一个特定任务的数据挖掘被拆解为典型的共性和非典型特性。通过预训练后，模型内的参数不再是随机初始化，而是将大量其他数据获得的共性特征移植后，再经过特殊任务微调获得非典型特征。预训练学习到的共性特征通常以参数矩阵的形式保存，并在需要时调用。此时，参数矩阵可以进行向外的共享，由连通外部接口的“调用/取用”操作。

4．接口与开放

当希望让模型更广泛地服务于海水增养殖时，已获得的大数据模型需要通过接口对外部用户开放，目前主要包括开放服务器计算力或开放模型运行结果数据，但共享模型时需要考虑数据安全性、商业保密原则和企业的意愿。大多数时候，企业对包含自身经营秘密的数据和模型都持有谨慎保密的态度，这种谨慎导致不愿意将模型共享给他人，或者不愿意在他人的服务器上运行自己的数据。这些构成了向外开放模型接口面临的主要障碍，也阻碍了浅海增养殖大数据技术的进一步应用。

云技术容器或许可以帮助解决这种障碍。容器是在云中部署微服务和应用的标准[50]。这项技术开发的本意是应对海量数据的存储“瓶颈”挑战，打破网络复杂和集群高可用性制约而开发的概念工具。它将软件程序和运行的基础环境分开，将编码后的程序和数据打包进一个镜像中，以脱离软硬件基础环境运行。云容器设计为模型的接口开放带来了新的思路。利用当前电子计算机物理底层的数字逻辑的一致，可以先将打包成 0～1 编码文件的软件、模型和数据作为一个容器，再经由接口对外调用这个二进制文件。使用云容器作为接口的优势在于：目前云容器安全已有很好的保障[51]，即便云容器内的数据因恶意攻击泄露，泄露的数据也是 0～1 编码后的二进制文件；以目前的技术对这样的二进制文件进行逆向工程是几乎难以完成的工作，真实数据泄露的概率很低。因此，采用云容器作为接口，可以兼顾企业的安全考虑并将浅海增养殖模型向外共享，是该项目未来值得开发的功能之一。

9.3.2 浅海增养殖大数据应用场景扩展

延展浅海增养殖大数据挖掘技术应用的另一项的展望是，其应用场景可以向海洋现代渔业各个领域进行扩展。除浅海增养殖之外，海洋牧场、深远海养殖、池塘养殖、陆基工厂化养殖等养殖模式也是大数据技术的重要应用场景。这些场景之间的分析要素具有较大的相似性，同时也各有区别，如环境区别、生物区别、人工的可控性区别等。其中工厂化养殖和池塘养殖的可控性最强，而浅海增养殖、海洋牧场、深远海养殖的可控性最弱。这些要素差异性将导致产业的需求存在差异，例如，海洋牧场、深远海养殖场景中网箱破裂的监测预警需求往往比较突出，而工厂化养殖和池塘养殖时则倾向于对水体参数的精确人工控制。

同时，参考已有的浅海增养殖大数据模式，可以在生物多样性、环境灾害预警、海洋经济扩展等方面，将挖掘经验和成果推广到更广泛的应用中。

1. 大数据在增养殖生物多样化识别中的应用

在浅海增养殖行业，生物多样性（物种多样性、遗传多样性和生态系统多样性）[52]是增养殖业发展的饵料基础和来源、遗传育种的种质资源库和病害防疫的天然屏障，对满足增养殖生产发展需求、保障生物健康和保护环境具有重要意义[53]。生物多样性信息不仅包括结构化数据，也包括大量的图片、视频等非结构化数据，并且成为大多数生物多样性数据库的重要组成部分。

生物特征大数据通常具有多模态、多样性、非结构化、大容量、难标注 5 类特点。多模态：由于采集设备和采集方式不同，对于相同的生物特征，所采集到的生物数据往往存在不同和差异；每种采集到的生物信息都称为模态，生物特征往往具有多模态的特点。例如，由普通摄像机采集的是 RGB 图像，深度摄像机采集的是深度图像，近红外摄像机采集的是近红外图像，而水下摄像机采集到的是水下图像；此外，水下图像还具有模糊、色差和畸变等特点。多样性：在开放场景下，生物特征的采集会受多种因素干扰，采集到的特征通常表现出多样性。非结构化：开放场景中，生物特征数据大多数是非结构化的。大容量：生物特征数据的规模通常很大。例如，分辨率为 1 080 P 的监控摄像头，以 20 帧/s 的速度采集图像，24 h 产生的数据存储量约 8 GB。难标注：生物特征数据经常面临标注困难的问题。生物特征识别往往需要耗费大量人工成本进行生物信息的标注，而从大量数据中筛选出包含某个生物个体的数据将更加困难。

非结构化数据形式多样、结构多变、更新快速、信息丰富[54]，在形成一定规模后便对数据的存储与处理提出了重大挑战。通常，传统的数据挖掘处理方法无法有效胜任，需要借助具有更强的非线性映射能力的数据分析方法。作为机器学习的一个领域，深度学习网络本质上是模拟人脑神经的一个结构，它通过多层神经网络结构对原始信号进行多次线性、非线性变换，从而建立具有较高精度的非线性网络模型以提取丰富的信号特征，可用于生物多样性分类、识别等实际问题。

计算机视觉和深度学习技术在浅海增养殖业生物多样性识别等方面得到迅速发展并应用[55,56]。在浅海增养殖中应用深度学习、计算机视觉技术及其他传感器技术，可以实时监测生物的多样性、生长变化以及病害诊断，并结合基于深度学习的图像识别和检测以及大数据技术和方法，对多样性变化、生物习性、环境适应情况和生态环境信息等进行统一分析，深入挖掘增养殖全部过程数据，提高工作效率和决策可靠性。由于水下环境复杂、水体浑浊、水体对光线吸收以及水下视频采集成本高等困难仍需克服，计算机视觉在水下生物识别与监测领域仍有较大发展空间[57]。

2. 大数据在浅海增养殖区生态和环境灾害预警中的应用

由于赤潮、绿潮及金潮等有害藻华灾害对海洋生态平衡、海洋渔业及水产资源和人类健康都会产生重大危害，因此对于有害藻华频发的海域，特别是海水增养殖区开展灾害预警及损失评估工作变得非常必要。基于赤潮给国民经济带来的巨大损失，特别是对海水养殖及海洋生态环境的破坏，世界各国在减少赤潮灾害影响方面均投入了大量的人力、物力和财力，在赤潮的监测、预报和治理方面积累了一定的经验，也积累了大量的相关时空环境数据[58]。卫星遥感赤潮信息提取主要针对赤潮发生的生物和环境条件，获取大量高时空分辨率的多模态数据。通过对卫星遥感图像的校正、分析及解译等处理，通过分析判断，可以掌握赤潮的特征，预测赤潮发生范围、分布面积及发展趋势等赤潮信息，为赤潮的快速同步、空间大范围、高频率连续监测提供了重要手段[59]。赤潮发生时，赤潮生物大量聚集导致水体颜色发生改变，海面光谱特性也发生相应变化，通过遥感手段可以探测这些变化，从而进行赤潮监测。当前使用的主要传感器有 MODIS、SeaWIFS、MERIS、GOCI 等，GOCI 每天可获取时间间隔为 1 h 的 8 景影像，为逐时监测海洋环境、海洋灾害变化提供了高时空分辨率的大数据支持[60]。

此外，在全球变暖的大背景下，近年来极端天气气候事件频发、气候异常现象显著[61]。环境监测预警及气象预报等和大数据技术有着天然耦合的关系。如何克服现有资料的时空数据密度不够、信息不完全不确定等缺陷，从海量信息中挖掘出背后隐含的知识模式；科学分析其发生条件和规律，并且对其可能带来的损失进行评估。大数据预警用于海洋灾害系统中海量数据的分析，可以大幅提高海洋灾害监测的准确度和实效性。应对这种复杂的应用领域及数据分析，传统的技术和方法受到局限，却正是大数据应用的深层逻辑。

3. 浅海增养殖大数据对海洋经济发展的影响

根据已有的浅海增养殖数据（环境数据、气象数据、增养殖过程数据等），如何分析得出在有限的资源配置和复杂多变的增养殖环境下，科学适宜的增养殖面积、生产要素的范围以及育苗配比，构建科学合理的生产要素模型和产量预测模型，使增养殖生产过程智能化、管理过程自动化是实现浅海增养殖产业快速健康发展的必要需求。浅海增养殖领域并不缺乏技术和专家，而缺乏把人工难以处理的大量零散资料进行归纳整合、从现有数据中挖掘出高价值知识的大数据技术和方法。通过对海量浅海增养殖数据进行深入挖掘获得增养殖过程中的内在规律，从而改进和优化原有的浅海增养殖模式，使浅海增养殖在现有的资源和环境条件下获得最大的收益；同时通过对环境变化和生物生长等相关指标的预测，也可以预防养殖病害问题的发生并防止部分潜在的风险，从而规避直接经济损失。

从企业与一线从业人员的角度，增养殖产量和质量决定着经济效益的高低，是企业关注的重点。浅海增养殖大数据的积累和分析挖掘技术的应用，可以有效利用养殖环境中溶解氧、叶绿素 a、pH 等影响要素的历史数据，通过清洗和分析来挖掘数据间的内在关联，总结出相应的知识规律。在浅海增养殖信息化和“互联网+水产养殖”的背景下，通过大数据技术的不断普及，推动增养殖业从资源消耗型朝精准化、智能化方向发展。

从科研人员的角度，厘清复杂关联的数据是研究中的痛点。浅海增养殖环境以及增养殖影响要素的复杂多变产生了大量的领域数据，人脑难以直接从大容量、高维度、多模态的数据中有效获取规律，因此大多数研究都采用抽样研究或通过少量影响要素进行实验分析。大数据技术以及人工智能技术的应用为该类问题的解决提供了契机，其优化的学习算法和模型为此类问题的解决提供了更加高效和精准的技术手段，帮助科研人员全面观察数据，推进浅海增养殖行业朝智慧养殖方向快速发展。另外，不同于传统数据分析和挖掘，针对海量数据的处理，还可以将并行计算引入大数据技术在浅海增养殖领域的应用中，在高性能计算、超算平台等的硬件设备支持下通过设计高效的数据并行以及模型并行算法，可以更加高效地分析数据、预测结果，这对于浅海增养殖领域中海量数据的分析预测具有重要的研究价值。

从政府和社会的角度，浅海增养殖行业大数据的管理及智能化发展，有利于政府部门通过监控数据和统计分析结果对浅海增养殖环境污染、生产过程提质增效实现有力监管，及时发现问题并进行相应的调控，例如，及时关注养殖企业水环境变化、把握经济发展与环境污染的平衡、整合并推广浅海增养殖业大数据平台等。一系列调控举措的实施将会使浅海增养殖行业数据存储、分析融合更加方便快捷，有利于政府实现大范围数据整合，提升全国浅海增养殖业的整体信息化水平和行业的国际竞争力。

9.4　浅海增养殖大数据要实现标准化

大数据标准化工作是支撑大数据产业发展和应用的重要基础。当前，浅海增养殖数据具有数据量巨大、来源多样、类型多样等特点，为了科学、有效地进行浅海增养殖数据的处理和分析应用，加强数据的管理和服务，亟待在浅海增养殖大数据获取及大数据库构建、大数据挖掘与分析、生物图像识别与目标检测、智能化大数据平台构建及示范应用等方面建立浅海增养殖大数据标准体系，支撑浅海增养殖大数据产业发展和应用。

2022 年 5 月实施的《海洋大数据标准体系》是我国首项海洋领域的大数据标准，开创了海洋大数据标准化的先例，为浅海增养殖大数据走向标准化提供了依据。该标准体系规定了海洋大数据体系结构和标准明细表，适用于制定海洋领域的大数据标准的规划和计划，其中，海洋大数据标准体系主要包含基础通用标准、技术标准、平台和工具标准、管理标准、安全标准、应用标准六大类，简要介绍如下：①基础通用标准参考相关大数据规范，结合海洋大数据通用、共性指标，综合确定了包括参考模型、术语、分类、编码等通用型标准。②技术标准主要是针对数据从创建到处理的数据生命周期，研究相关大数据关键技术，结合海洋数据业务流程，从数据采集、数据处理、质量控制等关键节点确定需要制订的海洋大数据技术标准计划。③平台和工具标准结合海洋数据业务建设过程涉及的平台和工具，从数据计算平台、管理平台、服务平台 3 个方面提出标准制修订计划。④管理标准作为技术标准和平台工具的支撑体系，贯穿于数据生命周期的各个阶段，主要从存储管理和运维管理两个方面提出标准制（修）订计划。⑤安全标准主要用于数据安全和隐私保护，针对数据/信息安全的方法指导、监测评估和要求等安全技术内容，确定从数据安全、信息技术安全两个方面提出标准制（修）订计划。⑥应用标准从共享服务和专题应用两个方面提出标准制（修）订计划，其中，共享服务标准通过制定共享服务接口、共享交换记录格式等标准保障海洋数据的交换共享；专题应用标准从海洋经济、海洋生态、海洋政务管理等方面提出大数据的应用方向。

参考文献

[1] Liblik T，Karstensen J，Testor P，et al. Potential for an underwater glider component as part of the Global Ocean Observing System[J]. Methods in Oceanography，2016，17：50-82.

[2] Petersen W. FerryBox systems：State-of-the-art in Europe and future development[J]. Journal of Marine Systems，2014，140：4-12.

[3] Yang Z，Yu X，Dedman S，et al. UAV remote sensing applications in marine monitoring：Knowledge visualization and review[J]. Science of The Total Environment，2022，838：155939.

[4] 沈洋洋. 我国海洋水质在线监测系统的发展与展望[J]. 仪器仪表与分析监测，2022（1）：36-40.

[5] 阚文静，谭晓璇，石海明. 基于海洋环境在线监测技术的研究探讨[J]. 海洋科学前沿，2020，7（4）：73-76.

[6] Ismail N A H，Aris A Z，Wee S Y，et al. Occurrence and distribution of endocrine-disrupting chemicals in mariculture fish and the human health implications[J]. Food Chemistry，2021，345：128806.

[7] Jarić I，Correia R A，Brook B W，et al. iEcology：Harnessing large online resources to generate ecological insights[J]. Trends in Ecology & Evolution，2020，35（7）：630-639.

[8] Ladle R J，Correia R A，Do Y，et al. Conservation culturomics[J]. Frontiers in Ecology and the Environment，2016，14（5）：269-275.

[9] Sherren K，Smit M，Holmlund M，et al. Conservation culturomics should include images and a wider range of scholars[J]. Frontiers in Ecology and the Environment，2017，15（6）：289-290.

[10] Jarić I，Roll U，Arlinghaus R，et al. Expanding conservation culturomics and iEcology from terrestrial to aquatic realms[J]. PLoS Biol，2020，18（10）：e3000935.

[11] Pace D S，Giacomini G，Campana I，et al. An integrated approach for cetacean knowledge and conservation in the central Mediterranean Sea using research and social media data sources[J]. Aquatic Conservation：Marine and Freshwater Ecosystems，2019，29（8）：1302-1323.

[12] Frenne P D，Langenhove L V，Driessche A V，et al. Using archived television video footage to quantify phenology responses to climate change[J]. 2018，9（8）：1874-1882.

[13] Haas A F，Guibert M，Foerschner A，et al. Can we measure beauty？ Computational evaluation of coral reef aesthetics[J]. Peer J，2015，3：e1390.

[14] Wilde G R，Pope K L. Worldwide trends in fishing interest indicated by internet search volume[J]. Fisheries Management and Ecology，2013，20（2-3）：211-222.

[15] Hallegraeff G，Enevoldsen H，Zingone A. Global harmful algal bloom status reporting[J]. Harmful Algae，2021，102：101992.

[16] Yan T，Li X-D，Tan Z-J，et al. Toxic effects，mechanisms，and ecological impacts of harmful algal blooms in China[J]. Harmful Algae，2022，111：102148.

[17] Galaz V，Crona B，Daw T，et al. Can web crawlers revolutionize ecological monitoring？[J]. Frontiers in Ecology and the Environment，2010，8（2）：99-104.

[18] Skripnikov A，Wagner N，Shafer J，et al. Using localized Twitter activity to assess harmful algal bloom impacts of Karenia brevis in Florida，USA[J]. Harmful Algae，2021，110：102118.

[19] 于正林. 脉红螺早期发育阶段行为特征研究[D]. 北京：中国科学院大学，2019.

[20] Dylewski Ł，Mikula P，Tryjanowski P，et al. Social media and scientific research are complementary—You Tube and shrikes as a case study[J]. The Science of Nature，2017，104（5）：48.

[21] Sbragaglia V，Correia R A，Coco S，et al. Data mining on YouTube reveals fisher group-specific harvesting patterns and social engagement in recreational anglers and spearfishers[J]. ICES Journal of Marine Science，2019，77（6）：2234-2244.

[22] Monkman G G，Kaiser M，Hyder K. The ethics of using social media in fisheries research[J]. Reviews in Fisheries Science & Aquaculture，2018，26（2）：235-242.

[23] Lindenmayer D，Scheele B. Do not publish[J]. Science，2017，356（6340）：800-801.

[24] Rogova G L，Llinas J，Gross G. Belief-based hybrid argumentation for threat assessment[C]. 2015 IEEE International Multi-Disciplinary Conference on Cognitive Methods in Situation Awareness and Decision，2015：179-185.

[25] Rimland J，Hall D，Shaffer S. A Hitchhiker's guide to developing software for hard and soft information fusion[C]. Salamanca，Spain：17th International Conference on Information Fusion（FUSION），2014：1-8.

[26] Groen F C A，Pavlin G，Winterboer A，et al. A hybrid approach to decision making and information fusion：Combining humans and artificial agents[J]. Robotics and Autonomous Systems，2017，90：71-85.

[27] Gross G A，Little E，Park B，et al. Application of multi-level fusion for pattern of life analysis[C]. 2015 18th International Conference on Information Fusion（Fusion），2015：2009-2016.

[28] Nassif A B，Shahin I，Attili I，et al. Speech recognition using deep neural networks：a systematic review[J]. IEEE Access，2019，7：19143-19165.

[29] Falcon R，Abielmona R，Billings S，et al. Risk management with hard-soft data fusion in maritime domain awareness[C]. The 2014 Seventh IEEE Symposium on Computational Intelligence for Security and Defense Applications（CISDA），2014：1-8.

[30] Falcon R，Abielmona R，Desjardins B，et al. Fuzzy/human risk analysis for maritime situational awareness and decision support[C]. 2017 IEEE International Conference on Fuzzy Systems（FUZZ-IEEE），2017：1-6.

[31] Dakota D，Kübler S. From discourse representation structure to event semantics：A simple conversion[C]. Federated Conference on Computer Science and Information Systems，IEEE，2016，343-352.

[32] Levchuk G，Shabarekh C. Activity Recognition Applications from Contextual Video-Text Fusion[C]. 2015 IEEE Winter Applications and Computer Vision Workshops，2015：1-3.

[33] Dragos V，Lerouvreur X，Gatepaille S. A critical assessment of two methods for heterogeneous information fusion[C]. 2015 18th International Conference on Information Fusion（Fusion），2015：42-49.

[34] Date K，Gross G A，Khopkar S，et al. Data association and graph analytical processing of hard and soft intelligence data[C]. Proceedings of the 16th International Conference on Information Fusion，Turkey，2013：404-411.

[35] Engelbrecht A P，Cloete I. Selective learning using sensitivity analysis[C]. 1998 IEEE International Joint Conference on Neural Networks Proceedings. IEEE World Congress on Computational Intelligence（Cat. No.98CH36227），1998：1150-1155.

[36] Engelbrecht A P，Cloete I. Incremental learning using sensitivity analysis[C]. IJCNN'99：International Joint Conference on Neural Networks. Proceedings（Cat. No.99CH36339），1999：1350-1355.

[37] Winston P H. Learning Structural Descriptions From Examples[R]. Cambridge，MA，United States：Massachusetts Institute of Technology，1970.

[38] Simon H A，Lea G. Problem solving and rule induction：A unified view，In L. W. Gregg（ed.）[J]. Knowledge and Cognition，1974：105-127.

[39] Angluin D. Queries and concept learning[J]. Machine Learning，1988，2（4）：319-342.

[40] Hunt S D，Deller J R. Selective training of feedforward artificial neural networks using matrix perturbation theory[J]. Neural Networks，1995，8（6）：931-944.

[41] Cohn D A. Neural network exploration using optimal experiment design[J]. Neural Networks，1996，9（6）：1071-1083.

[42] 张莹. 基于自主学习的中文文本分类算法研究[D]. 哈尔滨：哈尔滨工业大学，2006.

[43] Hamilton W L，Ying R，Leskovec J. Inductive representation learning on large graphs[C]. Proceedings of the 31st International Conference on Neural Information Processing Systems，2017：1025-1035.

[44] Seo Y，Defferrard M，Vandergheynst P，et al. Structured sequence modeling with graph convolutional recurrent networks[J]. Arxiv，2016：1612：07659.

[45] Manessi F，Rozza A，Manzo M. Dynamic graph convolutional networks[J]. Pattern Recognition，2020，97：107000.

[46] Lei K，Qin M，Bai B，et al. GCN-GAN：A Non-linear Temporal Link Prediction Model for Weighted Dynamic Networks[C]. IEEE INFOCOM 2019-IEEE Conference on Computer Communications，2019：388-396.

[47] Xu D，Cheng W，Luo D，et al. Spatio-temporal attentive RNN for node classification in temporal attributed graphs[C]. IJCAI'19：Proceedings of the 28th International Joint Conference on Artificial Intelligence，2019：3947-3953.

[48] Pareja A，Domeniconi G，Chen J，et al. EvolveGCN：Evolving graph convolutional networks for dynamic graphs[J]. Arxiv，2019（3）：404-411.

[49] Han X，Zhang Z，Ding N，et al. Pre-trained models：Past，present and future[J]. AI Open，2021，2：225-250.

[50] Vaucher S，Pires R，Felber P，et al. SGX-Aware Container Orchestration for Heterogeneous Clusters[C]. Vienna，Austria：2018 IEEE 38th International Conference on Distributed Computing Systems（ICDCS），2018：730-741.

[51] Sun Y，Safford D R，Zohar M，et al. Security namespace：making Linux security frameworks available to containers[C]. Baltimore，MD，USA：In Proceedings of the 27th USENIX Conference on Security Symposium（SEC'18），2018：1423-1439.

[52] Daly A J，Baetens J M，De Baets B. Ecological diversity：measuring the unmeasurable[J]. Mathematics，2018，6（7）：119.

[53] Venier C，Menegon S，Possingham H P，et al. Multi-objective zoning for aquaculture and biodiversity[J]. Science of The Total Environment，2021，785：146997.

[54] 陈严纾，林彧茜，蔡宇翔，等. 数字研发系统中非结构化数据的融合方法研究[J]. 电子世界，2021（17）：37-38.

[55] 徐愫，田云臣，马国强，等. 计算机视觉在水产养殖与生产领域的应用[J]. 天津农学院学报，2014，21（4）：43-46.

[56] 刘双印. 基于计算智能的水产养殖水质预测预警方法研究[D]. 北京：中国农业大学，2014.

[57] 孙东洋. 基于深度学习的海洋牧场水下生物图像分类和目标检测[D]. 烟台：烟台大学，2021.

[58] Zhu X，Li D，He D，et al. A remote wireless system for water quality online monitoring in intensive fish culture[J]. Computers and Electronics in Agriculture，2010，71（S1）：S3-S9.

[59] 伍玉梅，王芮，程田飞，等. 基于卫星遥感的赤潮信息提取研究进展[J]. 渔业信息与战略，2019，34（3）：214-220.

[60] 程玉，张圣佳，李金，等. 基于 GOCI 的渤海海域赤潮信息遥感监测与分析[J]. 山东科技大学学报（自然科学版），2021，40（4）：11-20.

[61] Ilarri M，Souza A T，Dias E，et al. Influence of climate change and extreme weather events on an estuarine fish community[J]. Science of The Total Environment，2022，827：154190.